中国图学学会
CHINA GRAPHICS SOCIETY

全国大学生先进成图技术与产品信息建模创新大赛第14、15届命题解答汇编

陶　冶　邵立康　王　静　阳明庆　周　佶
杨万里　王立峰　张丽萍　张圣敏　钟春欣　编著

中国农业大学出版社
·北京·

内容简介

本书是《全国大学生先进成图技术与产品信息建模创新大赛第12、13届命题解答汇编》的续编，收录了全国大学生先进成图技术与产品信息建模创新大赛第14、15届竞赛机械类、建筑类、水利类、道桥类及3D打印等内容，对于重点题目给出解题方法以供参考。读者可以通过手机等移动通信设备实现便捷学习。

本书是全国大学生先进成图技术与产品信息建模创新大赛学员的重要备考资料，同时也是从事机械、建筑、水利、道桥等相关专业的高校老师、工程技术人员的参考书，更是广大图学与计算机建模爱好者检验自己专业水平的测试卷。

图书在版编目(CIP)数据

全国大学生先进成图技术与产品信息建模创新大赛第14、15届命题解答汇编 / 陶冶等编著. --北京：中国农业大学出版社，2023.4

ISBN 978-7-5655-2976-4

Ⅰ.①全… Ⅱ.①陶… Ⅲ.①工业产品-产品模型-系统建模-高等学校-题解 Ⅳ.①TB476-44

中国国家版本馆CIP数据核字(2023)第064987号

书　名 全国大学生先进成图技术与产品信息建模创新大赛第14、15届命题解答汇编

作　者 陶　冶　邵立康　王　静　阳明庆　周　佶　杨万里　王立峰　张丽萍　张圣敏　钟春欣　编著

策划编辑 司建新　　**责任编辑** 司建新

封面设计 郑　川

出版发行 中国农业大学出版社

社　址 北京市海淀区圆明园西路2号　　**邮政编码** 100193

电　话 发行部 010-62733489，1190　　读者服务部 010-62732336

编辑部 010-62732617，2618　　出　版　部 010-62733440

网　址 http://www.caupress.cn　　**E-mail** cbsszs@cau.edu.cn

经　销 新华书店

印　刷 涿州市星河印刷有限公司

版　次 2023年5月第1版　2023年5月第1次印刷

规　格 210 mm×285 mm　16开本　16.25印张　515千字

定　价 102.00元

《全国大学生先进成图技术与产品信息建模创新大赛第14、15届命题解答汇编》编委会

编　　著　　者：陶　冶　邵立康　王　静　阳明庆　周　佶　杨万里
王立峰　张丽萍　张圣敏　钟春欣

序

《全国大学生先进成图技术与产品信息建模创新大赛第 14、15 届命题解答汇编》与大家见面了，此书与已出版的《全国大学生先进成图技术与产品信息建模创新大赛命题解答汇编(1～10 届)(机械类与建筑类)》《全国大学生先进成图技术与产品信息建模创新大赛命题解答汇编(1～11 届)(机械类、水利类与道桥类)》及《全国大学生先进成图技术与产品信息建模创新大赛命题解答汇编第 12、13 届命题解答汇编》一脉相承。编著此书，一是给准备参加第 16 届成图大赛的选手提供更多备赛资料；二是记录该赛事走过的历程和留下珍贵的赛事档案；三是使参与赛事专家们的经验和辛勤成果为更多莘莘学子提供指引与方向，进而从中受益。

党的二十大报告中提出，教育、科技、人才是全面建设社会主义现代化国家的基础性、战略性性支撑。必须坚持科技是第一生产力、人才是第一资源、创新是第一动力，深入实施科教兴国战略、人才强国战略、创新驱动发展战略，开辟发展新领域新赛道，不断塑造发展新动能新优势。全国大学生先进成图技术与产品信息建模创新大赛始终把培养学生创新精神、创造能力和团队合作意识放在首要位置，大赛组委会认真学习和贯彻习近平总书记的讲话，不忘初心，牢记使命，把一个初创只有 50 所学校 300 多名学生参加的小众竞赛，发展为 700 多所高校 20 多万名大学生参加选拔、1 万多名学生参加决赛的全国大型赛事。一路走来，涌现出许多优秀的指导教师和可圈可点的参赛学生，谱写了许多精彩纷呈的故事，培养了许多能力突出、德才兼备的大学生，成长出许多基础知识扎实、创新能力强、教学水平过硬的教学团队。

本书继承了该系列书籍一贯的编著特点，按类别给出了赛题及答案，同时新增了轻量化设计的赛题及答案，为大赛内容及形式提供了新的活力，充分体现了大赛的先进性、创新性及前瞻性。

十分感谢中国农业大学出版社的编辑们，他们为本书的出版付出了辛勤的劳动。感谢一直以来支持大赛工作的各承办高校及参赛高校，感谢十几年来参与命题的各位专家，还要感谢多年来参与和支持大赛工作的各个企业，感谢所有台前幕后参与大赛工作的各位老师，正是你们的奉献，成就了今天赛事的辉煌。

全国大学生先进成图技术与产品信息建模创新大赛已走过 15 个年头，未来的大赛将继续遵从初心，朝着以赛促教、以赛促学、以赛促创、以赛促建、以赛促改的方向发展，为国家多培养应用型、专业型、创新型及复合型的高端人才，为中华民族的崛起做出应有的贡献！

陶　冶

2023 年 2 月 12 日于广州

目　录

机械类

建筑类

水利类

道桥类

机械类

第14届“高教杯”全国大学生先进成图技术与产品信息建模创新大赛机械类尺规绘图试题

题目要求：根据给出的轴测图绘制零件图（100分），考试时间：90分钟。

1. 图纸幅面A3，主要视图比例为1:5，其他视图比例为1:2.5，未标注尺寸自定；
2. 选用合理的表达方法将零件结构表达清楚；
3. 零件图各项内容需按最新国标绘制；
4. 务必注意在图纸左侧框格内填写考号，不准填写学校名、姓名，否则试卷作废！

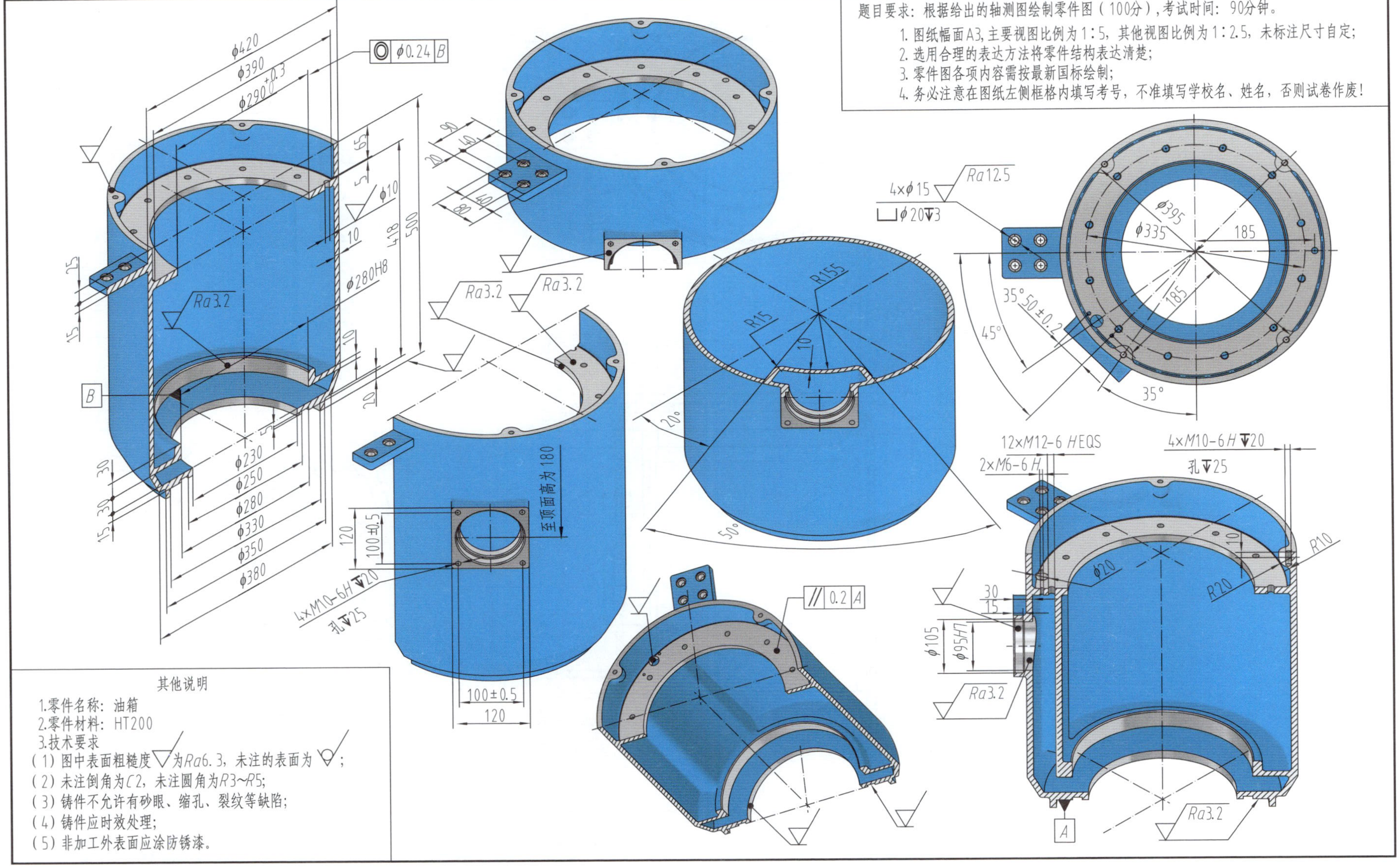

其他说明

1.零件名称：油箱
2.零件材料：HT200
3.技术要求
（1）图中表面粗糙度▽为$Ra6.3$，未注的表面为不加工表面；
（2）未注倒角为$C2$，未注圆角为$R3$~$R5$；
（3）铸件不允许有砂眼、缩孔、裂纹等缺陷；
（4）铸件应时效处理；
（5）非加工外表面应涂防锈漆。

第14届“高教杯”全国大学生先进成图技术与产品信息建模创新大赛机械类尺规绘图试题参考答案与评分标准

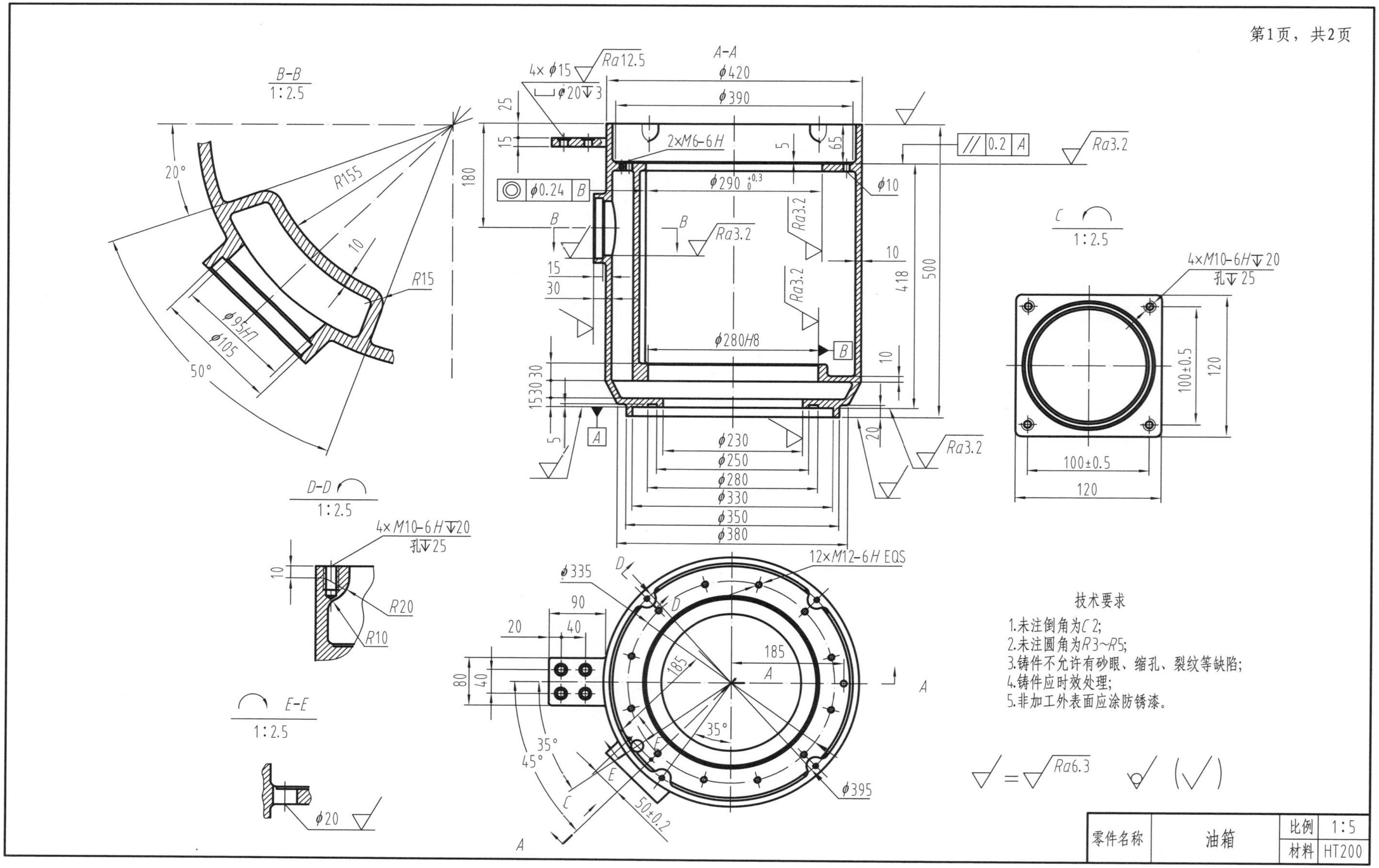

第2页，共2页

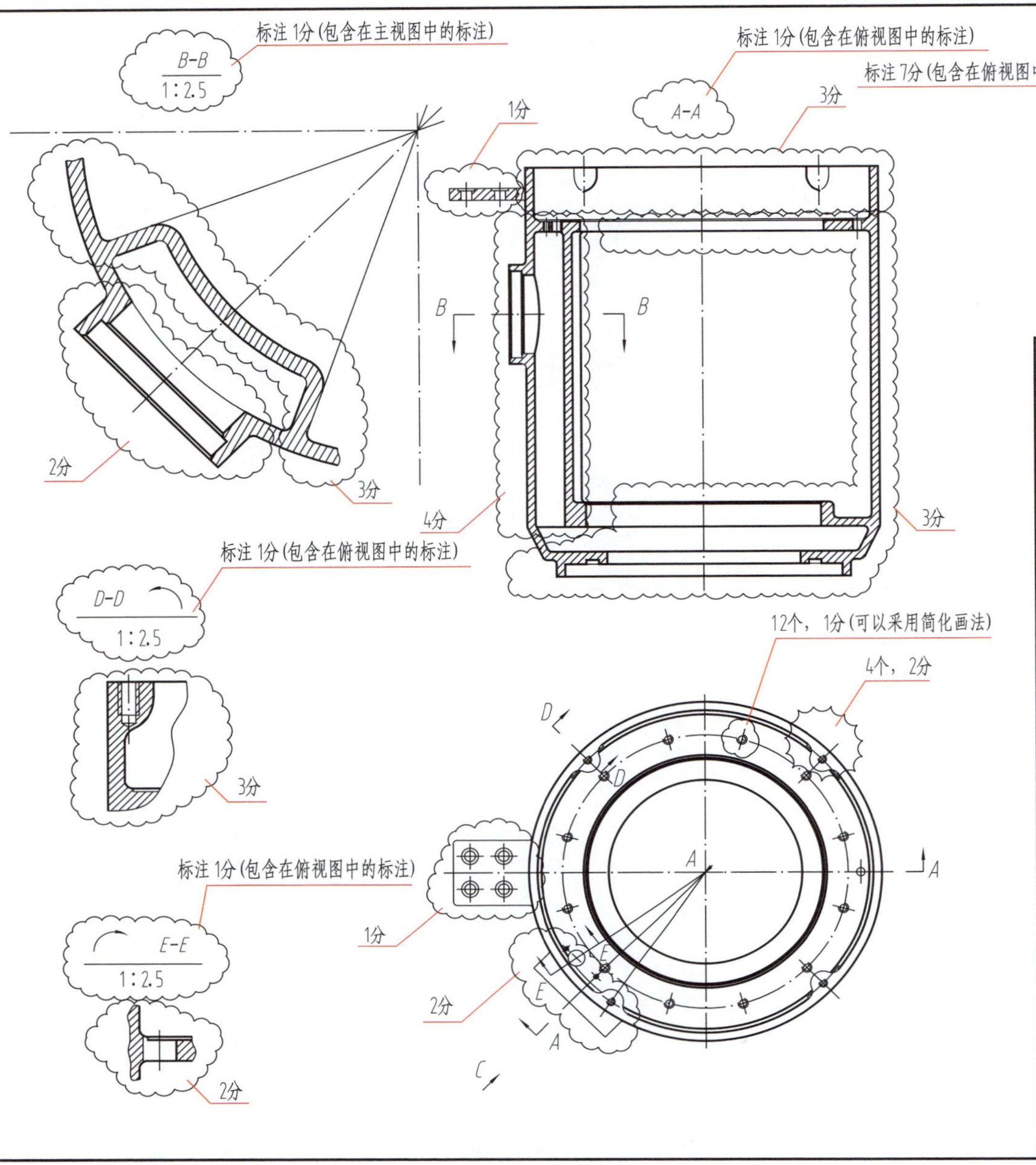

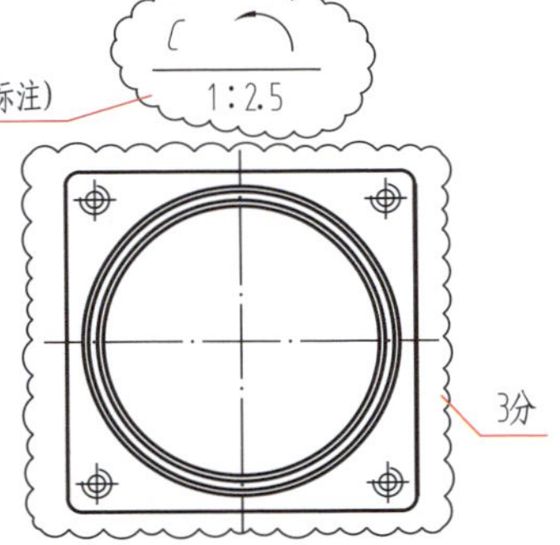

尺规绘图评分细则(采用得分制)

视图和结构表达(48分)	视图表达(13分)	1)主视图采用两个相交的平面剖切3分+主视图左上方的局部剖视1分，共4分； 2)俯视图采用基本视图1分； 3) B—B断面图2分(可旋转)； 4) C(可不旋转)、D—D(可不旋转)、E—E(可不旋转)各1分，共3分； 5)主视图俯视图比例为1:5得1分，其余视图比例均为1:2.5得2分，共3分。
	视图中的结构表达和投影(35分)	1)结构表达和投影正误的评分标准如本页图形所示，其中:主视图+标注12分,俯视图6分，B—B视图+标注共6分，C视图+标注共4分，D—D视图+标注共4分，E—E视图+标注共3分，合计35分； 2)剖面线方向不一致的或剖面线不平行、间隔大小明显不一致的，每一连续处扣1分； 3)未画对称线、中心线(相交两条线算一条)、轴线,每条扣0.5分(相同螺纹孔的算1条)； 4)以上累计扣分，扣完为止。
技术要求(13分)	表面粗糙度(7分)	1)约14个表面粗糙度(含统一标注在标题栏附近的)，每2个1分； 2)错注的或符号标注明显不符合标注规则的，每个扣0.5分。
	几何公差(4分)	两处:每处2分，标注明显错误、标注内容不全的不得分，标注不清楚、不规范的每个扣1分。
	文字技术要求(2分)	填写内容不完整的，字体潦草、填写不清楚各扣0.5分。
尺寸标注(30分)		1)约60个尺寸，每2个尺寸1分； 2)错注尺寸的每个扣0.5分(注写明显不合理不符合尺寸标注规则的、有公差未注公差的尺寸算错注)； 3)尺寸标注不规范(指尺寸标注位置不明显,尺寸箭头标注形式不符合规格要求、字体潦草模糊)、内容不完整、重复尺寸、每个扣0.5分； 4)累计扣分，扣完为止。
标题栏(2分)		包括零件名称、比例和材料的填写，缺少1项不得分；填写内容不完整的，字体潦草、填写不清楚扣0.5分。
其他(7分)		图形布局3分；图线质量4分。

阅卷须知

1.尺规阅卷分为若干组，组长负责管理阅卷分工、组织纪律并作调整处理。
2.阅卷内容分为四个方面，即：(1) 视图表达、技术要求和其他，共33分；(2) 视图中的结构表达和投影，共35分；(3) 尺寸标注、标题栏，共32分。
3.各组根据阅卷内容的多少轻重分配阅卷人数(视图是重点，要挑选有经验的教师阅卷)。

第14届“高教杯”全国大学生先进成图技术与产品信息建模创新大赛机械类投影基础与构型试题

投影基础与构型（50分），考试时间：30分钟。
1.在CAD电子试卷上直接作答，不能改变试题图形比例；2.字母数字及作图图线设置为红色，线型设置：粗实线0.6，细线0.25；3.在左侧框格内务必填写考号，不能写学校名、姓名，否则试卷作废！

(1)看懂形体，补全图中遗漏的投影线（只补粗实线，不补虚线）。(9分)

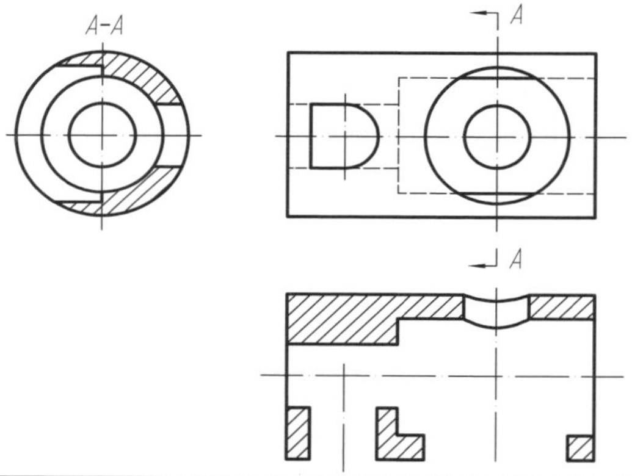

(2)根据轴测图找出该立体的三面视图，并根据视图序号在下面表格对应的序号栏里打✓。(10分)

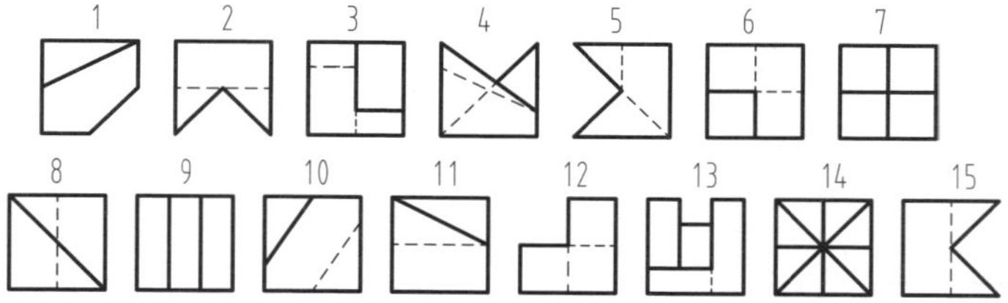

投影图 轴测图	1	2	3	4	6	6	7	8	9	10	11	12	13	14	15
A															
B															
C															
D															
E															

(3)电流在导线中由A流向B，试求作出在点C处的磁场强度方向CD的投影。(需用换面法作图，且A点距离新投影面的距离均为L_1；另外CD的真实长度为L_2）(18分)

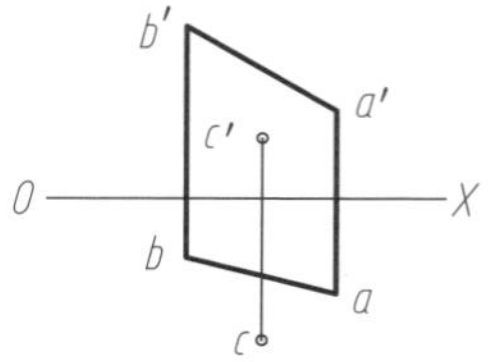

(4)看懂所示机件结构，画出其左侧空腔形状(型芯：铸造零件时，用型砂做成零件空腔的形状)的三视图(忽略铸造圆角)。(13分)

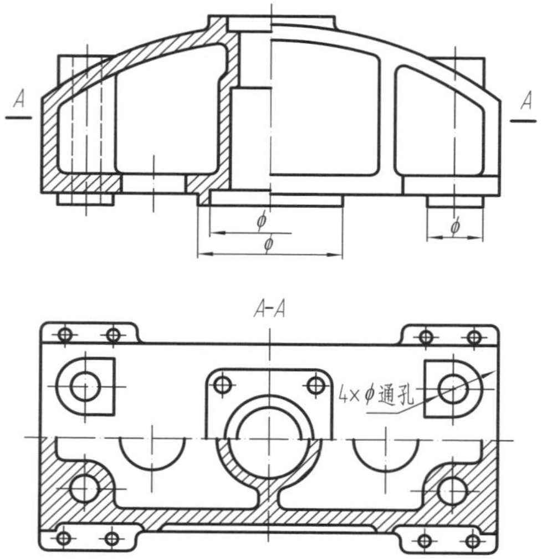

第14届“高教杯”全国大学生先进成图技术与产品信息建模创新大赛机械类投影基础与构型试题参考答案与评分标准

投影基础与构型（50分），考试时间：30分钟。
1.在CAD电子试卷上直接作答，不能改变试题图形比例；2.字母、数字及作图图线设置为红色，线型设置：粗实线0.6，细线0.25；3.在左侧框格内务必填写考号，不能写学校名、姓名，否则试卷作废！

(1)看懂形体，补全图中遗漏的投影线（只补粗实线，不补虚线）。（9分）评分标准：9条漏线，每条1分。

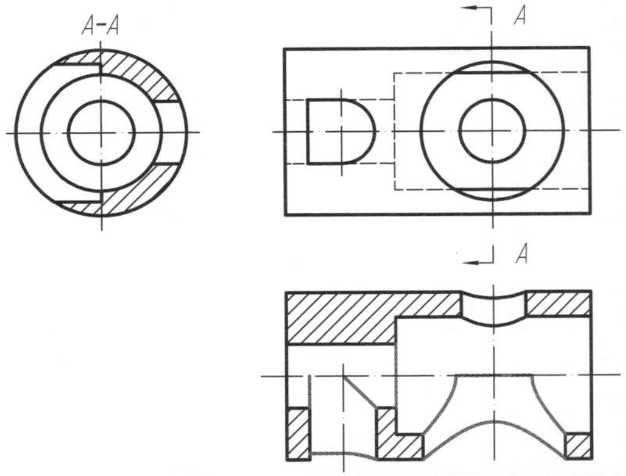

(2)根据轴测图找出该立体的三面视图，并根据视图序号在下面表格对应的序号栏里打√。（10分）

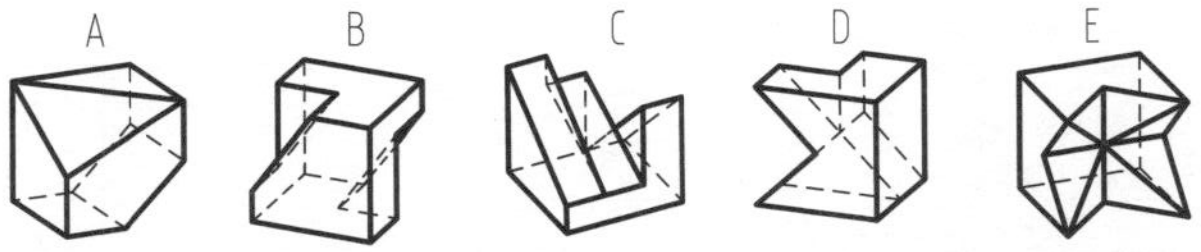

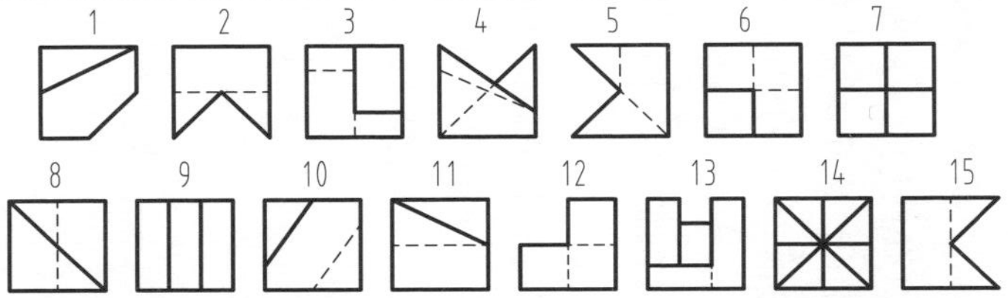

投影图 / 轴测图	1	2	3	4	6	6	7	8	9	10	11	12	13	14	15
A	√							√			√				
B			√			√				√					
C				√					√				√		
D					√		√					√			
E		√												√	√

评分标准：每一行三个选择全对得2分，错任何一个不得分，一共五行，共计10分。

(3)电流在导线中由A流向B，试求作出在点C处的磁场强度方向CD的投影。（需用换面法作图，且A点距离新投影面的距离均为L_1；另外CD的真实长度为L_2）（18分）

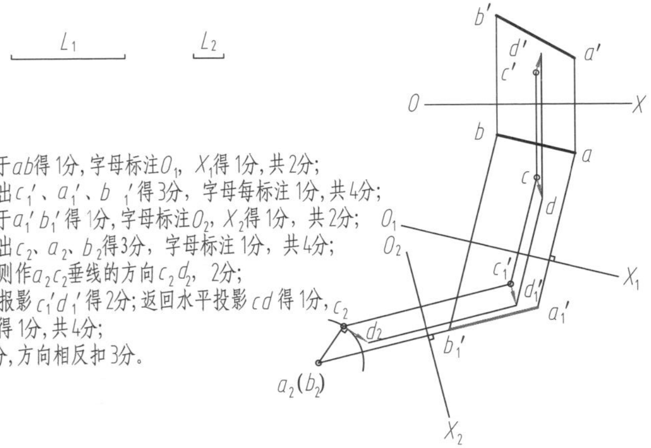

评分标准：
1)作O_1X_1平行于ab得1分，字母标注O_1、X_1得1分，共2分；
2)一次换面求出c_1'、a_1'、b_1'得3分，字母每标注1分，共4分；
3)作O_2X_2垂直于$a_1'b_1'$得1分，字母标注O_2、X_2得1分，共2分；
4)二次换面求出c_2、a_2、b_2得3分，字母标注1分，共4分；
5)根据右手定则作a_2c_2垂线的方向c_2d_2，2分；
6)返回方向的投影$c_1'd_1'$得2分；返回水平投影cd得1分，返回正面投影得1分，共4分；
7)无箭头扣2分，方向相反扣3分。

(4)看懂所示机件结构，画出其左侧空腔形状（型芯：铸造零件时，用型砂做成零件空腔的形状）的三视图（忽略铸造圆角）。（14分）

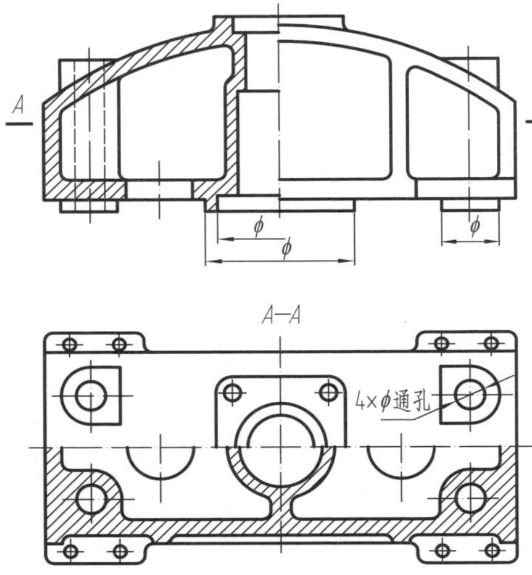

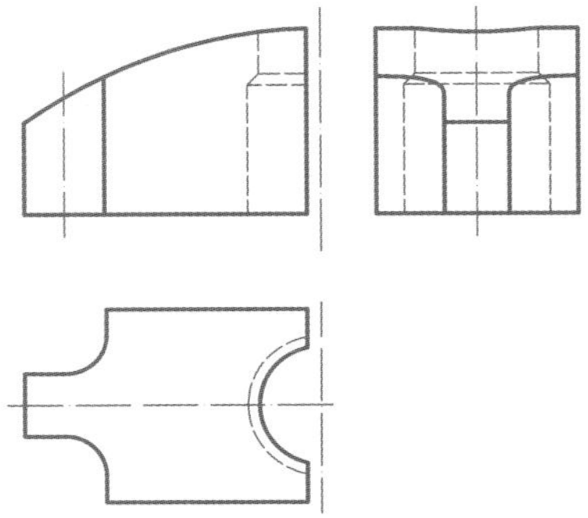

评分标准：
主视图4分，其中实线部分2分，虚线部分2分；
俯视图4分，其中实线部分3分，虚线部分1分；
左视图5分，其中曲线相贯线3分，虚线1分，其余1分。

第14届“高教杯”全国大学生先进成图技术与产品信息建模创新大赛机械类计算机绘图试题

题目要求：

依据所给“三轴钻”中的零件图，创建各零件三维模型（介轮需根据所给条件自行设计），将零件组装成装配体，并生成二维装配工程图（AutoCAD通用的dwg格式）。

完成如下内容：

1. 简答题

(1) 该三轴钻的加工范围是多少（被加工孔的轴线所分布的圆周直径）？

(2) 中心轮与小齿轮的速比为多少（若为小数，保留四位精度）？

(3) 装配后该三轴钻的总高是多少？

(4) 该三轴钻如果要钻 $\phi 10$ 的孔，需更换哪个零件？

(5) 零件19箱体中斜孔 $\phi 6$ 是否起着添加润滑油的作用？

2. 创建各零件的三维模型（如表1所示）。

3. 将所建模型按装配示意图（如图1所示）进行组装。

4. 根据所给条件对介轮进行设计，要求如下：

(1) 根据装配关系构型设计介轮结构。

(2) 对介轮进行三维建模并创建其二维零件工程图（比例1∶1）。

(3) 介轮零件的表面粗糙度选用 $Ra3.2$ 和 $Ra6.3$ 两种规格。

(4) 二维工程图中需列出齿轮参数表。

5. 创建包含所有零件的二维装配图（比例1∶2）。

6. 其他事项：

(1) 标准件可以使用软件中自带的标准件库资源，也可以按比例画法自建，不得使用第三方插件。

(2) 部分零件图中对工艺结构、表面结构要求和几何公差要求作了简化。

(3) 工作原理：此三轴钻是一种安装在立式钻床上用于加工圆周三等分孔（或三的倍数圆周等分孔）零件的高效率工具。在使用时，主轴24安装在钻床主轴上，将动力通过中心轮29，3个介轮34，3个小齿轮16，分别传给小轴10，这样，安装在弹簧套9内的钻头就可以进行钻削加工。当需调整孔分布的圆周尺寸时，可松开介轮轴39上的螺母20，使得支架37绕着介轮轴的轴心线转动，当调整好所需圆周尺寸后，再将螺母旋紧。卡子22卡于箱体19的上部，架体7紧固于机床竖直的燕尾导轨上，与卡子装成一体的杆6插在导向板4的槽内，这样，既可以引导三轴钻的上下滑动，又防止了三轴钻的转动。

(4) 技术要求：

1) 零件安装前清洗干净，去毛刺、倒锐角，锐边倒钝。

2) 装配后试运转，各转动部分应灵活。

(5) 三轴钻中的零件图如图2至图5所示。

14届机械成图大赛讲解

表1 三轴钻中的零件代号、名称、数量和材料

序号	代号	名称	数量	材料
39	TZTLJT-39	介轮轴	3	40cr
38	GB/T 119.1-2000	销 8×35	3	
37	TZTLJT-37	支架	3	45
36	TZTLJT-36	垫片	3	45
35	TZTLJT-35	介轮铜套	3	ZCuSn5Pb5Zn5
34	TZTLJT-34	介轮	3	40Cr
33	GB/T 68-2016	螺钉 M3×6	15	
32	GB/T 1096-2003	键 6×6×12	1	
31	GB/T 894-2017	挡圈 20	1	
30	TZTLJT-30	箱体盖	1	Q235
29	TZTLJT-29	中心轮	1	40Cr
28	TZTLJT-28	调整圈	1	35
27	GB/T 5782-2016	螺栓 M8×60	1	
26	GB/T 292-2007	滚动轴承 46205	2	
25	TZTLJT-25	毡圈	1	细毛毡
24	TZTLJT-24	主轴	1	40Cr
23	GB/T 119.1-2000	销 6×35	1	
22	TZTLJT-22	卡子	1	45
21	GB/T 97.1-20002	垫圈 16	3	
20	GB/T 6173-2015	螺母 M16×1.5	3	
19	TZTLJT-19	箱体	1	45
18	TZTLJT-18	支架盖	3	Q235
17	GB/T 894-2017	挡圈 12	3	
16	TZTLJT-16	小齿轮	3	40Cr
15	GB/T 1096-2003	键 4×4×12	3	
14	TZTLJT-14	垫片	3	45
13	TZTLJT-13	青铜套	3	ZCuSn5Pb5Zn5
12	TZTLJT-12	保护套	3	35
11	GB/T 301-2005	滚动轴承 51102	3	
10	TZTLJT-10	小轴	3	40cr
9	TZTLJT-09	弹簧套	3	65Mn
8	TZTLJT-08	锁紧螺母	3	45
7	TZTLJT-07	架体	1	Q235
6	TZTLJT-06	杆	1	45
5	GB/T 70.1-2008	螺钉 M8×20	4	
4	TZTLJT-04	导向板	1	45
3	TZTLJT-03	压板	1	Q235
2	GB/T 97.1-2002	垫圈 12	2	
1	GB/T 5782-2016	螺栓M12×55	2	

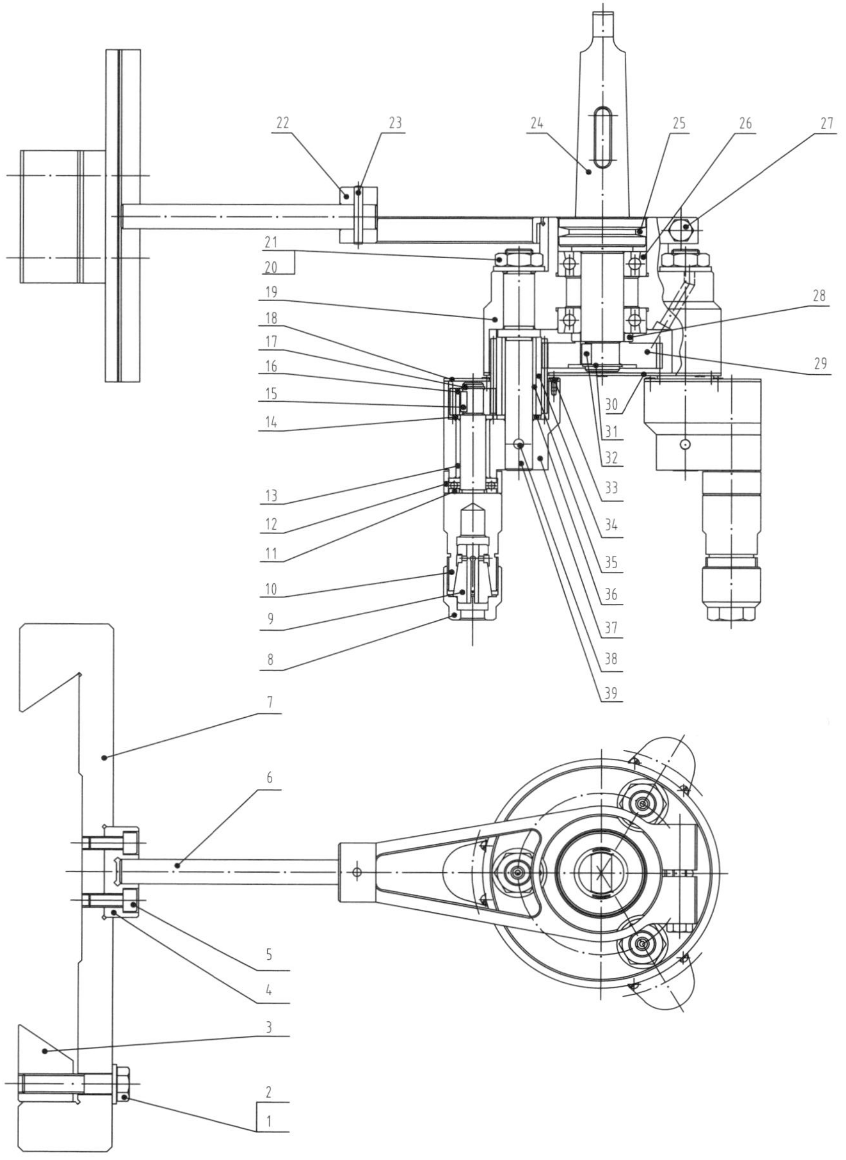

图1 三轴钻装配示意图

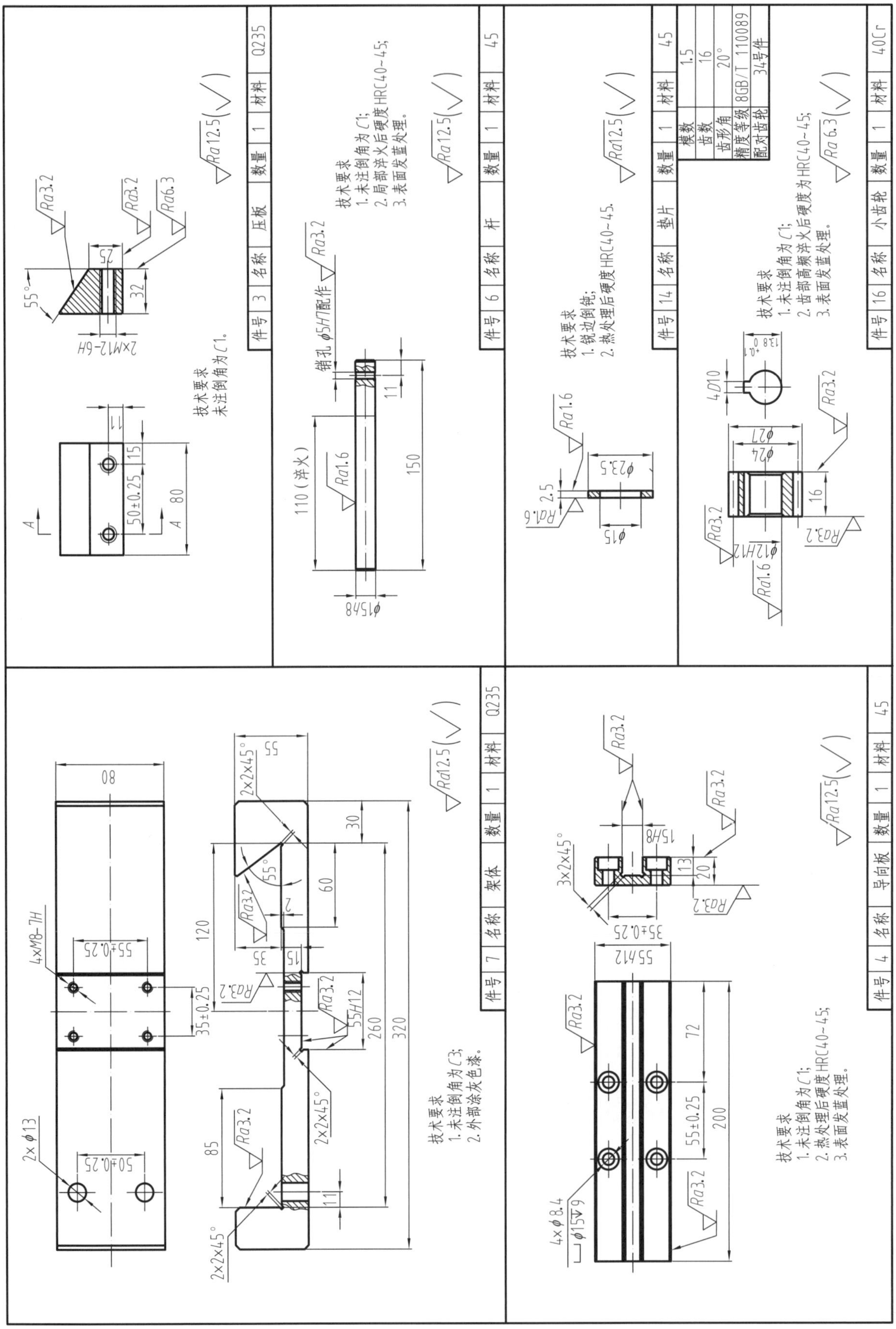
件号 3 名称 压板 数量 1 材料 Q235
技术要求
未注倒角为C1。
件号 6 名称 杆 数量 1 材料 45
技术要求
1.未注倒角为C1;
2.局部淬火后硬度HRC40~45;
3.表面发蓝处理。
件号 14 名称 垫片 数量 1 材料 45
技术要求
1.锐边倒钝;
2.热处理后硬度HRC40~45.
件号 16 名称 小齿轮 数量 1 材料 40Cr
模数 1.5
齿数 16
齿形角 20°
精度等级 8GB/T 110089
配对齿轮 34号件
技术要求
1.未注倒角为C1;
2.齿部高频淬火后硬度为HRC40~45;
3.表面发蓝处理。
件号 7 名称 架体 数量 1 材料 Q235
技术要求
1.未注倒角为C3;
2.外部涂灰色漆。
件号 4 名称 导向板 数量 1 材料 45
技术要求
1.未注倒角为C1;
2.热处理后硬度HRC40~45;
3.表面发蓝处理。

图2 三轴钻零件图1

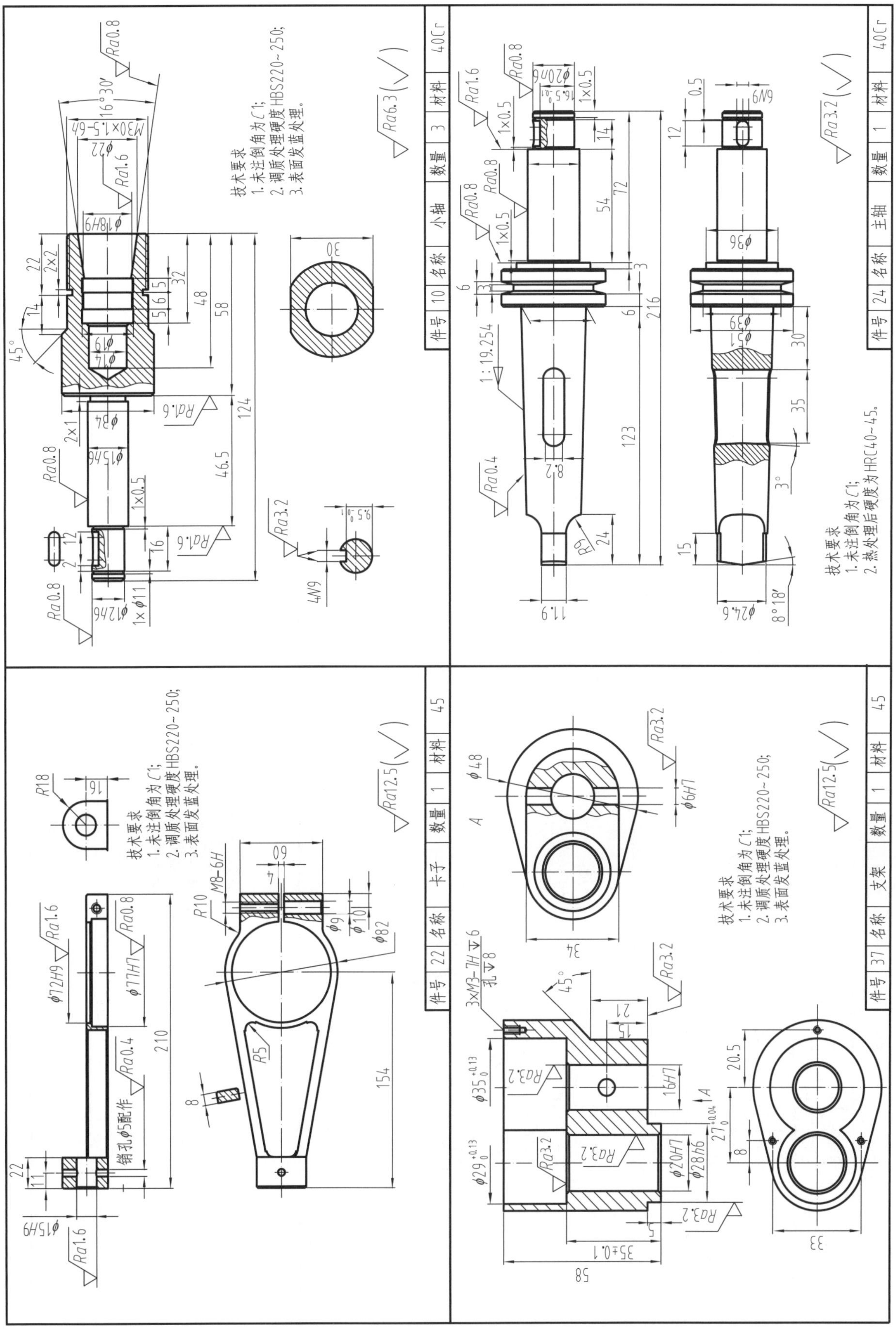
技术要求
1. 未注倒角为C1;
2. 调质处理硬度HBS220~250;
3. 表面发蓝处理。
件号 | 10 | 名称 | 小轴 | 数量 | 3 | 材料 | 40Cr
技术要求
1. 未注倒角为C1;
2. 热处理后硬度为HRC40~45.
件号 | 24 | 名称 | 主轴 | 数量 | 1 | 材料 | 40Cr
技术要求
1. 未注倒角为C1;
2. 调质处理硬度HBS220~250;
3. 表面发蓝处理。
件号 | 22 | 名称 | 卡子 | 数量 | 1 | 材料 | 45
技术要求
1. 未注倒角为C1;
2. 调质处理硬度HBS220~250;
3. 表面发蓝处理。
件号 | 37 | 名称 | 支架 | 数量 | 1 | 材料 | 45

图3 三轴钻零件图2

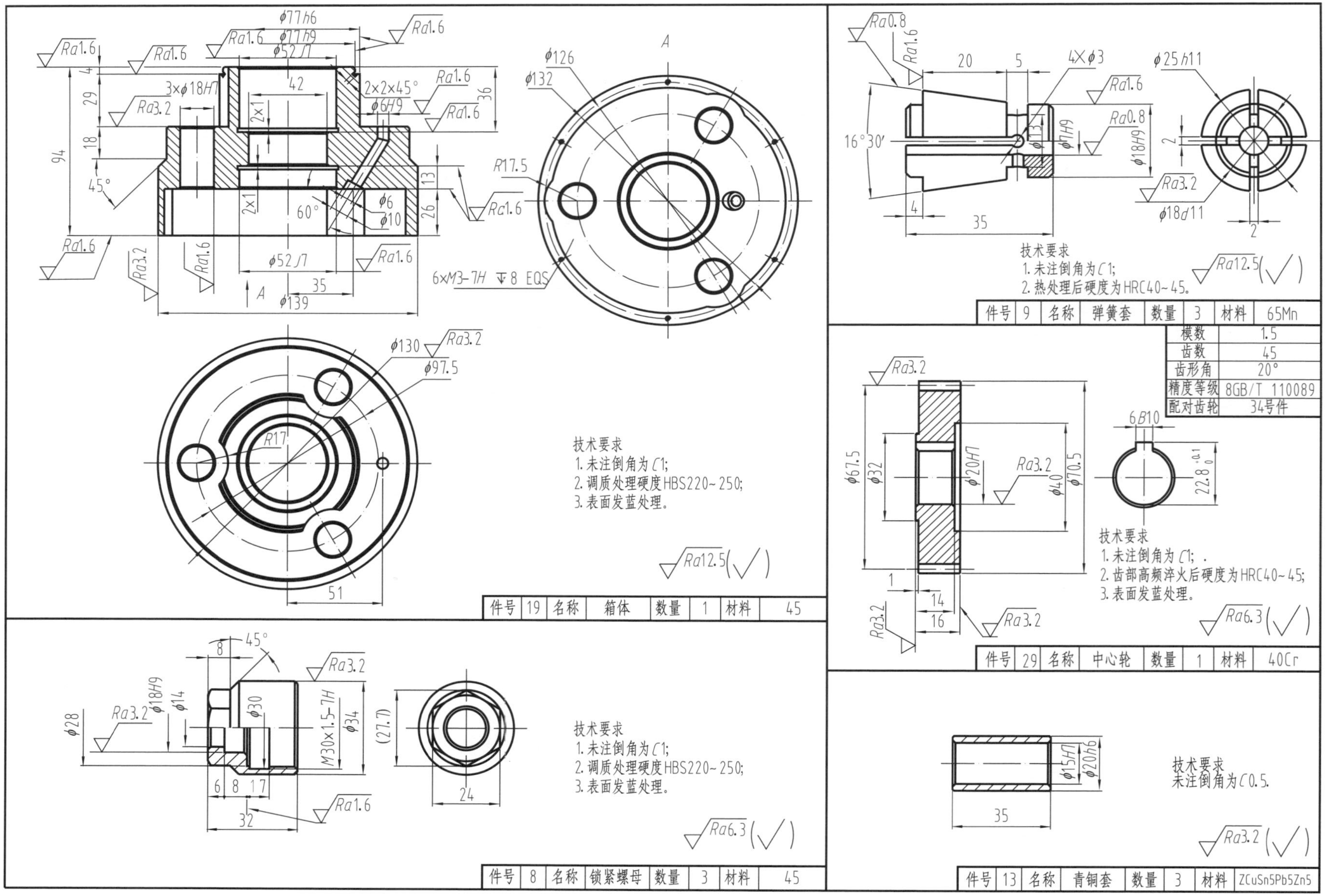
技术要求
1. 未注倒角为C1;
2. 调质处理硬度HBS220~250;
3. 表面发蓝处理。
件号 19 名称 箱体 数量 1 材料 45
技术要求
1. 未注倒角为C1;
2. 热处理后硬度为HRC40~45。
件号 9 名称 弹簧套 数量 3 材料 65Mn
模数 1.5
齿数 45
齿形角 20°
精度等级 8GB/T 110089
配对齿轮 34号件
技术要求
1. 未注倒角为C1;
2. 齿部高频淬火后硬度为HRC40~45;
3. 表面发蓝处理。
件号 29 名称 中心轮 数量 1 材料 40Cr
技术要求
1. 未注倒角为C1;
2. 调质处理硬度HBS220~250;
3. 表面发蓝处理。
件号 8 名称 锁紧螺母 数量 3 材料 45
技术要求
未注倒角为C0.5.
件号 13 名称 青铜套 数量 3 材料 ZCuSn5Pb5Zn5

图4　三轴钻零件图3

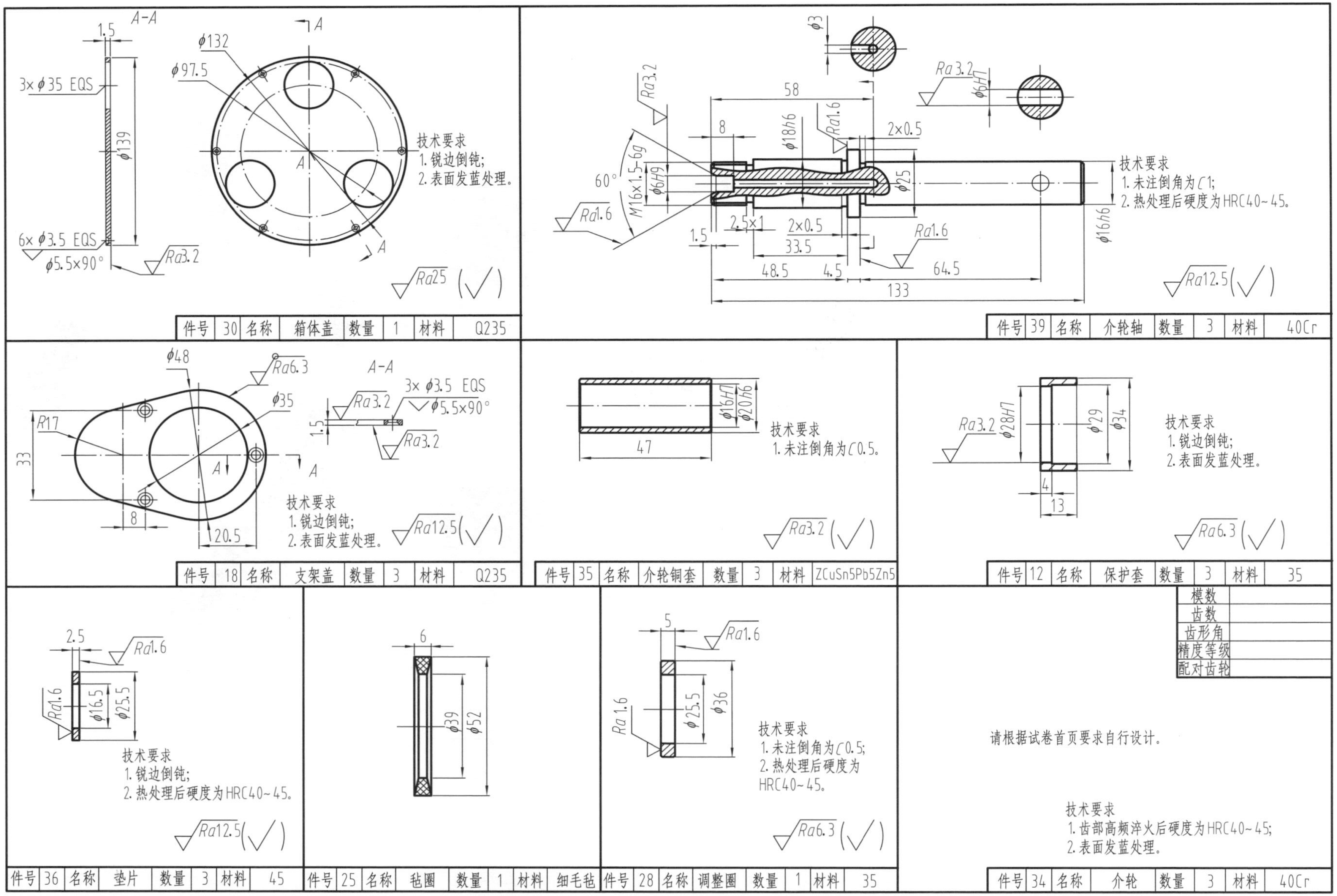
A-A
1.5
3×ϕ35 EQS
ϕ139
6×ϕ3.5 EQS
ϕ5.5×90°
Ra3.2
ϕ132
ϕ97.5
A
技术要求
1. 锐边倒钝;
2. 表面发蓝处理。
Ra25
件号 30 名称 箱体盖 数量 1 材料 Q235
ϕ3
Ra3.2
ϕ6H7
58
8
ϕ18h6
Ra1.6
2×0.5
60°
M16×1.5-6g
ϕ6H9
Ra1.6
ϕ25
ϕ16h6
1.5
2.5×1
2×0.5
33.5
48.5
4.5
64.5
133
技术要求
1. 未注倒角为C1;
2. 热处理后硬度为HRC40~45。
Ra12.5
件号 39 名称 介轮轴 数量 3 材料 40Cr
ϕ48
Ra6.3
ϕ35
R17
33
8
20.5
A-A
3×ϕ3.5 EQS
ϕ5.5×90°
Ra3.2
1.5
技术要求
1. 锐边倒钝;
2. 表面发蓝处理。
Ra12.5
件号 18 名称 支架盖 数量 3 材料 Q235
ϕ16H7
ϕ20h6
47
技术要求
1. 未注倒角为C0.5。
Ra3.2
件号 35 名称 介轮铜套 数量 3 材料 ZCuSn5Pb5Zn5
Ra3.2
ϕ28H7
ϕ29
ϕ34
4
13
技术要求
1. 锐边倒钝;
2. 表面发蓝处理。
Ra6.3
件号 12 名称 保护套 数量 3 材料 35
2.5
Ra1.6
ϕ16.5
ϕ25.5
技术要求
1. 锐边倒钝;
2. 热处理后硬度为HRC40~45。
Ra12.5
件号 36 名称 垫片 数量 3 材料 45
6
ϕ39
ϕ52
件号 25 名称 毡圈 数量 1 材料 细毛毡
5
Ra1.6
ϕ25.5
ϕ36
技术要求
1. 未注倒角为C0.5;
2. 热处理后硬度为HRC40~45。
Ra6.3
件号 28 名称 调整圈 数量 1 材料 35
模数
齿数
齿形角
精度等级
配对齿轮
请根据试卷首页要求自行设计。
技术要求
1. 齿部高频淬火后硬度为HRC40~45;
2. 表面发蓝处理。
件号 34 名称 介轮 数量 3 材料 40Cr

图5　三轴钻零件图4

第 14 届“高教杯”全国大学生先进成图技术与产品信息建模创新大赛机械类计算机绘图试题参考答案

1. 简答题

序号	问题描述	选手简答
1	该三轴钻的加工范围是多少(被加工孔的轴线所分布的圆周直径)?	ϕ43.5～ϕ151.5
2	中心轮与小齿轮的速比为多少(若为小数,保留四位精度)?	0.355 6
3	装配后该三轴钻的总高是多少?	365
4	该三轴钻如果要钻 ϕ10 的孔,需更换哪个零件?	零件 9 弹簧套
5	零件 19 箱体中斜孔 ϕ6 是否起着添加润滑油的作用?	是

2. 零件模型

零件序号	名称	参考模型
1	螺栓 *M*12×55	
2	垫圈 12	
3	压板	
4	导向板	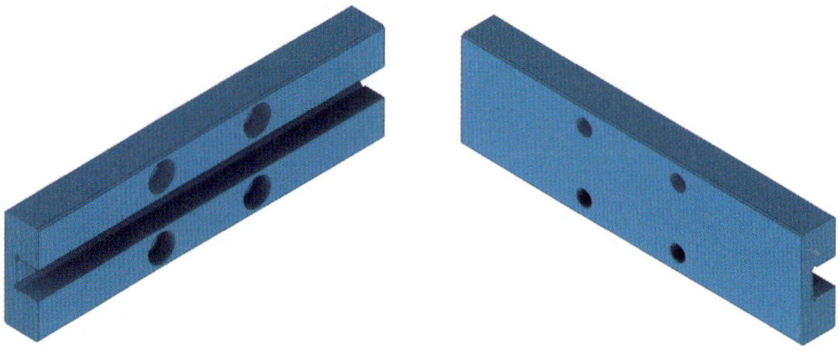
5	螺钉 *M*8×20	

续表

零件序号	名称	参考模型
6	杆	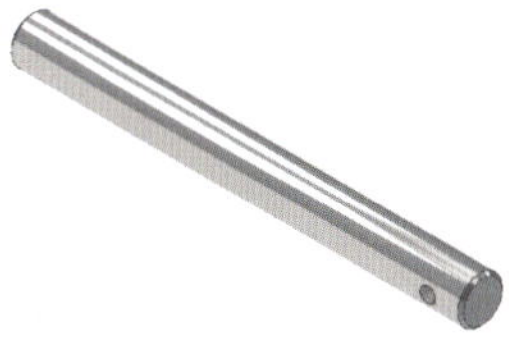
7	架体	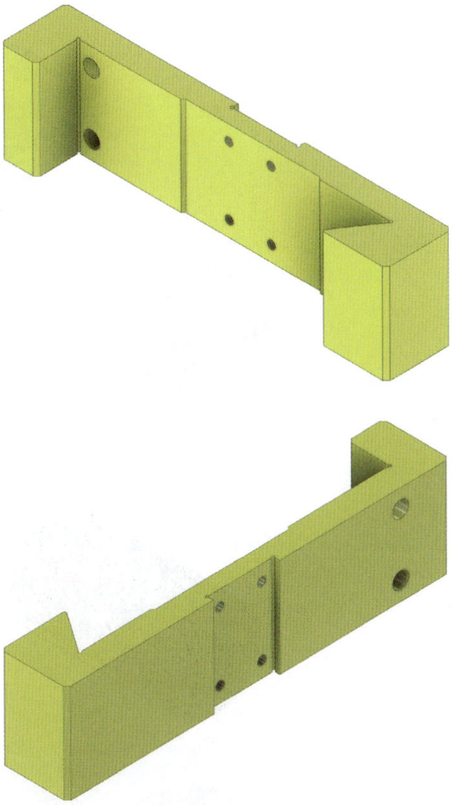
8	锁紧螺母	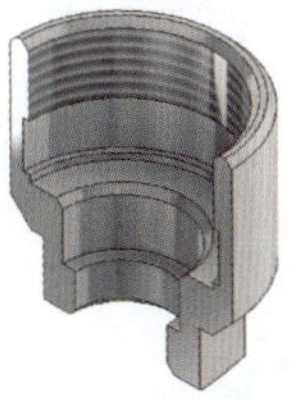 
9	弹簧套	 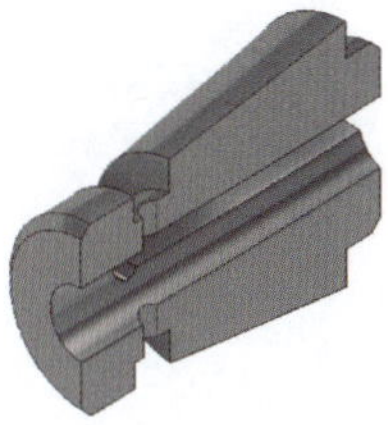

续表

零件序号	名称	参考模型
10	小轴	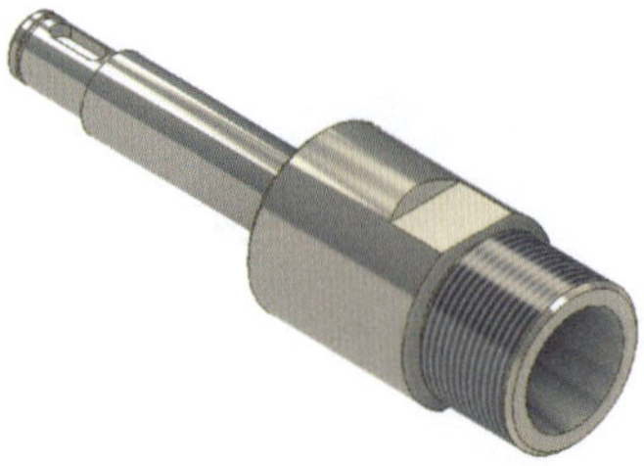 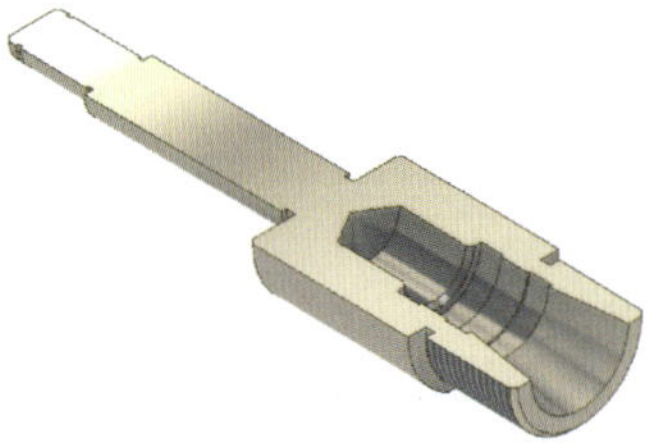
11	滚动 轴承 51102	
12	保护套	 
13	青铜套	 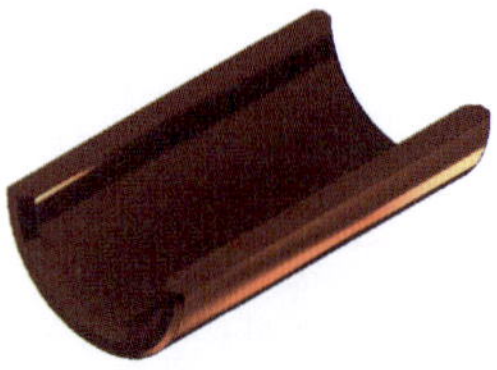
14	垫片	 
15	键 4×4×12	
16	小齿轮	 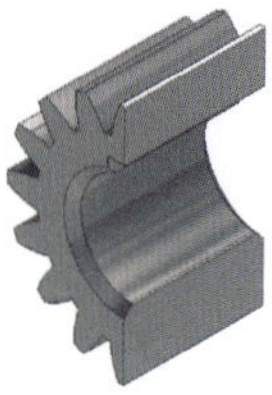
17	挡圈 12	

续表

零件序号	名称	参考模型
18	支架盖	
19	箱体	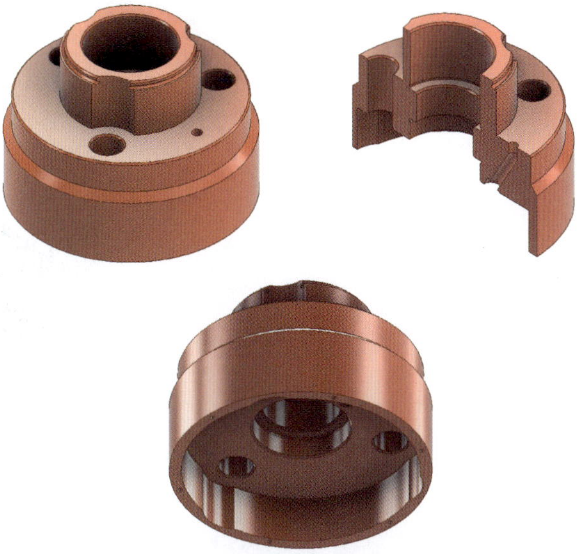
20	螺母 $M16\times1.5$	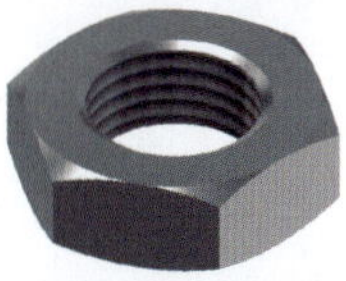
21	垫圈 16	
22	卡子	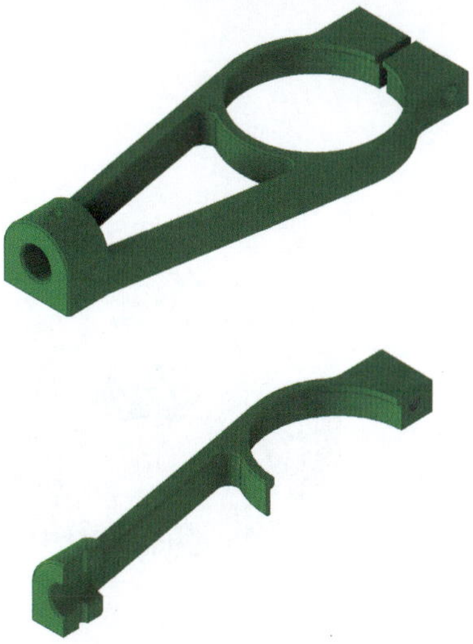
23	销 6×35	

续表

零件序号	名称	参考模型
24	主轴	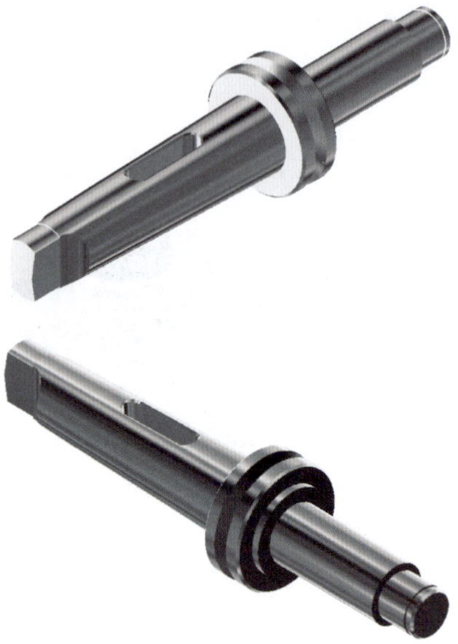
25	毡圈	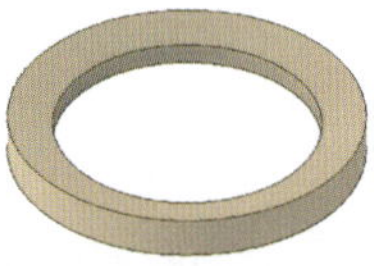
26	滚动 轴承 46205	
27	螺栓 *M*8×60	
28	调整圈	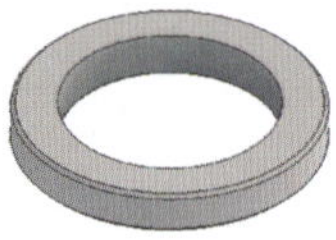
29	中心轮	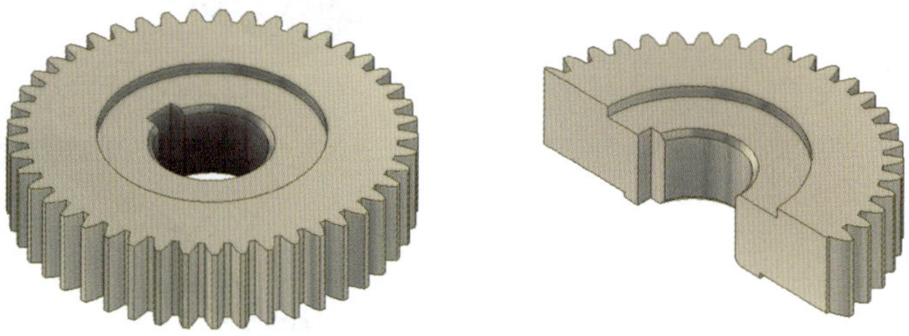
30	箱体盖	

续表

零件序号	名称	参考模型
31	挡圈 20	
32	键 6×6×12	
33	螺钉 $M3\times6$	
34	介轮	
35	介轮铜套	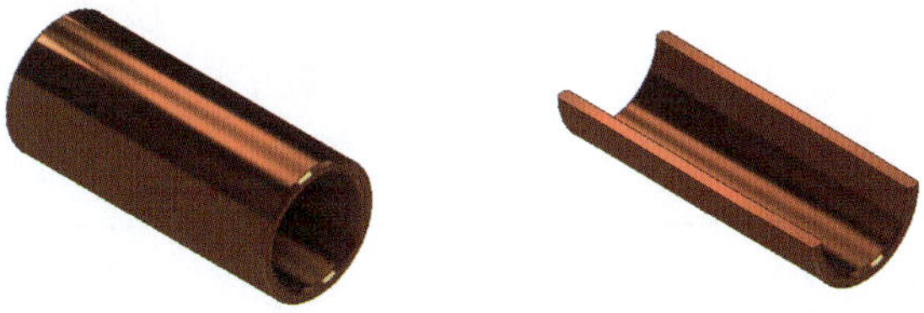
36	垫片	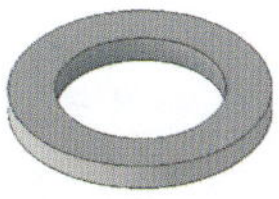
37	支架	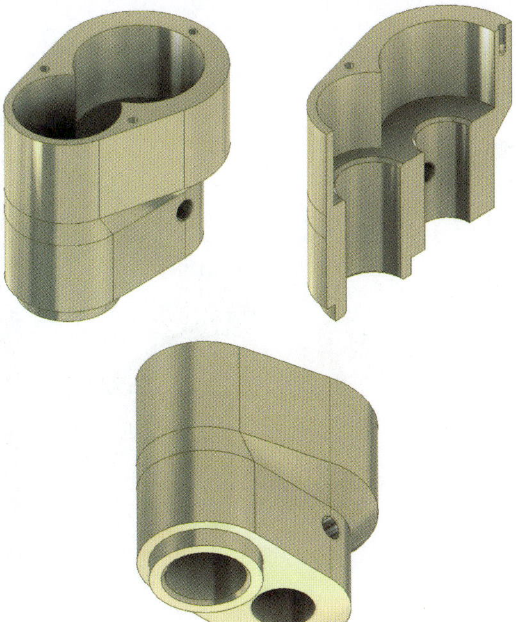

续表

零件序号	名称	参考模型
38	销 8×35	
39	介轮轴	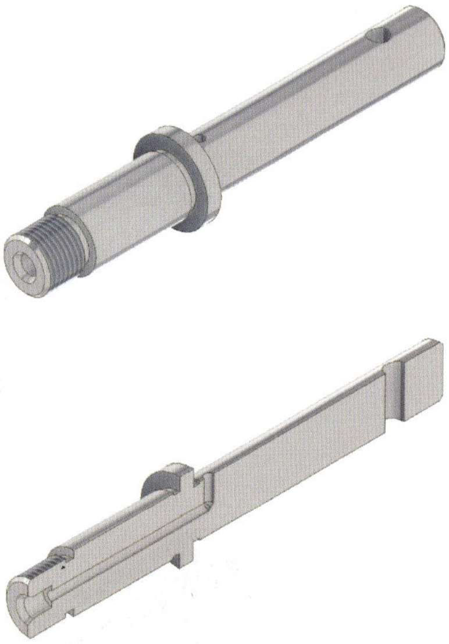

3. 三维装配体

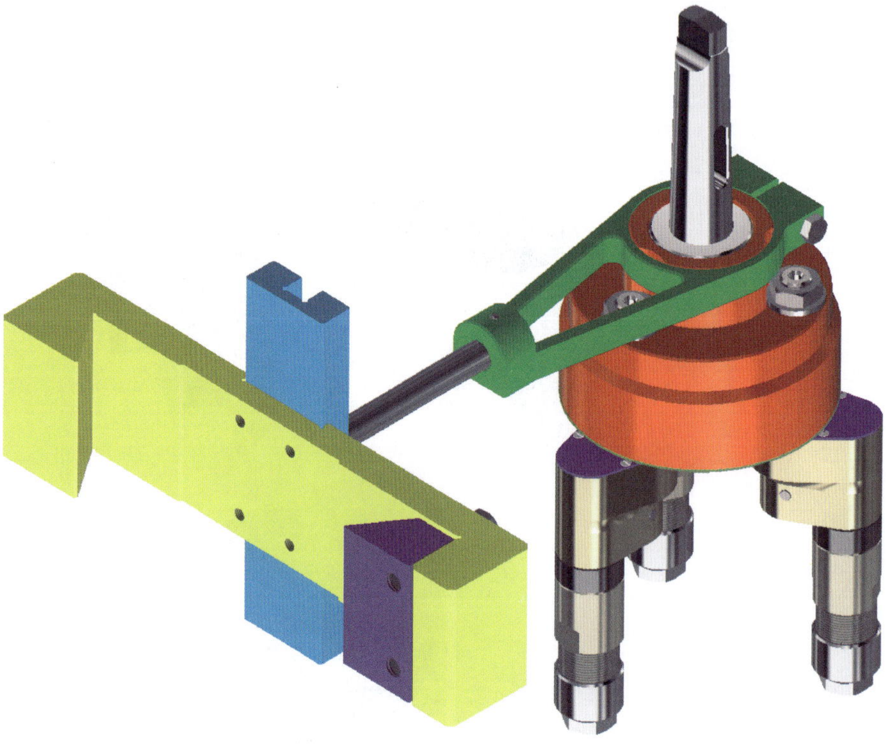

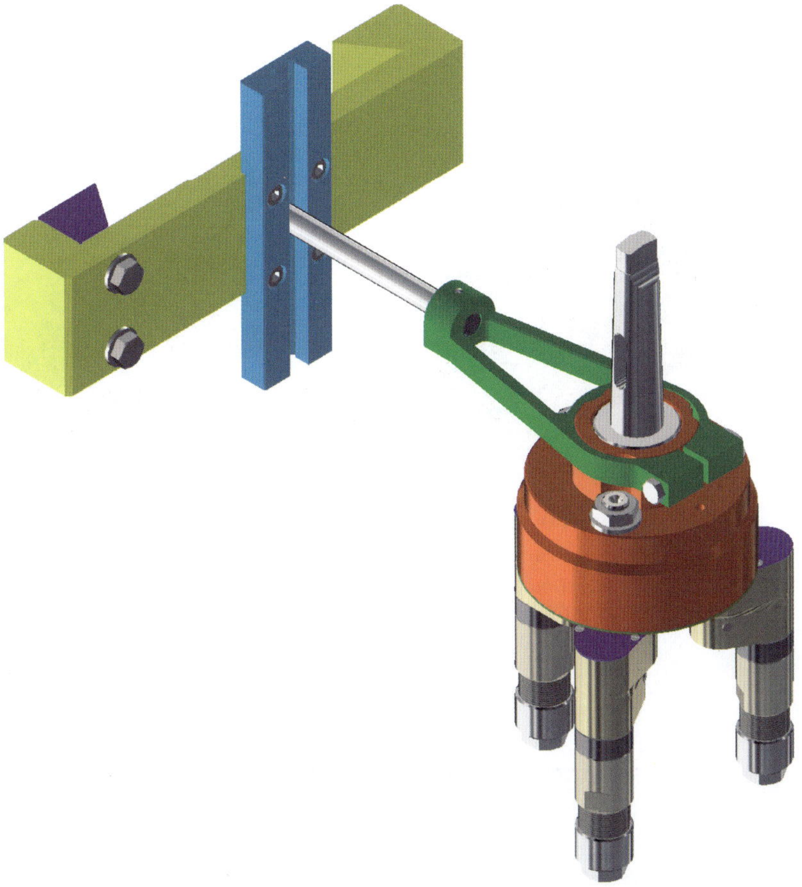

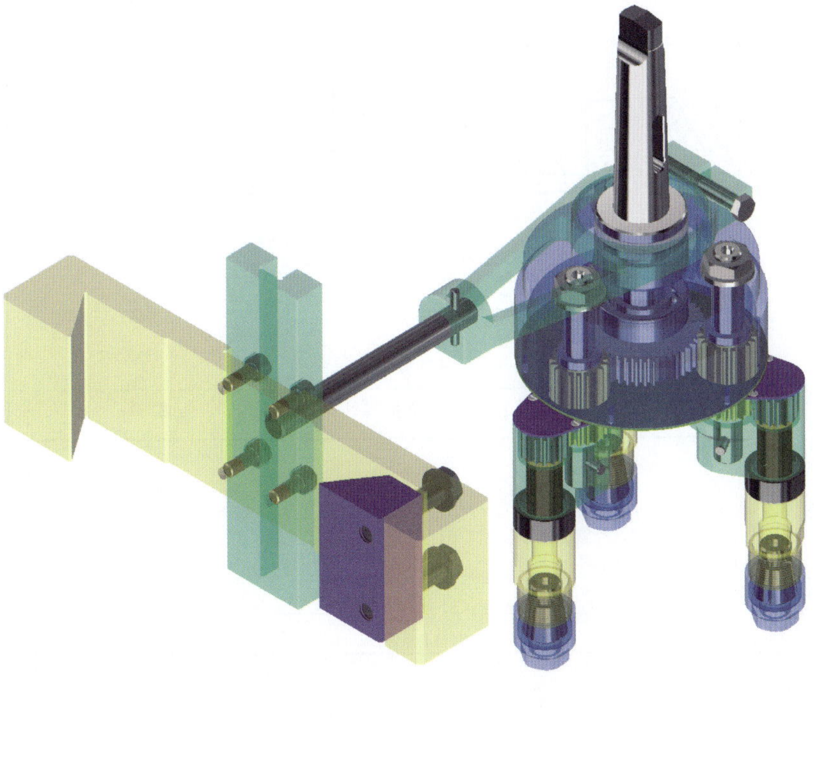

4. 介轮构型设计

<table>
<tr><th>项目</th><th>示例</th></tr>
<tr><td>三维模型</td><td> 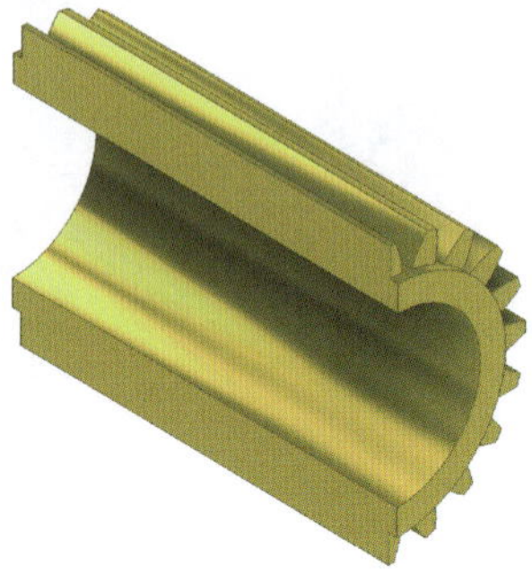</td></tr>
<tr><td>二维工程图</td><td>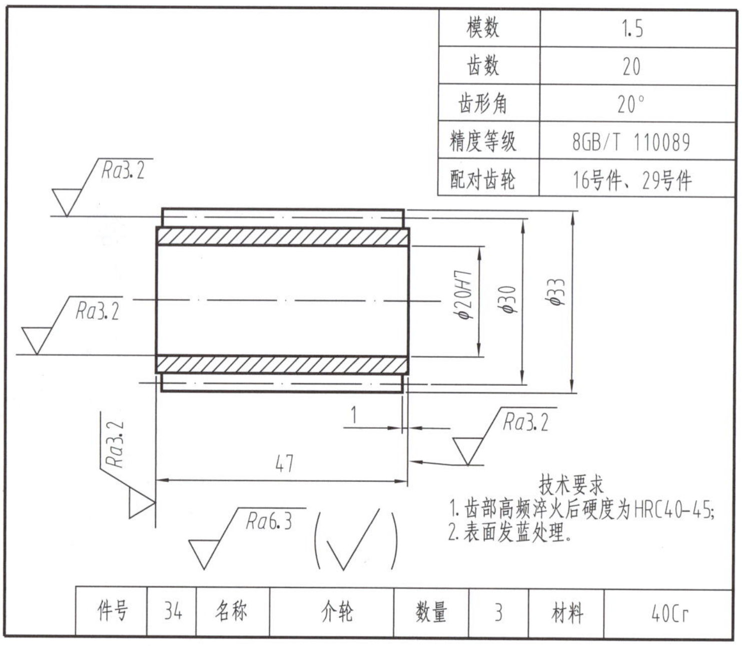
</td></tr>
</table>

5. 二维装配图

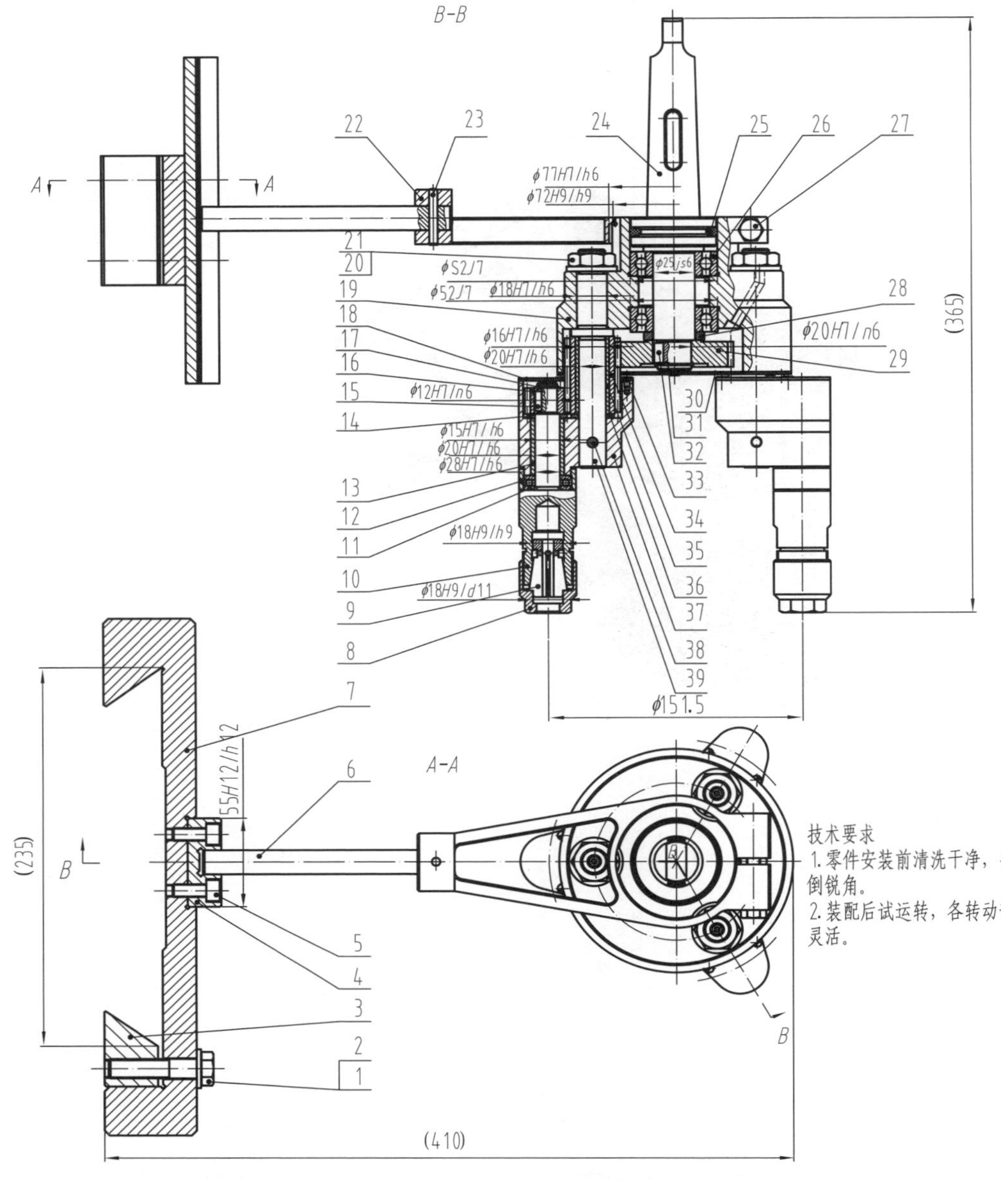

技术要求

1. 零件安装前清洗干净，去毛刺、倒锐角。

2. 装配后试运转，各转动部分应灵活。

序号	代号	名称	数量	材料	单件质量	总计质量	备注
39	TZTLJT-39	介轮轴	3	40cr			
38	GB/T 119.1-2000	销 8×35	3				
37	TZTLJT-37	支架	3	45			
36	TZTLJT-36	垫片	3	45			
35	TZTLJT-35	介轮铜套	3	ZCuSn5Pb5Zn5			
34	TZTLJT-34	介轮	3	40Cr			
33	GB/T 68-2016	螺钉 M3×6	15				
32	GB/T 1096-2003	键 6×6×12	1				
31	GB/T 894-2017	挡圈 20	1				
30	TZTLJT-30	箱体盖	1	Q235			
29	TZTLJT-29	中心轮	1	40Cr			
28	TZTLJT-28	调整圈	1	35			
27	GB/T 5782-2016	螺栓 M8×60	1				
26	GB/T 292-2007	滚动轴承 46205	2				
25	TZTLJT-25	毡圈	1	细毛毡			
24	TZTLJT-24	主轴	1	40Cr			
23	GB/T 119.1-2000	销 6×35	1				
22	TZTLJT-22	卡子	1	45			
21	GB/T 97.1-20002	垫圈 16	3				
20	GB/T 6173-2015	螺母 M16×1.5	3				
19	TZTLJT-19	箱体	1	45			
18	TZTLJT-8	支架盖	3	Q235			
17	GB/T 894-2017	挡圈 12	3				
16	TZTLJT-16	小齿轮	3	40Cr			
15	GB/T 1096-2003	键 4×4×12	3				
14	TZTLJT-14	垫片	3	45			
13	TZTLJT-13	青铜套	3	ZCuSn5Pb5Zn5			
12	TZTLJT-12	保护套	3	35			
11	GB/T 301-2005	滚动轴承 51102	3				
10	TZTLJT-10	小轴	3	40cr			
9	TZTLJT-09	弹簧套	3	65Mn			
8	TZTLJT-08	锁紧螺母	3	45			
7	TZTLJT-07	架体	1	Q235			
6	TZTLJT-06	杆	1	45			
5	GB/T 70.1-2008	螺钉 M8×20	4				
4	TZTLJT-04	导向板	1	45			
3	TZTLJT-03	压板	1	Q235			
2	GB/T 97.1-2002	垫圈 12	2				
1	GB/T 5782-2016	螺栓 M12×55	2				

标记	处数	分区	更改文件号	签名	年月日		第14届全国先进成图大赛
设计	(签名)	(年月日)	标准化	(签名)	(年月日)	阶段标记 重量 比例	三轴钻
制图						1:2	SZZZPT
审核							
工艺			批准			共1张 第1张	

第15届“高教杯”全国大学生先进成图技术与产品信息建模创新大赛机械类尺规绘图试题

1. 工程制图卷（分值130分）
（1）考试时间：60分钟
（2）绘图要求：
1）在线上竞赛平台中下载标准答题文档（DWG）进行答题，比例1∶1，图线、字体等使用文档设定；
2）在完整、清晰、准确地表达零件形状结构的前提下，要求选择一组视图数量少、最简洁的表达方法；
3）零件图的绘制必须执行最新颁布的国家标准。视图可采用规定的简化画法（尺寸箭头不能采用简化画法）；
4）注意事项：严格按工程图标准进行制图，不能在图纸任何位置填写学校、姓名，否则试卷作废。

2. 补充说明
（1）零件名称：阀体；材料：ZL105；
（2）M12通孔所在的立体前后对称分布；
（3）在所绘制的零件图中标注以下形位公差：
1）以底板底面为基准面D，前端ϕ28H7孔的轴线相对于基准面的平行度公差为0.04。
2）以孔ϕ25轴心线为基准E，圆柱ϕ50的轴心线相对基准E的同轴度公差为ϕ0.02。
3）A向视图中M18×2-7H孔所在端面的平面度为0.1。

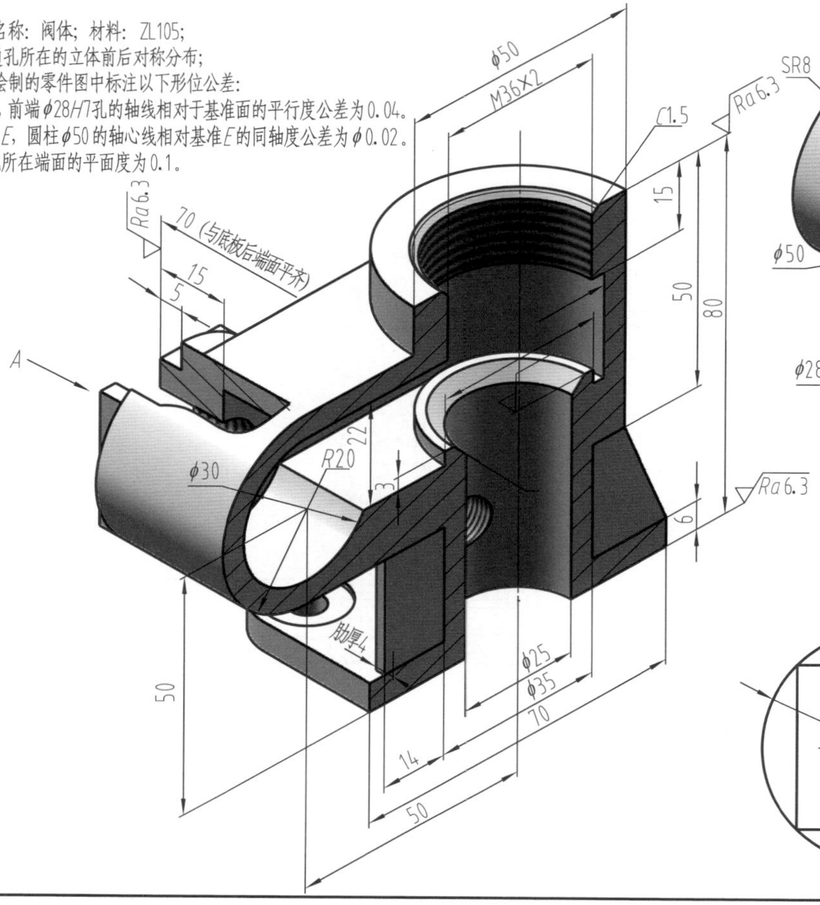

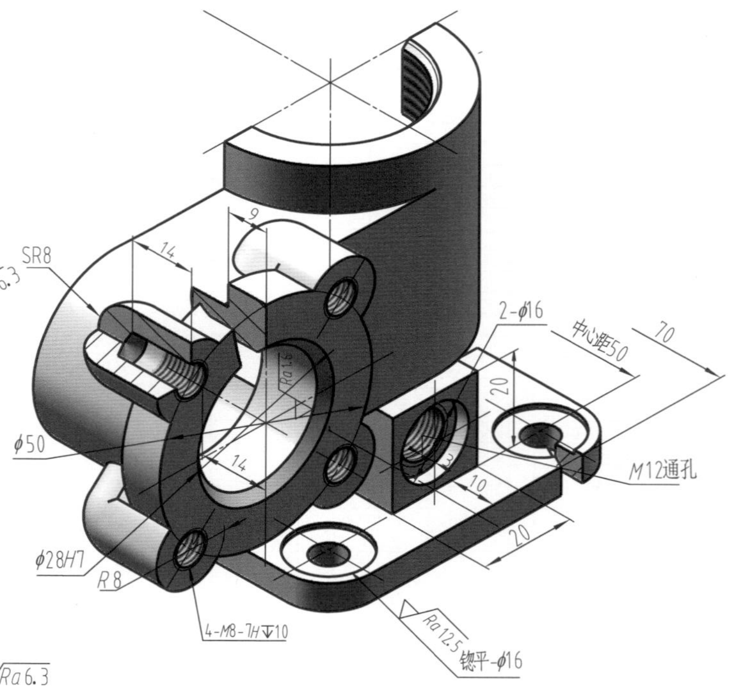

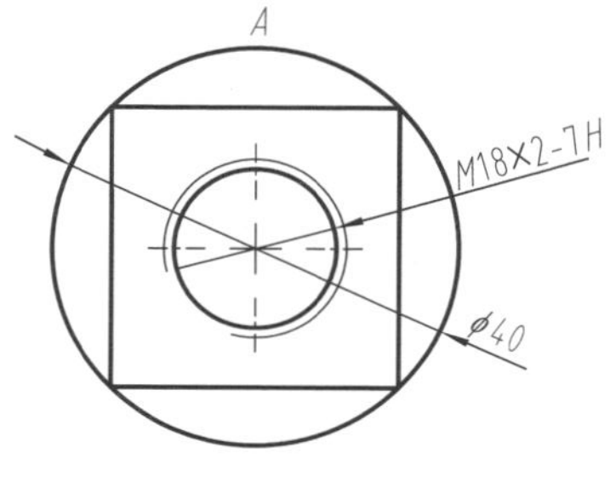

技术要求
1. 铸件不允许有砂眼、缩孔、裂纹等缺陷；
2. 铸件应经过时效处理。

√（√）

第15届“高教杯”全国大学生先进成图技术与产品信息建模创新大赛机械类尺规绘图试题答案

方案一

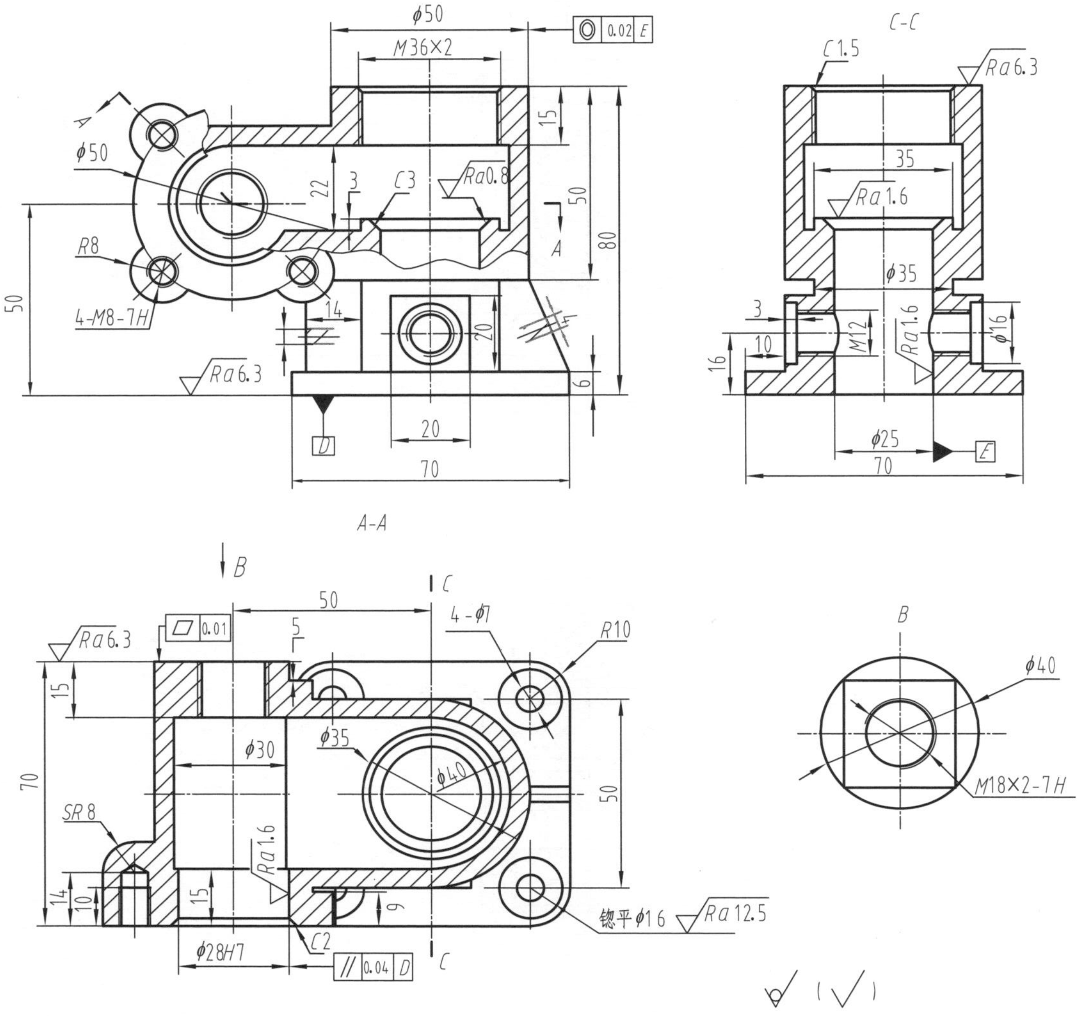

局部剖+旋转剖方案评分：

计算机评分细则：总分130分

1. 按结构形状划分后，表达图形是否匹配进行评分，具体参考图形划分情况。
2. 分值分布如下：
   - 主视图：30分
   - 俯视图：25分
   - 左视图：15分
   - B向局部视图：5分
   - 重合断面图（2个）：6分
3. 尺寸标注（48个）与表面粗糙度符号（8个）合并计分，共28分
4. 形位公差每个4分，3个标注，合计12分
5. 注写：
   - 技术要求：1分
   - 其余表面粗糙度注写：2分
   - 基本内容注写：6分

技术要求：

1. 铸件不允许有砂眼、缩孔、裂纹等缺陷。
2. 铸件应经过时效处理。
3. 未注圆角为R3~R5。

阀体		比例	1:1		
		材料	ZL105		
制图			重量		
描图					
审核					

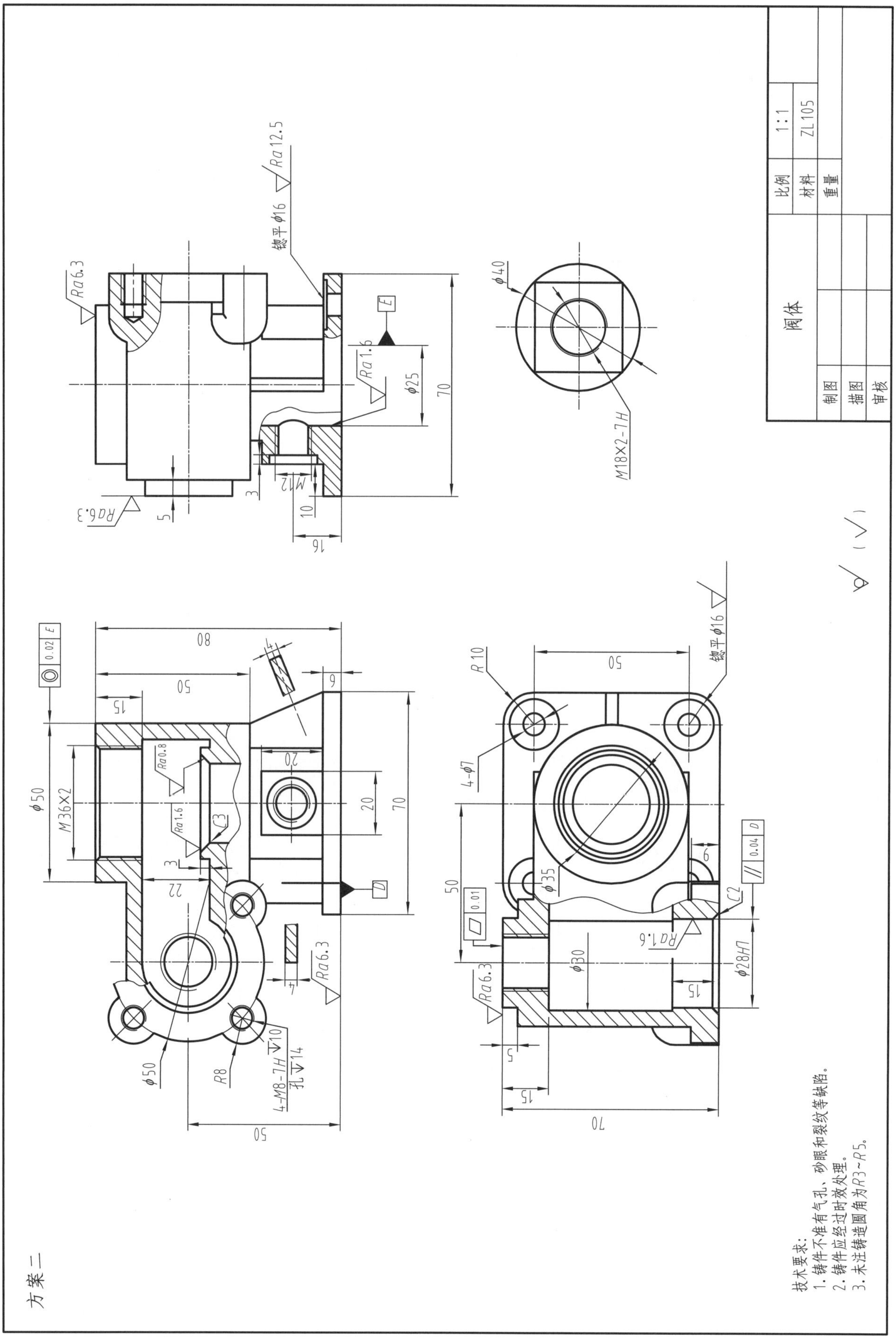
方案二
阀体
比例 1:1
材料 ZL105
重量
制图
描图
审核
技术要求：
1. 铸件不准有气孔、砂眼和裂纹等缺陷。
2. 铸件应经过时效处理。
3. 未注铸造圆角为R3~R5。
锪平ϕ16
Ra12.5
Ra6.3
Ra1.6
Ra0.8
M18×2-7H
4-M8-7H↧10
孔↧14
M36×2
ϕ50
ϕ40
ϕ35
ϕ30
ϕ28H7
ϕ25
4-ϕ7
R10
R8
C2
C3
M12

方案三

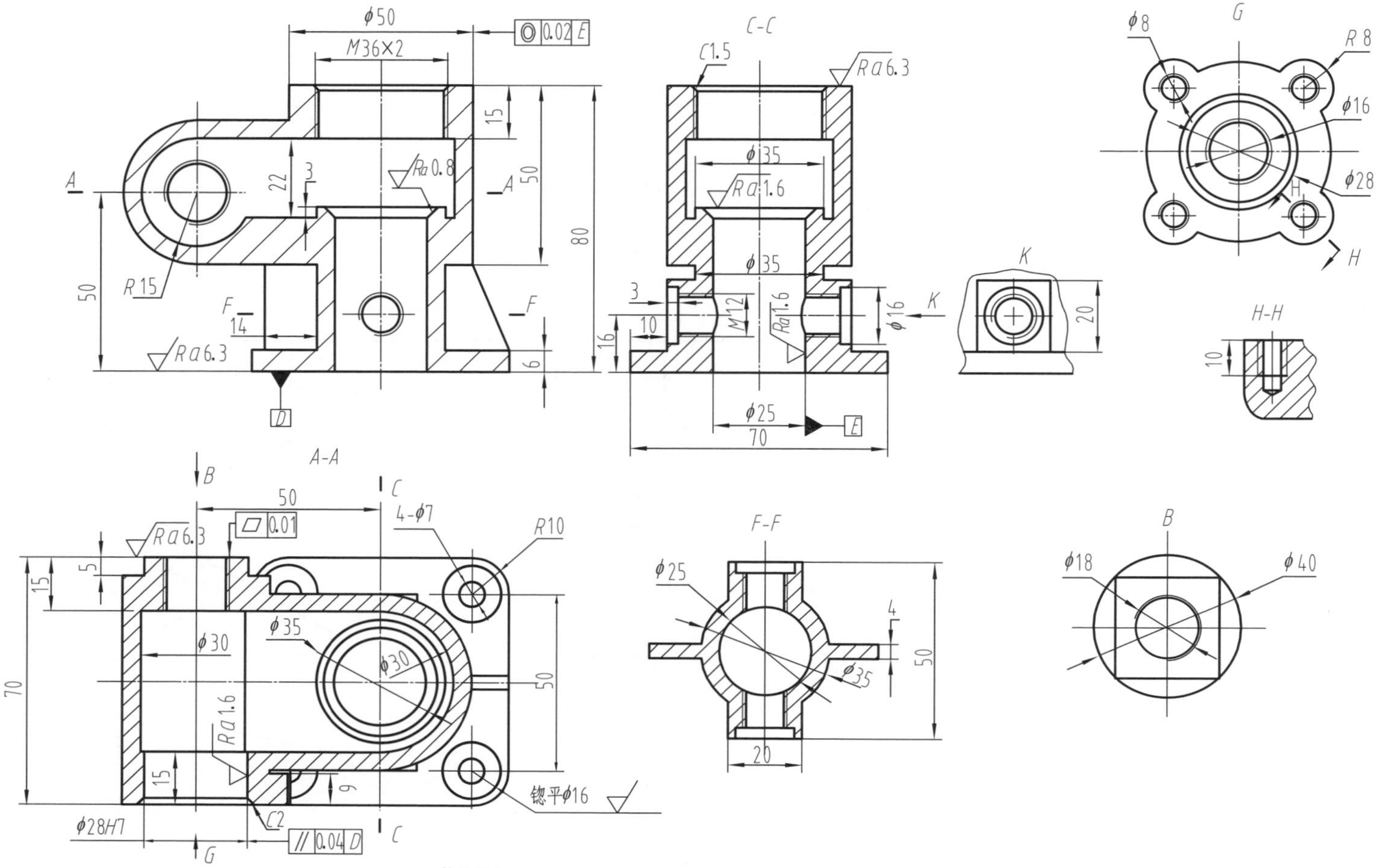

技术要求：

1. 铸件不准有气孔、砂眼和裂纹等缺陷。
2. 铸件应经过时效处理。
3. 未注铸造圆角为$R3\sim R5$。

全剖+多辅助视图方案评分：
（由于不符合视图数量少、最简洁表达方法的要求，故总分为120分）
计算机评分细则：总分120分
1. 按结构形状划分后，表达图形是否匹配进行评分，具体参考图形划分情况。
2. 分值分布如下：
主视图：15分
俯视图：15分
左视图：15分
*B*向局部视图：5分
*F-F*断面图：5分
*G*向局部视图：5分
*K*向局部视图：5分
*H-H*移除断面图：6分
3. 尺寸标注（48个）与表面粗糙度符号（8个）
合并计分，共28分
4. 形位公差每个4分，3个标注，合计12分
5. 注写：
技术要求：1分
其余表面粗糙度注写：2分
基本内容注写：6分

阀体			比例	1:1
			材料	ZL105
制图			重量	
描图				
审核				

第15届“高教杯”全国大学生先进成图技术与产品信息建模创新大赛机械类投影基础与构型试题

注意：请使用在线平台作图，如有所需尺寸，直接在视图中量取

1.高山滑雪是北京冬奥会上竞速运动，下图为某运动员高山滑雪的投影路径，请求出此滑雪路径的真实总长度。图的比例为1:1000（8分）

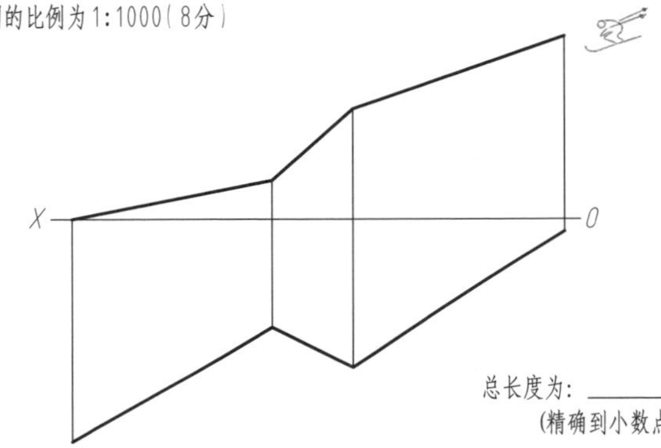

总长度为：________米
（精确到小数点后1位）

2.下图为一个立体的六面可见投影，请按基本视图展开画法在指定位置排列出六个视图并补全虚线。（18分）

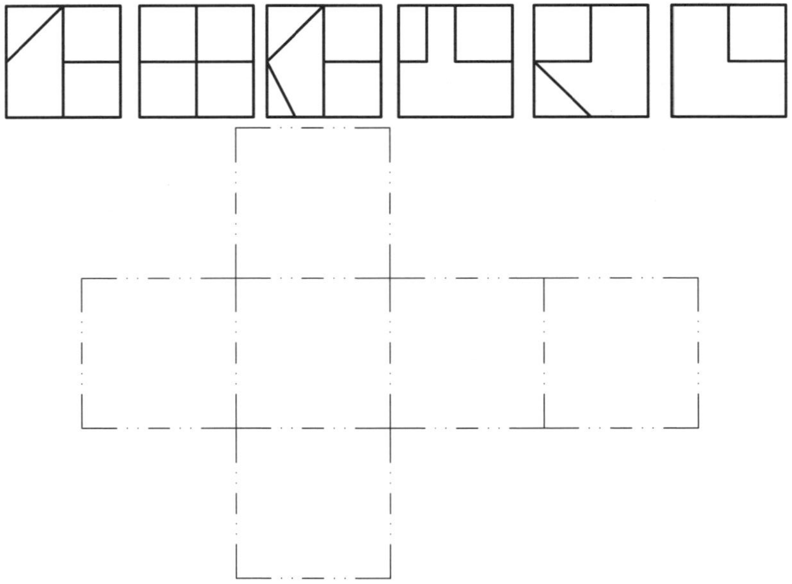

3.根据已知下述平面立体主、左视图，请设计出两种合理的立体构型，并绘制对应的俯视图与轴测图。（20分）

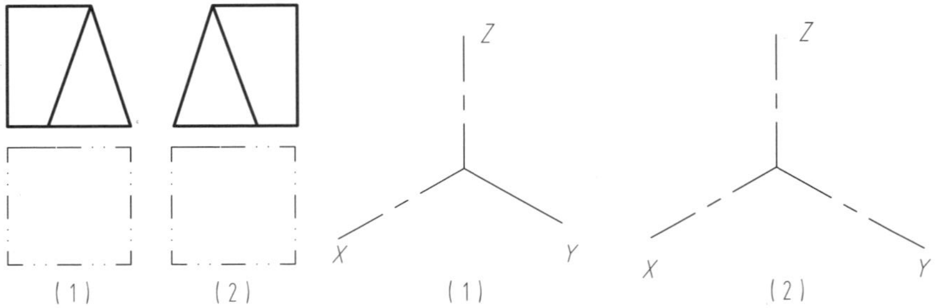

4.根据已知下列各立体的主视图，找出对应的俯视图与左视图，把对应数字编号填入下表中。（24分）

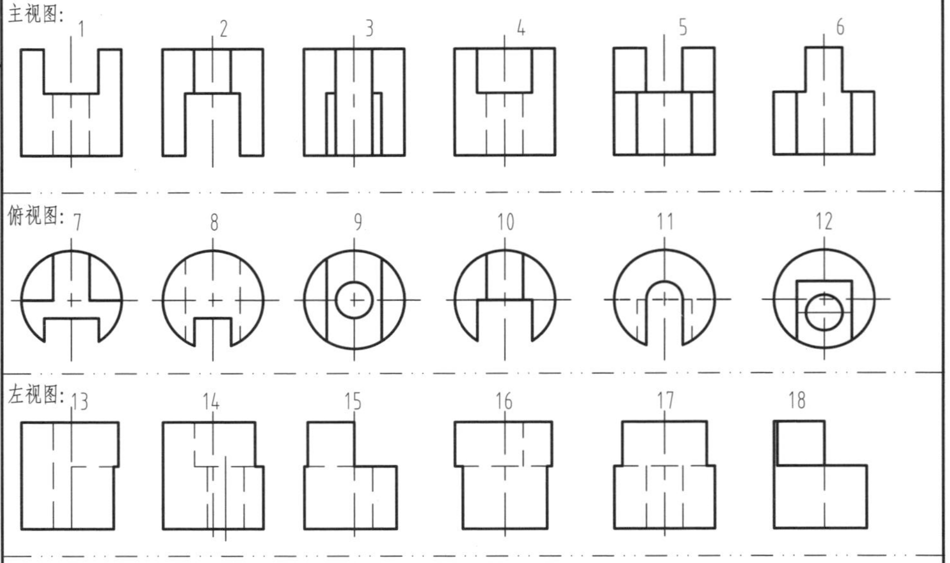

已知主视图序号	1	2	3	4	5	6
对应俯视图序号						
对应左视图序号						

第15届“高教杯”全国大学生先进成图技术与产品信息建模创新大赛机械类投影基础与构型试题答案

评分标准参考总分：70分

注意：请使用在线平台作图， 如有所需尺寸，直接在视图中量取

1. 高山滑雪是北京冬奥会上竞速运动，下图为某运动员回转滑雪的投影路径，请求出此滑雪路径的真实总长度。图的比例为1:1000（8分）

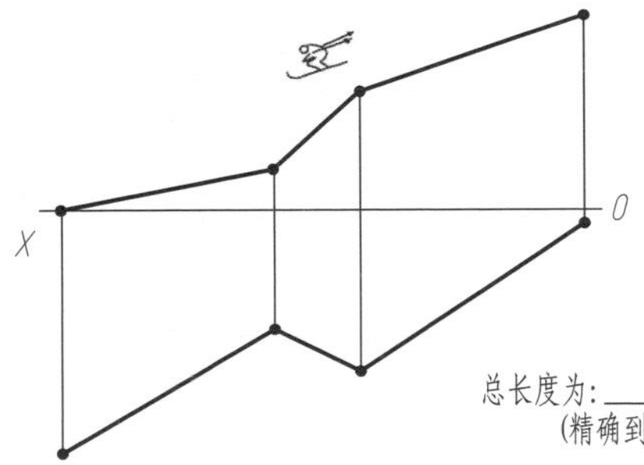

本题8分，总长度在860~899m之间均可

总长度为：874.1 m
（精确到小数点后1位）

2. 下图为一个立体的六面可见投影，请按视图展开画法在指定位置排列出六个视图并补全虚线。

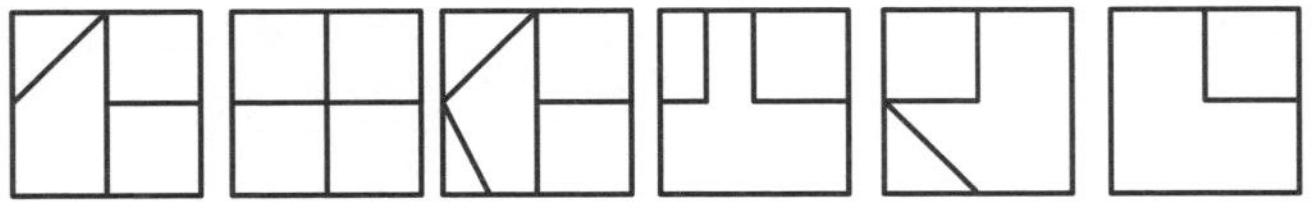

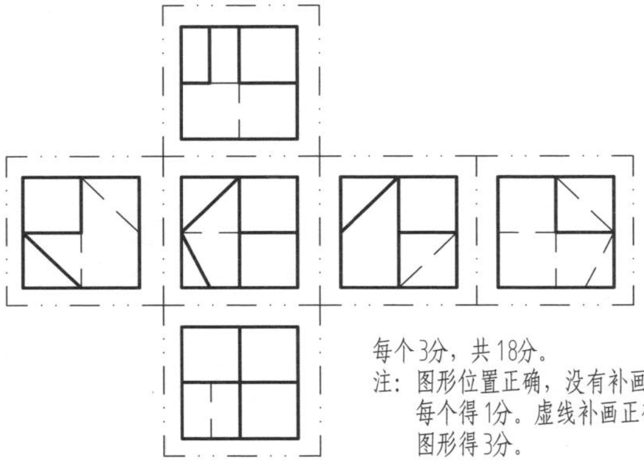

每个3分，共18分。
注：图形位置正确，没有补画虚线，每个得1分。虚线补画正确每个图形得3分。

3. 根据下述平面立体的两面视图补画出2种左视图与对应轴测图。

每个图形5分，共20分。

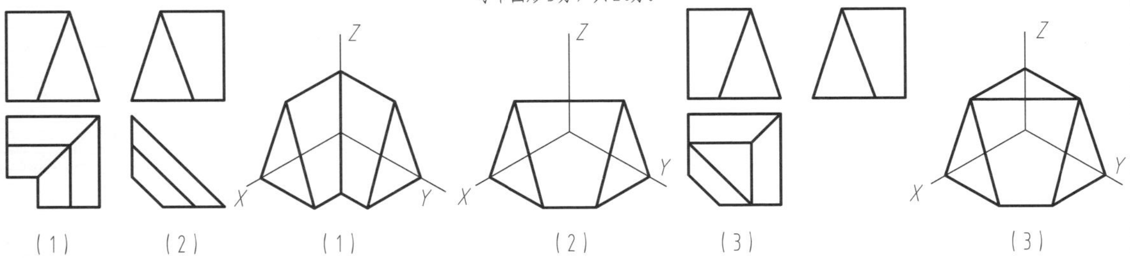

4. 根据已知主视图，找出对应的俯视图与左视图，把对应数字编号填入下表中。（24分）

主视图：1 2 3 4 5 6

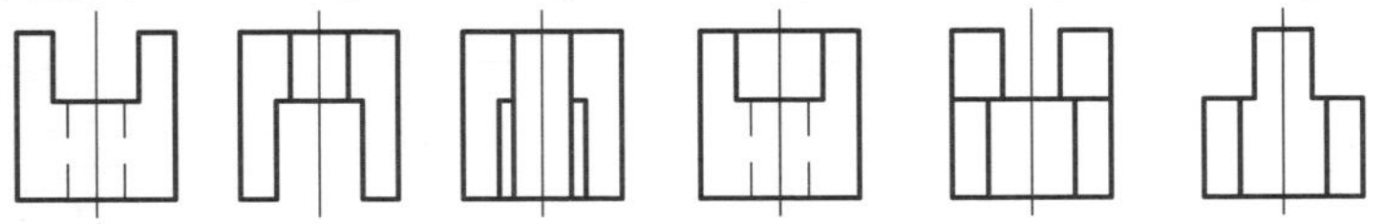

俯视图：7 8 9 10 11 12

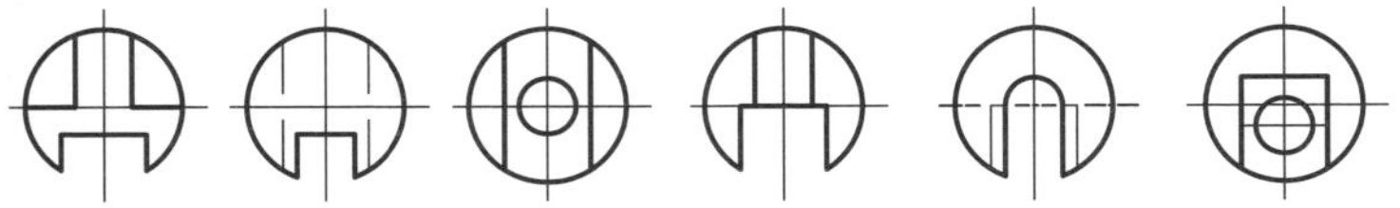

左视图：13 14 15 16 17 18

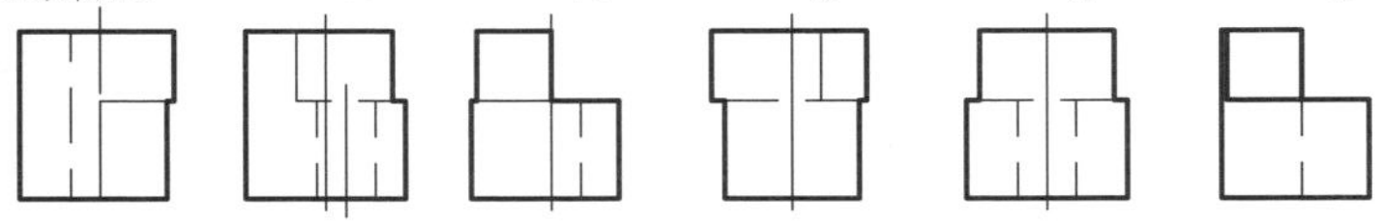

每个选项2分，共24分。

已知主视图序号	1	2	3	4	5	6
对应俯视图序号	9	8	11	12	7	10
对应左视图序号	17	16	13	14	15	18

第15届"高教杯"全国大学生先进成图技术与产品信息建模创新大赛机械类产品信息建模试题

题目要求:
第一题:根据下面"支架定位夹紧示意图"，分析所提供的夹具体部件的零件图（机械加工中常用夹具体固定零件进行机械洗削加工），创建各零件三维模型，并构建组装出合理的夹具体部件，生成二维装配工程图（通用dwg格式）。（209分）
其中夹具体需要根据下列"支架"装夹说明进行组装设计，具体任务如下:
1.简答填空题请在卡伦特系统上作答（试题内容见第四题）;
2.按零件序号，创建所有零件的三维模型（例如: 1.stp模式）;
3.按"支架定位夹紧示意图"进行组装，提交包含托架零件在内的三维夹具装配体模型文件（命名为JJ.stp）;
4.提交夹具体的二维装配图工程图（图幅A1: 比例1:1）（命名为ZPTZ.dwg）

大赛文件提交说明:
1.文件请使用零件序号（如1、2、3等）进行命名，装配体、装配图使用指定名称进行命名;
2.答案上传至卡伦特系统，上传内容包含: 装配体模型（stp格式）、装配图（AutoCAD通用的dwg格式）;
3.大赛若需要提交零件图时，请保存为AutoCAD通用的dwg格式进行上传;
4.若需要云盘等途径提交有源文件时，请按序号提交，对零部件及装配体的文件格式不作特殊要求;
5.标准件可以使用软件中自带的标准库资源，也可以按比例画法自建;
6.部分零件图中对工艺结构、表面结构要求和几何公差要求作了省略与简化。

"支架"零件装夹说明:
1.支架零件上端面（B面）的洗、销加工在机床上采用可拆卸式夹具进行定位与加工。
2.夹紧方式为: 使用压板施加主要夹紧力（P1）对支架进行夹紧: 使用支承板对A面进行定位，长支杆与支承板配合进行辅助夹紧（F2）。
3.定位方式为: 支架主孔使用定位销为主要定位基准，A面采用支承板限制托架Y轴旋转，采用自位支承防止过定位，采用辅助支承提高托架加工的稳定性。
4.夹持过程: 机床洗夹具采用联动夹紧机构，拧紧螺母BM12（件21），通过垫圈12（件23）推动压板（件3）的上端直接夹紧工件的上部，同时压板（件3）下端推动短支杆（件19），使杠杆（件17）绕螺丝钉轴（件13）转动，从而推动长支杆（件15）。将工件在侧面夹紧。位于杠杆后方（底座内腔中）的圆柱ϕ6是用来控制杠杆（件17）的转角。
5.拆卸过程: 支架（件20）加工完毕，拧松螺母BM12，带动垫圈12后退，压板松动后，提起压板，让双头螺柱、螺母、垫圈等组件从压板ϕ33的孔中通过，取出压板，同时长、短支杆在两个弹簧（件15，件18）的驱动下复位;从而支架松动; 即可快速拆卸。

15届机械第一题-装配定位

15届机械第一题-装配主线

15届机械第一题 装配调节

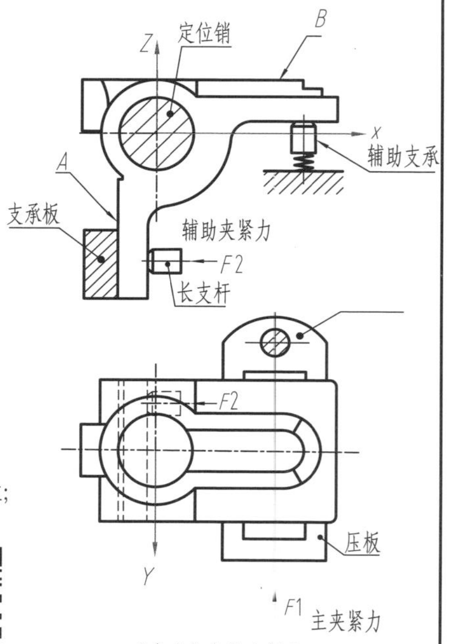

支架定位夹紧示意图

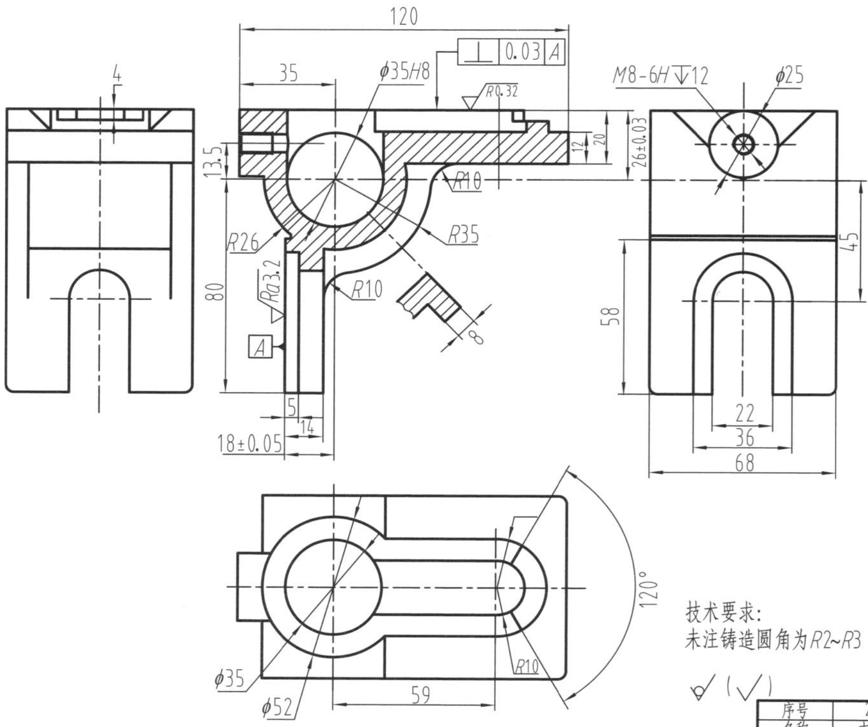

技术要求:
未注铸造圆角为R2~R3

$\sqrt{}$（$\sqrt{}$）

序号	20
名称	支架
比例	1:2
数量	1
材料	HT200

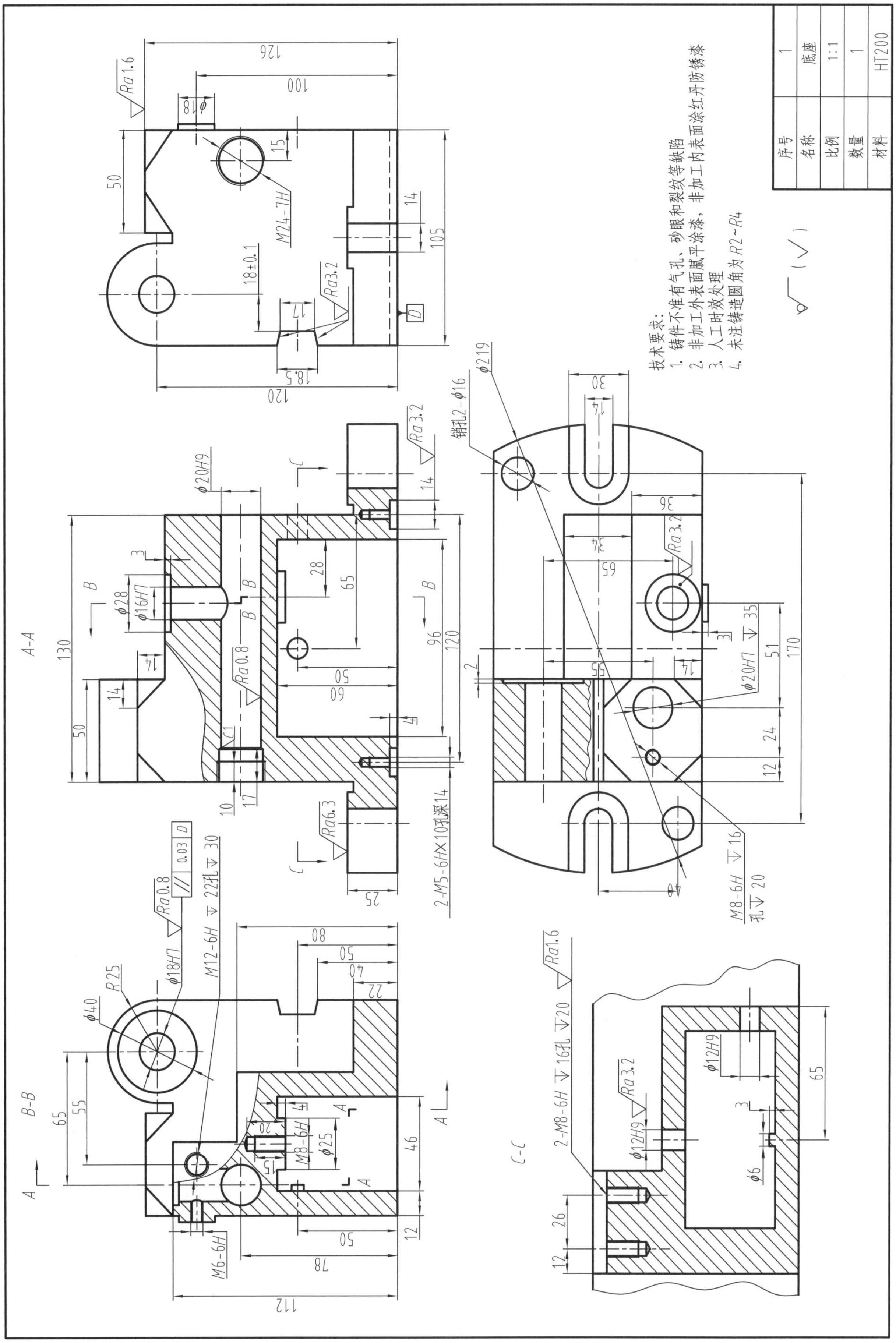
技术要求：
1. 铸件不准有气孔、砂眼和裂纹等缺陷
2. 非加工外表面腻平涂漆，非加工内表面涂红丹防锈漆
3. 人工时效处理
4. 未注铸造圆角为R2~R4
序号 1
名称 底座
比例 1:1
数量 1
材料 HT200
A-A
B-B
C-C

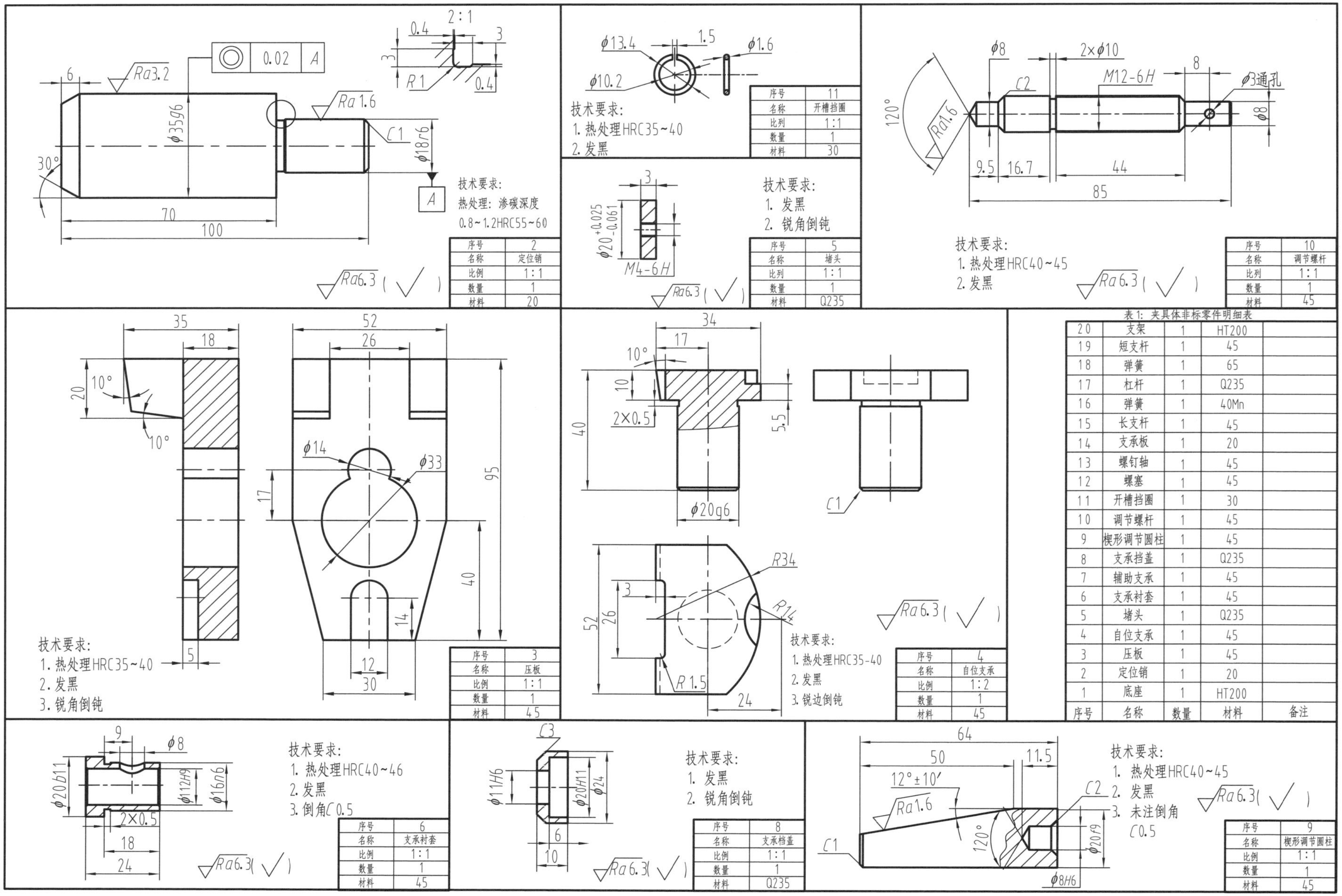

表1: 夹具体非标零件明细表

序号	名称	数量	材料	备注
20	支架	1	HT200	
19	短支杆	1	45	
18	弹簧	1	65	
17	杠杆	1	Q235	
16	弹簧	1	40Mn	
15	长支杆	1	45	
14	支承板	1	20	
13	螺钉轴	1	45	
12	螺塞	1	45	
11	开槽挡圈	1	30	
10	调节螺杆	1	45	
9	楔形调节圆柱	1	45	
8	支承挡盖	1	Q235	
7	辅助支承	1	45	
6	支承衬套	1	45	
5	堵头	1	Q235	
4	自位支承	1	45	
3	压板	1	45	
2	定位销	1	20	
1	底座	1	HT200	

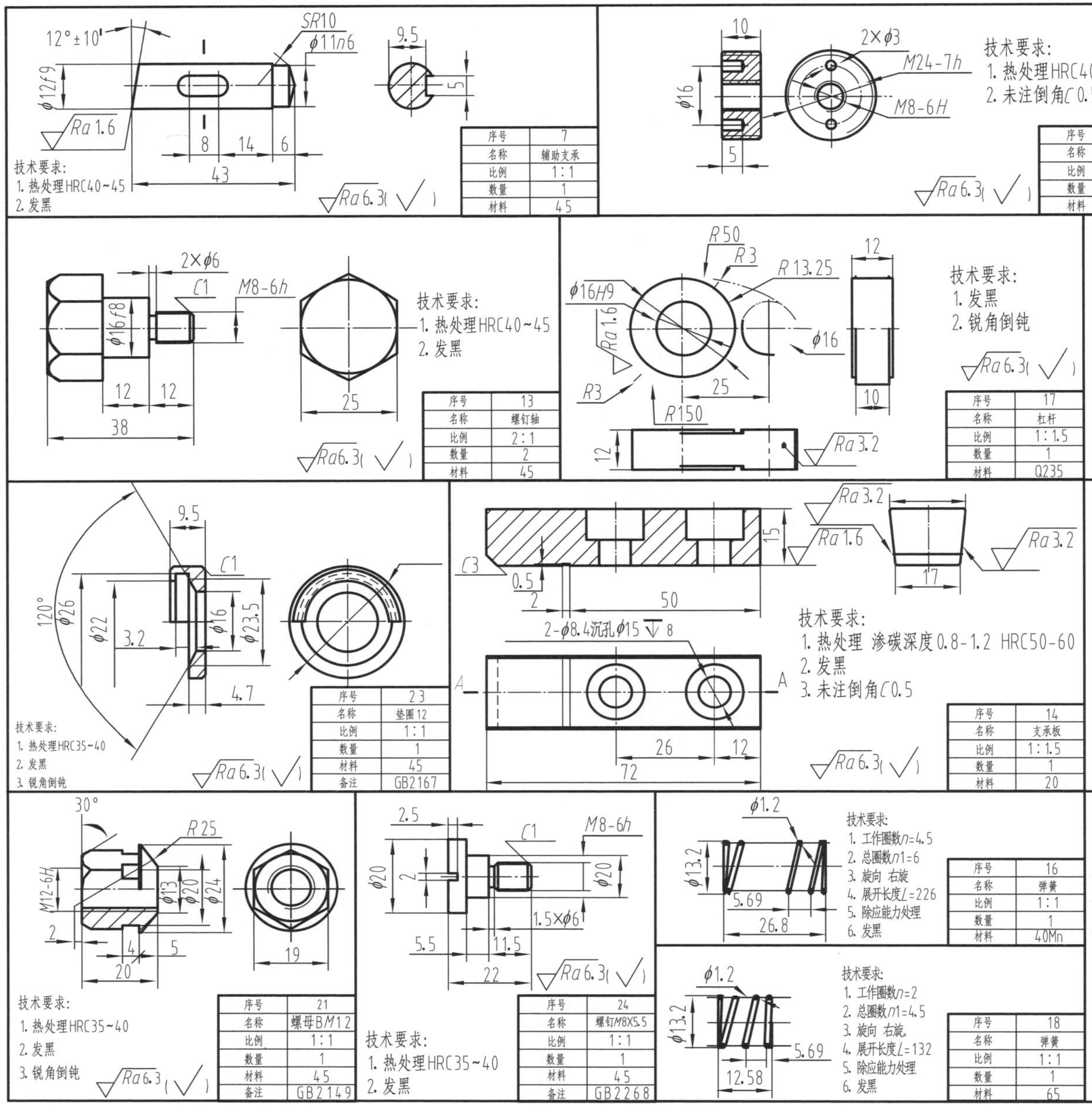

序号	名称	比例	数量	材料	备注
7	辅助支承	1:1	1	45	
12	螺塞	1:1	2	45	
19	短支杆	1:1.5	2	45	
13	螺钉轴	2:1	2	45	
17	杠杆	1:1.5	1	Q235	
15	长支杆	1:1.5	1	45	
23	垫圈12	1:1	1	45	GB2167
14	支承板	1:1.5	1	20	
25	把手	1:1	1	45	GB2218
21	螺母BM12	1:1	1	45	GB2149
24	螺钉M8X5.5	1:1	1	45	GB2268
16	弹簧	1:1	1	40Mn	
18	弹簧	1:1	1	65	

注：零件拓展提供部分标准件图纸，也可以按标准件表（表2）从标准件库中调用

表2 标准件明细表

序号	名称	数量	材料	备注
29	六角螺母M6	2	45	GB6170-2015
28	紧定螺钉M6X25	2	Q235	GB75-2008
27	内六角螺钉M8X20	2	45	GB170.1-2008
26	圆柱销3X14	1	45	GB119.2-2000
25	把手	1	Q235	GB2218
24	螺钉M8X5.5	1	Q235	GB2268
23	垫圈12	1	45	GB2167
22	双头螺柱M12X55	1	45	GB899-1988
21	螺母BM12	1	45	GB2149

第二题：下图为立体1的三视图，请使用建模软件，构造出与立体1凹凸对接的立体2，1与2两者可拼合为长度为*X*，宽为92，高为110的长方体。

各立体请按序号命名，提交1、2两立体拼合在一起的长方体文件（12.stp格式）（46分）

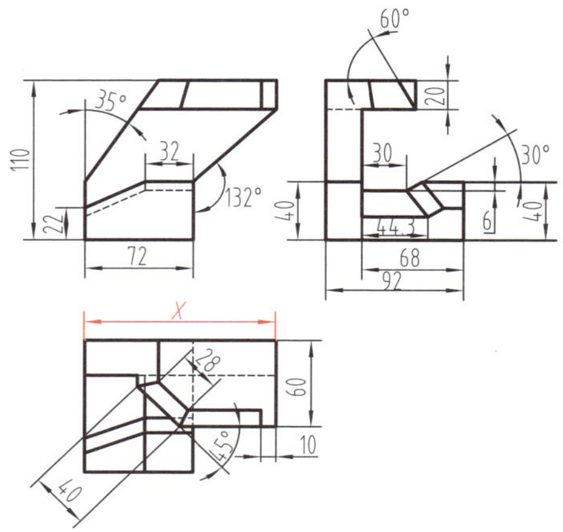

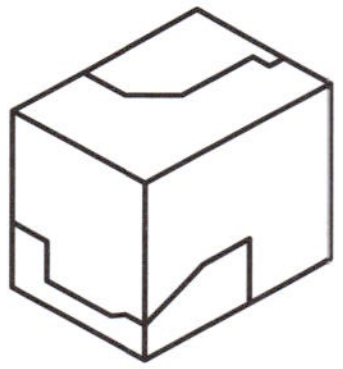

1与2拼合立体

15 届机械第二题 – 凹块组合方法

组合球体

第三题：鲁班锁是我国古代传统的益智游戏，起源于我国古代建筑中首创的榫卯结构，凸出为榫，凹入为卯，相互契合而成一体，请根据以下各构件序号与图样，建模并拼装出球形鲁班锁。请提交鲁班锁装配文件（Nu.stp）（20分）

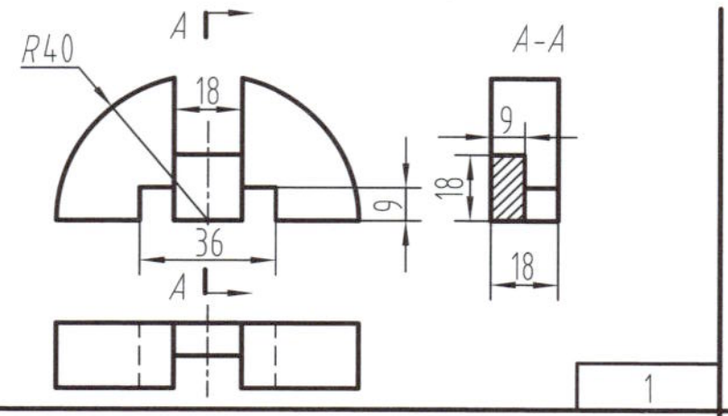

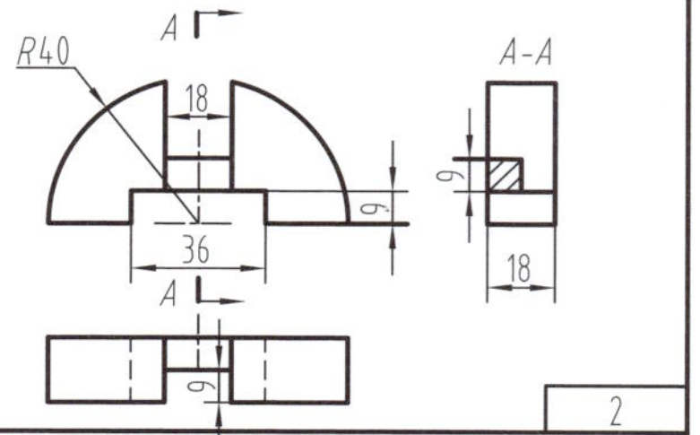

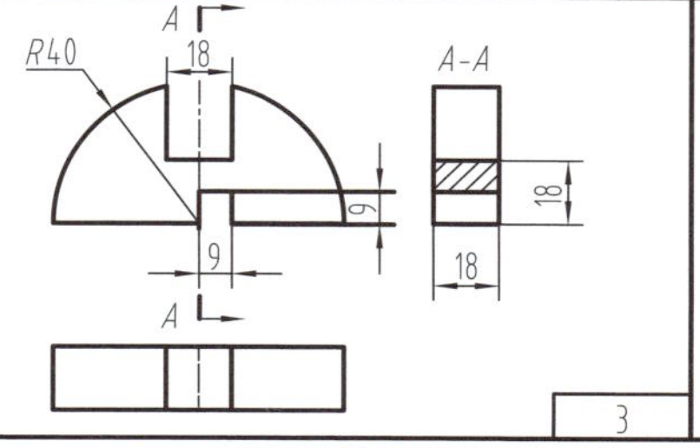

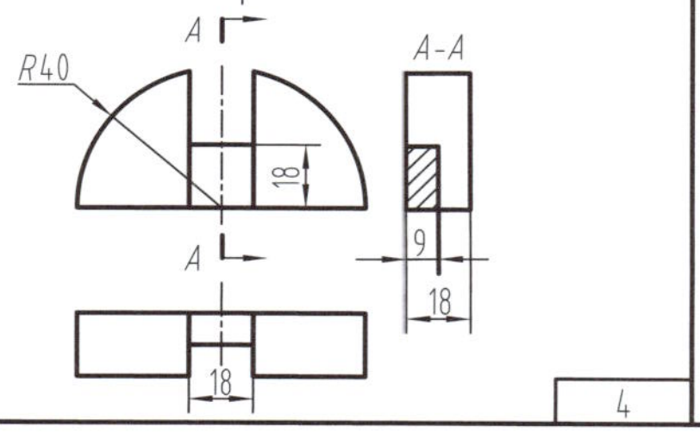

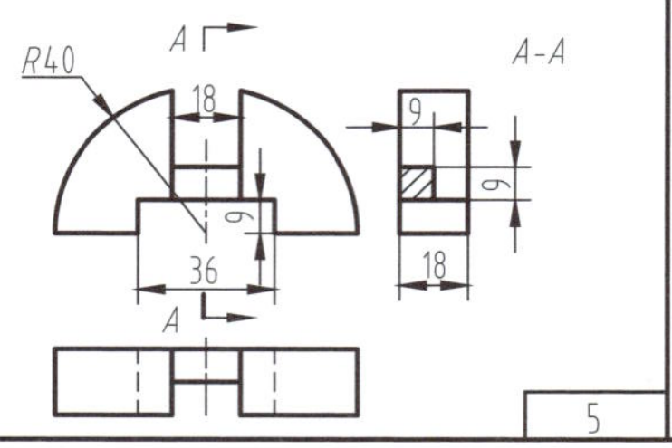

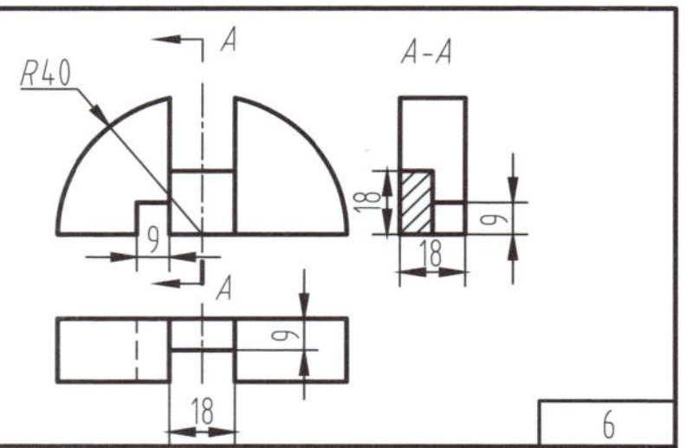

第四题：问答及填空题：（25分）

1、请说明在第一题中，支架零件在所组装设计的夹具体夹持下，定位误差将会在直角坐标系的哪些方向上产生？

2、若夹具体部件需要拆出楔形调节圆柱（件9）零件，请按图纸所提供的零件序号，写出它的拆卸次序。

3、请测量并填写出第二题的立体A中尺寸*X*的长度与立体B的体积（精确到小数点后2位）。

4、在第二题中请判断：若1、2两立体为刚性材质（无变形），则1与2能否拼合为一个整体？

第 15 届“高教杯”全国大学生先进成图技术与产品信息建模创新大赛 机械类产品信息建模试题评分表

考号					满分 300 分	
评分内容	序号	名称	分值	评分标准	图样	签名
第一题：支架夹具（209 分）	1	底座	22	ϕ219 带左右槽口底板 2 分；112，80 高阶梯长方体 2 分；14 切四角长方体 2 分；R25 半圆柱 1 分；ϕ20H9 孔 1 分；ϕ16H7 孔 1 分；两个 ϕ12H9 孔 2 分；17 梯形槽 4 分；两个宽 14 底面方槽 4 分；9 个螺纹孔3 分	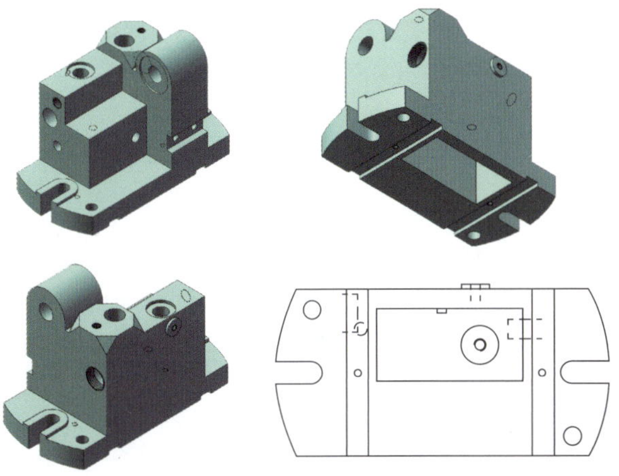	
	2	定位销	5	两个圆柱 2 分；30°锥体 2 分；退刀槽与倒角 1 分	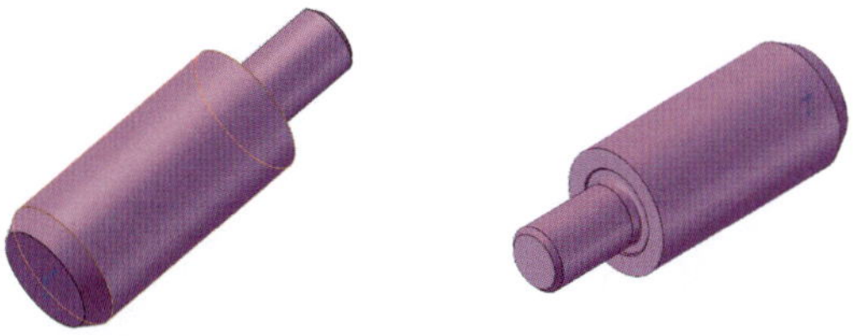	
	3	压板	5	95 高 52 宽的长方体 1 分；ϕ33 与 ϕ14 孔 2 分；10°刃口 2 分	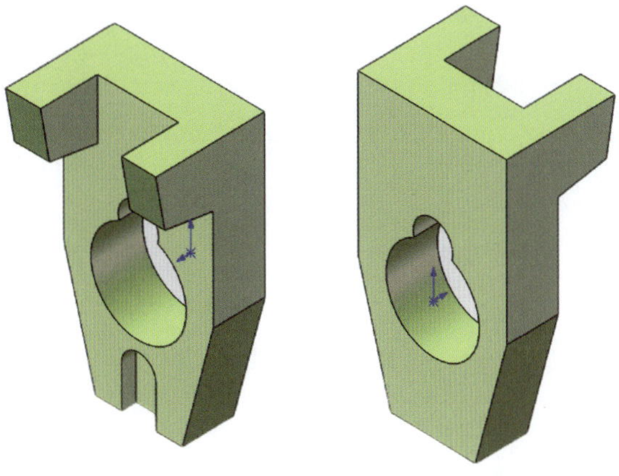	
	4	自位支承	5	ϕ20g6 圆柱 1 分；带 R14 半圆槽顶板 1 分；10°刃口 3 分	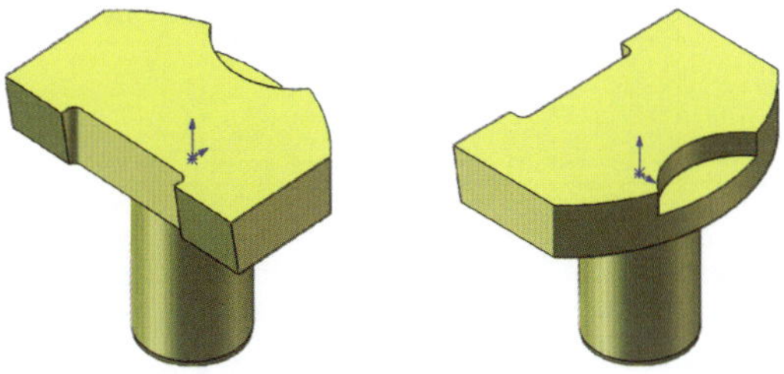	

续表

评分内容	序号	名称	分值	评分标准	图样	签名
第一题：支架夹具（209分）	5	堵头	3	宽3的 $\phi20$ 圆柱1分；$M4\text{-}6H$ 孔2分	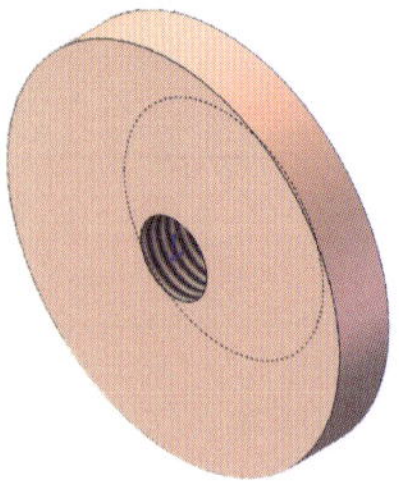	
	6	支承衬套	4	$\phi20b11$ 圆柱1分；$\phi16n6$ 圆柱1分；$\phi8$ 圆柱孔1分；$\phi12H9$ 圆柱孔1分	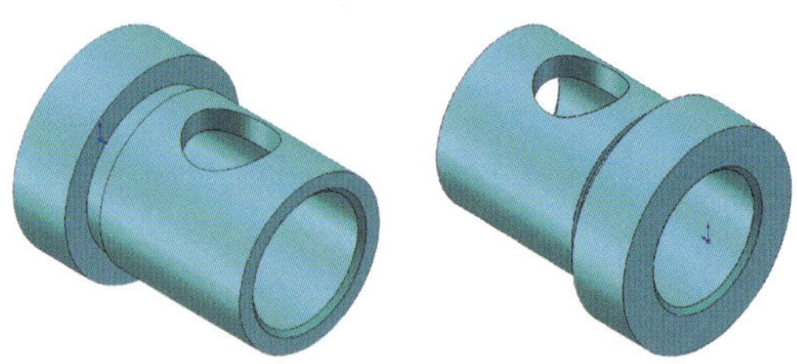	
	7	辅助支承	5	带槽 $\phi12f9$ 阶梯圆柱2分；$SR10$ 球面1分；12°斜面2分	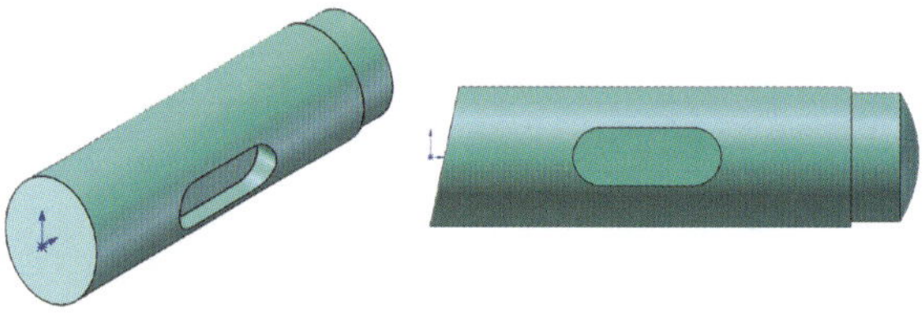	
	8	支承挡盖	4	$\phi24$ 圆柱1分；$C3$ 倒角2分；阶梯圆孔1分	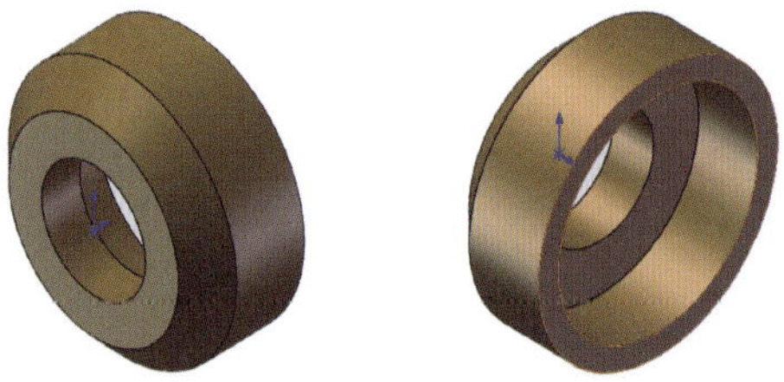	
	9	楔形调节圆柱	7	$\phi20f9$ 圆柱1分；12°斜面3分；$\phi8H6$ 锥孔（需配做）2分，$C2$ 倒角1分	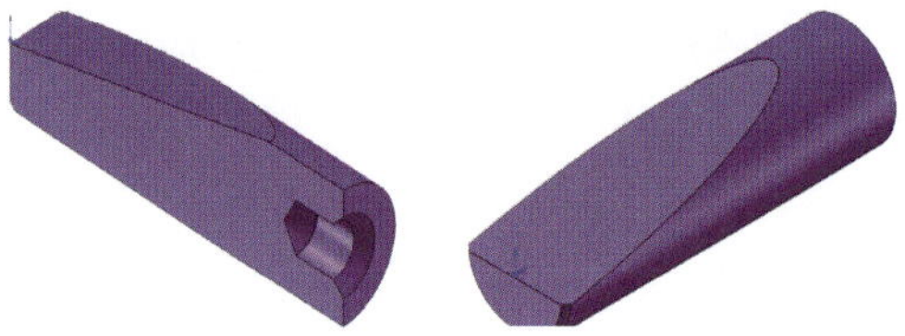	
	10	调节螺杆	6	3段圆柱1分；$M12\text{-}6h$ 螺纹1分；$\phi3$ 通孔1分；$2\times\phi10$ 环槽1分；$C1$ 倒角2分		
	11	开槽挡圈	3	$\phi1.6$ 断面直径1分；1.5开槽1分；$\phi13.4$ 外径1分	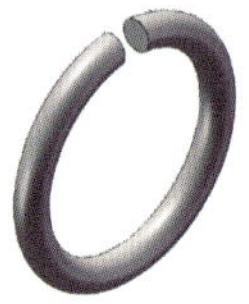	

续表

评分内容	序号	名称	分值	评分标准	图样	签名
第一题：支架夹具（209分）	12	螺塞	6	*M*24-7*h* 且宽为 10 的螺柱 2 分；*M*8-6*H* 螺纹孔 2 分；2×ϕ3 孔 2 分		
	13	螺钉轴	6	六角头 2 分；$\phi16f8$ 圆柱 2 分；带退刀槽与倒角的 *M*8-6*h* 螺柱 2 分	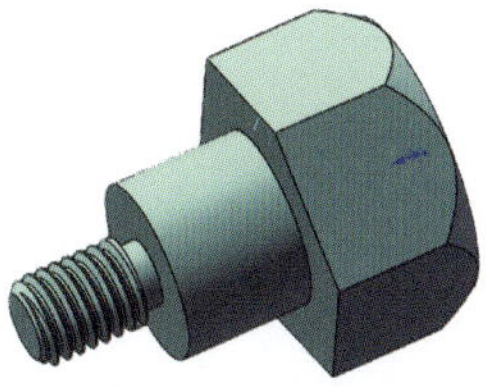	
	14	支承板	6	梯形立体 2 分；*C*3 倒角 2 分；阶梯孔 1 分；2 mm 槽口 1 分	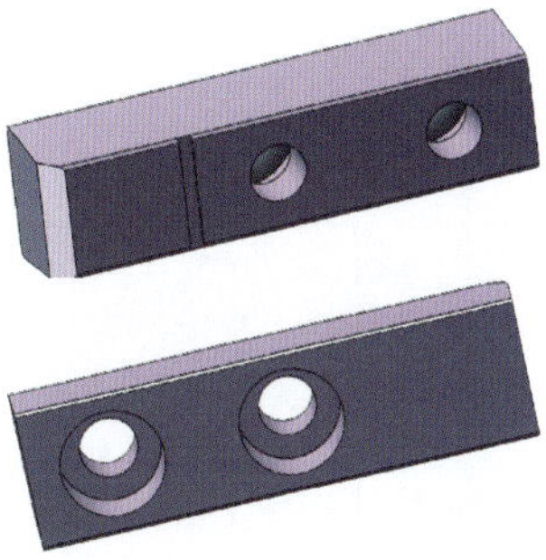	
	15	长支杆	4	*SR*13 球面 2 分，*SR*12 球面 1 分，阶梯圆柱 1 分	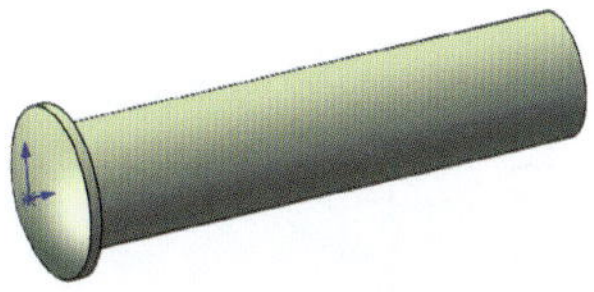	
	16	弹簧 1	4	ϕ1.2 簧丝直径 2 分，26.8 mm 自由长度 2 分	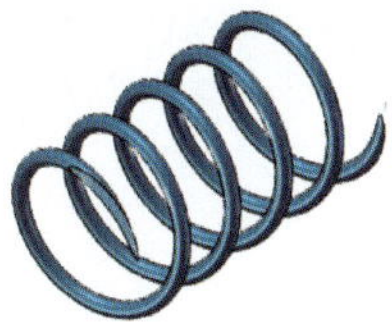	
	17	杠杆	10	外径 ϕ30 带 $\phi16H9$ 孔的圆柱 2 分；ϕ16 圆柱 1 分；*R*150 外切圆柱面 2 分；*R*50 外切圆柱面 2 分；*R*13.25 缺口 2 分；*R*3 圆角 1 分	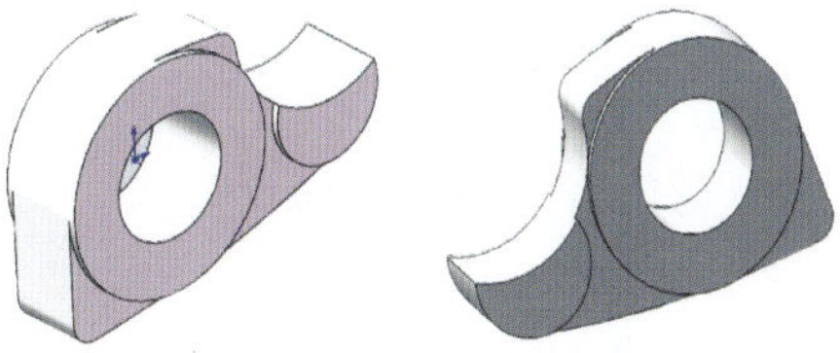	
	18	弹簧 2	4	ϕ1.2 簧丝直径 2 分，12.58 mm 自由长度 2 分		

续表

评分内容	序号	名称	分值	评分标准	图样	签名
	19	短支杆	4	*SR*14 球面 1 分，*SR*12 球面 1 分，阶梯圆柱 1 分		
	20	支架	12	ϕ52 正交两圆柱 2 分；ϕ35 圆柱孔 1 分；ϕ25 带 *M*8 螺纹孔圆柱 2 分；尺寸 36 阶梯槽竖直板 2 分；带槽水平板 2 分；120°槽口 1 分；两肋板 2 分	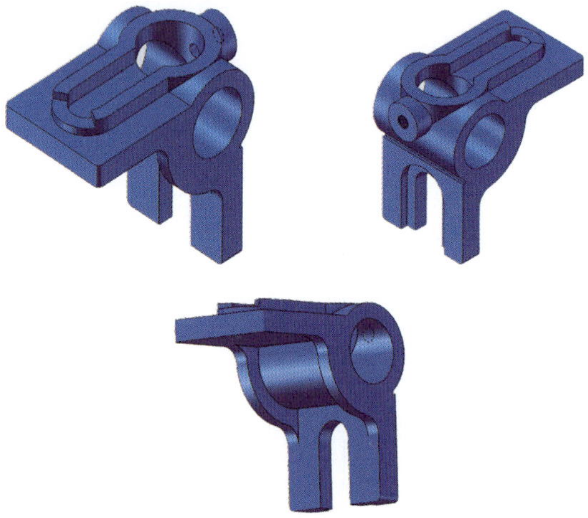	
第一题：支架夹具（209 分）	21	螺母 B*M*12	6	六角头 2 分；*SR*25 球面 2 分；*M*12 螺纹孔 1 分；宽 4 mm 环槽 1 分	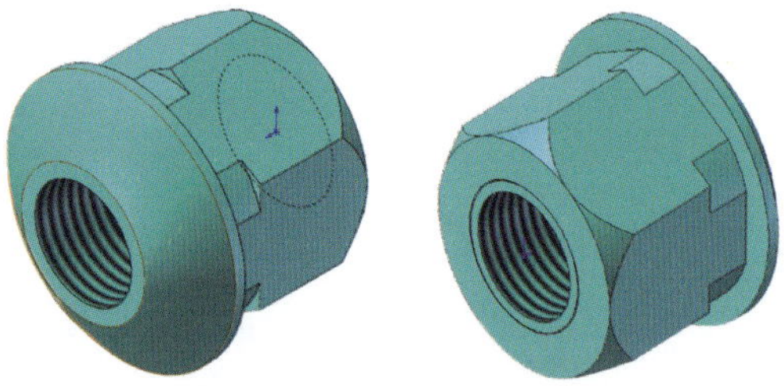	
	22	双头螺柱 *M*12×55	2	*M*12×55 尺寸正确；双段螺纹 2 分		
	23	垫圈 12	4	ϕ32 缺口圆柱 2 分；阶梯通孔（含 120 过渡锥面）1 分；*C*1 倒角 1 分		
	24	螺钉 *M*8×11.5	2	ϕ20 圆柱 1 分；*M*8×11.5 尺寸 1 分	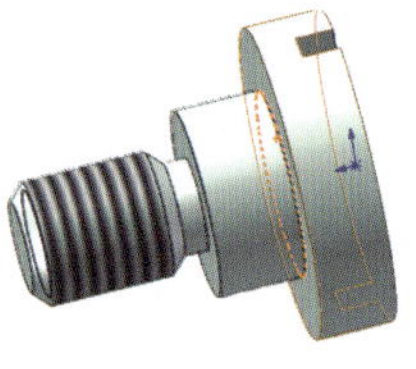	

续表

评分内容	序号	名称	分值	评分标准	图样	签名
第一题：支架夹具(209分)	25	把手	10	$\phi3$ 圆柱通孔 1 分；$SR35$ 球面 2 分；$\phi18$ 圆柱 1 分；$R8$ 圆角 1 分；9 个 $R8$ 切轮圆 3 分；$R5$ 圆角 2 分	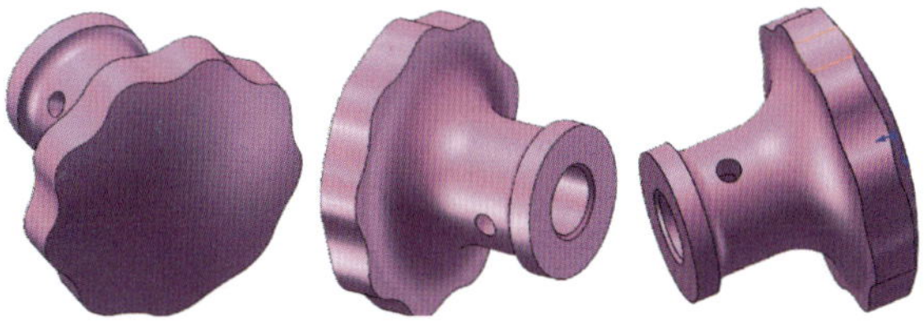	
	26	圆柱销 3×14	2	$\phi3$ 圆柱直径 1 分；14 长度 1 分		
	27	内六角螺钉 $M8\times20$	2	内六角 1 分；$M8\times20$ 尺寸 1 分		
	28	紧定螺钉 $M6\times25$	2	$M6\times25$ 尺寸 2 分		
	29	六角头螺母 $M6$	2	$M6$ 直径	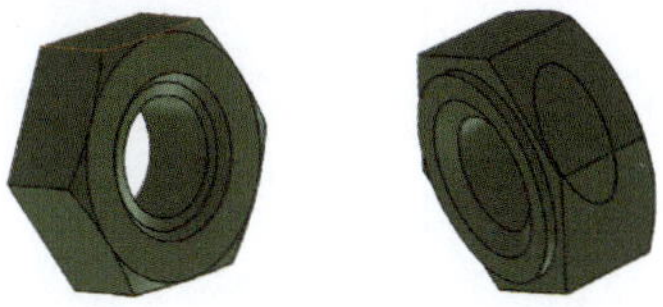	
	三维装配体(32分)		32	装配体中零件数量少于 13 种不得分，此后每正确装配一种零件得 2 分，共计 32 分。调节螺杆锥头部分未放入调节圆柱锥孔对正扣 2 分，干涉每处扣 1 分，每错一处装配关系扣 1 分(螺纹与弹簧干涉除外)，扣完为止	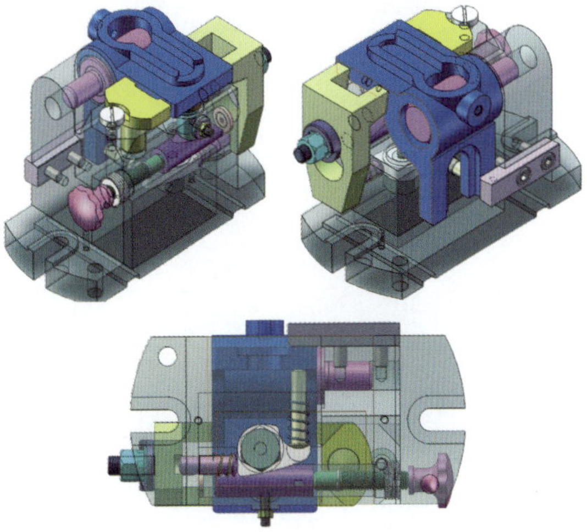	

续表

<table>
<tr><td>评分内容</td><td>序号</td><td>名称</td><td>分值</td><td>评分标准</td><td>图样</td><td>签名</td></tr>
<tr><td>第一题：
支架夹具
（209 分）</td><td colspan="2">二维装配图
（20 分）</td><td>20</td><td>A-A 全剖主视图表达 4 分；支架零件双点划线假想画法 3 分；B-B 剖视 3 分；俯视图 2 分；左视图 1 分；两局部剖视图 4 分；6 个配合（规格）尺寸3 分</td><td>见参考图纸</td><td></td></tr>
<tr><td colspan="7"></td></tr>
<tr><td>评分内容</td><td colspan="2">名称</td><td>分值</td><td>评分标准</td><td>得分</td><td>签名</td></tr>
<tr><td rowspan="2">第二题：
凸凹块
嵌合
（46 分）</td><td colspan="2">凸（1）块
（30 分）
凹（2）块
（10 分）</td><td>40</td><td>凸（1）块按形体给分，底部 15 分，顶板 10 分，竖板 5 分。
凹（2）块完全正确才能得 10 分</td><td>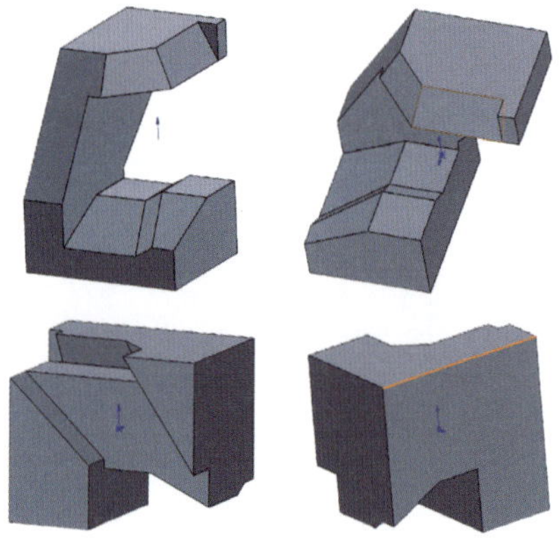</td><td></td></tr>
<tr><td colspan="2">凸凹三维
装配（6 分）</td><td>6</td><td>凸凹块装配后无干涉，且接缝缝隙<0.5 mm。
有干涉或接缝缝隙>0.5 mm，均为 0 分</td><td>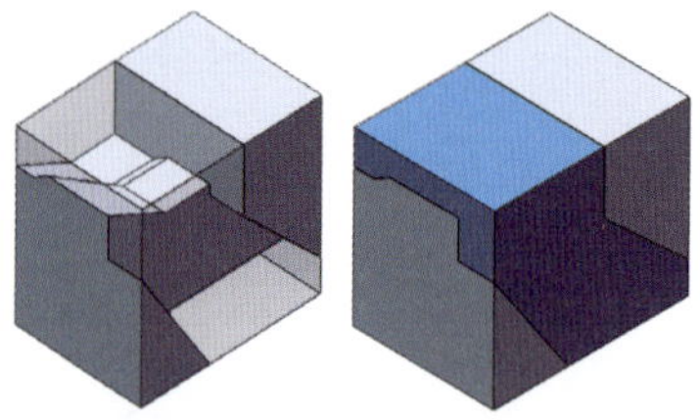</td><td></td></tr>
<tr><td>第三题：
鲁班锁
（20 分）</td><td colspan="2">6 个基本块
及装配</td><td>20</td><td>每个基本块 2 分，共计 12 分；6 块基本体完全正确装配 8 分（干涉检查为 0）；≥4 块正确装配 4 分，少于 4 块 0 分</td><td></td><td></td></tr>
<tr><td colspan="3">第四题：问答填空题
（25 分）</td><td>25</td><td>第 1 小题 8 分，第 2 小题 5 分，第 3 小题 10 分，第 4 小题 2 分。（见答案）</td><td></td><td></td></tr>
<tr><td colspan="3">总分（300 分）</td><td>300</td><td></td><td></td><td></td></tr>
</table>

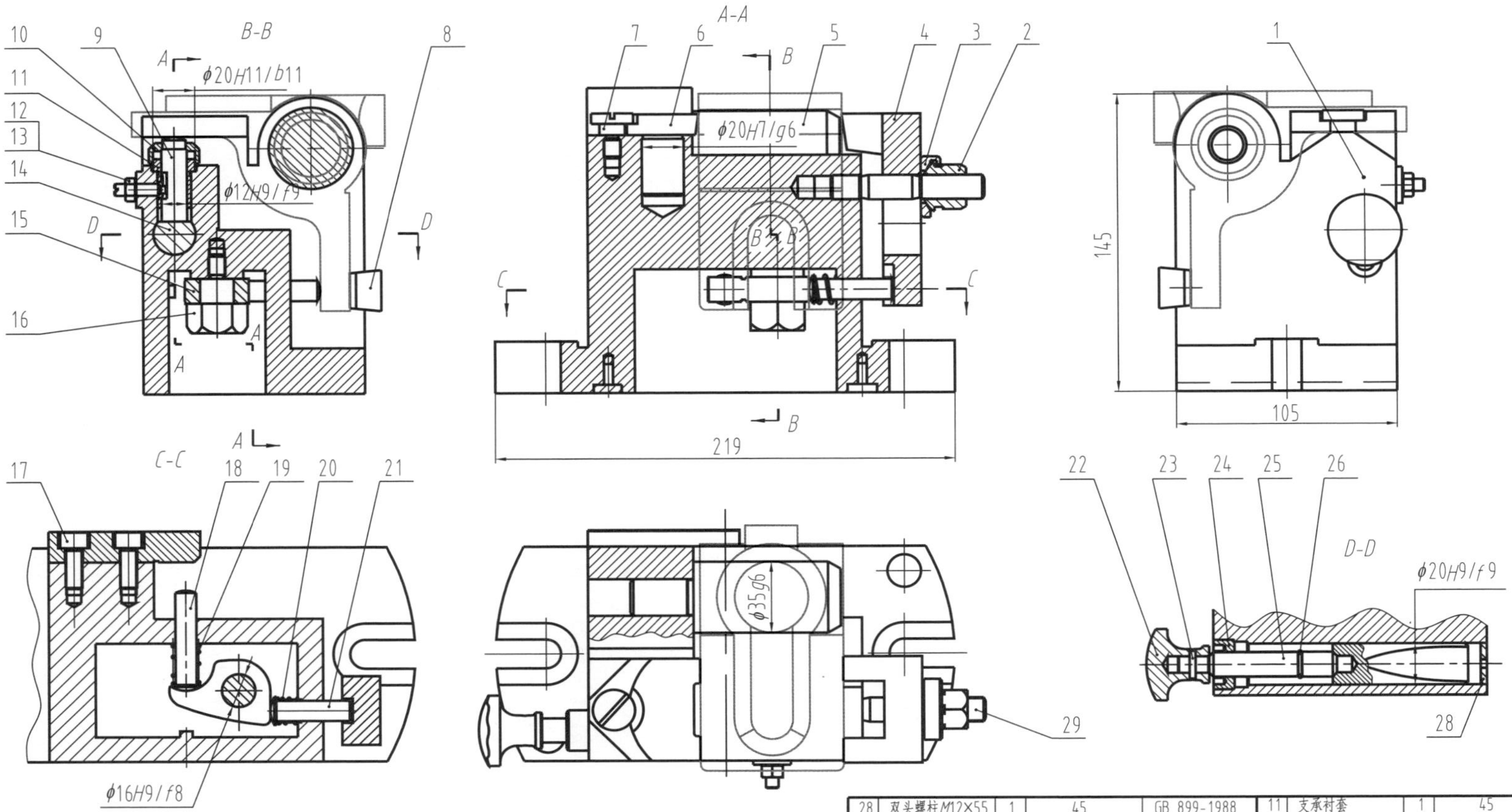

技术要求

1.非机械加工外表面涂湖绿色漆。

2.装配时用修配法，修磨支承板的定位面保证$\phi 35g6$圆柱面轴线到支承板定位面的距离为(18+0.015)mm。

28	双头螺柱$M12\times55$	1	45	GB 899-1988
27	堵头	1	35	
26	开槽挡圈	1	45	
25	调节螺杆	1	65	
24	螺塞	1	45	
23	圆柱销3×14	1	45	GB 119.2-2000
22	把手	1	Q235	GB 2218
21	短支杆	1	30	
20	弹簧	1	40Mn	
19	弹簧	1	40Mn	
18	长支杆	1	20	
17	内六角螺钉$M8\times20$	1	45	GB 70.1-2008
16	螺钉轴	1	45	
15	杠杆	1	30	
14	楔形调节圆柱	1	45	
13	六角头螺母$M6$	1	45	GB 6170-2015
12	紧定螺钉$M6\times25$	1	65	GB 75-2018

序号	名称	数量	材料	备注
11	支承衬套	1	45	
10	支承档盖	1	45	
9	辅助支承	1	H68	
8	支承板	1	45	
7	螺钉$M8\times5.5$	1	45	GB 2268
6	自位支承	1	45	
5	定位销	1	20	
4	压板	1	45	
3	垫圈12	1	45	GB 2167
2	螺母$BM12$	1	45	GB 2149
1	底座	1	HT200	

夹具体			比例	2:1	
			重量		
制图		日期	材料		第 张 共 张
描图		08.04.12			
审核					

第15届"高教杯"全国大学生先进成图技术与产品信息建模创新大赛机械类产品信息建模试题解题思路与参考答案

第一题 支架零件在夹具体上的定位装夹模型

评测参数：

本届大赛采用计算机自动阅卷模式进行评阅，主要的评阅参数为：

★ 三维模型的尺寸精度；

★ 装配体各零件之间的装配关系。

考核内容：

1. 夹具体各零件建模

共有29个零件，考察重点有：根据已知零件图准确建模；标准件调用。建模方法：以"自底向上"为主，"自顶向下"辅助。

2. 支架定位夹紧装配

根据"支架定位夹紧"示意图，设计支架零件在夹具体上的装夹结构。已经指定支架的装夹定位模式，故可由装夹关系分析出夹具体零件间的配合连接关系。

其中，对于辅助夹紧力与辅助支撑的实现方法是夹具体装配的难点，具体分析如下：

从题目"夹持过程"的描述中得知，辅助夹紧力的施加是由长、短支杆与杠杆组合实现的，夹紧力由长、短支杆上的两弹簧共同作用产生。

辅助支撑主要提高托架加工的稳定性，因此主要作用是限制 Z 轴方向的旋转位移，故采用点接触模式，高度调节由调节螺杆手动调节实现。

3. 装配图需由装配完成的三维装配体转换生成

夹具体的装配图除外观表达之外，还应包含以下内容的图形表达：

① 定位销与支架的配合；$F1$ 主夹持力施加的夹持关系；

② 辅助支撑的点接触与支撑调节的零件传动关系；

③ $F2$ 辅助夹紧力由压块、长短支杆、杠杆、弹簧组合结构施加的装配关系；

④ 装配图零件编号可以根据表达方法进行重编。

第二题 凸凹块嵌合

凸块建模考察重点在非垂直平面切割平面立体的作图技巧。

凹块建模可用两个方法实现：

1. 自顶向下进行装配体建模；

2. 使用实体建模中的布尔运算工具进行差运算(例如：压凹等工具)。

第三题 鲁班锁

考察难点在鲁班锁的装配上，由于是虚拟装配，只需要按缺口形态进行面接触的装配处理即可，重点是参赛选手的耐心，且使用模型的半透明模式与干涉检查是最佳辅助工具。

第四题 问答及填空题

1. 请说明在第一题中，托架在所设计的铣夹具夹持下，定位误差在坐标系的哪些方向上产生？(8分，4分/个)

答：分别出现在长度(X 坐标)与高度(Z 坐标)方向上。

2. 若夹具体部件需要拆出楔形调节圆柱(件9)零件，请按图纸所提供的零件序号，写出它的拆卸次序。(5分)

答：顺序 1——26(圆柱销)—27(把手)—12(螺塞)—10(调节螺杆)；11(开槽挡圈)—21(螺母 BM12)；23(垫圈 12)—5(堵头)—9(楔形调节圆柱)。

顺序 2——21(23)—5—26—27—12—10(11)—9

评分要求：序号按顺序 3 个以上相同才能给分，4 个相同 3 分；5 个相同 4 分；完全相同 5 分。

3. 请测量并填写出第二题的立体 A 中尺寸 X 的长度与立体 B 的体积（精确到小数点后 2 位）（10 分）

X=127.53 mm（5 分）（无误差）

V_B=880 001.54 mm^3（5 分）（体积在 879 000～881 000mm^3 之间算正确）

4. 在第二题中请判断：若 A、B 两立体为刚性材质（无变形），则 A 与 B 能否完全拼合为一个整体？（2 分）

答：能够拼合为一个整体。

第 15 届“高教杯”全国大学生先进成图技术与产品信息建模创新大赛 3D 打印赛项试题

赛题要求

任务一　零部件 3D 打印制作

根据已知零部件材料及载荷条件，利用 3D 打印机（推荐 UPBox 或 UP300 型号）完成下列任务：

一、原始模型 3D 打印制作（60 分）

1. 根据给定的原始 3D 模型文件 UAV. stl，结合任务 4.1 初始强度分析结果，完成模型 1 打印制作。使用 UP Studio 3.0 软件，合理设置打印模型打印方向、层厚、填充密度等打印参数。利用动态层厚、子模型局部填充等功能，提高打印模型的综合性能。

2. 连接 3D 打印机，使用 ABS（黑色）材料（自行准备）进行模型打印制作，完成模型支撑去除，表面打磨等后处理（不允许喷漆上色），打印作品为模型 1。

3. 记录打印参数设置和打印过程，对软件操作过程截图和打印过程拍照，以图文形式对模型参数设置、局部填充设置、打印机操作、模型后处理等打印过程、参数优化思路加以分析总结，完成零件制作过程报告，以学校名称＋参赛队号＋报告 1 命名，格式为 PDF。

二、轻量优化设计模型 3D 打印制作（60 分）

1. 根据轻量化再设计任务 4.4 输出文件 youhua. stl，结合 4.5 任务分析结果，完成模型 2 打印制作，合理设置打印模型打印方向、层厚、填充密度等打印参数，利用动态层厚、子模型局部填充等功能，提高打印模型的综合性能。

2. 连接 3D 打印机，使用 ABS（黑色）材料进行模型打印制作，完成模型支撑去除，表面打磨等后处理（不允许喷漆上色），打印作品为模型 2。

3. 记录打印参数设置和打印过程，对软件操作过程截图和打印过程拍照，以图文形式对模型参数设置、局部填充设置、打印机操作、模型后处理等打印过程、参数优化思路加以分析总结，完成零件制作过程报告，以学校名称＋参赛队号＋报告 2 命名，格式为 PDF。

三、综合模型 3D 打印制作（60 分）

1. 以给定的原始 3D 模型文件 UAV. stl 为主模型，轻量化再设计输出文件 youhua. stl 为子模型（子模型可分解为多个部分），将子模型置于主模型内部，分别设定局部填充密度等参数，减少材料消耗，提高模型综合性能。

2. 连接 3D 打印机，使用官方给定材料 ABS（黑色）进行模型打印制作并完成后处理，打印作品为模型 3。

3. 记录模型 3 打印参数设置和打印过程，对软件操作过程截图和打印过程拍照，以图文形式对模型参数设置、局部填充设置、打印机操作、模型后处理等打印过程、参数优化思路加以分析总结，完成零件制作过程报告，以学校名称＋参赛队号＋报告 3 命名，格式为 PDF。

四、总结报告（20 分）

综合模型 1、模型 2、模型 3 打印过程，总结 3D 打印中提高模型精度、速度和力学性能的方法。完成零件制作过程报告，以学校名称＋参赛队号＋报告 4 命名，格式为 PDF。

五、作品提交

1. 电子文件：将报告 1～4 放在同一压缩包中，邮件主题及文件夹压缩包以学校名称＋参赛队号＋3D 打印命名，发送至邮箱 shixianbo@tiertime. net。

2. 模型作品：模型实物注明学校名称＋参赛队名＋模型 1、2、3。（快递统一用顺丰）

邮寄地址：＊＊＊＊＊＊＊＊＊＊

3. 提交截止时间

3D 打印报告文件须 7 月 12 日 24:00 前提交，模型作品邮寄截至 7 月 13 日 19:00 前，时间以邮件发送时间和快递发出时间为准。

4. 每参赛队提交一份作品和文件。

5. 打印报告、作品存在雷同的，取消双方评奖资格。

任务二　产品创新设计

一、面向装配的设计基本概念

面向装配的设计(DFA)是指在产品设计阶段通过一系列有利于装配的设计指南，(简化产品设计、减少零件数量)，使得产品具有良好的可装配性，便于装配，从而使得装配工序简单、装配效率高、装配质量高。装配不良率低和装配成本低。DFA 最大优点是使部件数量的减少，从而装配体的整体重量减少，装配时间大幅度缩减，这样就可消除因紧固件、某个零件出现故障，导致部件无法工作的隐患，最终降低故障率。

中框组件由过去的 300 个零件优化为一个

二、任务要求

1. 产品创新设计(50 分)

已知某公司生产的胶带封箱器零部件众多，结构复杂，组装工序复杂；请参赛选手结合 3D 打印制造特点，在满足相同的功能及性能前提下，简化产品结构和零件数量，对胶带封箱器进行产品创新设计。导出模型装配图，以学校名称＋参赛队号＋创新模型命名，格式为 STP 和 STL。

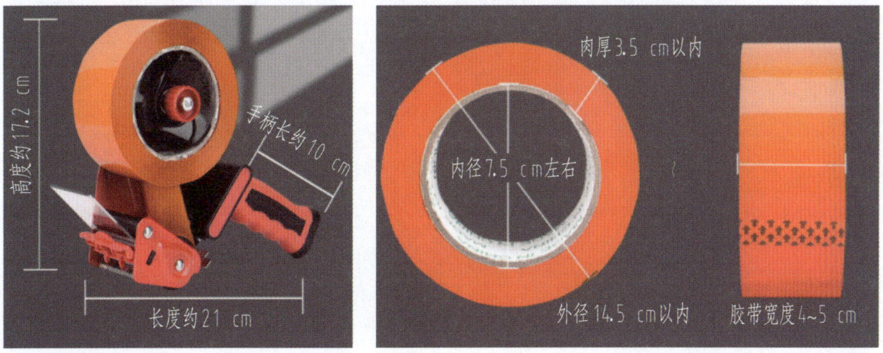

2. 创新设计报告(50 分)

以图文形式阐述新产品创新设计思路，结构特点，利用 UP Studio3.0 软件进行 3D 打印参数设置并说明参数对模型打印的影响，编写创新设计综合报告，文件名为学校名称＋参赛队号＋创新报告 1，格式为 PDF。

三、作品提交

1. 电子文件

提交：任务 1——报告 1、2、3、4，tsk1、tsk2、tsk3；任务 2——创新模型 STP、创新模型 STL、创新报告

1 和校方证明(无法打印实物模型证明)放在同一压缩包中,邮件主题及文件夹压缩包以学校名称＋参赛队号＋创新设计命名,发送至邮箱 shixianbo@tiertime. net。

2. 提交截止时间

3D 打印报告文件于 7 月 12 日 24:00 前提交,时间以邮件发送时间为准。

3. 每参赛队提交一份作品和文件。

4. 打印报告、作品存在雷同的,取消双方评奖资格。

第15届"高教杯"全国大学生先进成图技术与产品信息建模创新大赛 3D打印赛项试题解析

任务一 零部件3D打印制作

一、原始模型3D打印制作

（一）设备及软件准备

1. 打印机型号：UP 300； 操作软件：UP Studio 3

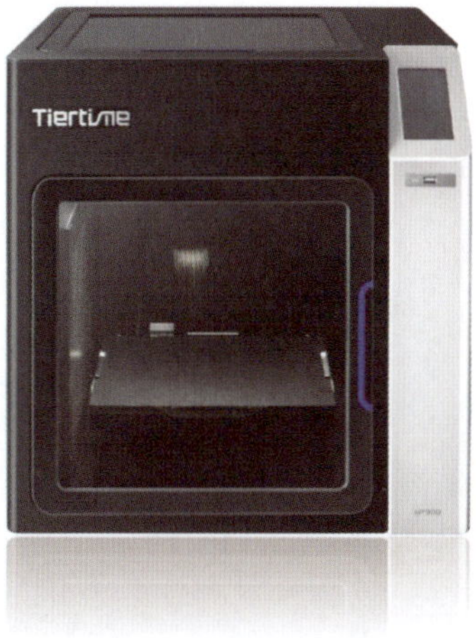

2. 接通电源，对3D打印机进行初始化，检查打印材料，测试材料挤出是否正常。

（二）模型放置方向选择

打开UP Studio 3软件，加载模型，分析模型放置方向对模型打印质量的影响，放置方向的选择，主要考虑以下几个方面：

1. 模型的受力

(1) 该模型具有平整底面，且圆筒轴向垂直底面，该摆放位置不但能保证底面的平面度，而且可以保证圆筒的圆度与精确度。

(2) 该模型整体处于竖直向上延伸状态，该摆放位置完美地避免了多余支撑，使模型仅需底面基础支撑即可完成打印。

(3) 该摆放方式能够使得打印过程中材料均匀合理分布，喷头运动路线可预测，提高模型的质量。

2. 减少支撑，缩短打印时间和节省打印材料。

3. 模型的放置方向对比。

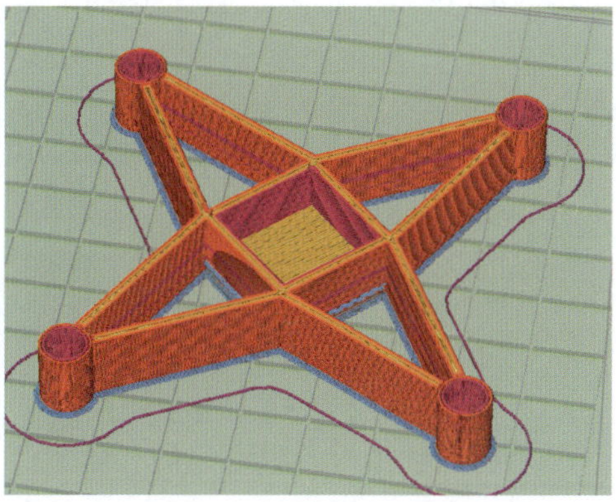

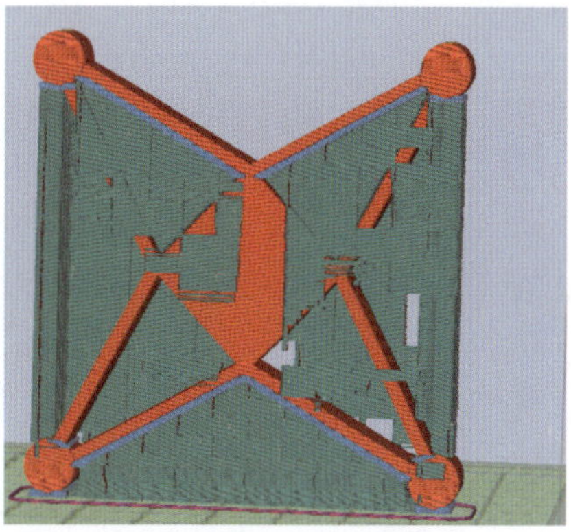

（三）模型、子模型的参数设置

1. 根据模型受力分析，需要在受力部分添加子模型，增加模型受力强度

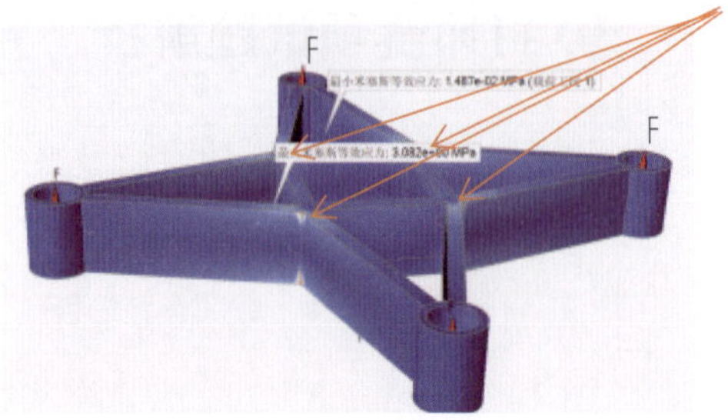

2. 添加子模型

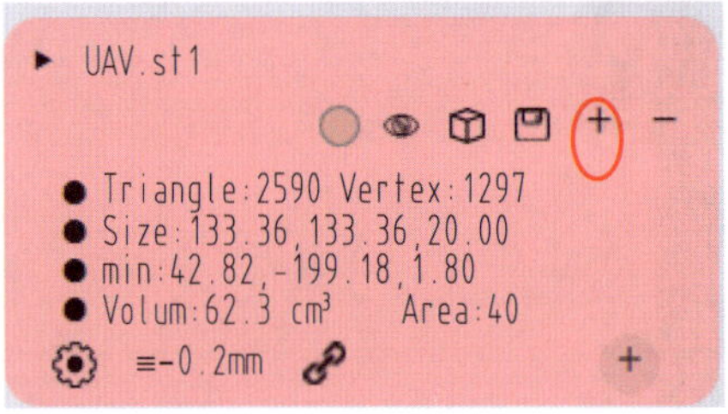

3. 选择文件添加

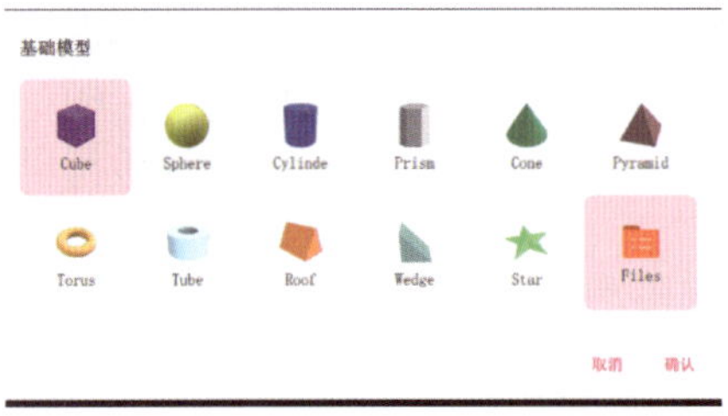

4. 填充方式选择 100%填充，具体参数可以根据自己的情况进行设定

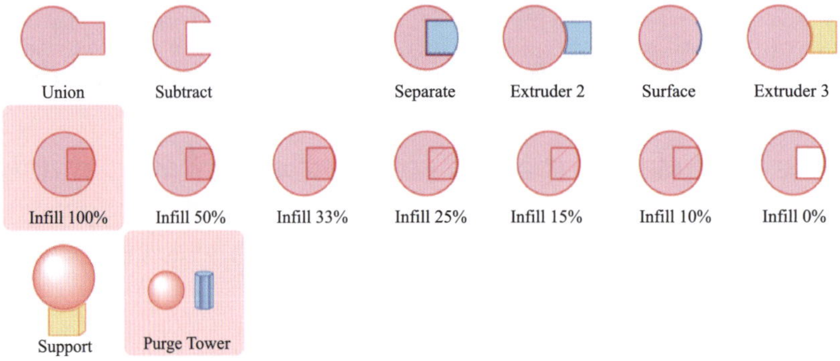

5. 填充方式选择完成后，进入添加子模型界面，点击确定，在文件夹中找到要打印的子模型进行添加

6. 添加完成

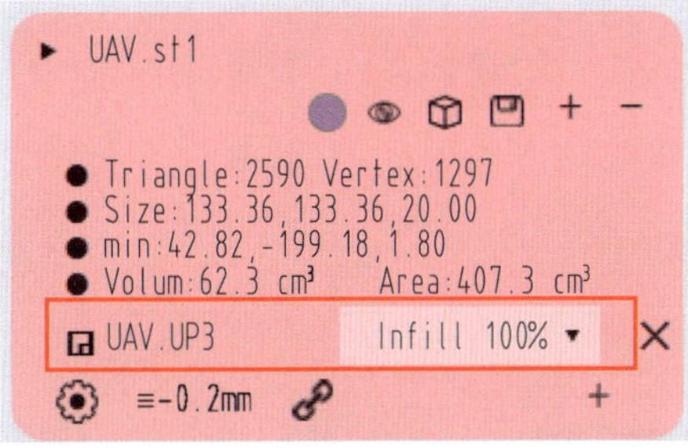

7. 子模型添加后的效果

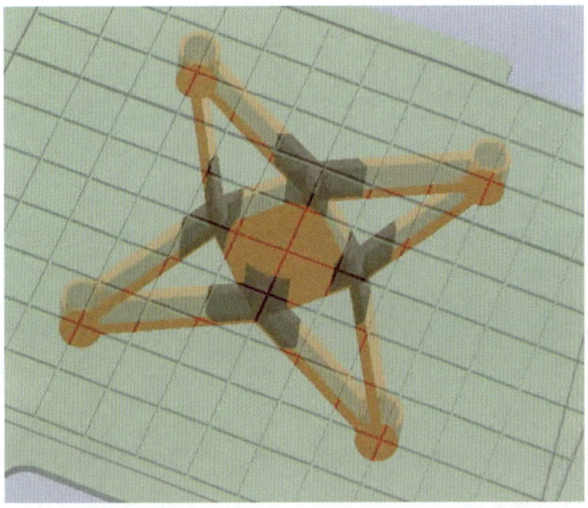

8. 设置打印参数

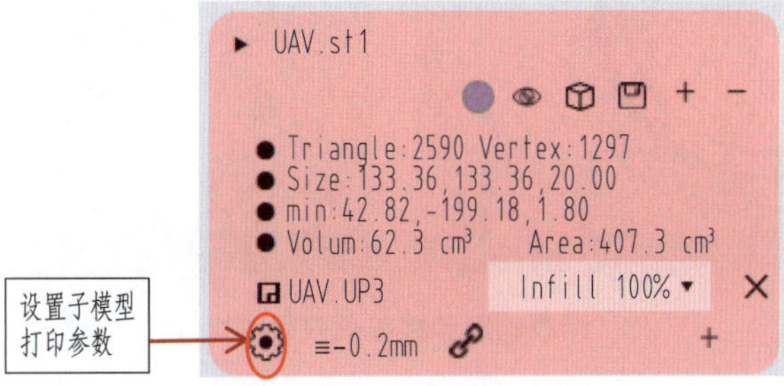

9. 动态层厚参数的设置有利于较少模型的打印时间

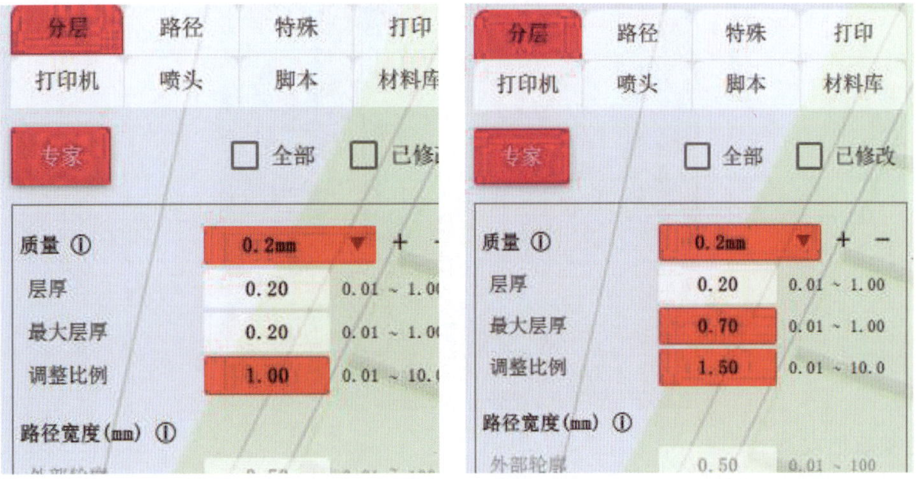

修改参数

10. 修改填充轮廓数为2,增强模型外表面受力强度

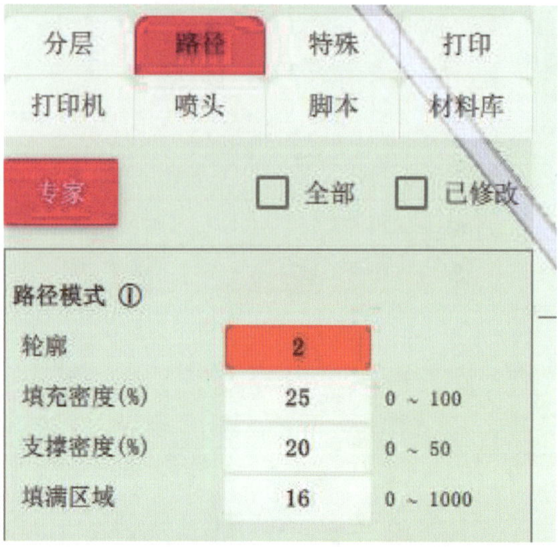

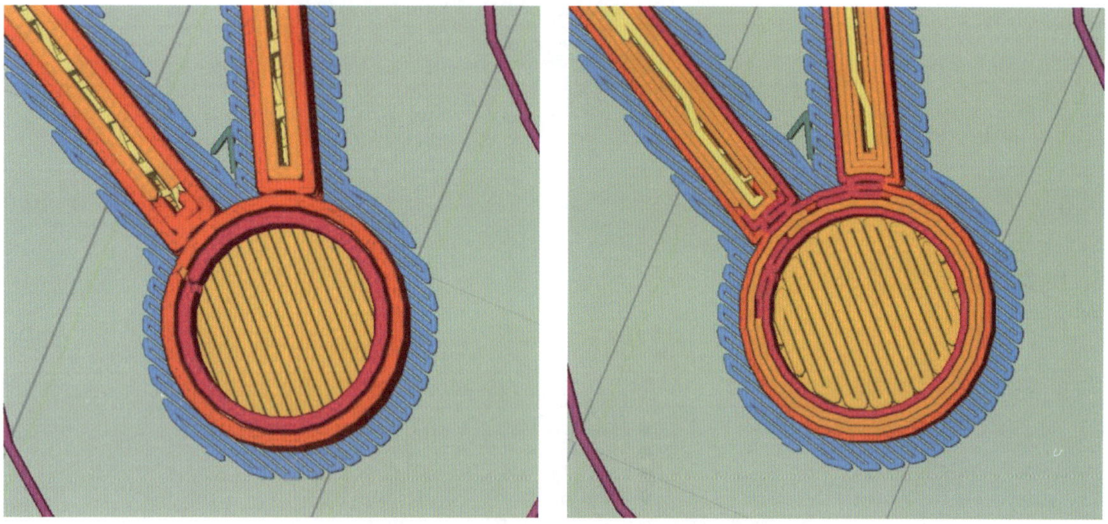

修改轮廓参数前后效果对比

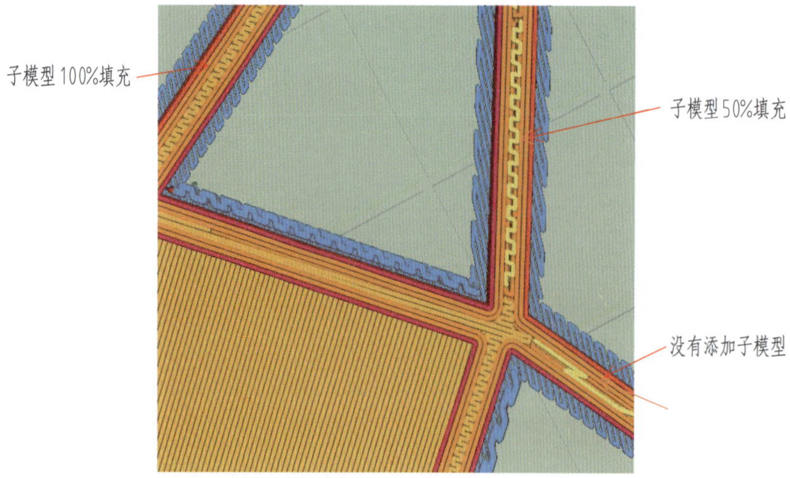

11. 其他参数值设置

增加填充密度,可以增加模型整体硬度。增加支撑密度,可以保证模型在打印时的稳定性;降低支撑密度,减少支撑。此模型可在较少支撑下完成打印。故支撑密度降低为15%。

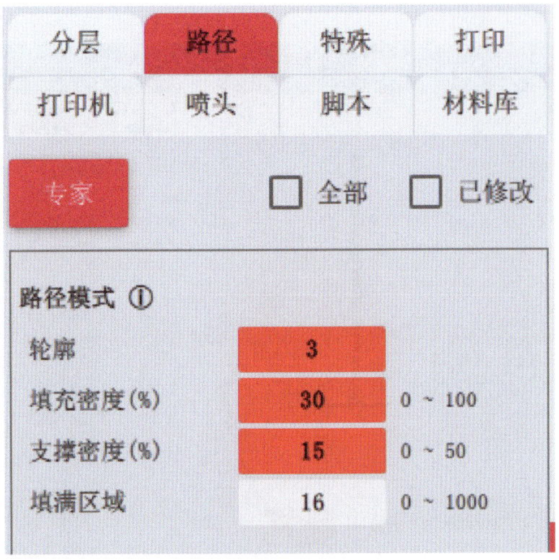

12. 较小粘合强度数值有利于模型去除支撑体

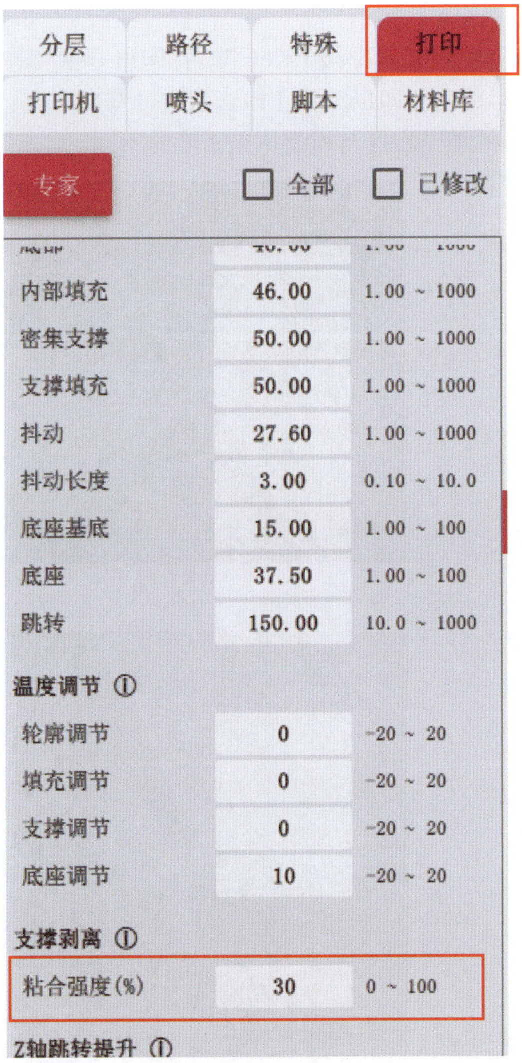

(四) 打印模型

1. 打开打印机管理

连接 UP 300 打印机,使用 ABS 专用喷头,设置喷嘴直径 0.4 mm,打印材料 ABS,初始化设备、打印机后点击打印并载入分层 tsk 文件发送到打印机中,如图所示。

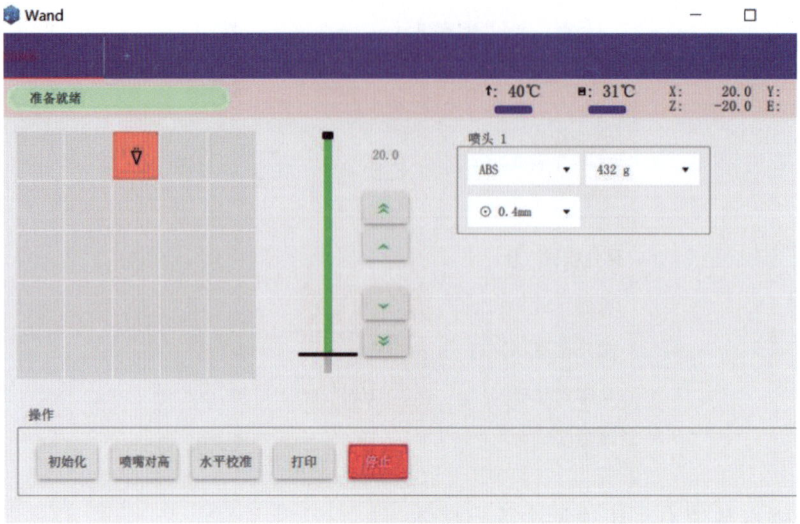

打印机操作页面

2. 打印过程

打印平台先预热至 80 ℃后，喷头开始升温至 280 ℃，打印机开始工作。打印过程如图所示，首先打印出底座，其次打印支撑与实体，最后打印出完整实体。从中可看出底座、支撑、模型、子模型的填充密度和模型轮廓等，也可看出子模型的填充密度与模型填充密度的不同。

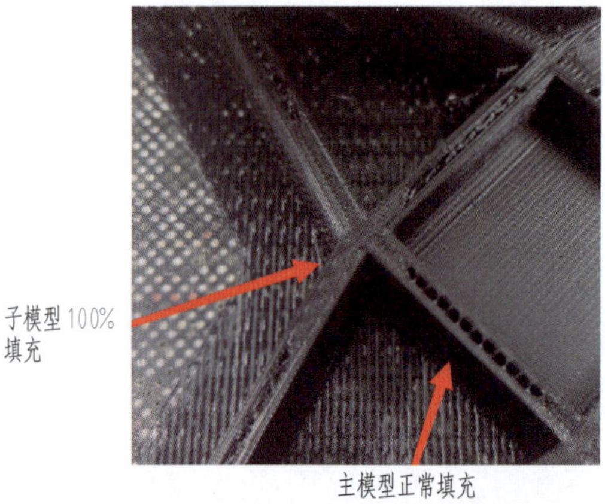

（五）模型后处理

1. 工具准备

后处理工具

2. 利用后处理工具去除模型支撑，并对表面毛刺进行打磨

最终打印效果

二、轻量优化设计模型 3D 打印制作

（一）设备及软件准备

1. 打印机型号：UP 300；　　　　操作软件：UP Studio 3

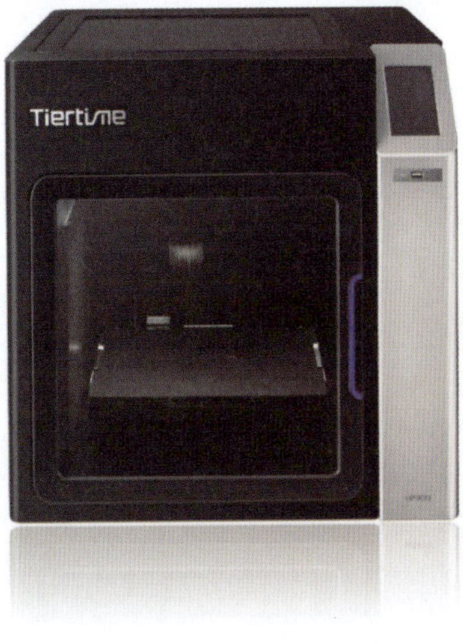

2. 接通电源，对 3D 打印机进行初始化，检查打印材料，测试材料挤出是否正常。

（二）模型放置方向选择

打开 UP Studio 3 软件，加载模型，分析模型放置方向对模型打印质量的影响。

1. 轻量化模型从特征来看，舵机安装位置圆柱部分，平放打印能够保证更好的打印精度和表面质量。

2. 立起放置支撑较多，且圆柱会出现阶梯效应，影响表面质量。故最终选择平放打印。

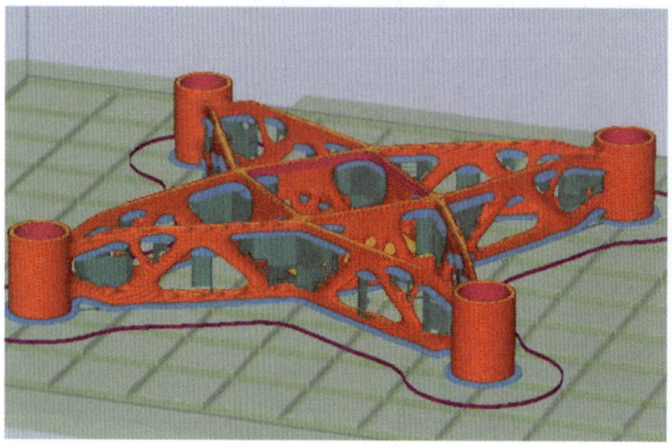
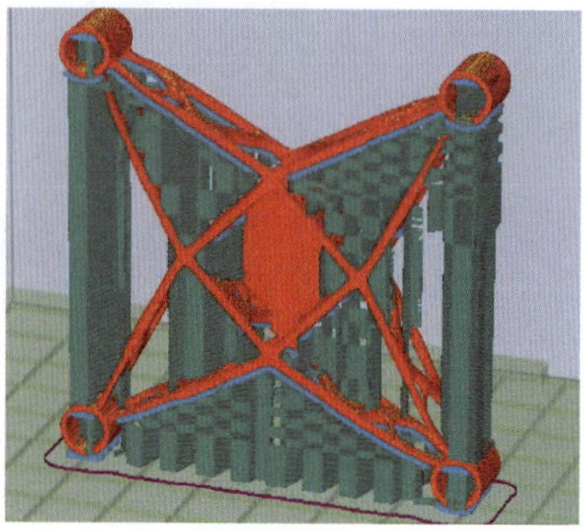

（三）参数设置

1. 根据应力分析结果，可知中心白色部分受力最大，整体支架较细，为防止摔断，须提高整体受力强度。

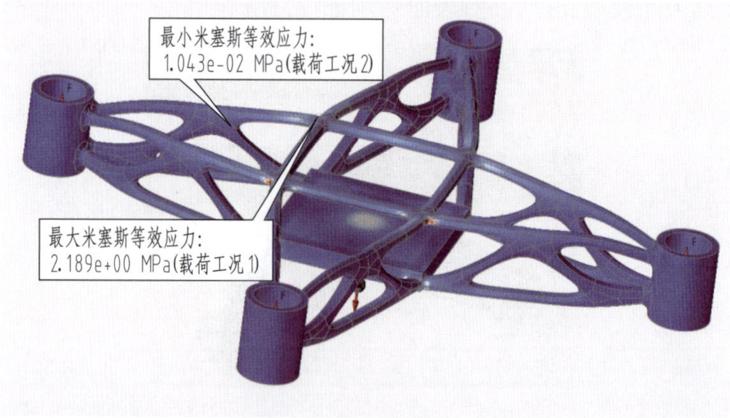

2. 设置打印参数：轻量化模型镂空较多，支架较细，为求表面光滑，选择层厚为 0.15 mm，路径宽度设置为 0.47 mm。

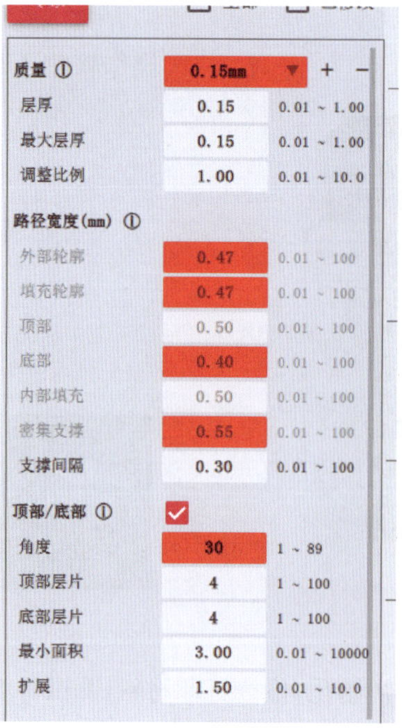

3. 支架较细，修改填充轮廓数为 3，基本形成全轮廓打印模型，填充密度接近 100%，模型整体硬度得到提高。

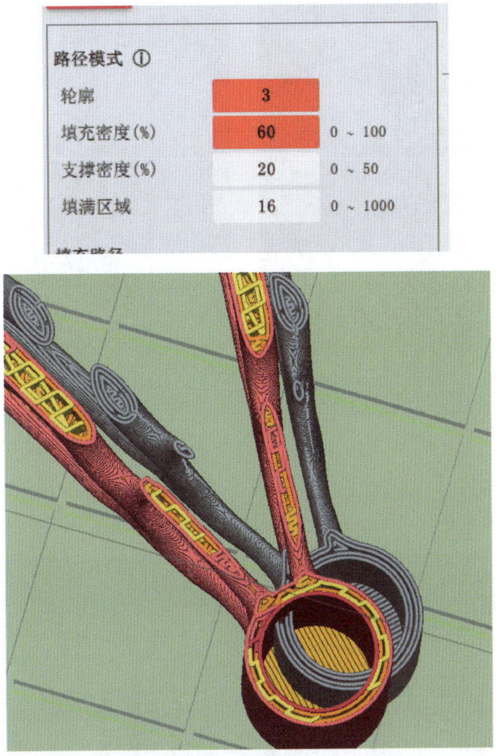

修改轮廓参数前后效果对比

（四）打印模型

1. 打开打印机管理

连接 UP 300 打印机，使用 ABS 专用喷头，设置喷嘴直径 0.4 mm，打印材料 ABS，初始化设备、打印机后点击打印并载入分层 tsk 文件发送到打印机中，如图所示。

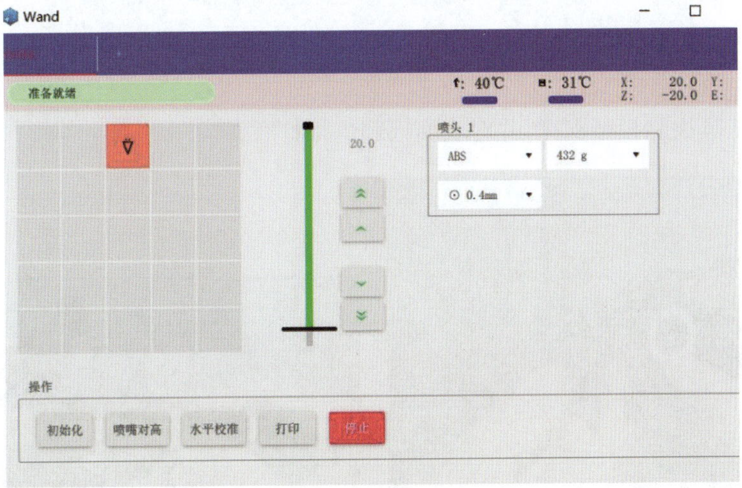

打印机操作页面

2. 打印过程

打印平台先预热至 80 ℃后，喷头开始升温至 280 ℃，打印机开始工作。打印过程如图所示，首先打印出底座，其次打印支撑与实体，最后打印出完整实体。

打印过程

打印完成

（五）模型后处理

1. 工具准备

后处理工具

2. 利用后处理工具去除模型支撑，并对表面毛刺进行打磨。

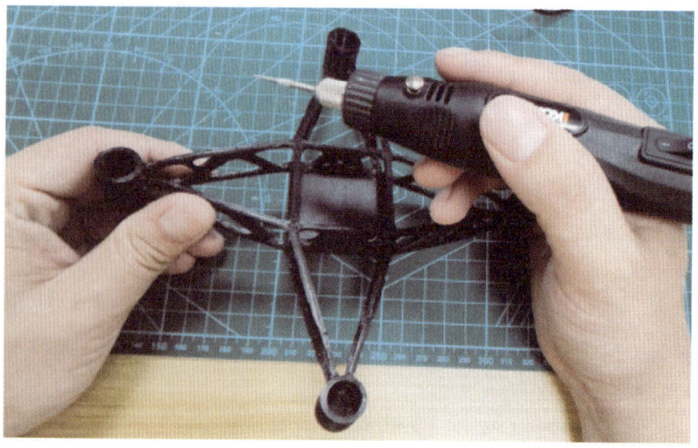

最终打印效果

三、综合模型3D打印制作

（一）设备及软件准备

1. 打印机型号：UP 300；　　操作软件：UP Studio 3

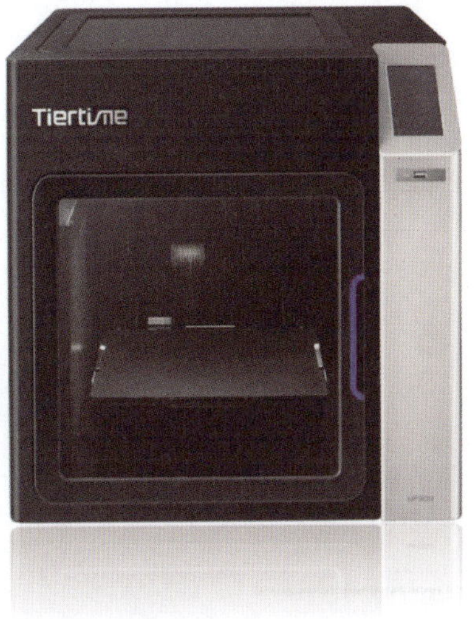

2. 接通电源，对3D打印机进行初始化，检查打印材料，测试材料挤出是否正常。

（二）模型放置方向选择

打开UP Studio3软件，加载模型，分析模型放置方向对模型打印质量的影响。放置方向的选择，主要考虑以下几个方面：

1. 模型的受力

(1) 该模型具有平整底面，且圆筒轴向垂直底面，该摆放位置不但能保证底面的平面度，而且可以保证圆筒的圆度与精确度。

(2) 该模型整体处于竖直向上延伸状态，该摆放位置完美地避免了多余支撑，使模型仅需底面基础支撑即可完成打印。

(3) 该摆放方式能够使得打印过程中材料均匀合理分布，喷头运动路线可预测，提高模型的质量。

2. 减少支撑，减短打印时间和节省打印材料。

3. 模型的放置方向对比。

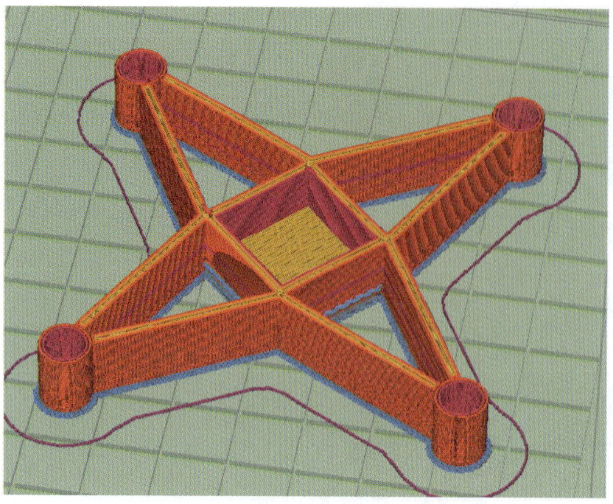
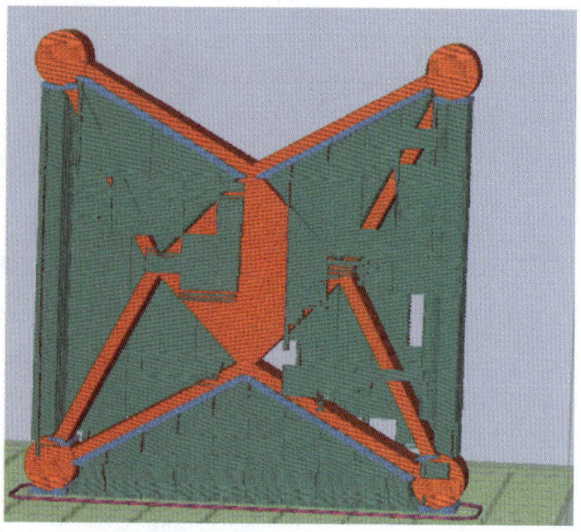

（三）模型、子模型的参数设置

轻量化作为子模型置于原始模型内部，起到骨架支撑作用，提高整体受力强度，减少外部填充密度，节约材料。

1. 添加子模型

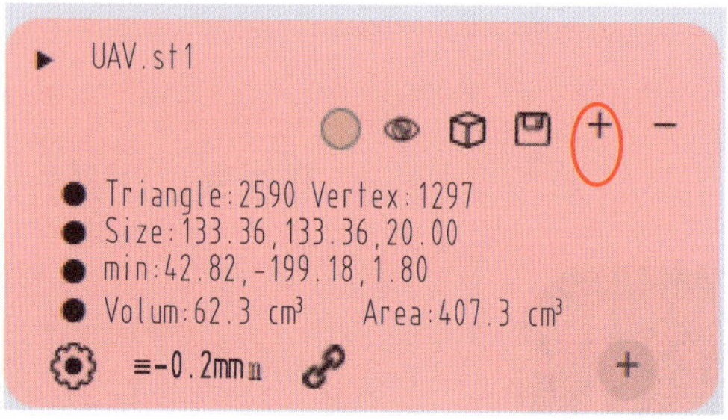

2. 选择文件添加

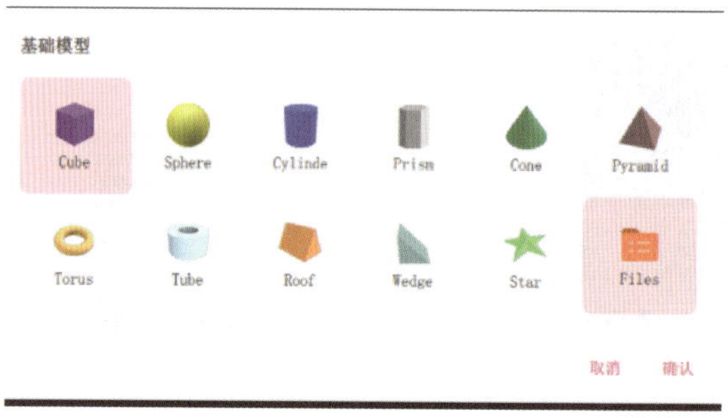

3. 填充方式选择100%填充，具体参数可以根据自己的情况进行设定

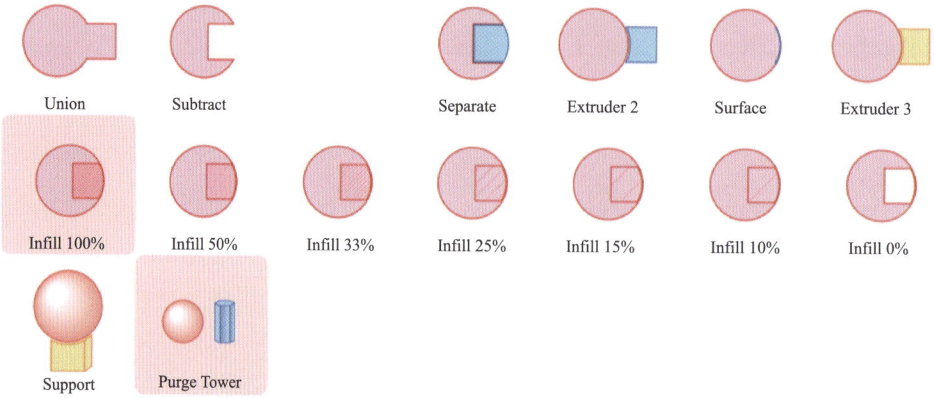

4. 填充方式选择完成后，进入添加子模型界面，点击确定，在文件夹中找到要打印的子模型进行添加

5. 添加完成

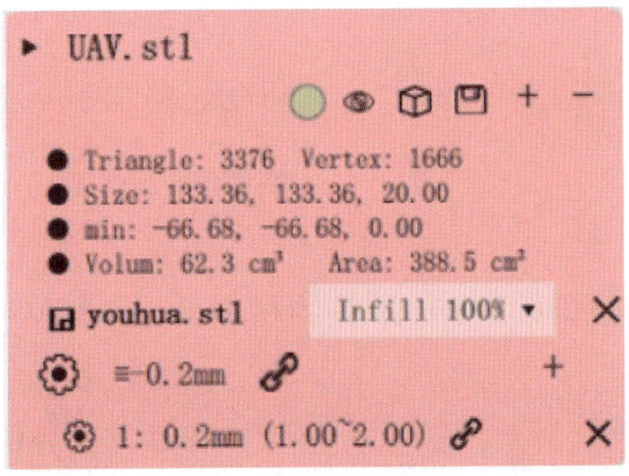

6. 子模型添加后的效果

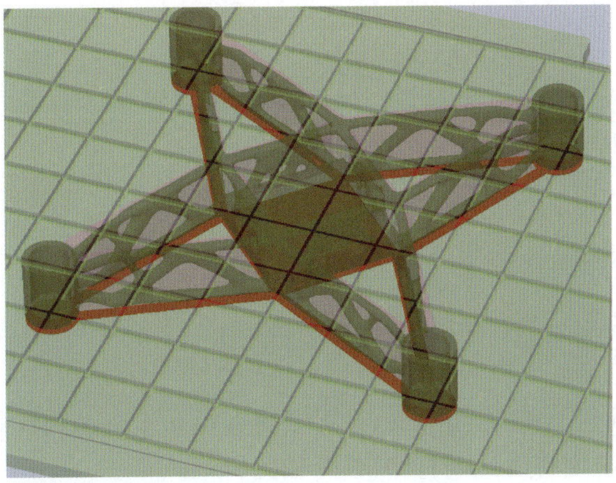

7. 点击设置按钮,设置子模型打印参数

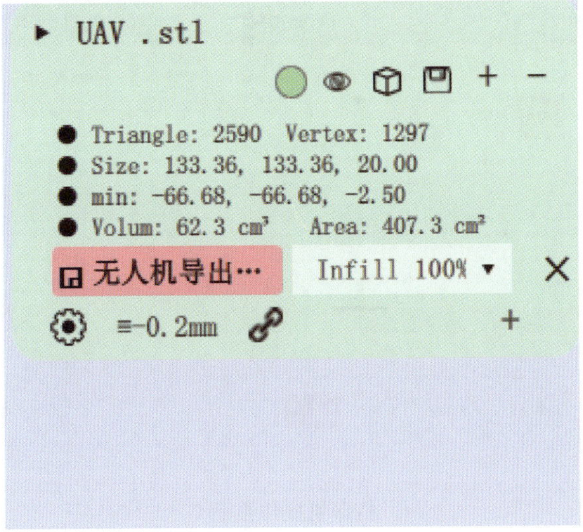

8. 由于轻量化模型圆柱曲面较多，使用动态层厚参数的设置有利于较少模型的打印时间，提高表面质量

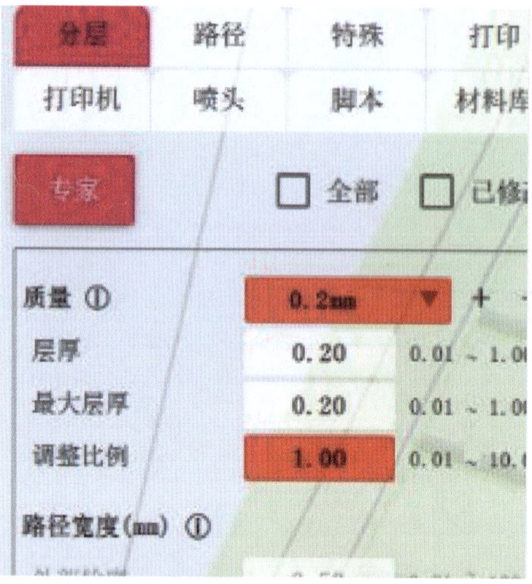

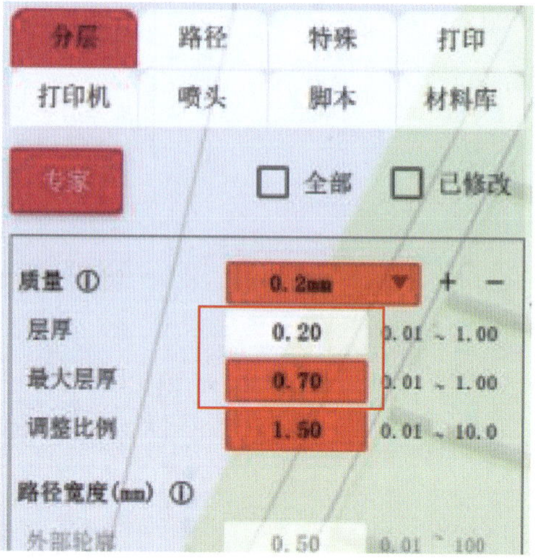

9. 设置原始模型参数整体填充密度为 15%，节约材料

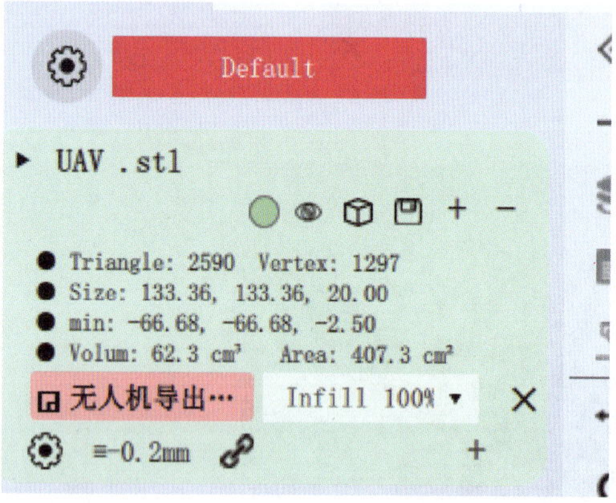

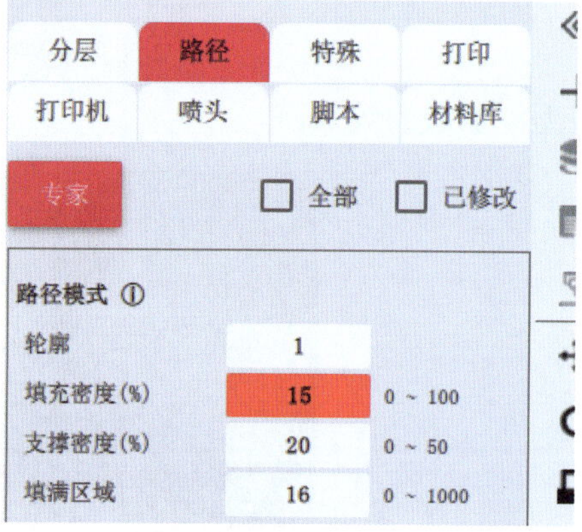

(四) 打印模型

1. 打开打印机管理

连接 UP 300 打印机，使用 ABS 专用喷头，设置喷嘴直径 0.4 mm，打印材料 ABS，初始化设备、打印机后点击打印并载入分层 tsk 文件发送到打印机中，如图所示。

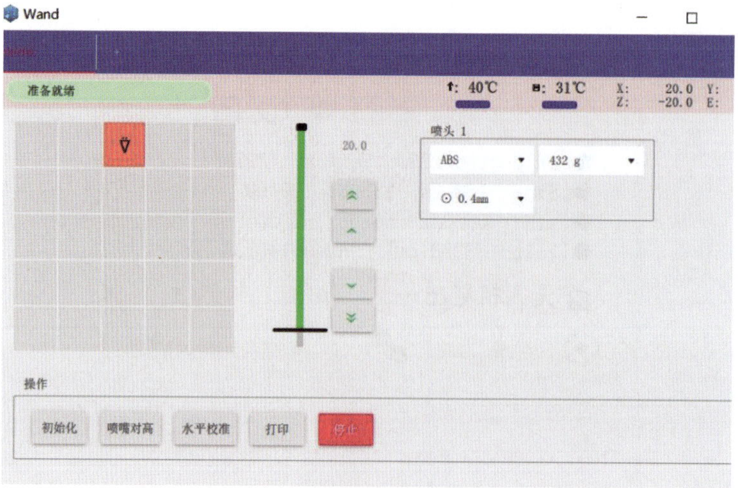

打印机操作页面

2. 打印过程

打印平台先预热至 80 ℃后，喷头开始升温至 280 ℃，打印机开始工作。打印过程如图所示，首先打印出底座，其次打印支撑与实体，最后打印出完整实体。从中可看出底座、支撑、模型、子模型的填充密度和模型轮廓等，也可看出子模型的填充密度与模型填充密度的不同。

（五）模型后处理

1. 工具准备

后处理工具

2. 利用后处理工具去除模型支撑，并对表面毛刺进行打磨

3. 最终打印效果

任务二　产品创新设计

一、参考模型

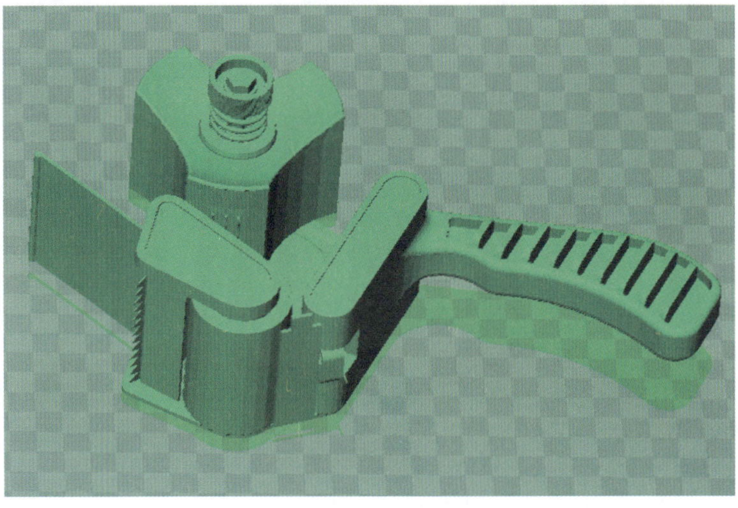

二、参考模型零件拆分(共 23 个零件)

三、功能分析

四、创新设计

1. 产品创新设计后，分为主体和滚轮共两个零件

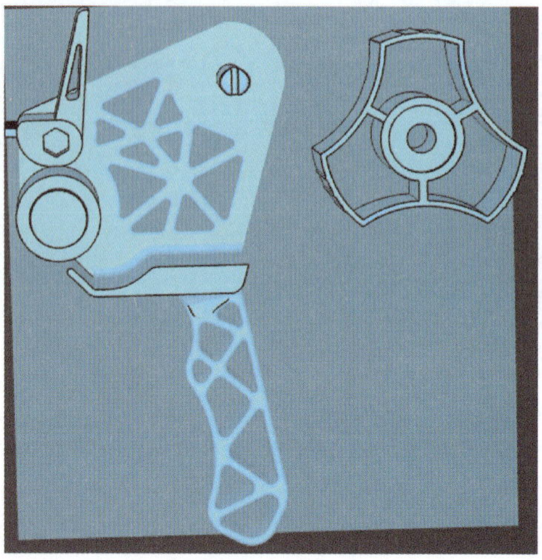

2. 装配后效果

五、创新说明

1. 滚轮采用一体化设计，可直接打印，且可旋转

2. 压紧板增厚，增强受力

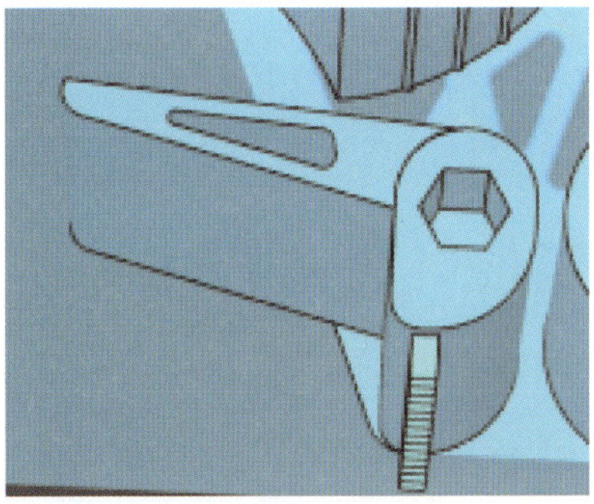

3. 刀片直接改为采用打印工艺一体成型

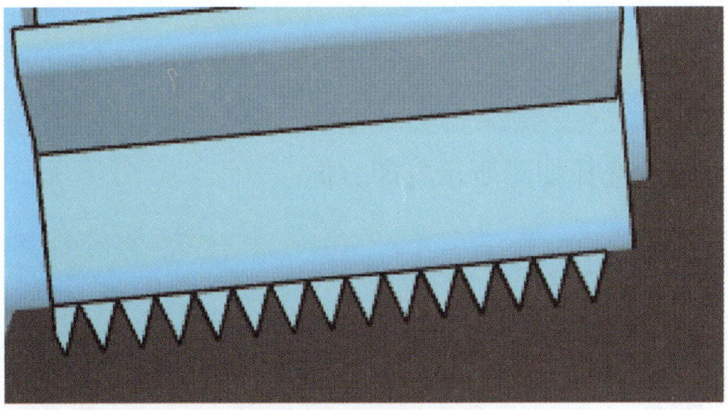

4. 把手和底板面采用轻量化镂空设计，节约材料

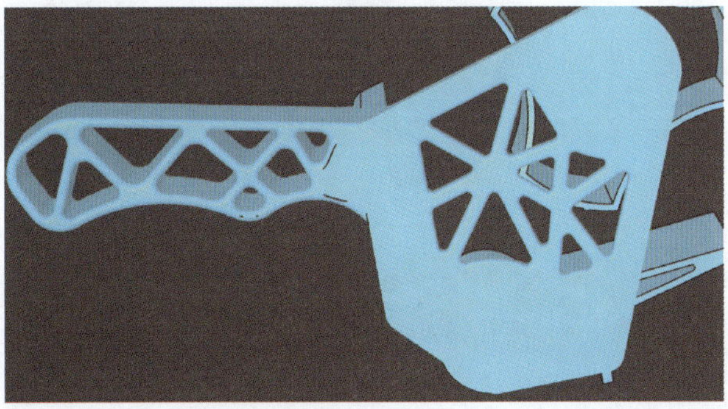

5. 把手和底板在同一平面，减少打印支撑

6. 胶带滚轮选择分体设计、卡扣装配的形式，一是可根据胶带大小更换滚轮，增加应用场景；二是便于分体打印，较少支撑

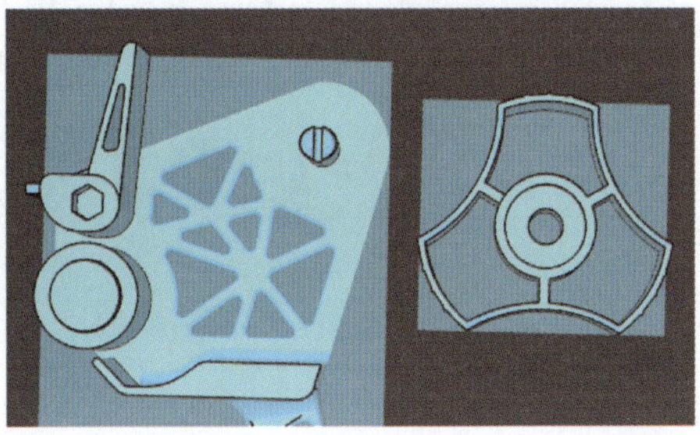

六、打印参数设置

1. 加载模型

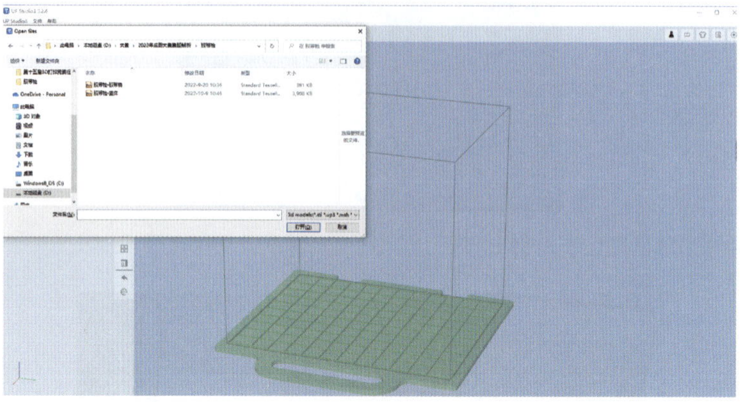

2. 考虑支撑最少，受力最好，选择如图所示打印方向

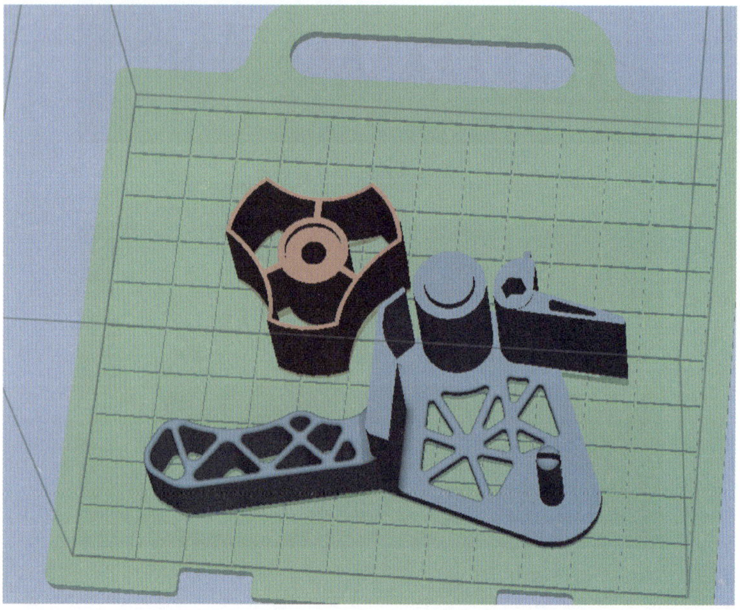

3. 同时选中两个模型文件，将两个模型文件合并成一个模型文件

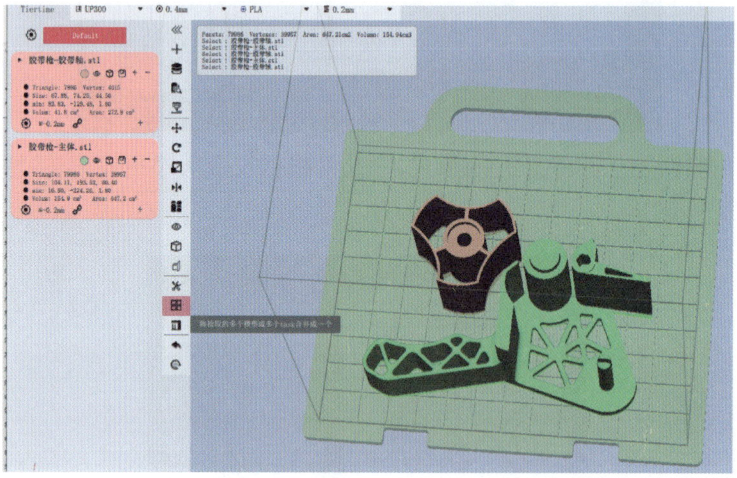

合并后效果：

4. 设置打印参数，层厚选择 0.2 mm，增大轮廓数为 2，填充密度为 40%

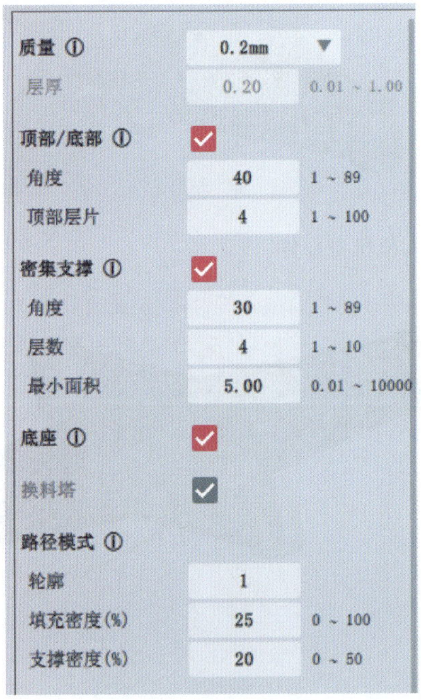

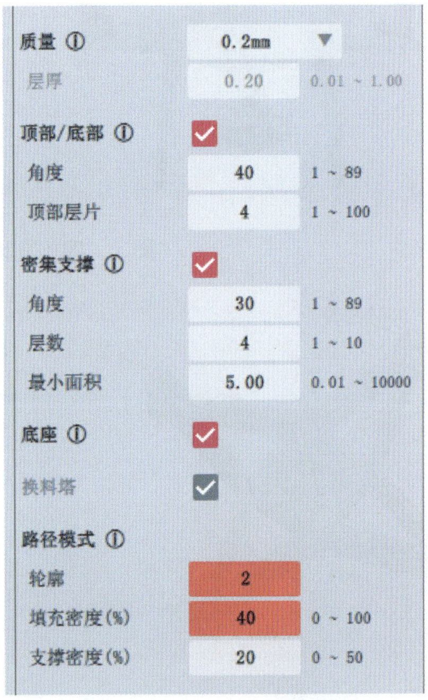

5. 增大轮廓和填充密度可增强模型受力强度

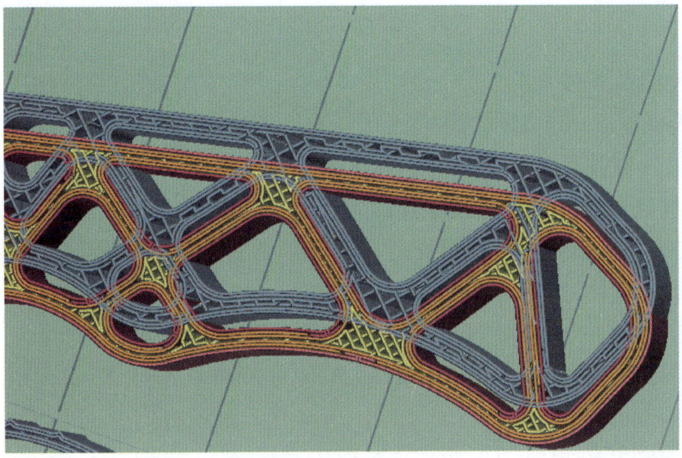

修改前后对比

6. 参数设置完成后点击打印，将文件输入打印机进行模型制作

第 15 届“高教杯”全国大学生先进成图技术与产品信息建模创新大赛
轻量化试题及答案

一、轻量化大赛题目

模型说明

四旋翼无人机是一种能够垂直起降、以四个旋翼为动力装置的飞行器。图 1 所示为四旋翼无人机机身部件，机身根据实际的受载情况进行适当的简化调整，主要的载荷来自电机、电子设备和载重。为节约打印材料和打印时间，对模型尺寸进行了缩放，机身部件典型位置及设计空间如图 2 所示。

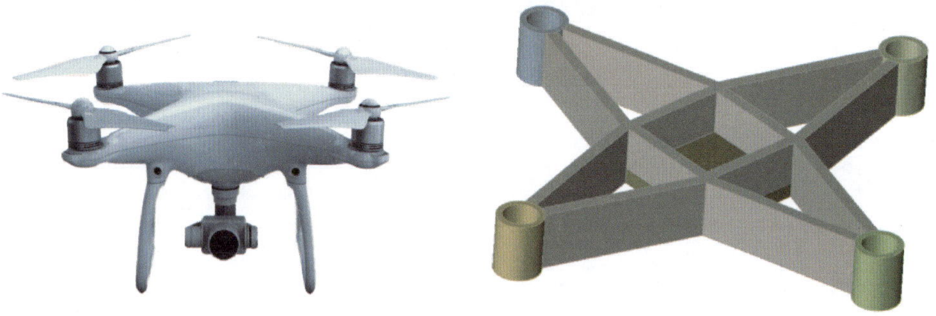

图 1　四旋翼无人机机身部件

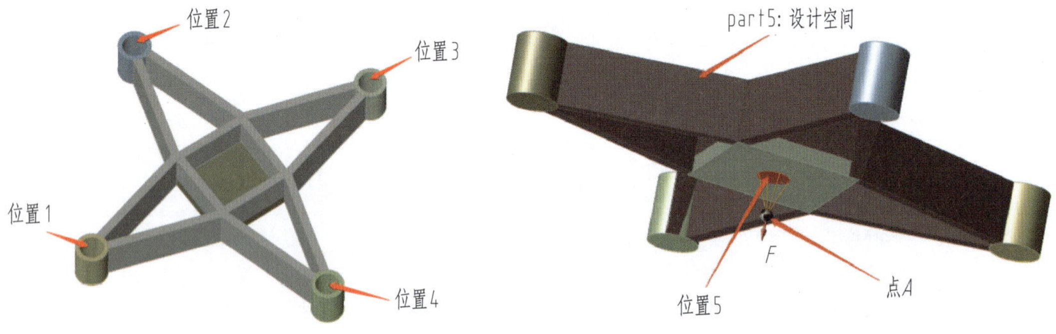

(a)　　　　(b)

图 2　机身部件典型位置及设计空间示意图：

(a)典型位置；(b)设计空间

(一) 零部件材料及载荷条件

a) 材料：ABS(杨氏模量 2 000 MPa、泊松比 0.35、密度 1 060 kg/m^3、屈服应力 45 MPa)。

b) 约束：无约束，采用惯性释放。

c) 载荷：无人机携带了摄像头等有质量的物体，在实际分析无人机结构时，利用“质量点”功能，将摄像头等物体的质量施加给无人机机身位置 5 的下方 A 点，通过柔性连接器连接，连接器端点 A 的坐标为(0 mm，0 mm，−15 mm)，质量为 0.1 kg。

F1：作用于位置 1 的圆孔内侧面，大小为 20 N，方向为 Z 轴正方向。

F2：作用于位置 2 的圆孔内侧面，大小为 20 N，方向为 Z 轴正方向。

F3：作用于位置 3 的圆孔内侧面，大小为 20 N，方向为 Z 轴正方向。

F4：作用于位置 4 的圆孔内侧面，大小为 20 N，方向为 Z 轴正方向。

F5：作用于点 A，坐标为(0 mm，0 mm，−15 mm)，大小为 60 N，方向为 Z 轴负方向。

d) 载荷工况：载荷工况 1：F1，F2，F3，F4；载荷工况 2：F5。

（二）优化定义与总体设计要求

a）初始强度分析单元尺寸为：2 mm。

b）总体设计要求：最大变形位移小于 0.8 mm，最小安全系数大于 2.5。

（三）任务：零件轻量化再设计（100 分）

根据给定的原始 3D 模型文件 UAV. step，使用 Altair Inspire 通过拓扑优化的方法进行再设计，在满足实际需要和性能要求的情况下尽可能减轻重量节省材料。传统的产品受限于设计生产方式并不能做到效能的最优。通过拓扑优化结合增材制造的方式获得最合理的材料分布，以最少的材料实现最佳的性能。具体要求如下：

1. 初始强度分析：根据提供的材料和载荷条件，使用 Altair Inspire 对初始无人机机身零部件 3D 文件 UAV. step 进行强度分析评估（包括最大位移，最大米塞斯应力，最小安全系数）。（20 分）

2. 拓扑优化：根据提供的边界条件对部件进行拓扑优化，指定设计空间和非设计空间，添加载荷（约束和力），以刚度最大为优化目标，质量和厚度作为设计约束，分析得到拓扑优化结果。（27 分）

3. 几何重构：对题 2 的优化结果进行几何重构，获得最终的轻量化设计模型。（18 分）

4. 模型输出：以题 3 重构结果导出可供 3D 打印的 youhua. stl 文件（若 3 未完成，以 2 优化的结果输出），保存优化过程为 youhua. stmod 文件。（5 分）

5. 强度校核：对题 3 的模型再次进行强度分析评估，获得分析结果（包括最大位移、最大应力、安全系数），确保零件的最大变形位移和最小安全系数满足总体设计要求。（20 分）

6. 报告要求：请按照《轻量化设计赛题分析报告》模板提交题 1 的强度分析结果，题 2 的优化结果以及题 5 的强度分析结果。结果总结成报告提交，文件以 zongjiebaogao 命名，格式 docx。（10 分）

7. 结果提交：

（1）提交方式：QQ 邮箱发送。

（2）提交资料：优化模型、过程文件和总结报告。①youhua. stl，②youhua. stmod，③zongjiebaogao. docx。3 个文件打包成一个压缩文件发送，压缩包命名为省份学校全称队名，比如河南省郑州大学。

（3）邮件主题：省份学校全称队名，比如河南省郑州大学。

（4）发送至邮箱：*****@qq. com。

（5）提交时间：2022 年 7 月 10 日 24：00 截止提交，以邮箱发送时间为准。

二、轻量化设计解答（答案）

第一部分：结果汇总表

表 1　轻量化设计结果汇总表

初始强度分析选手数值	最大位移（mm）	最大米塞斯等效应力（MPa）	最小安全系数
	0.248 9	3.081	14.6
重构后强度校核选手数值	最大位移（mm）	最大米塞斯等效应力（MPa）	最小安全系数
	0.798 3	12.26	3.669
零件重量选手数值	重构后零件总质量（g）	优化前原始零件总质量（g）	备注
	31.965	66.160	总质量不包括质量点，为布尔运算合并后无人机总质量

表 2　轻量化设计汇总图

<table>
<tr><td>初始强度分析</td><td>最大位移(mm)</td><td>最大米塞斯等效应力(MPa)</td><td>最小安全系数</td></tr>
<tr><td>选手数值</td><td>0.248 9</td><td>3.081</td><td>14.6</td></tr>
<tr><td>选手截图</td><td>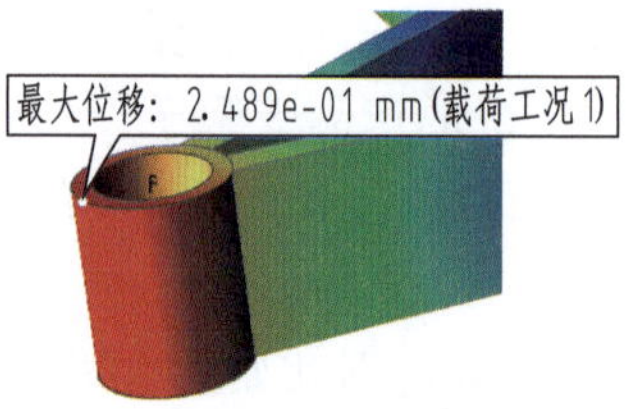
</td><td>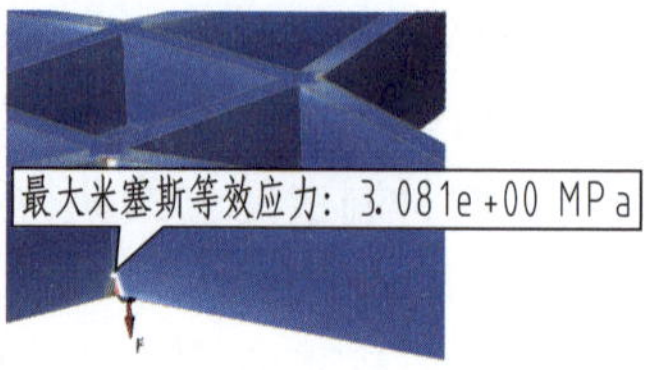
</td><td>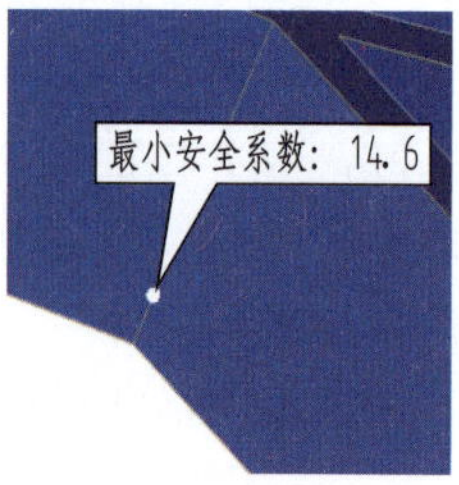
</td></tr>
<tr><td>优化方案设计</td><td>形状优化截图</td><td>优化参数设置截图</td><td>最终概念模型截图</td></tr>
<tr><td>选手截图</td><td></td><td>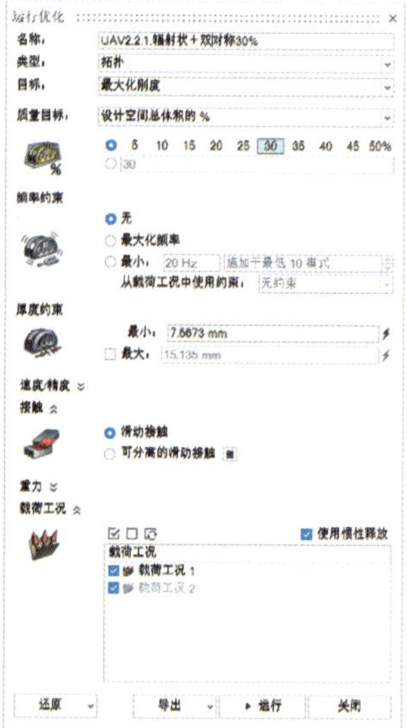
</td><td></td></tr>
<tr><td>几何重构结果</td><td colspan="3">重构后几何多视角展示</td></tr>
<tr><td rowspan="2">选手截图</td><td colspan="3">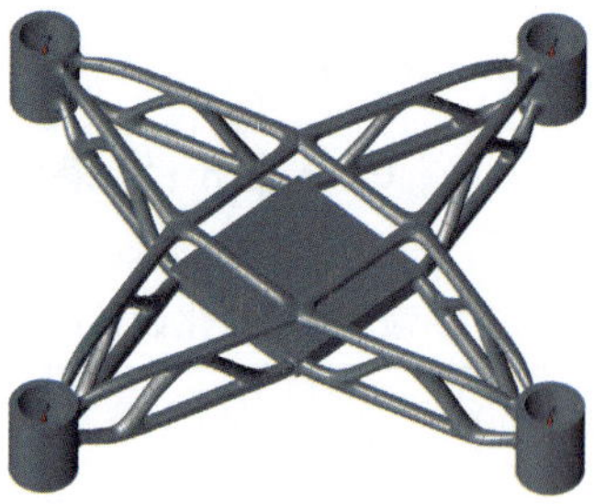</td></tr>
<tr><td colspan="2">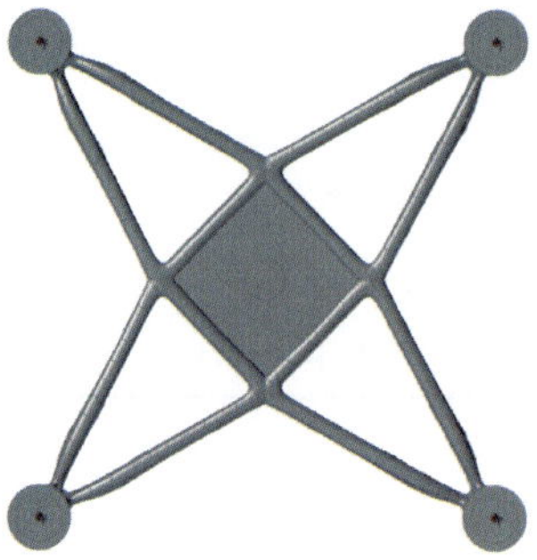</td><td></td></tr>
</table>

续表

重构后强度校核	最大位移(mm)	最小安全系数	重构后零件总质量(g)
选手数值	0.798 3	3.669	31.965
选手截图	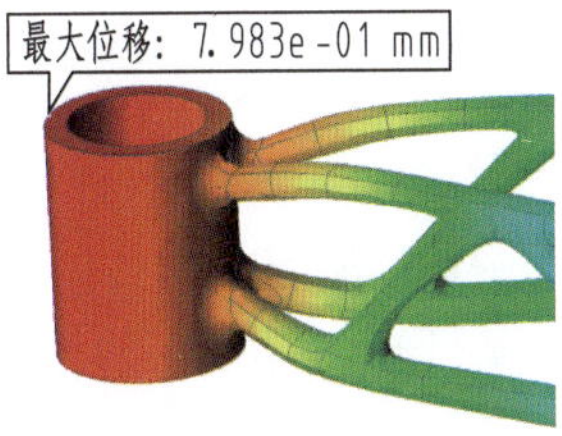	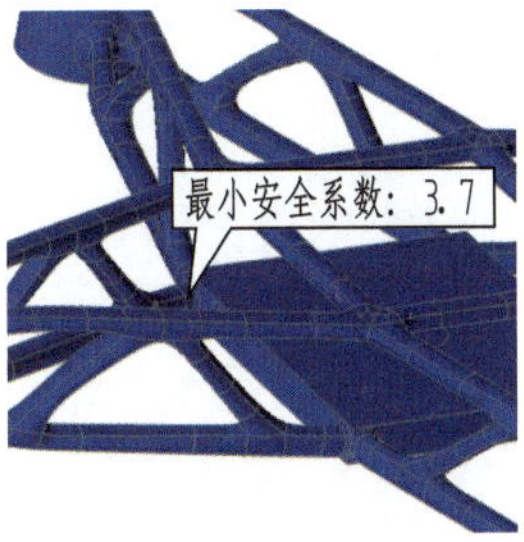	

第二部分:详细报告

一、初始模型分析

先对无人机机身部件初始模型作基本设置与初步分析。

1. 分析参数设置

导入 UAV. step 模型并自动填色。设置模型分析材料为 Plastic(ABS)(杨氏模量 2 000 MPa、泊松比 0.35、密度 1 060 kg/m^3、屈服应力 45 MPa),根据题目要求添加外部载荷与几何约束,其中使用连接器分配,并设置工况。

该步骤所需操作及对应图标:“文件”-“打开模型”,;“视图”-“自动填色”;“模型浏览器”-选中模型后单击鼠标右键-“材料”。如图 3 所示。

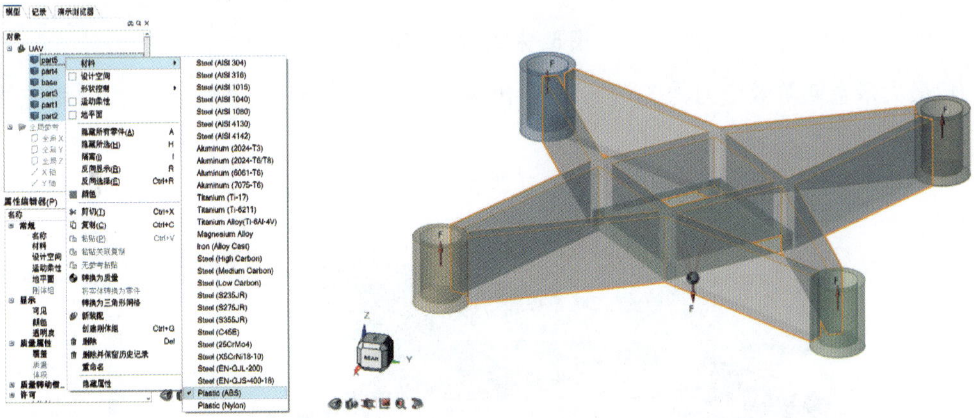

图 3 材料设置及载荷设置

对该结构进行初始强度分析。设置分析单元尺寸为 2 mm(按任务书要求),计算速度/精度选择更准确,对全部载荷工况进行分析。由于零件无约束,所以勾选惯性释放。

该步骤所需操作及对应图标:“分析”-“运行 OptiStruct 分析”,,在弹出的“运行 OptiStruct 分析”中设置分析参数。如图 4 所示。

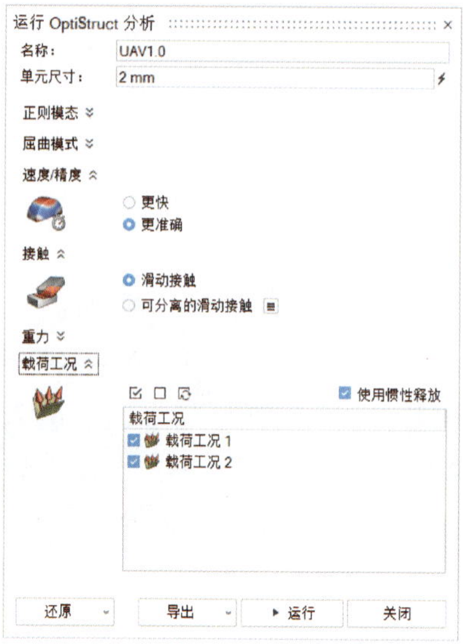

图 4　初始强度分析参数设置示意图

2. 分析结果

1）位移：最大位移 0.248 9 mm，出现在无人机机身部件电机座最远端。如图 5 所示。

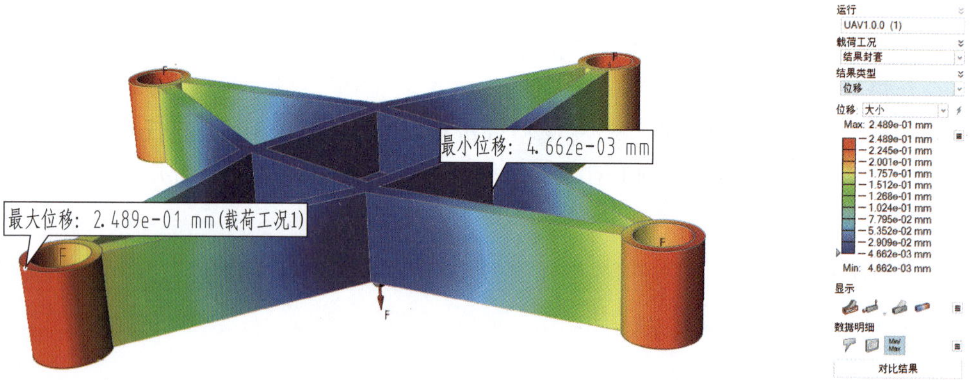

图 5　初始位移云图

2）应力：最大米塞斯等效应力为 3.081 MPa，出现在无人机机身部件两个长立板的相交处外侧。如图 6 所示。

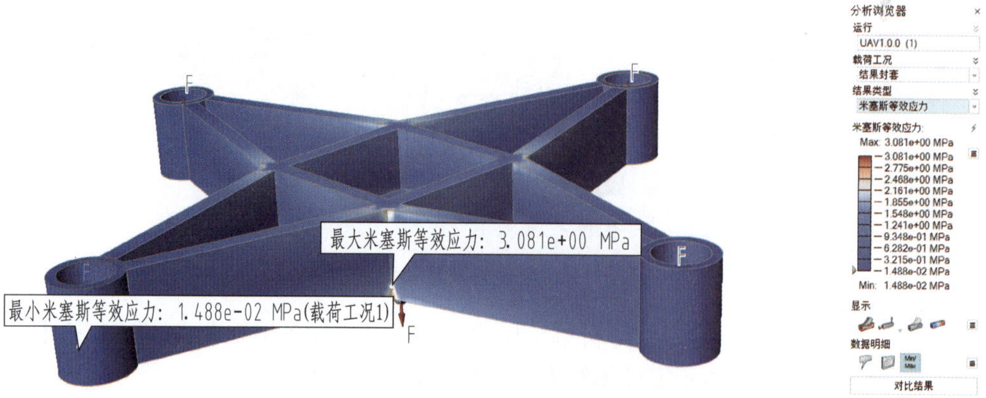

图 6　初始米塞斯应力云图

3）安全系数：最小安全系数 14.60，出现在无人机机身部件两个长立板的连接处，该处是最容易被破坏的位置。如图 7 所示。

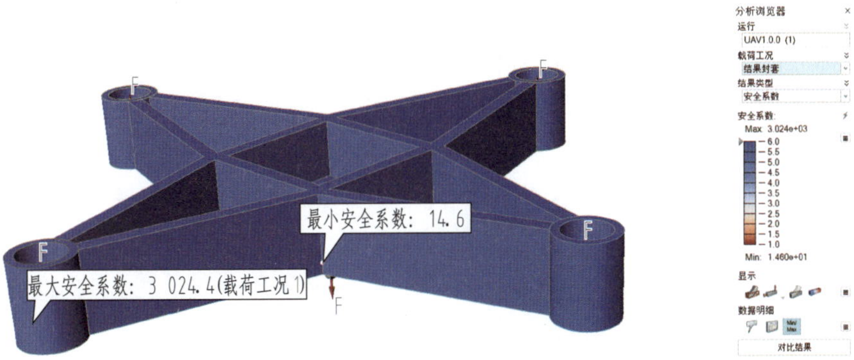

图 7　初始安全系数云图

表 3　初始模型数据汇总表

方案	质量	最大位移	最大米塞斯应力	最小安全系数
初始模型	0.066 16 kg	0.248 9 mm	3.081 MPa	14.60

该步骤所需操作及对应图标:“分析”—“显示分析结果”,分析,在弹出的“分析浏览器”中,选择“结果类型”,单击“载荷工况”—“结果封装”,单击“数据明细”—“MIN/MAX”。

二、拓扑优化

1. 指定设计空间

指定无人机机身部件主体部分即酒红色的部分为设计空间,其余为非设计空间。如图 8 所示。

图 8　设计空间

该步骤所需操作及对应图标:选中设计空间 part5,鼠标右键弹出菜单栏,选中“设计空间”。

2. 方案设置

(1) 形状控制:按拔模方向与对称组合。

表 4　形状控制方案以及对应模型图

形状控制	模型图
双周期对称+辐射状	

(2) 质量目标设定:按最大化刚度的优化目标,调整质量目标寻求最佳方案。如图 9 所示。

该步骤所需操作及对应图标:“优化”—“运行优化”,优化,在弹出的“运行优化”中设置优化参数。

3. 方案探究

更改质量目标进行优化计算。在质量目标为 25%时得到了较合理的优化结果。保持平滑结果勾选,拖动滑条探究优化结果至优化结果连续。得到的概念模型质量为 29.99 g。

该步骤所需操作及对应图标:“优化”—“显示优化结果”,

,在弹出的“形状浏览器”中移动“拓扑滑块”。如图 10 所示。

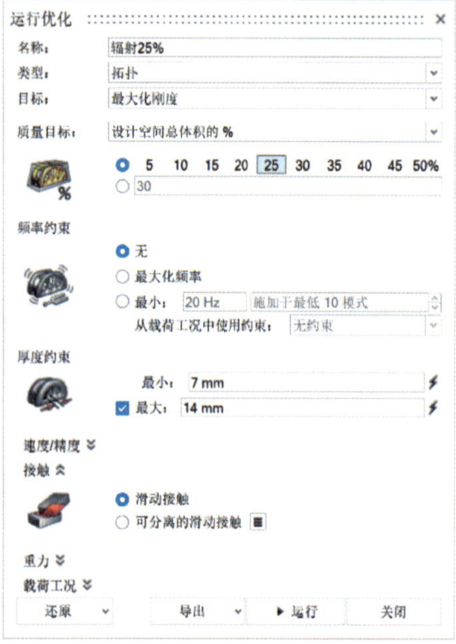

图 9 优化目标设定

图 10 优化结果示意图

对概念模型进行初步强度校核。设置分析单元尺寸为 2 mm,计算速度/精度选择更准确,对全部载荷工况分析,勾选惯性释放。结果如下。

(1) 位移:最大位移为 0.492 4 mm,位于无人机机身部件最远端。如图 11 所示。

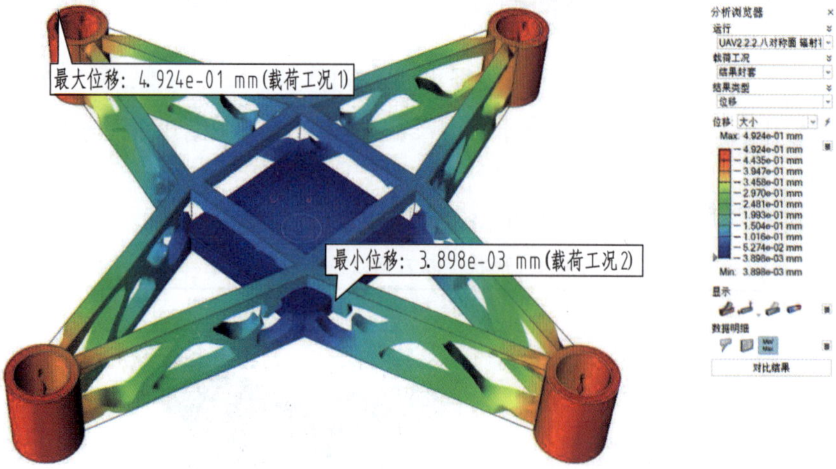

图 11 位移云图

(2) 应力:最大应力为 5.114 MPa,位于无人机机身部件控制仓外侧和电机座位置中间。如图 12 所示。

(3) 安全系数:最小安全系数为 8.799,位于无人机机身部件控制仓外侧和电机座位置中间。如图 13 所示。

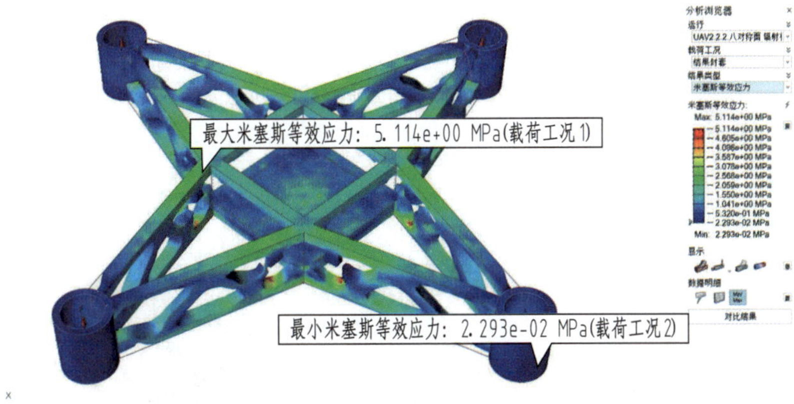

图 12　应力云图

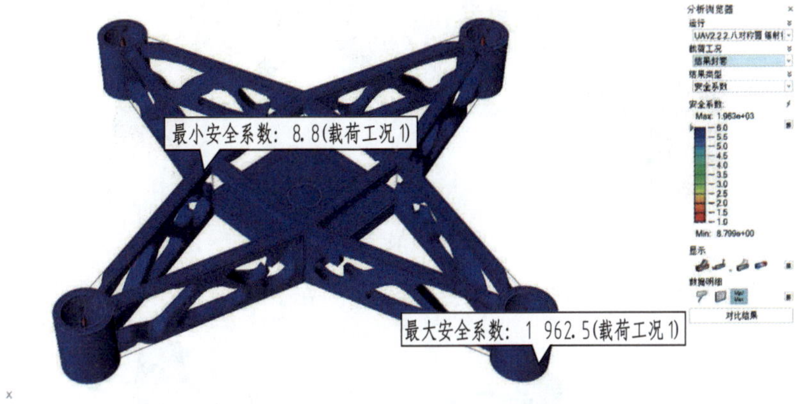

图 13　安全系数云图

三、几何重构

采用手动建模方式，构建半个机臂模型，而后通过镜像得到整个模型。该过程确保了重心位置不变，避免了 PolyNURBS 自动建模可能带来的重心位置改变的问题。

(1) 对单个机臂的一半进行手动拟合。然后通过拖动控制点的方式，使其与非设计空间(电机座和底板)相交。通过镜像方法得到一个完整的机臂、两个机臂、四个机臂。

(2) 采用布尔运算工具，对优化重构结果和非设计空间进行几何合并，形成单一的实体模型。如图 14 所示。

(3) 最后使用圆角工具，光顺重构结果与非设计空间之间的衔接部位，进而获得最终的轻量化设计结果。如图 15 所示。

图 14　最终优化结果

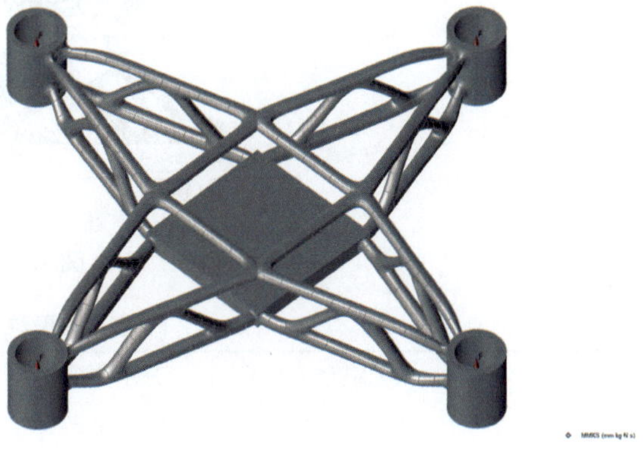

图 15　最终建模结果

该步骤所需操作及对应图标:“PolyNURBS”功能区,使用功能包括

。

四、强度校核

设置分析单元尺寸为 2 mm,计算速度/精度选择更准确,对全部载荷工况分析,勾选惯性释放,对方案进行校核。结果如下。

1. 位移:最大位移 0.798 3 mm。如图 16 所示。

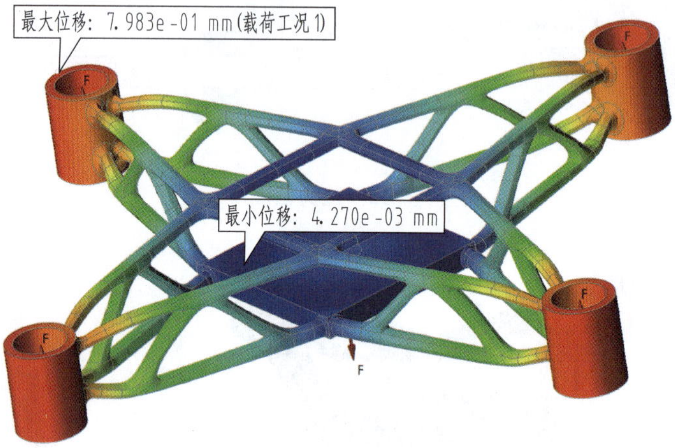

图 16 最大位移

2. 应力:最大米塞斯等效应力 12.26 MPa。如图 17 所示。

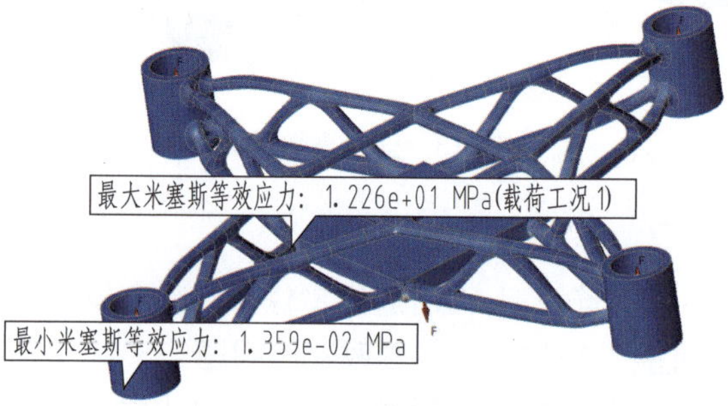

图 17 最大米塞斯应力

3. 安全系数:最小安全系数 3.669。如图 18 所示。

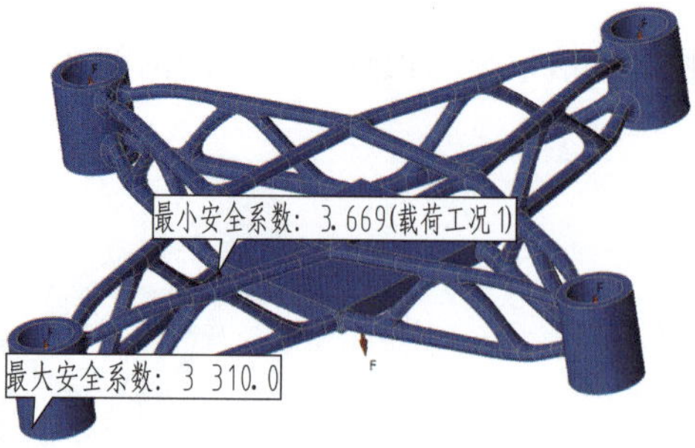

图 18 最小安全系数

表 5 最终优选强度校核数据

方案	最大应力(MPa)	最小安全系数	最大位移(mm)	质量(g)	减重比
初始模型	3.081	14.60	0.248 9	66.160	\
最终方案	12.26	3.669	0.798 3	31.965	51.69%

该步骤所需操作及对应图标:“分析”-“运行 OptiStruct 分析”,,在弹出的“运行 OptiStruct 分析”中设置分析参数。

“分析”-“显示分析结果”,,在弹出的“分析浏览器”中,选择“结果类型”,单击“载荷工况”-“结果封装”,单击“数据明细”-“MIN/MAX”。

五、轻量化设计成果展示与总结

无人机机身部件在优化前的重量为 66.160 g,通过轻量化设计之后,重量为 31.965 g。对轻量化设计成果强度校核数据为:最大米塞斯等效应力 12.26 MPa,最大位移 0.798 3 mm,最小安全系数 3.669。如图 19 所示。

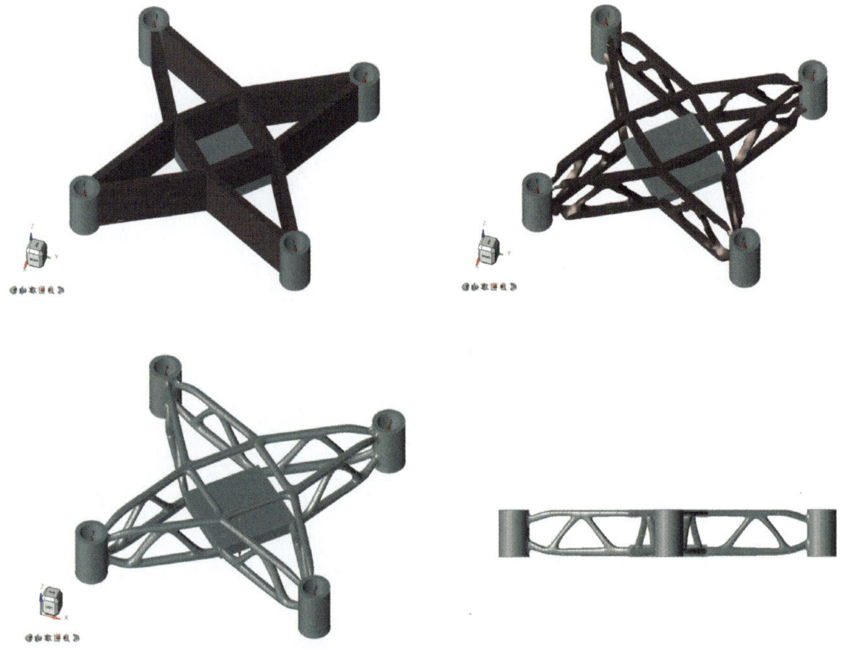

图 19　轻量化成果展示

建筑类

第14届“高教杯”全国大学生先进成图技术与产品信息建模创新大赛建筑类尺规绘图试题（总分100分；时间：90分钟）

试题要求：
根据所给某别墅的建筑施工图，绘制该房屋的1—1剖面图，并标注尺寸。

说明及要求如下：
1. 比例1∶100，按照国家建筑制图标准的要求绘图。
2. 墙体厚度200 mm，隔断墙厚100 mm；楼板厚度100 mm，楼梯平台板厚度100 mm；屋面板厚100 mm；方柱尺寸为300 mm×350 mm；门窗表见本页。
3. 本建筑为框架结构。梁宽200 mm，楼梯栏杆扶手高度1 100 mm，可简化绘制；屋面面层、粉刷层、卷材防水及踢脚线可省略不画；露台栏杆高度1 050 m，可简化绘制。
4. 卫生间、厨房、露台、阳台的楼面、地面标高比所在楼层标高低0.050 m。
5. 剖到的楼板、梁涂黑，剖到的墙体不绘制图例线。
6. 施工图图号编码和试卷页码相同，如有未给出的尺寸，请参赛者自定。
7. 标题栏尺寸及样式如下图所示。

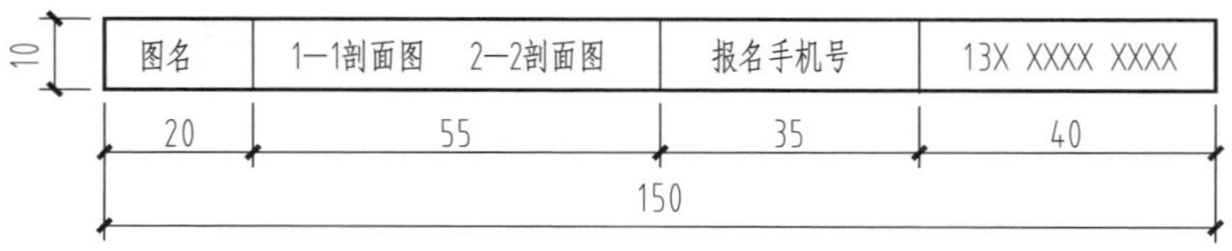

门窗表

编号	规格尺寸 宽度	规格尺寸 高度	数量	名称	门窗扇数
M8	4 900	2 200	1	铝合金卷闸门	1
M1	1 500	2 700	1	实木门	2
M2	900	2 100	6	夹板门	1
M3	800	2 100	5	塑料门	1
M4	800	2 100	4	夹板门	1
M5	800	2 000	1	夹板门	1
M6	1 000	2 700	2	铝合金门	1
M7	1 500	2 700	1	铝合金门	2
MC1	1 000	3 050	1	铝合金门	1
	2 800	2 150	1	铝合金窗	4
C1	2 500	1 800	2	铝合金窗	4
C2	2 500	2 200	2	铝合金窗	4
C3	4 000	3 200	1	铝合金窗	4
C4	4 300	2 800	1	铝合金窗	6
C5	1 500	1 000	1	铝合金窗	2
C6	900	1 800	6	铝合金窗	2
C8	1 500	2 100	4	铝合金窗	2
C10	4 000	1 800	1	铝合金窗	4
C11	2 900	1 800	1	铝合金窗	4
C13	1 500	1 800	5	铝合金窗	2
MC2	1 000	2 700	1	铝合金门	1
	2 800	18 00	1	铝合金窗	4
C14	900	900	1	铝合金窗	2
C15	2 500	900	1	铝合金窗	4

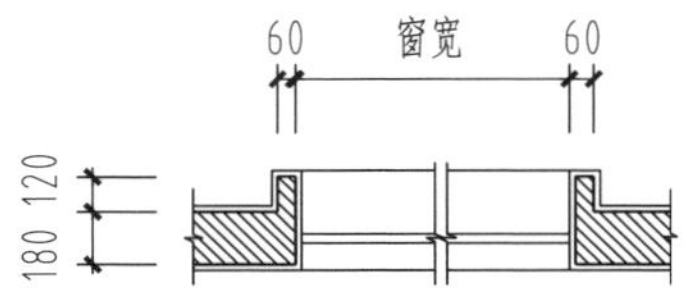

窗套平面 1:20

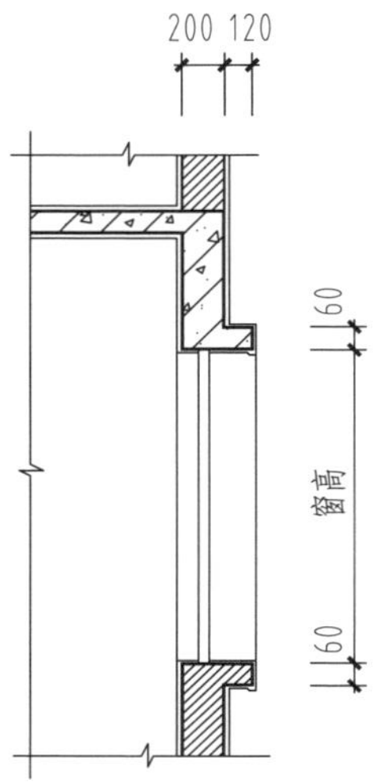

窗套剖面 1:20

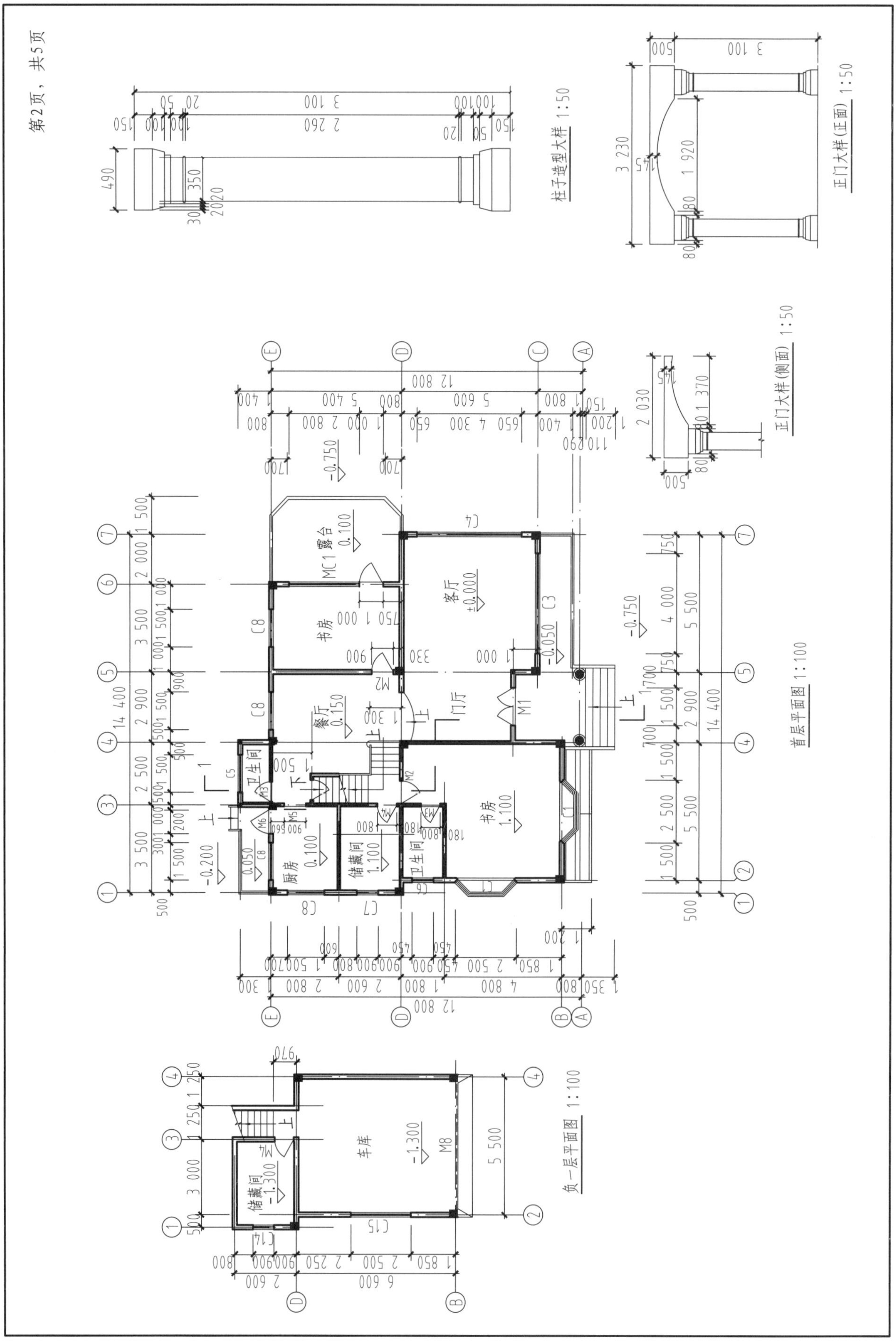
第2页，共5页
柱子造型大样 1:50
正门大样(正面) 1:50
正门大样(侧面) 1:50
露台
客厅
书房
餐厅
门厅
卫生间
厨房
储藏间
首层平面图 1:100
车库
储藏间
负一层平面图 1:100

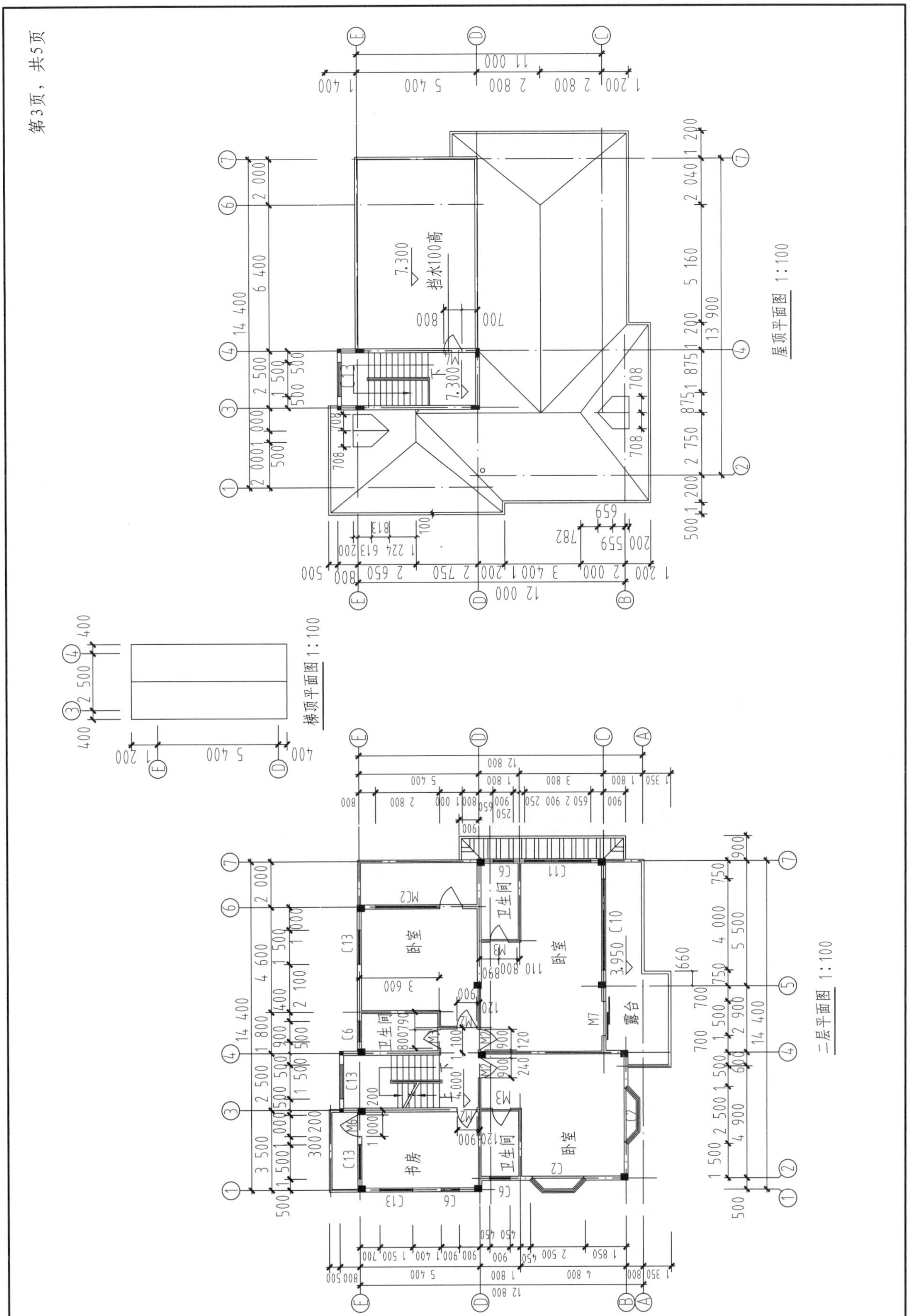
第3页，共5页
屋顶平面图 1:100
梯顶平面图 1:100
二层平面图 1:100
挡水100高
卧室
卫生间
书房
露台

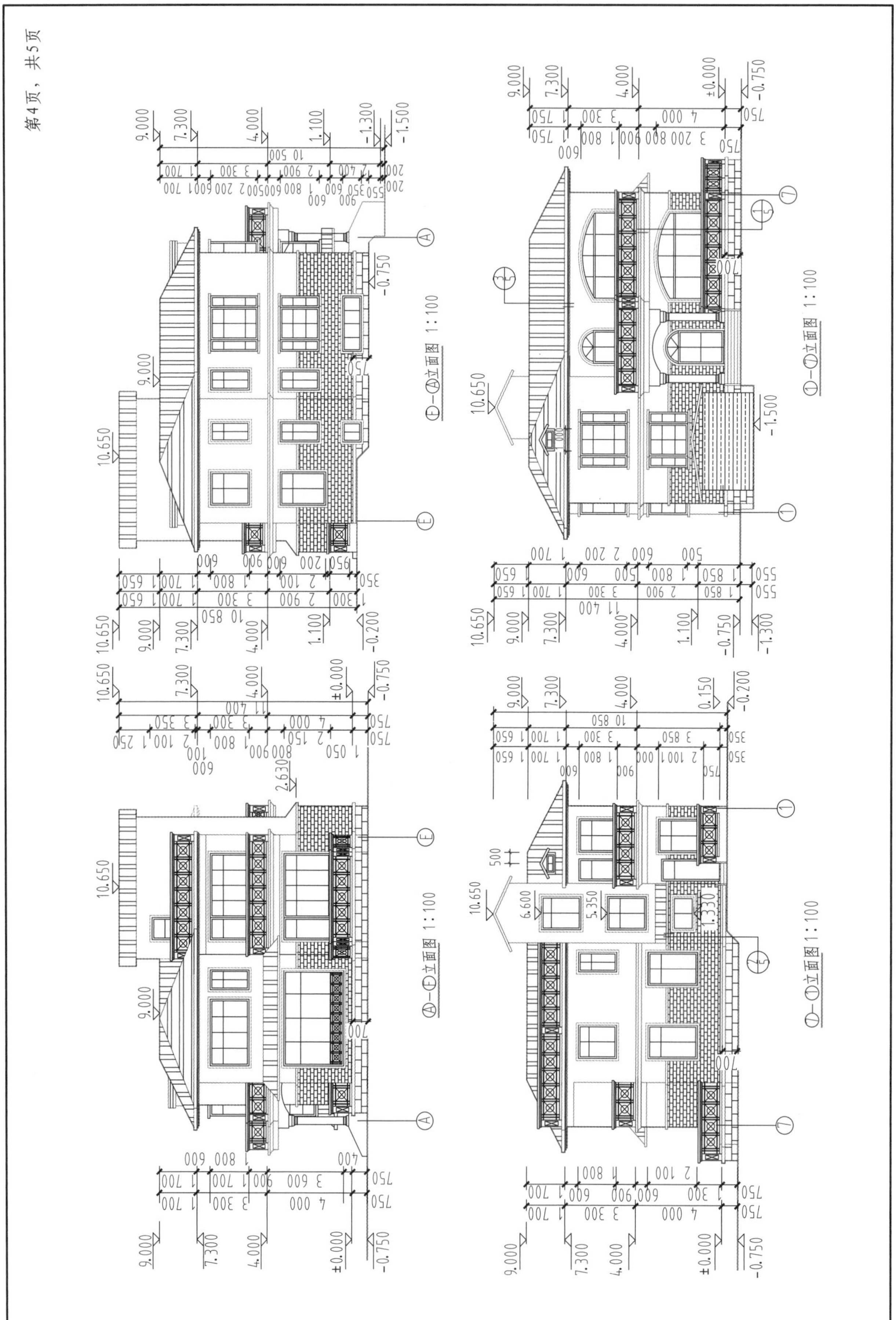
第4页，共5页
Ⓔ—Ⓐ立面图 1:100
Ⓐ—Ⓔ立面图 1:100
①—⑦立面图 1:100
⑦—①立面图 1:100

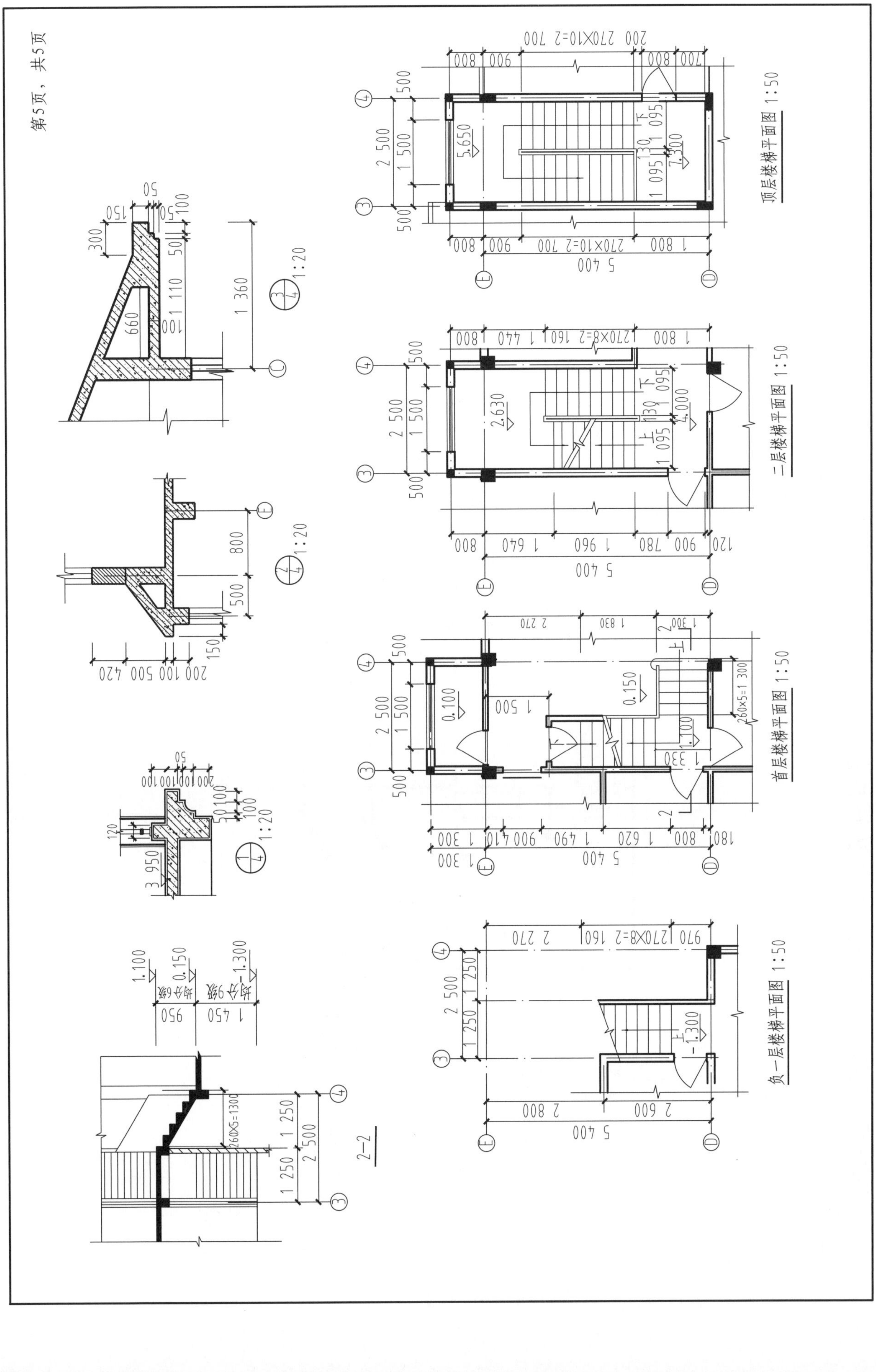
第5页，共5页
顶层楼梯平面图 1:50
二层楼梯平面图 1:50
首层楼梯平面图 1:50
负一层楼梯平面图 1:50
2—2
1:20
1:20
1:20

第14届"高教杯"全国大学生先进成图技术与产品信息建模创新大赛建筑类尺规绘图试题答案

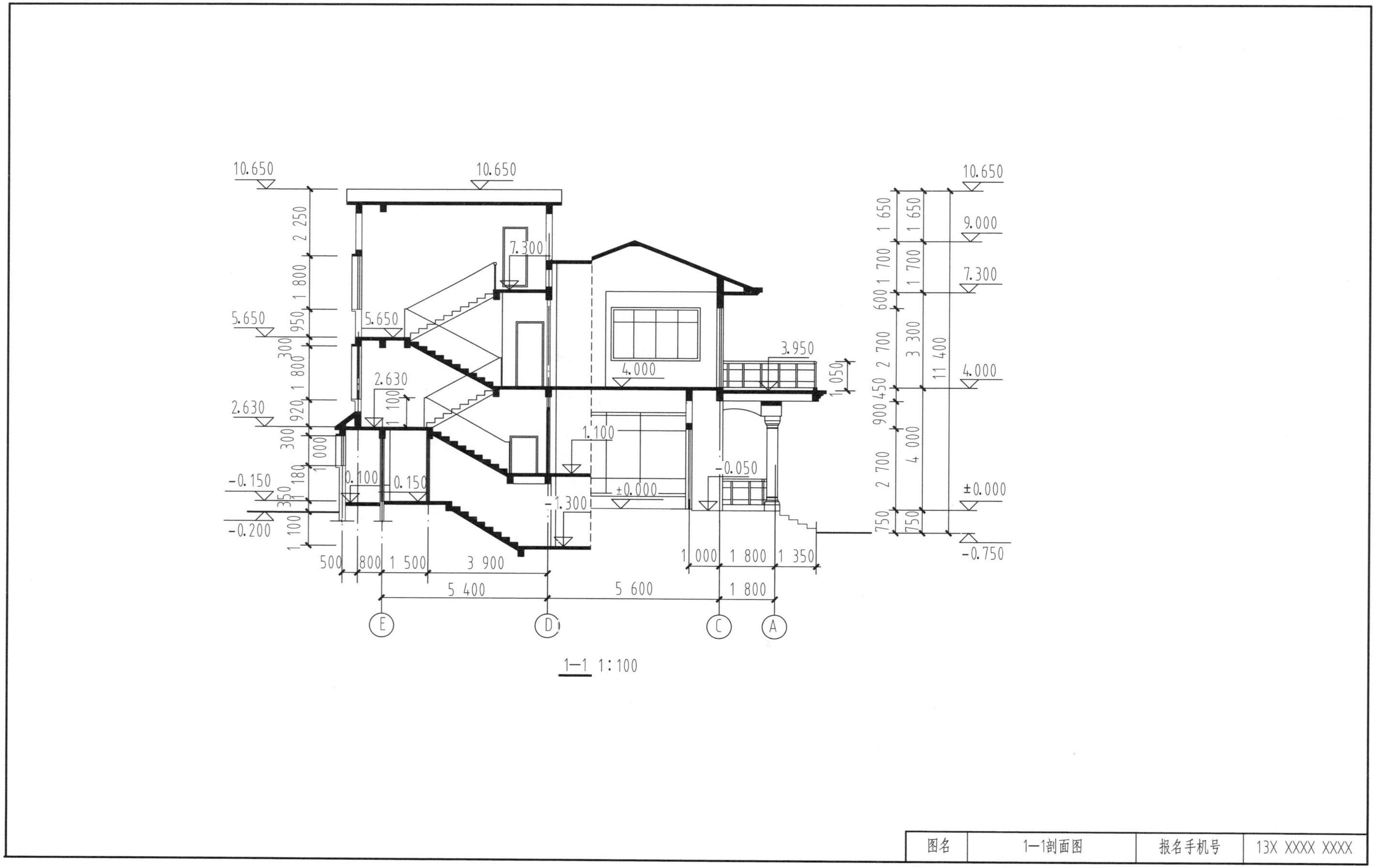

第14届“高教杯”全国大学生先进成图技术与产品信息建模创新大赛建筑类计算机建模试题(总分100分；时间：120分钟)

根据所给某幼儿园的建筑施工图，完成计算机三维建模。

说明及要求如下：

1. 内外墙厚度240 mm，楼板厚度150 mm。
2. 门窗、幕墙、栏杆形式、室外墙体材质可自定，尺寸及定位需按照图纸所给尺寸创建。
3. 如有未给出的尺寸，请参赛者自定。

成果输出：

1. 东北方向彩色轴测图一张，视点高度自定，要求展示屋顶结构。
2. 东、西、南、北立面彩图各一张，不标注尺寸。
3. 建筑模型2—2剖面的剖切图，须表达剖切方向上的全部立体构造。
4. 1:200输出三层平面施工图一张，并导出成图片格式。
5. 创建Word文档，并用报名手机号码命名，请将以上4项成果按顺序以图片格式粘贴到Word文档中，并备注每个图片所表达的内容。
6. 请将报名手机号码命名的Word文档直接上传到指定位置，不能压缩。

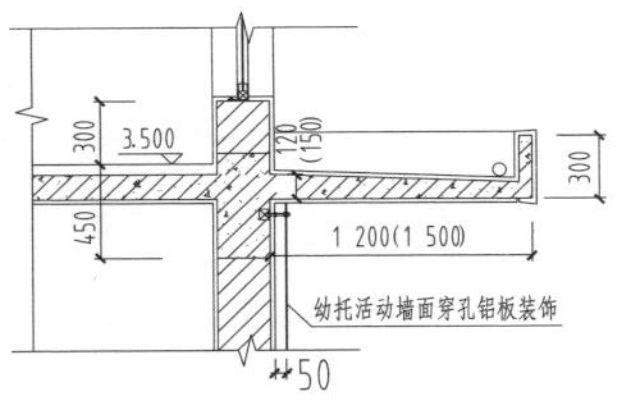

① 雨篷大样(1) 1:20

(幼托活动室，疏散出口，⑤轴往内院雨篷，括号内尺寸为厨房入口雨篷尺寸)

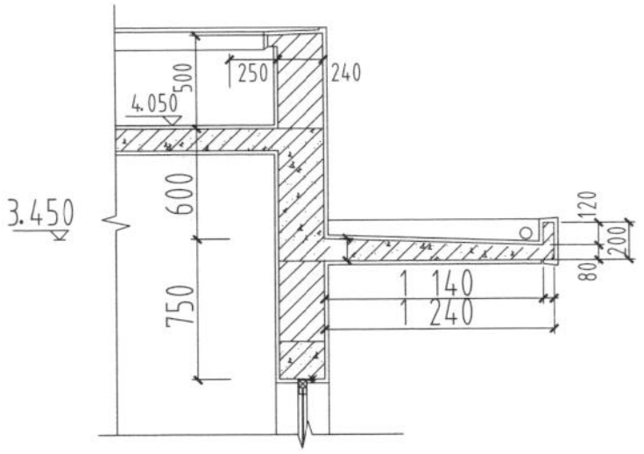

③ 雨篷檐口大样(3) 1:20

(配电间)

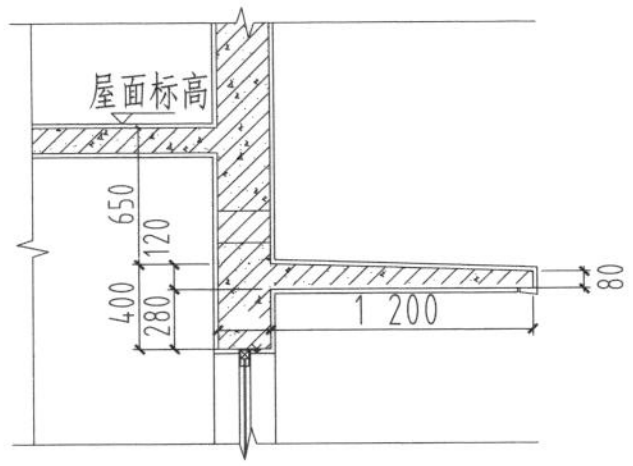

⑤ 雨篷大样(5) 1:20

(出层面雨篷)

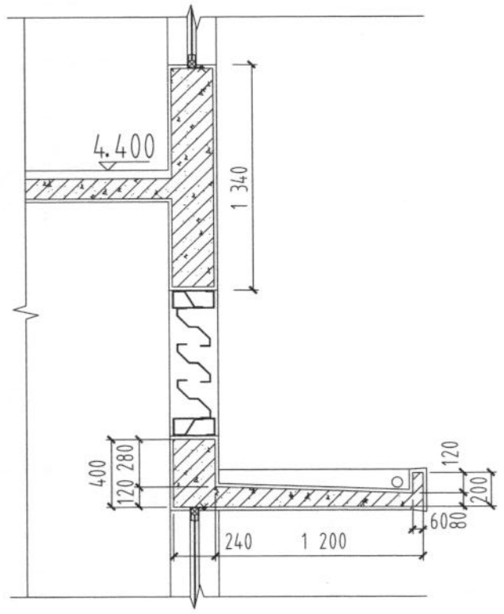

② 雨篷大样(2) 1:20

(音体活动室)

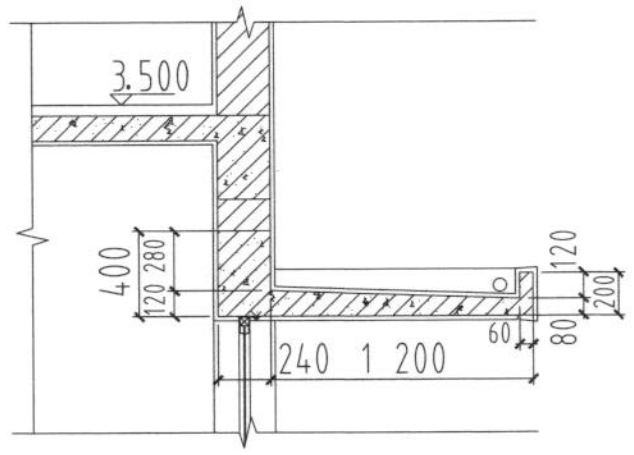

④ 雨篷大样(4) 1:20

(⅛～⅜轴往内院雨篷)

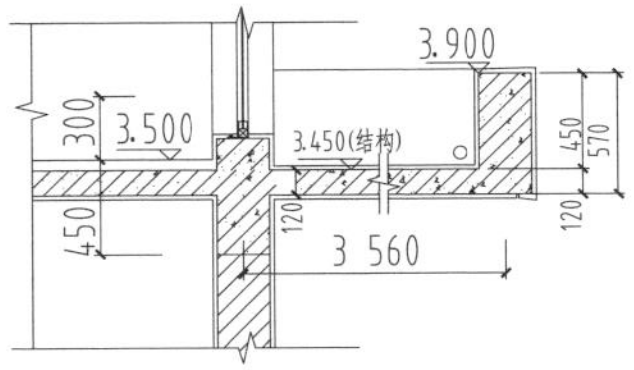

⑥ 雨篷大样(6) 1:20

(主入口雨篷)

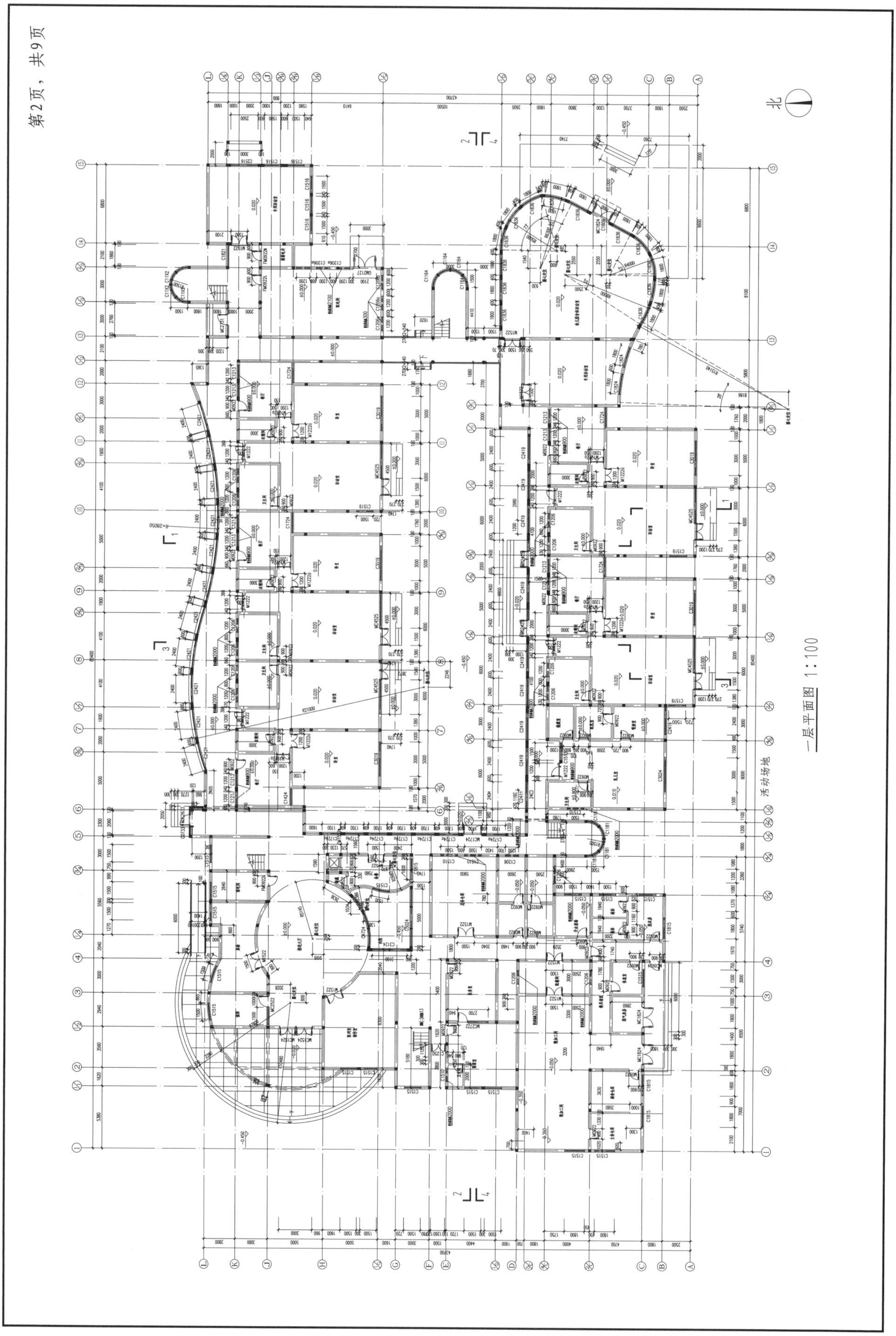
第2页，共9页
北
活动场地
一层平面图 1:100

第3页，共9页

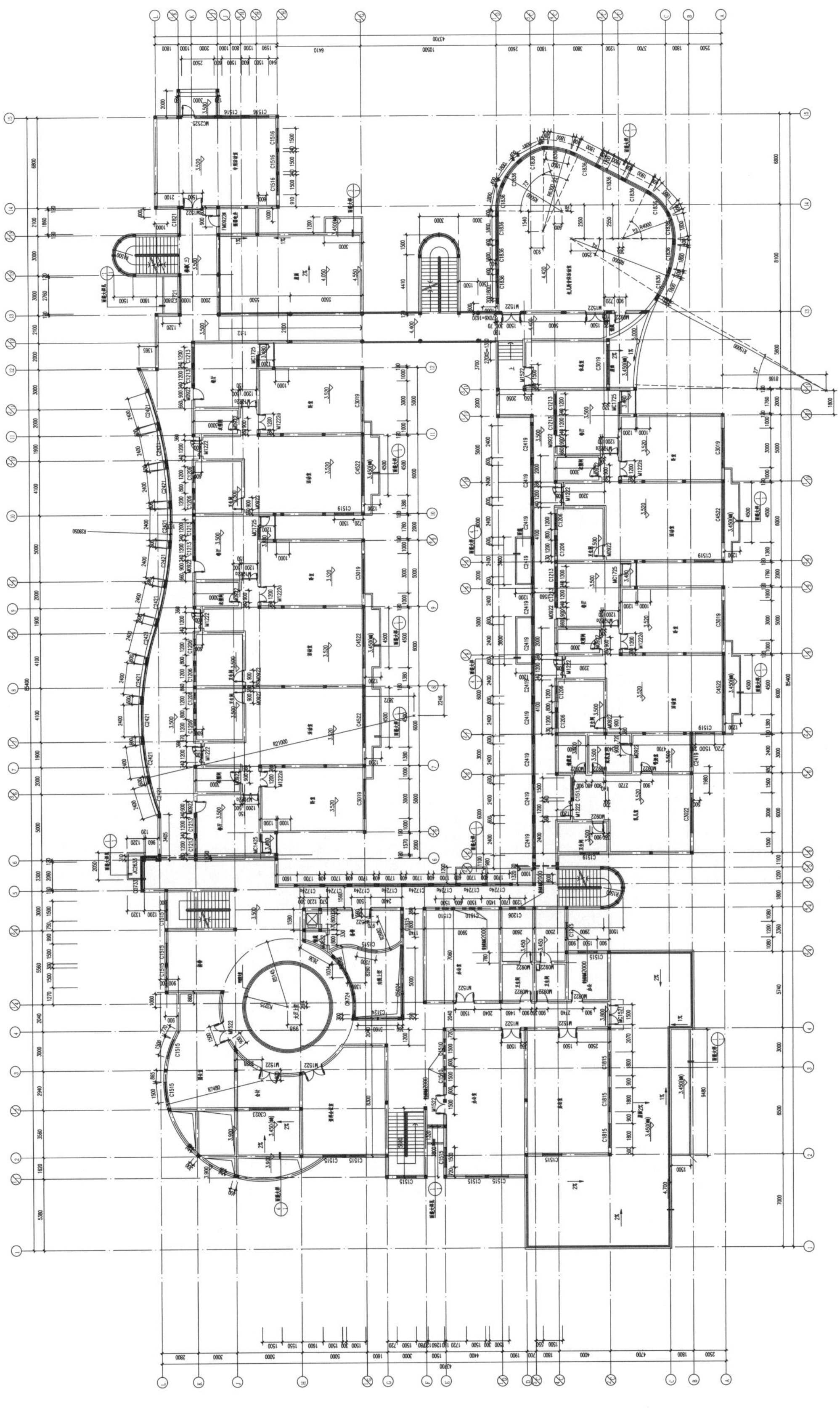

二层平面图 1:100

第4页，共9页

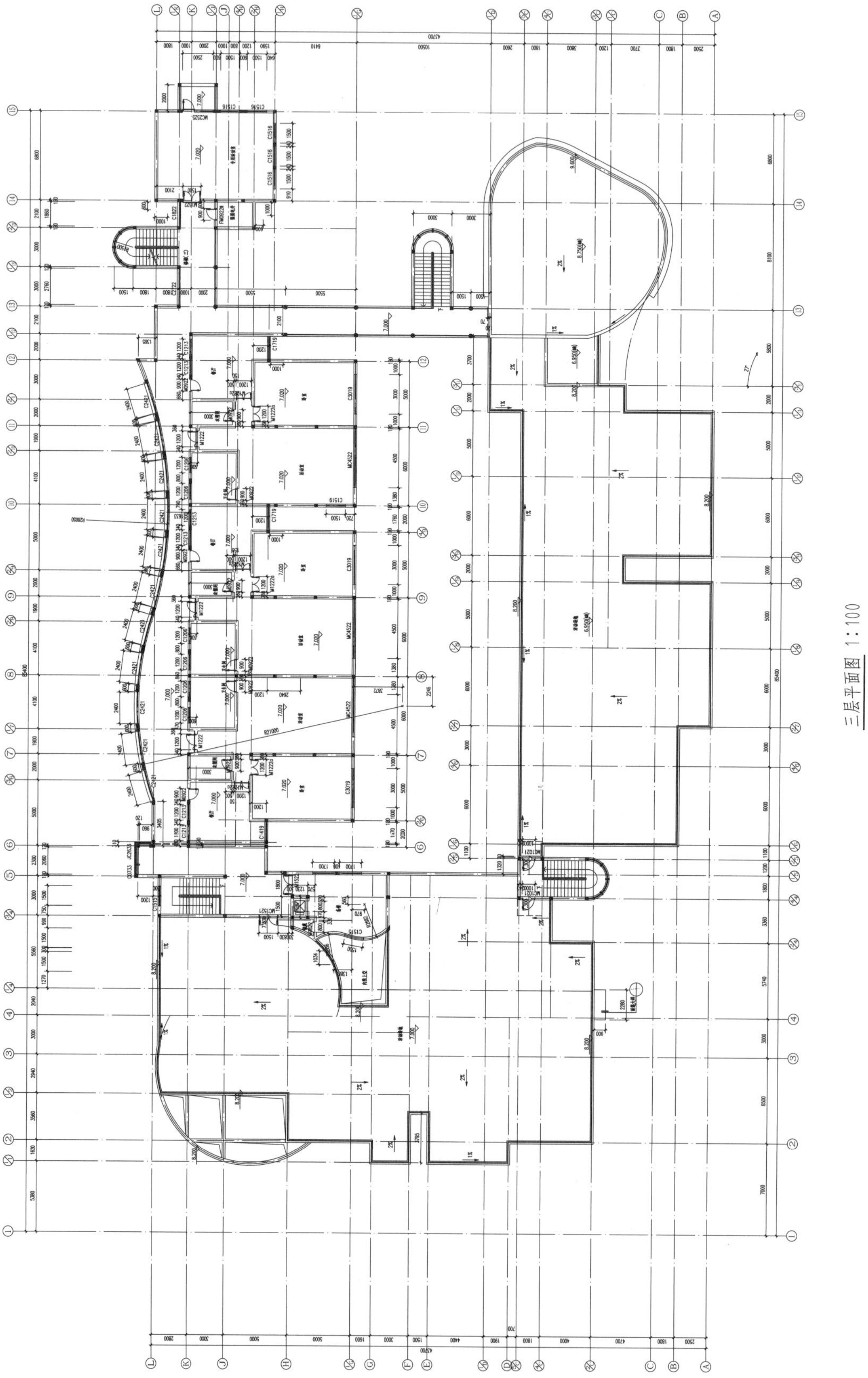

三层平面图 1:100

第5页，共9页

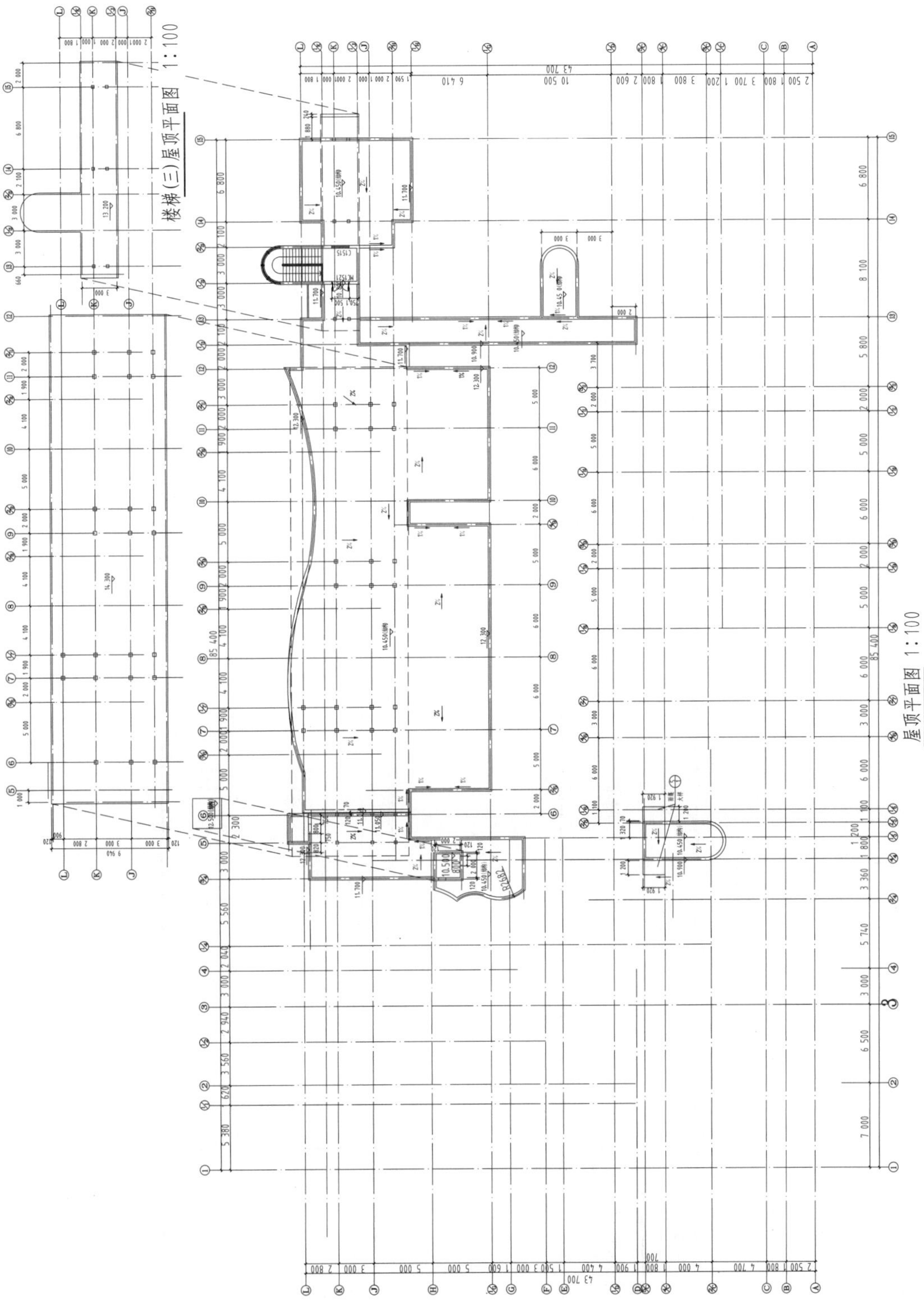

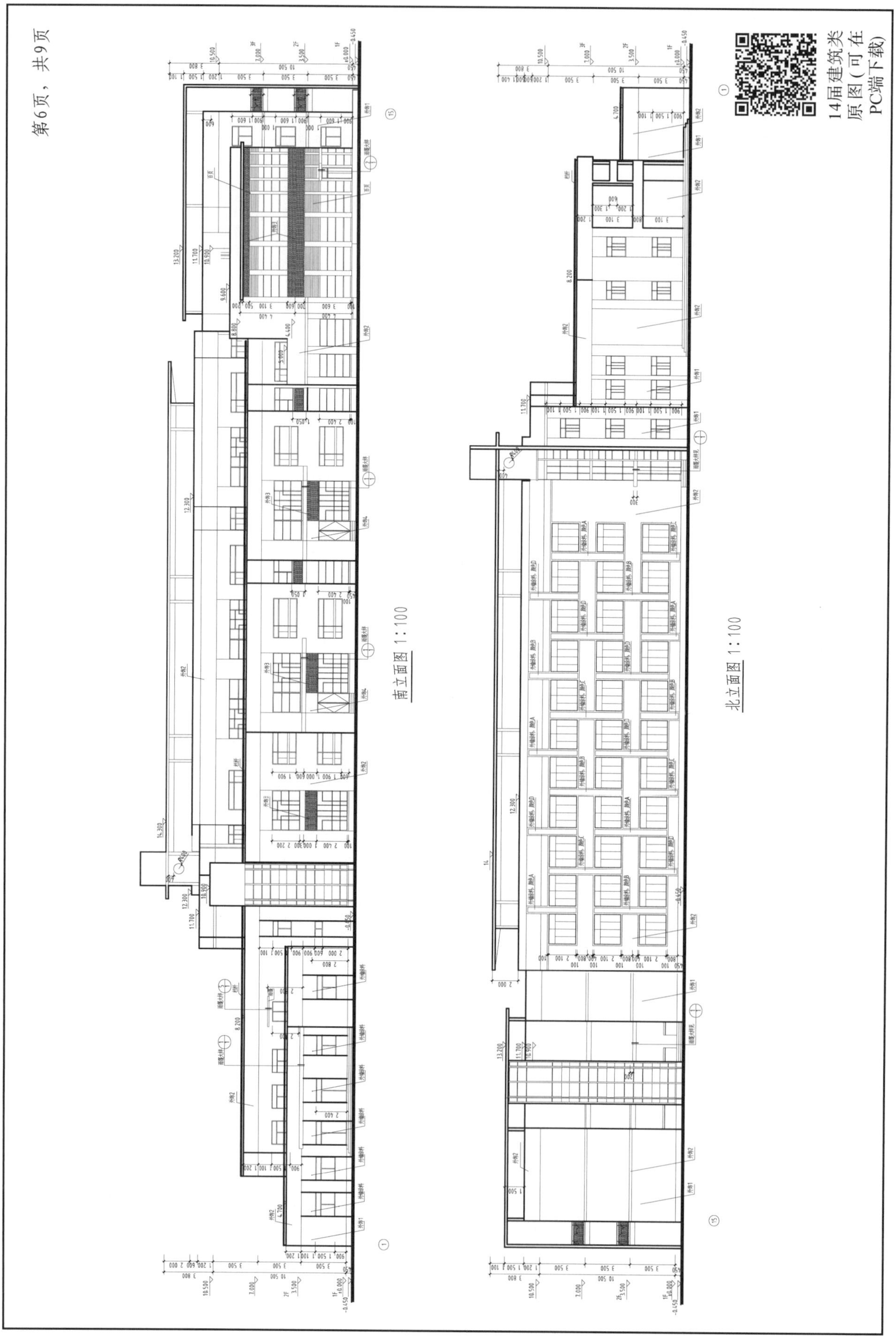
第6页，共9页
南立面图 1:100
北立面图 1:100
14届建筑类原图(可在PC端下载)

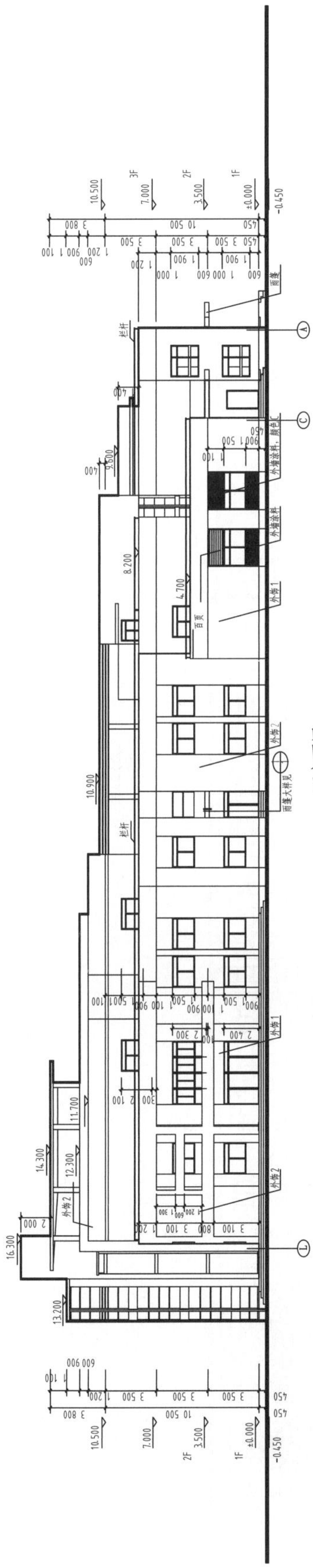

西立面图 1:100

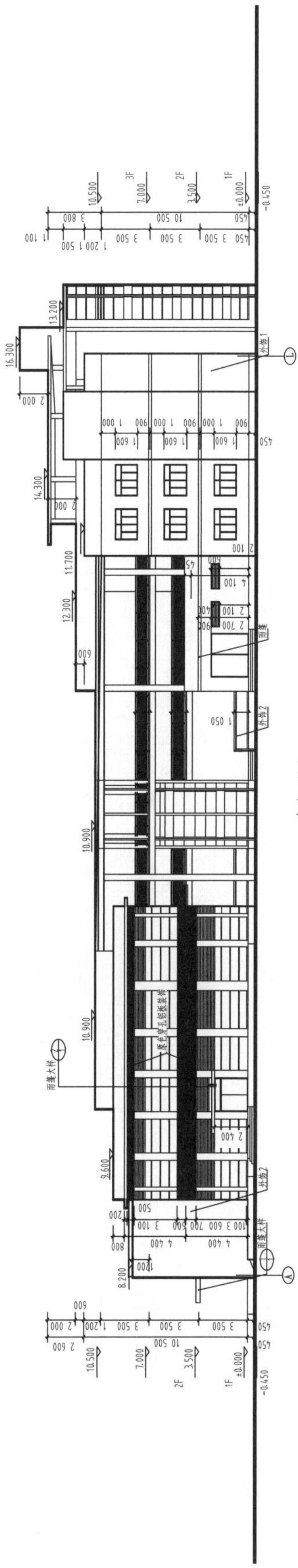

东立面图 1:100

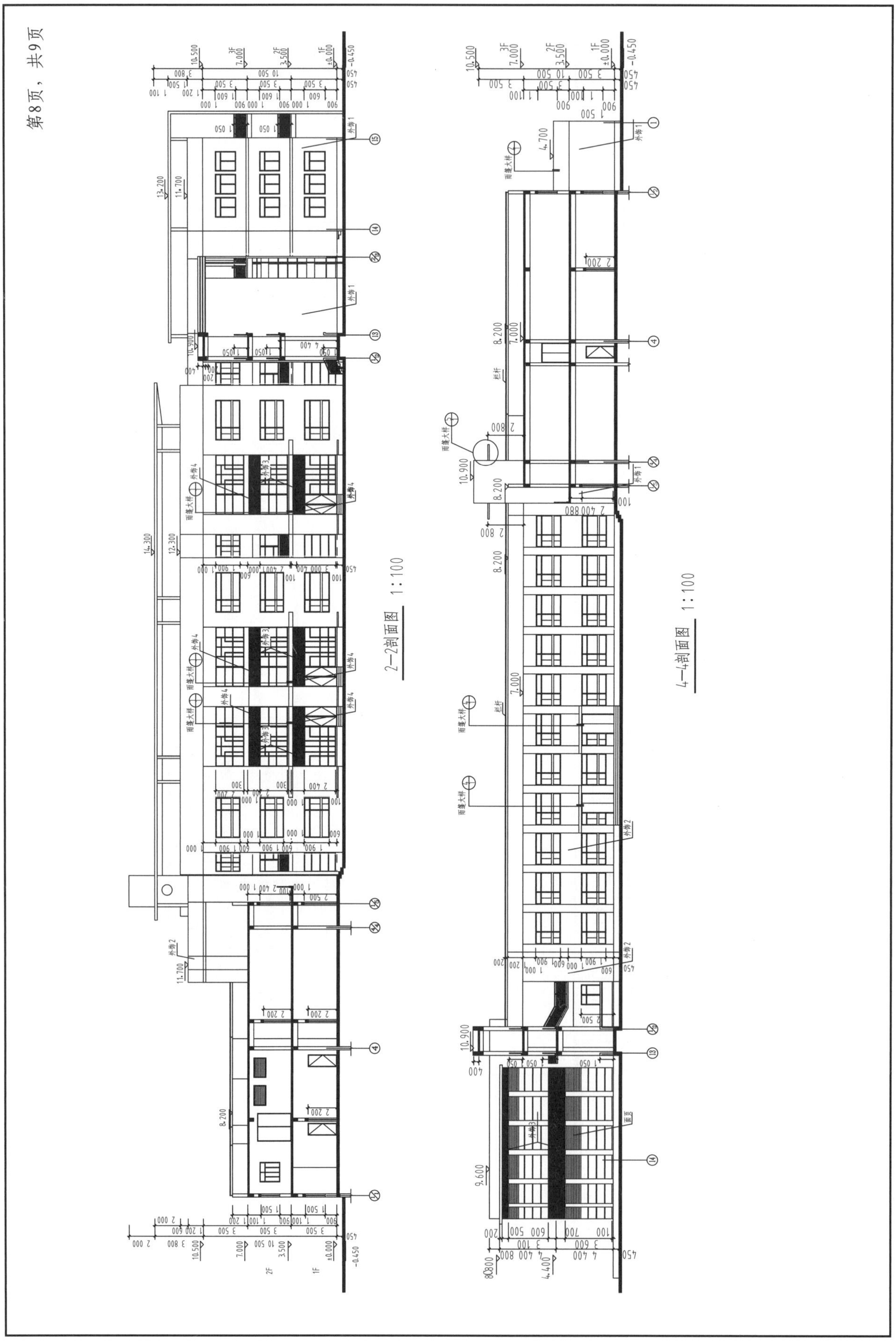

第8页，共9页

2—2剖面图 1:100

4—4剖面图 1:100

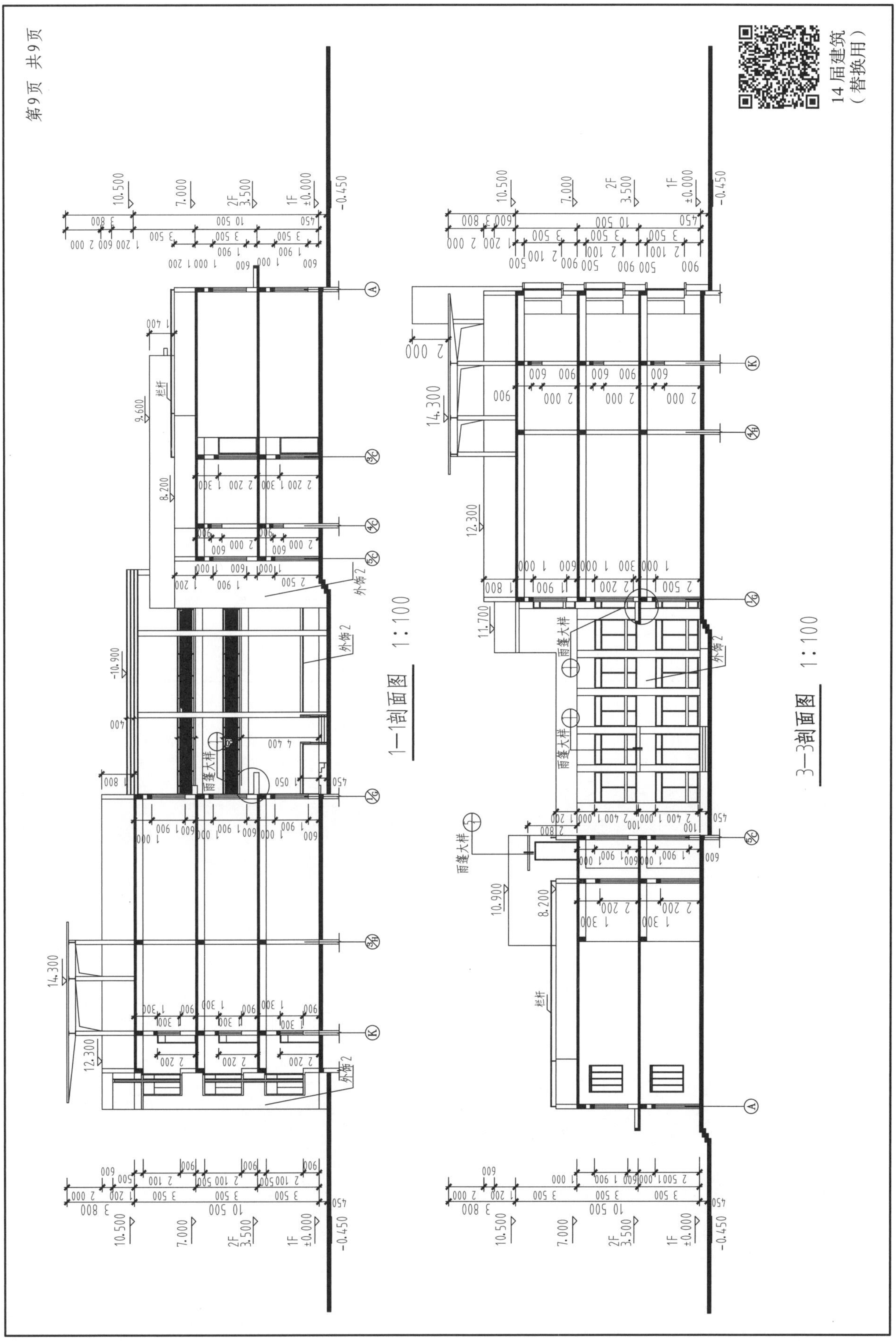
第9页 共9页
14届建筑（替换用）
1—1剖面图 1:100
3—3剖面图 1:100
雨篷大样
外饰2
栏杆

第14届"高教杯"全国大学生先进成图技术与产品信息建模创新大赛 建筑类计算机建模试题评分标准

建筑类计算机建模评分标准

手机号：______________________

内容		分值	得分	签名
立面（含立面门、窗、栏杆、墙体轮廓）	东立面	10		
	南立面（音体室弧墙2分）	14		
	西立面	10		
	北立面（弧墙2分，包括西侧的）	14		
东南轴测	屋顶、雨篷、室外台阶、平台、坡道	6		
	中庭东、南侧（墙体、门窗、台阶、雨篷）	4		
	场地、材质	2		
西北轴测	雨篷、室外台阶、坡道、西北角弧形梁架、屋顶的柱和花架	6		
	中庭西、南侧（墙体、门窗、台阶、雨篷）	4		
2—2剖切	剖到的楼板、墙体、门窗	10		
三层施工图	图形：10分	20		
	楼梯：4分			
	尺寸标注：4分			
	图框、比例、标题栏、黑白打印：2分			
总分		100		

第 14 届"高教杯"全国大学生先进成图技术与产品信息建模创新大赛 建筑类计算机建模试题参考答案

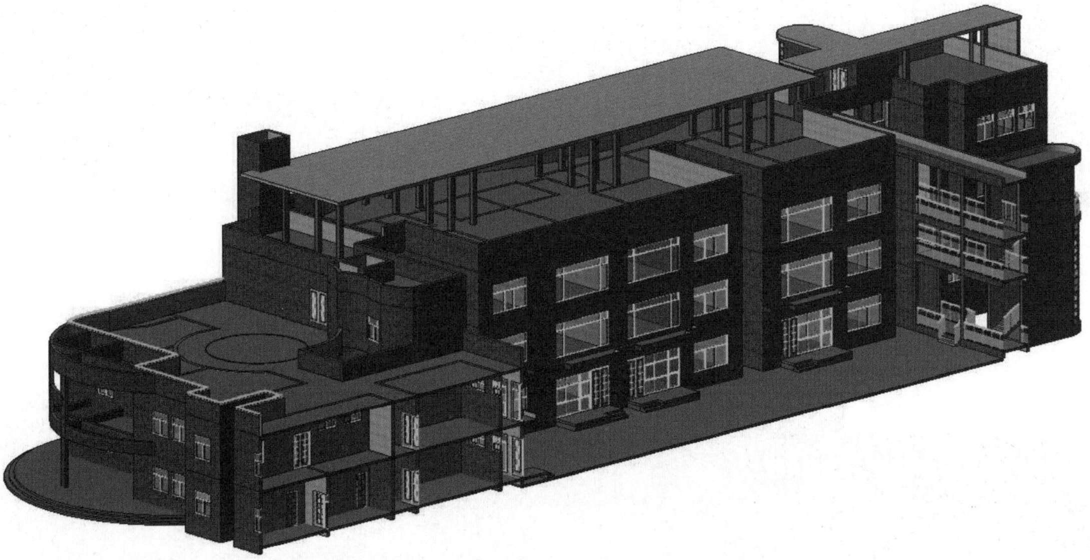

2—2 剖切

北立面

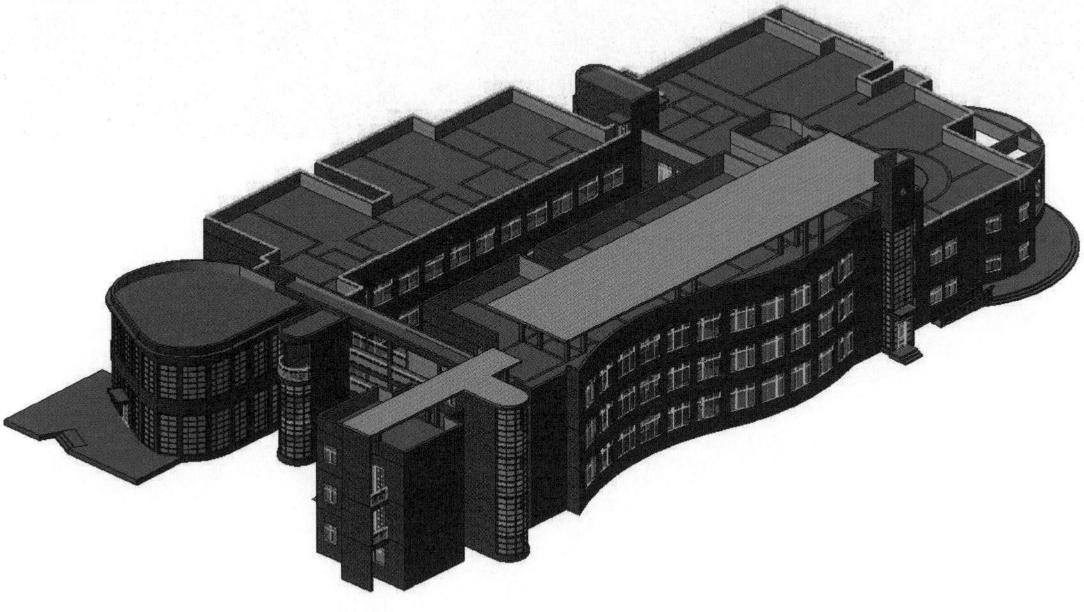

东北轴测

东立面

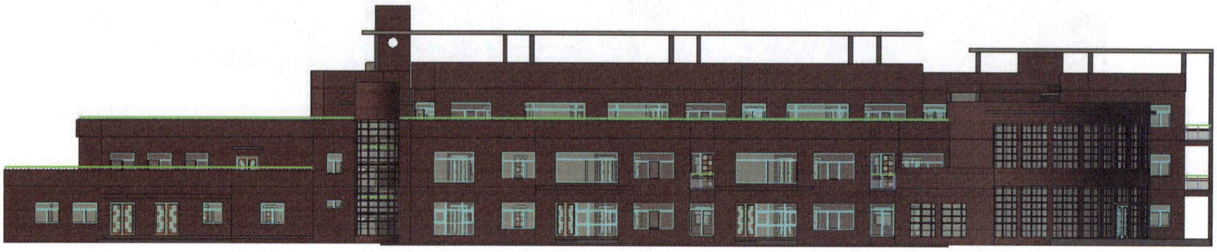

南立面

西立面

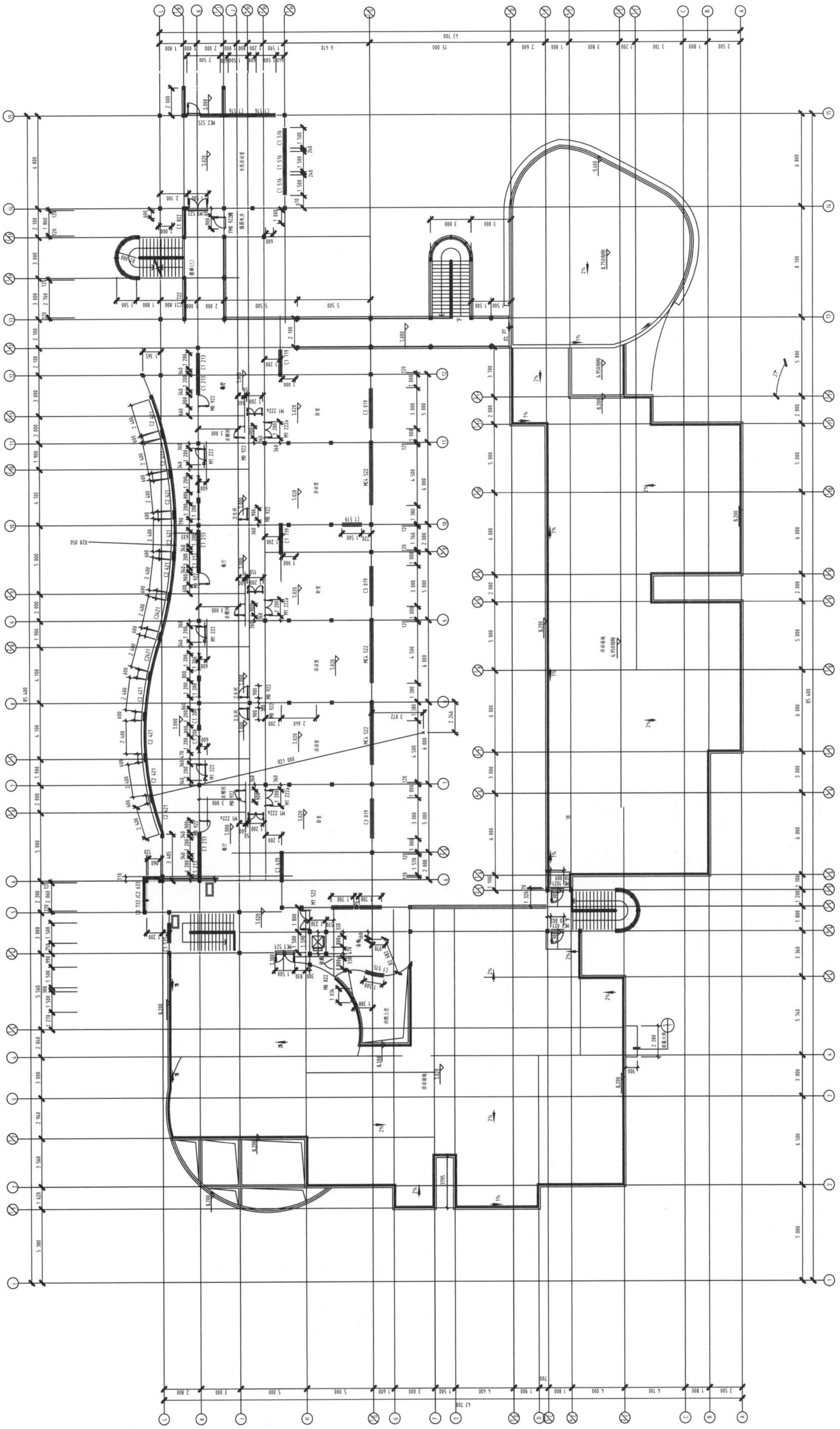

三层平面图 1:100

第15届“高教杯”全国大学生先进成图技术与产品信息建模创新大赛建筑类尺规绘图试题(总分100分；时间：90分钟)

一、任务要求:

根据所给某办公楼的建筑施工图，补画出该房屋的1—1剖面图，并作相应的建筑施工图级别的标注。具体要求及说明如下:

1. 比例: 1:100; 按照国家建筑制图标准的要求绘图，标题栏尺寸及样式如下图所示:

图名	1—1剖面图	报名手机号	13X XXXX XXXX

2. 墙体厚度为180 mm,结构梁截面尺寸为250 mm×500 mm,所有楼板厚度100 mm,楼梯梁截面尺寸为200 mm×300 mm,其余细节尺寸参看相关详图;

3. 本建筑为框架结构。门窗过梁宽与墙同宽，高为100 mm。楼梯栏杆扶手高度900 mm,门、窗、扶手、栏杆等可采用单线简略绘制。屋面面层、粉刷层、卷材防水及踢脚线等可省略不画;

4. 某办公楼建筑施工图详见第2页~第14页。

5. 图中所有图号采用试卷的页码代替（试卷的页码就是图号）。

二、绘图要求:

1. 图线、尺寸、符号等格式应符合国家制图标准。图中未尽细节尺寸可自行设计;

2. 标题栏字体: 长仿宋体，字号: 5号; 样式及尺寸见上图;

3. 选择合适的图纸幅面尺寸，根据所给的平面图、立面图和节点详图补绘1—1剖面图，比例1:100。

三、成果提交:

1. 选用CAD类软件（例如天正T20、中望CAD、卡伦特CAD等）根据试卷所给条件，补绘1—1剖面图，并按国家建筑制图标准加以标注。

2. 绘制完成后必须转换成ACAD的二维“DWG”格式（T3格式），此文件必须为二维DWG文件（Z坐标全部为零）。其他格式无效，例如: 天正软件默认保存的格式（天正8以上版本）无效。

3. 图形转换时需按建筑构配件的类别设置图层; 本次任务所用图层，参见图层列表:

4. 在ACAD的模型空间绘制图框和标题栏，标题栏内容纳入考核范围。

5. 文件名命名方式为: “图名”+“注册手机”号，例如:

1—1剖面图+13XXXXXXXXX

6. 在竞赛系统的“工程图绘制”界面提交非压缩的单一CAD文件，例如:

1—1剖面图+13XXXXXXXXX.DWG

图层列表

图层	图层名	颜色	图层	图层名	颜色	图层	图层名	颜色
轴线	DOTE	1	栏杆	RAIL	3	立窗	E_WINDOW	4
阳台	BALCONY	6	扶手	HANDRAIL	3	立梯	E_STATR	2
柱子	COLUMN	9	标高	DIM_ELEV	3	梁板	S_FLOOR	9
门窗	WTNDOW	4	索引符号	DIM_TDEN	3	檐口	EAVES	7
轴标	AXIS	6	引出标注	DIM_LEAD	3	玻璃	GLASS	6
地面	GROUND	2	符号	DIM_SYMB	3	图框	TITLE	4
墙线	WALL	9	剖线	S_WALL	9	标注	DIM	3
梁	BEAM	9	剖窗	S_WINDOW	4	公填	PUB_HATCH	8
屋顶	ROOF	4	剖梯	S_STATR	9	公框	PUB_TITLE	4
层线	E_FLOOR	4	立线	E_LINE	7			

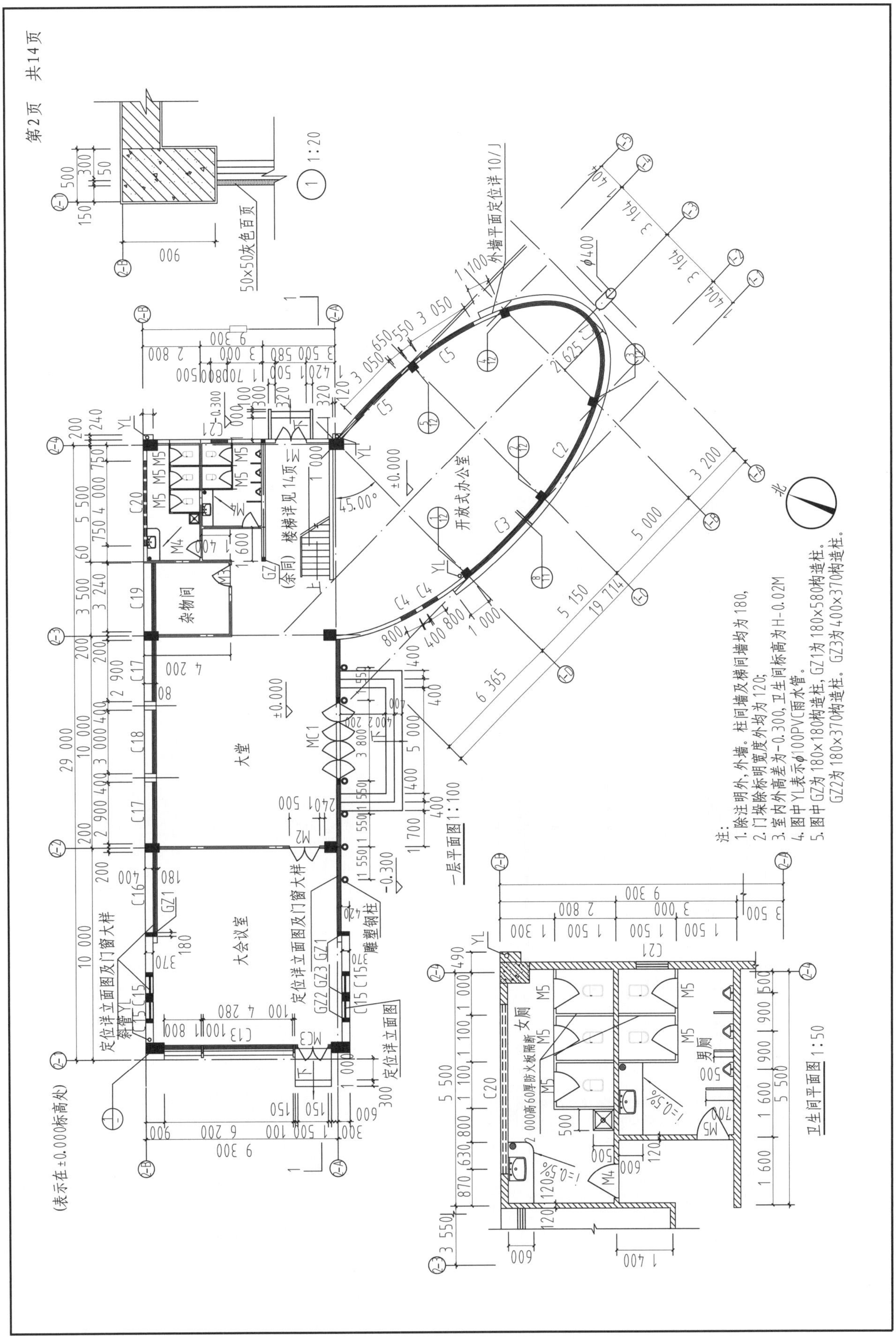
第2页 共14页
1:20
50×50灰色百页
外墙平面定位详10/J
北
开放式办公室
楼梯详见14页
杂物间
大堂
大会议室
雕塑钢柱
定位详立面图及门窗大样
定位详立面图
(表示在±0.000标高处)
一层平面图 1:100
女厕
男厕
2 000高60厚防火板隔断
卫生间平面图 1:50
注：
1. 除注明外，外墙、柱间墙及梯间墙均为180，
2. 门垛除标明宽度外均为120；
3. 室内外高差为-0.300，卫生间标高为H-0.02M
4. 图中YL表示φ100PVC雨水管。
5. 图中GZ为180×180构造柱，GZ1为180×580构造柱，
GZ2为180×370构造柱，GZ3为400×370构造柱。

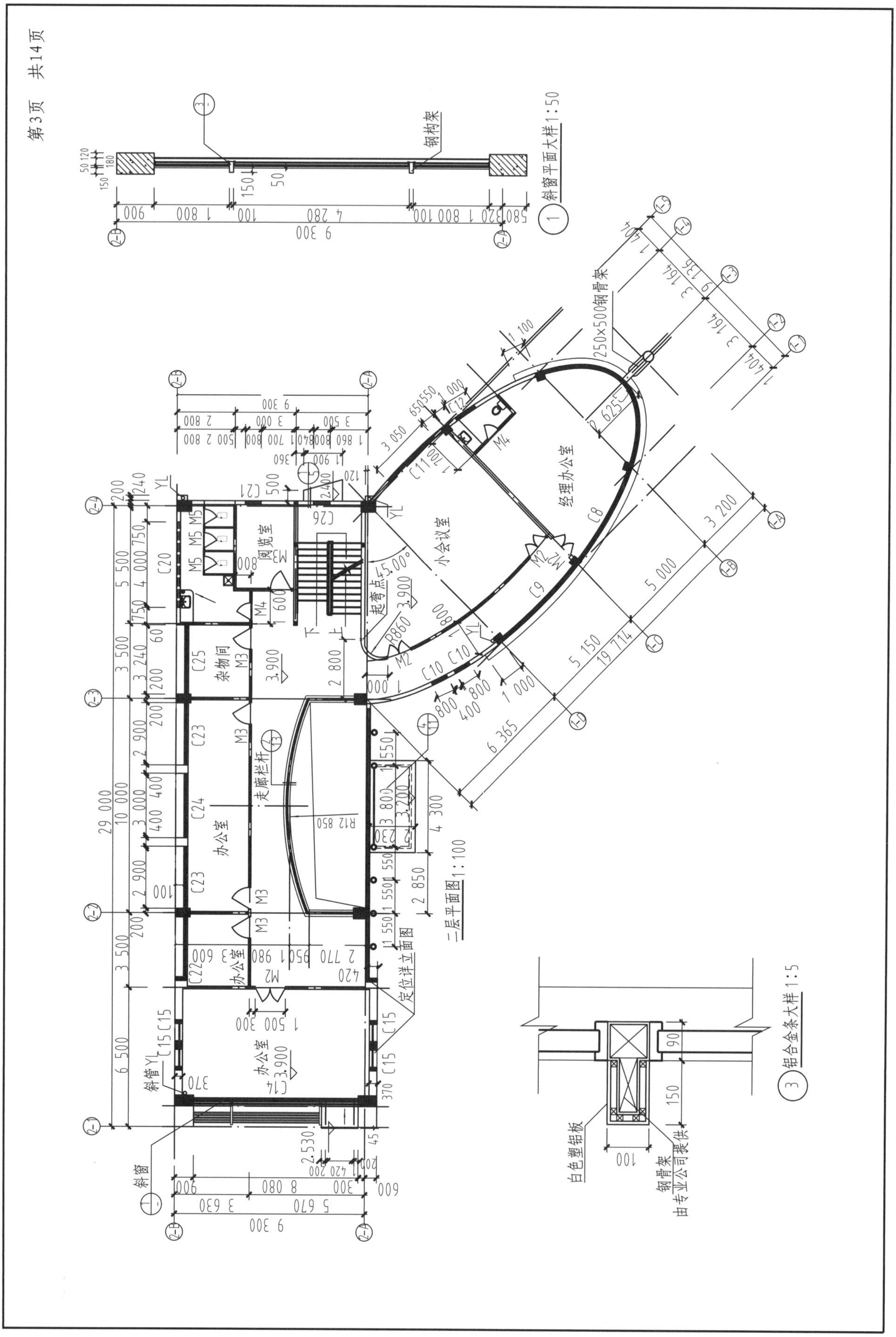
第3页 共14页
斜窗平面大样 1:50
钢构架
二层平面图 1:100
铝合金条大样 1:5
白色塑铝板
钢骨架 由专业公司提供
250×500钢骨架
经理办公室
小会议室
阅览室
杂物间
办公室
走廊栏杆
起弯点
定位详立面图
斜窗
斜管YL

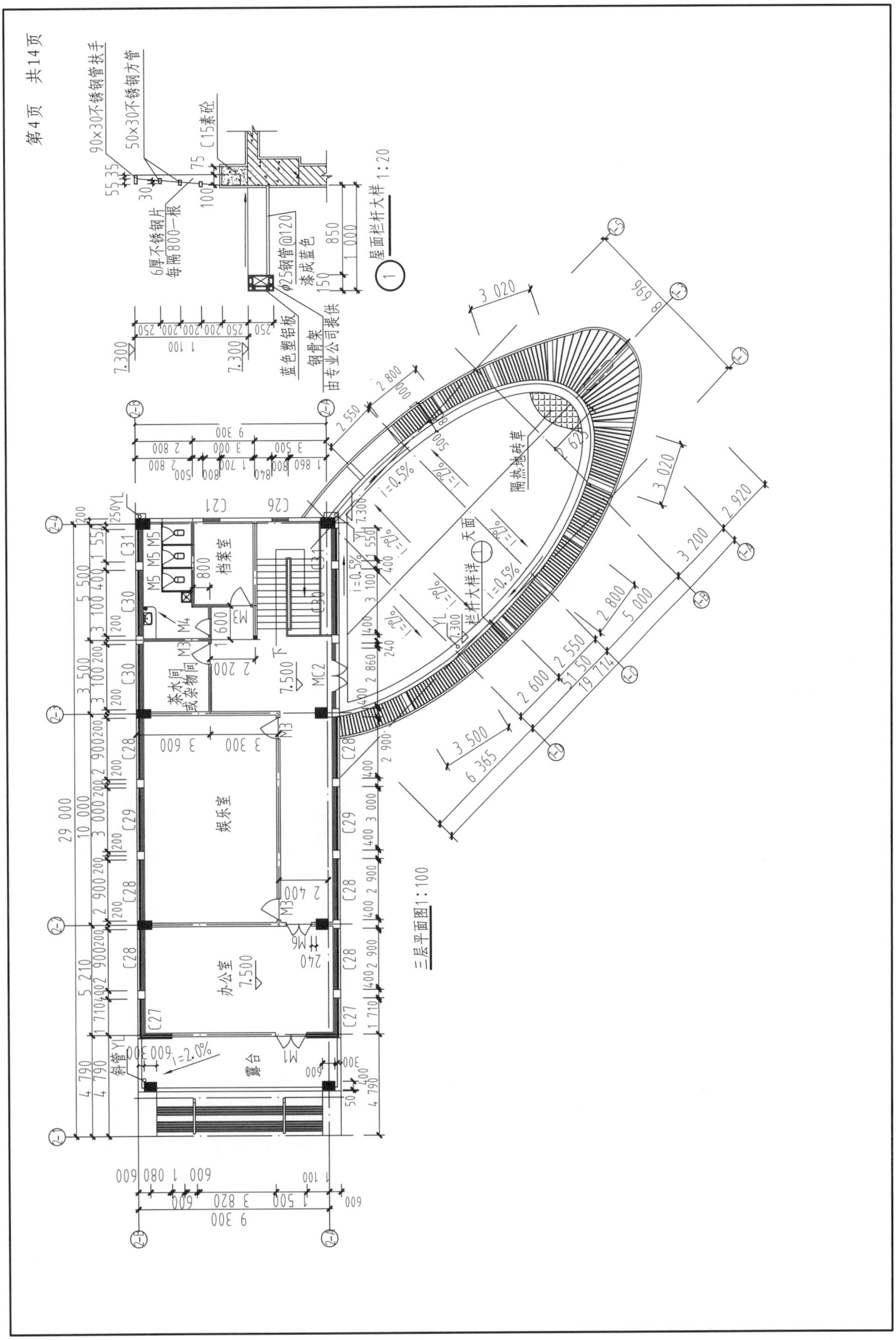
第4页　共14页
90×30不锈钢管扶手
50×30不锈钢方管
C15素砼
6厚不锈钢片
每隔800一根
Ø25钢管@120
漆成蓝色
蓝色塑铝板
钢骨架
由专业公司提供
屋面栏杆大样 1:20
隔热地砖草
天面
栏杆大样详
档案室
茶水间
或杂物间
娱乐室
办公室
露台
斜管
三层平面图 1:100

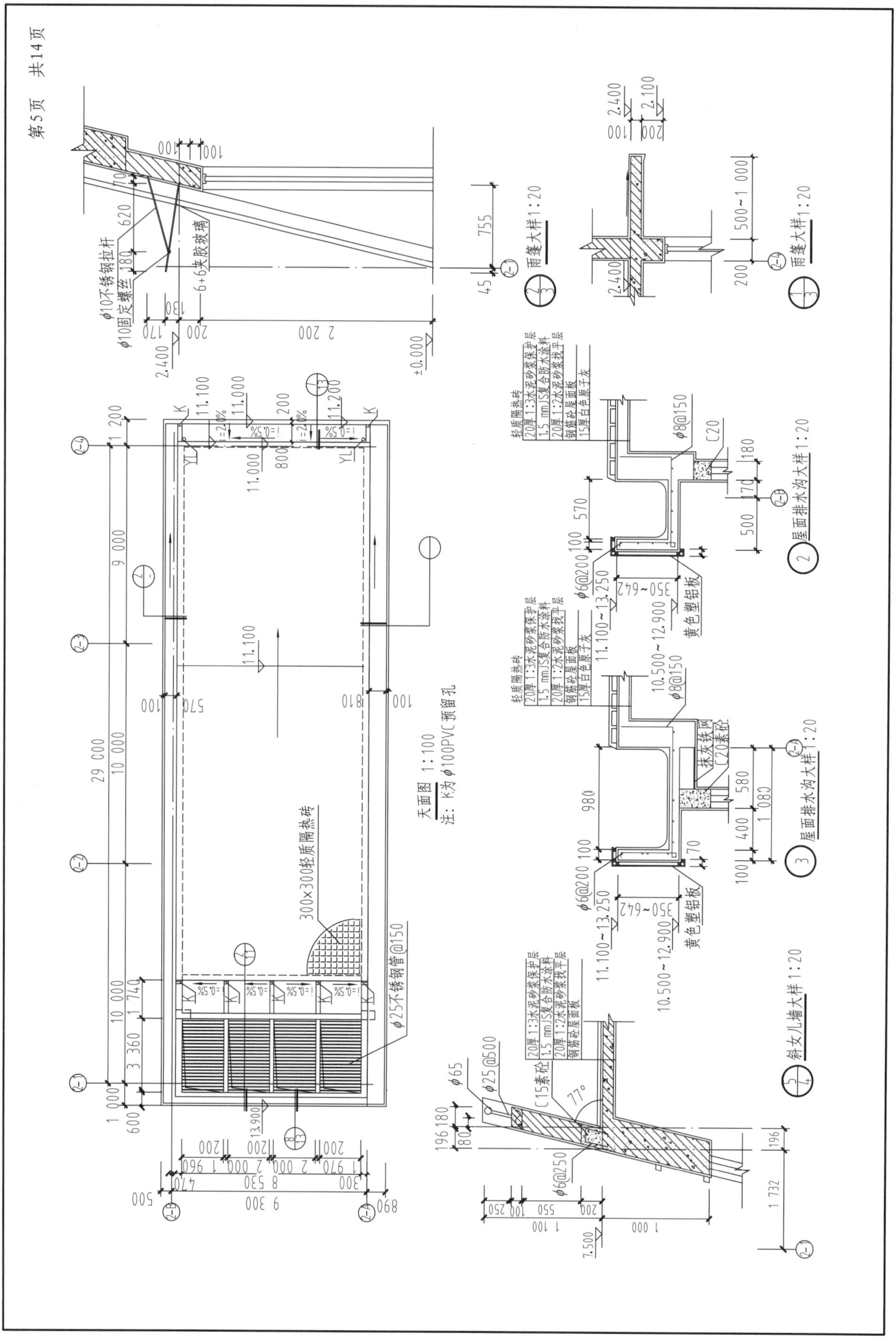
第5页 共14页
天面图 1:100
注：K为φ100PVC预留孔
300×300轻质隔热砖
φ25不锈钢管@150
φ10不锈钢拉杆
φ10固定螺丝
6+6夹胶玻璃
雨篷大样 1:20
雨篷大样 1:20
屋面排水沟大样 1:20
屋面排水沟大样 1:20
斜女儿墙大样 1:20
黄色塑铝板
轻质隔热砖
20厚1:3水泥砂浆保护层
1.5 mmJS复合防水涂料
20厚1:2水泥砂浆找平层
钢筋砼屋面板
15厚白色腻子灰
C15素砼
C20素砼
φ8@150
φ6@200
φ6@250
φ25@500
φ65
77°
29 000
9 300
8 530

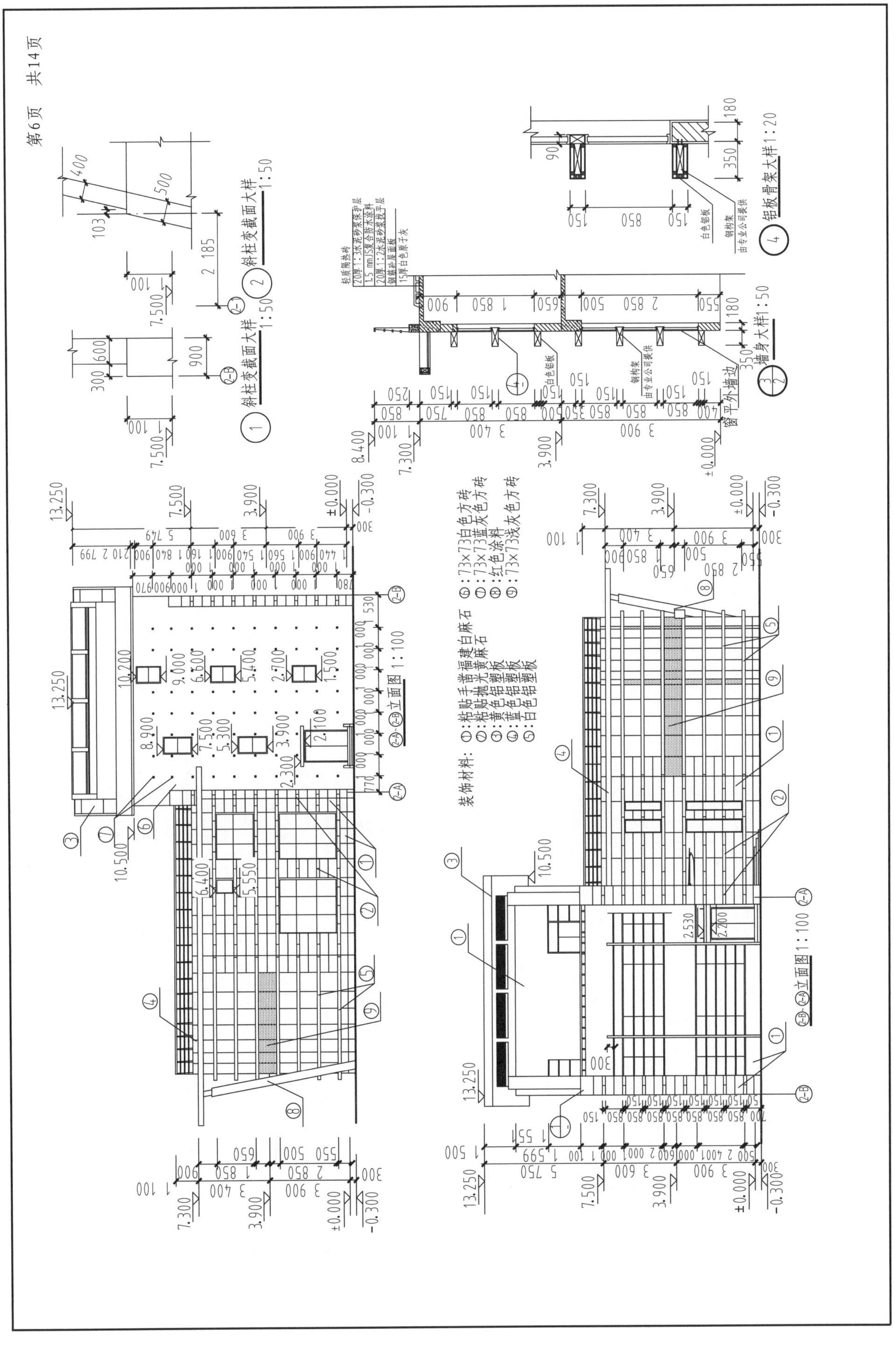
第6页 共14页
斜柱变截面大样 1:50
斜柱变截面大样 1:50
铝板骨架大样 1:20
白色铝板
钢构架 由专业公司提供
墙身大样 1:50
窗平外墙边
②-A~②-B立面图 1:100
②-B~②-A立面图 1:100
装饰材料:
①:粘贴手凿福建白麻石
②:粘贴抛光黄麻石
③:黄色铝塑板
④:蓝色铝塑板
⑤:白色铝塑板
⑥:73×73白色方砖
⑦:73×73蓝灰色方砖
⑧:红色涂料
⑨:73×73浅灰色方砖

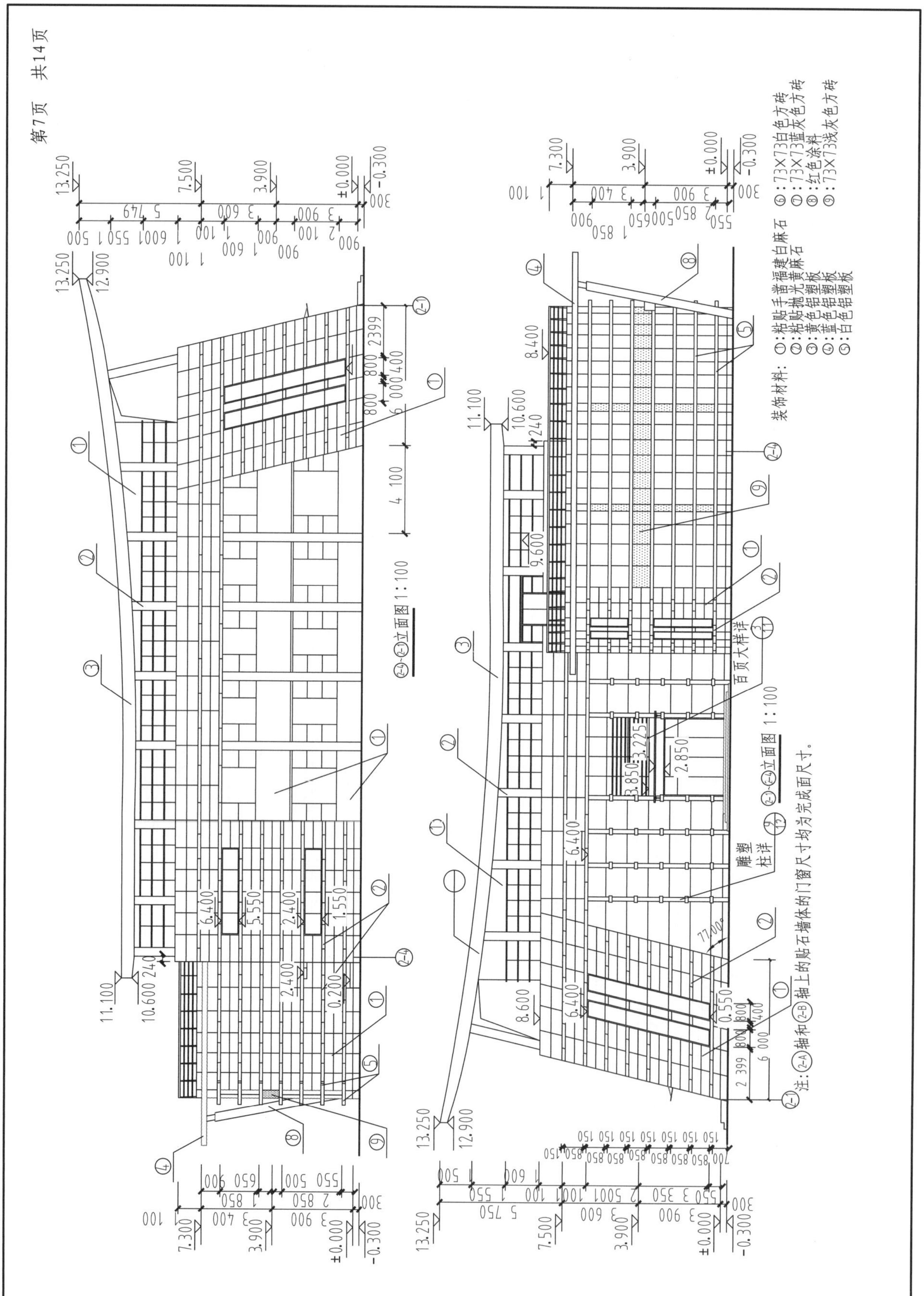
第7页 共14页
②-④-②-①立面图 1:100
②-①-②-④立面图 1:100
装饰材料：
①:粘贴手凿福建白麻石
②:粘贴抛光黄麻石
③:黄色铝塑板
④:蓝色铝塑板
⑤:白色铝塑板
⑥:73×73白色方砖
⑦:73×73蓝灰色方砖
⑧:红色涂料
⑨:73×73浅灰色方砖
注：②-A轴和②-B轴上的贴石墙体的门窗尺寸均为完成面尺寸。
百页大样详
雕塑柱详

门窗表:

编号	连框(洞)口尺寸 宽	高	备注	1层	2层	3层	总计
MC1	14 060	640	清玻璃隐框幕墙及平开门	1			1
MC2	2 860	2 100	清玻璃窗及平开门			1	1
MC3	1 800	2 200	白色塑铝白玻平开门	1			1
M1	1 500	2 100	白色塑铝白玻平开门	1			1
M2	1 500	2 200	双扇平开木门	1	4	1	6
M3	1 000	2 200	单扇平开木门		4	3	7
M4	900	2 200	单扇平开木门	3	2	2	7
M5	700	1 850	防火板塑料门	5	3	3	11
M6	1 500	2 700	白色塑铝白玻平开门			1	1
C1	8 040	2 850	白铝白玻上悬窗及固定窗	1			1
C2	4 890	2 850	白铝白玻上悬窗及固定窗	1			1
C3	4 800	2 850	白铝白玻上悬窗及固定窗	1			1
C4	800	2 850	白铝白玻上悬窗及固定窗	2			2
C5	3 060	2 850	白铝白玻上悬窗及固定窗	1			1
C7	8 040	1 850	白铝白玻上悬窗及固定窗		1		1
C8	4 890	1 850	白铝白玻上悬窗及固定窗		1		1
C9	4 800	1 850	白铝白玻上悬窗及固定窗		1		1
C10	800	1 850	白铝白玻上悬窗及固定窗		2		2
C11	3 050	1 850	白铝白玻上悬窗及固定窗		1		1
C12	1 020	850	白铝白玻上悬窗及固定窗		1		1
C13	6 200	2 465	白铝白玻上悬窗及固定窗	1			1
C14	8 060	2 050	白铝白玻上悬窗及固定窗		1		1
C15	800	5 850	白铝白玻上悬窗及固定窗	4			4
C16	4 100	2 100	白铝白玻上悬窗及固定窗	1			1
C17	2 900	2 100	白铝白玻上悬窗及固定窗	2			2
C18	3 000	2 100	白铝白玻上悬窗及固定窗	1			1
C19	3 240	2 100	白铝白玻上悬窗及固定窗	1			1
C20	4 000	850	白铝白玻上悬窗	1	1		2
C21	800	1 200	白铝白玻上悬窗及固定窗	1	1	1	3
C22	3 390	1 600	白铝白玻上悬窗及固定窗	1			1
C23	2 900	1 600	白铝白玻上悬窗及固定窗	2			2
C24	3 000	1 600	白铝白玻上悬窗及固定窗	1			1
C25	3 240	1 600	白铝白玻上悬窗及固定窗	1			1
C26	800	1 400	白铝白玻上悬窗及固定窗		1	1	2
C27	3 300	1 600	白铝白玻上悬窗及固定窗			2	2
C28	2 900	1 600	白铝白玻上悬窗及固定窗			6	6
C29	3 000	1 600	白铝白玻上悬窗及固定窗			2	2
C30	3 100	1 600	白铝白玻上悬窗及固定窗			3	3
C31	1 550	1 600	白铝白玻上悬窗及固定窗			2	2

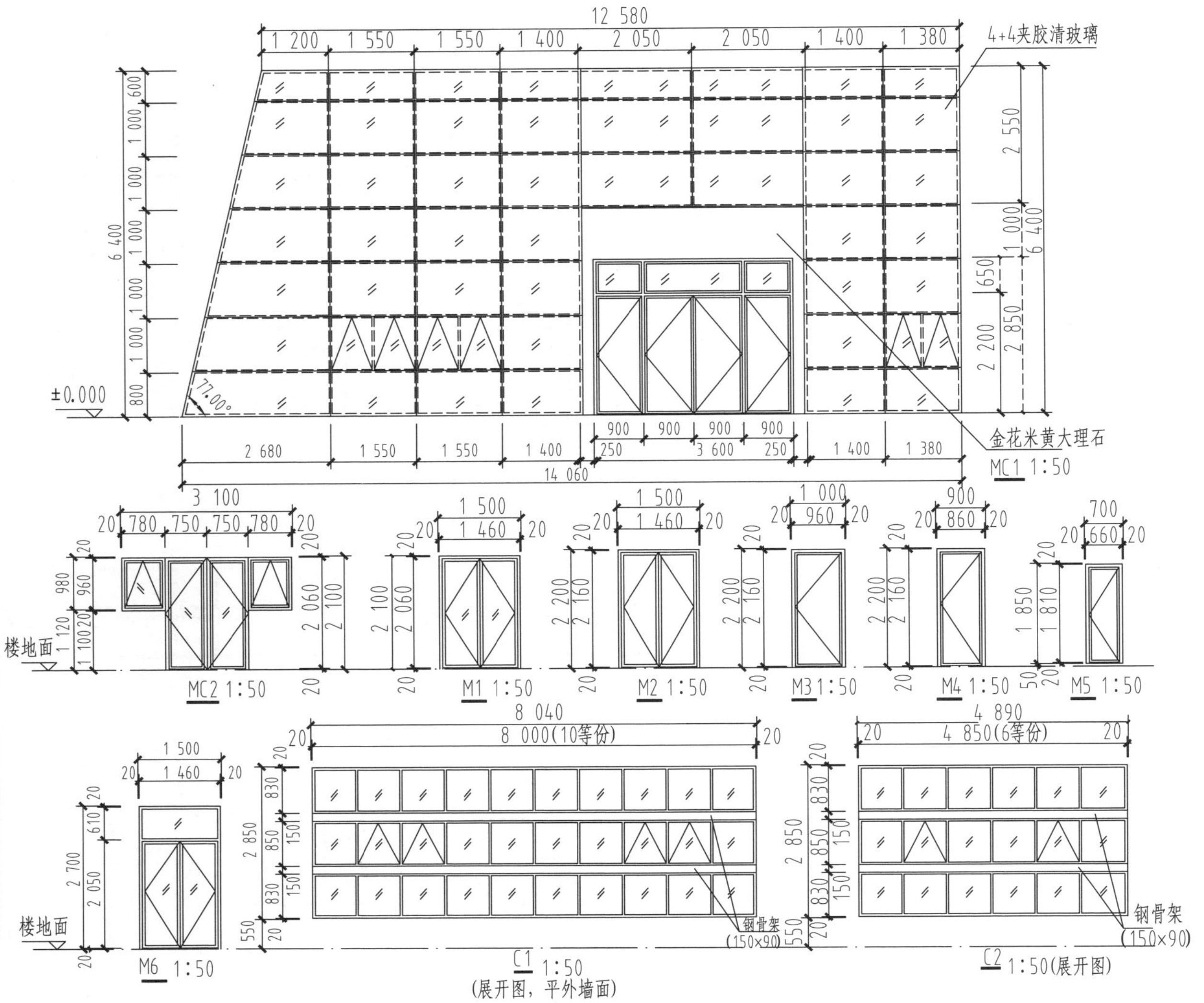

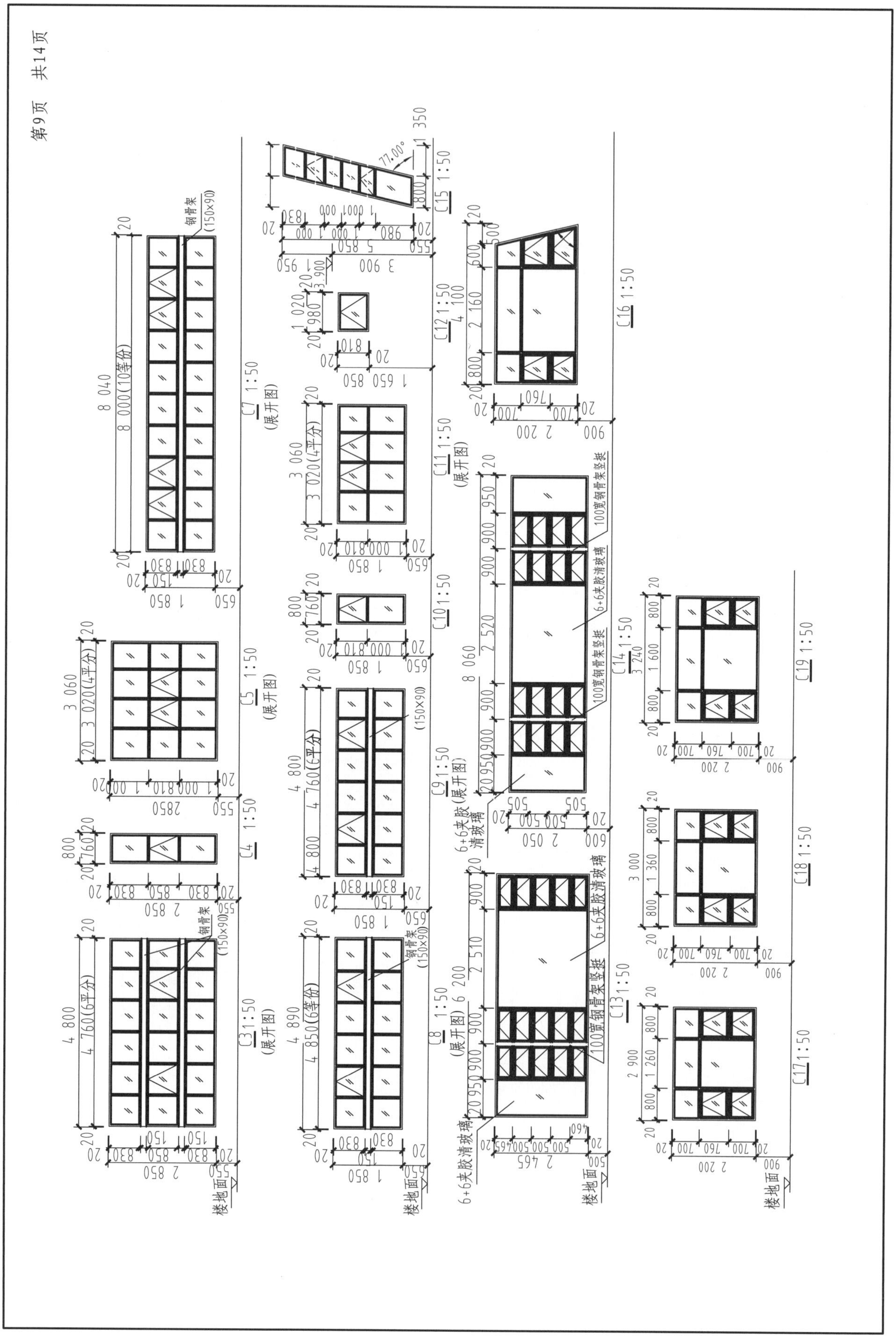
第9页 共14页
C3 1:50
(展开图)
C4 1:50
C5 1:50
(展开图)
C7 1:50
(展开图)
C8 1:50
(展开图)
C9 1:50
(展开图)
C10 1:50
C11 1:50
(展开图)
C12 1:50
C13 1:50
C14 1:50
C15 1:50
C16 1:50
C17 1:50
C18 1:50
C19 1:50
钢骨架
(150×90)
楼地面
6+6夹胶清玻璃
100宽钢骨架竖挺
77.00°

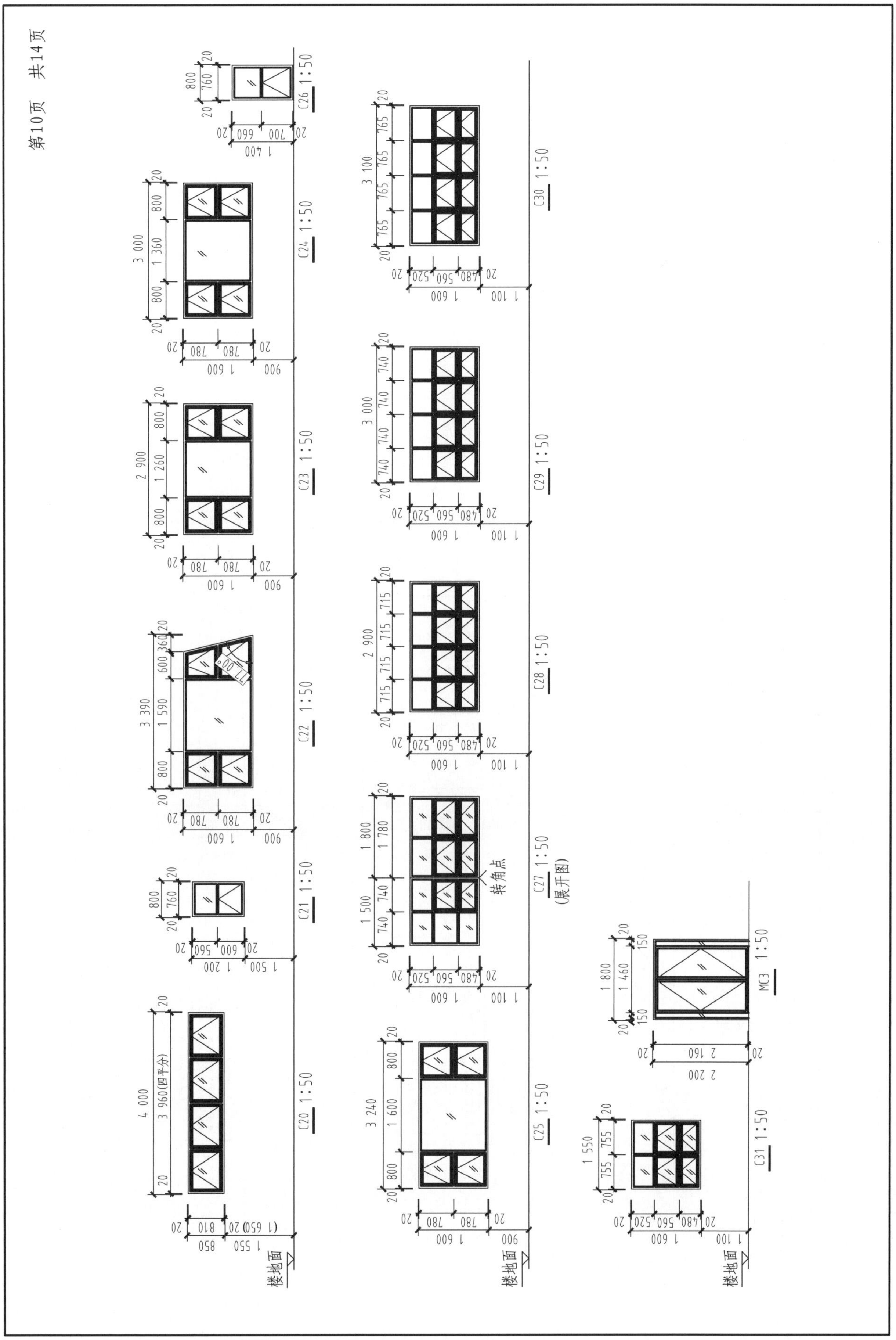
第10页 共14页
C20 1:50
C21 1:50
C22 1:50
C23 1:50
C24 1:50
C26 1:50
C25 1:50
C27 1:50
(展开图)
转角点
C28 1:50
C29 1:50
C30 1:50
MC3 1:50
C31 1:50
楼地面
楼地面
楼地面

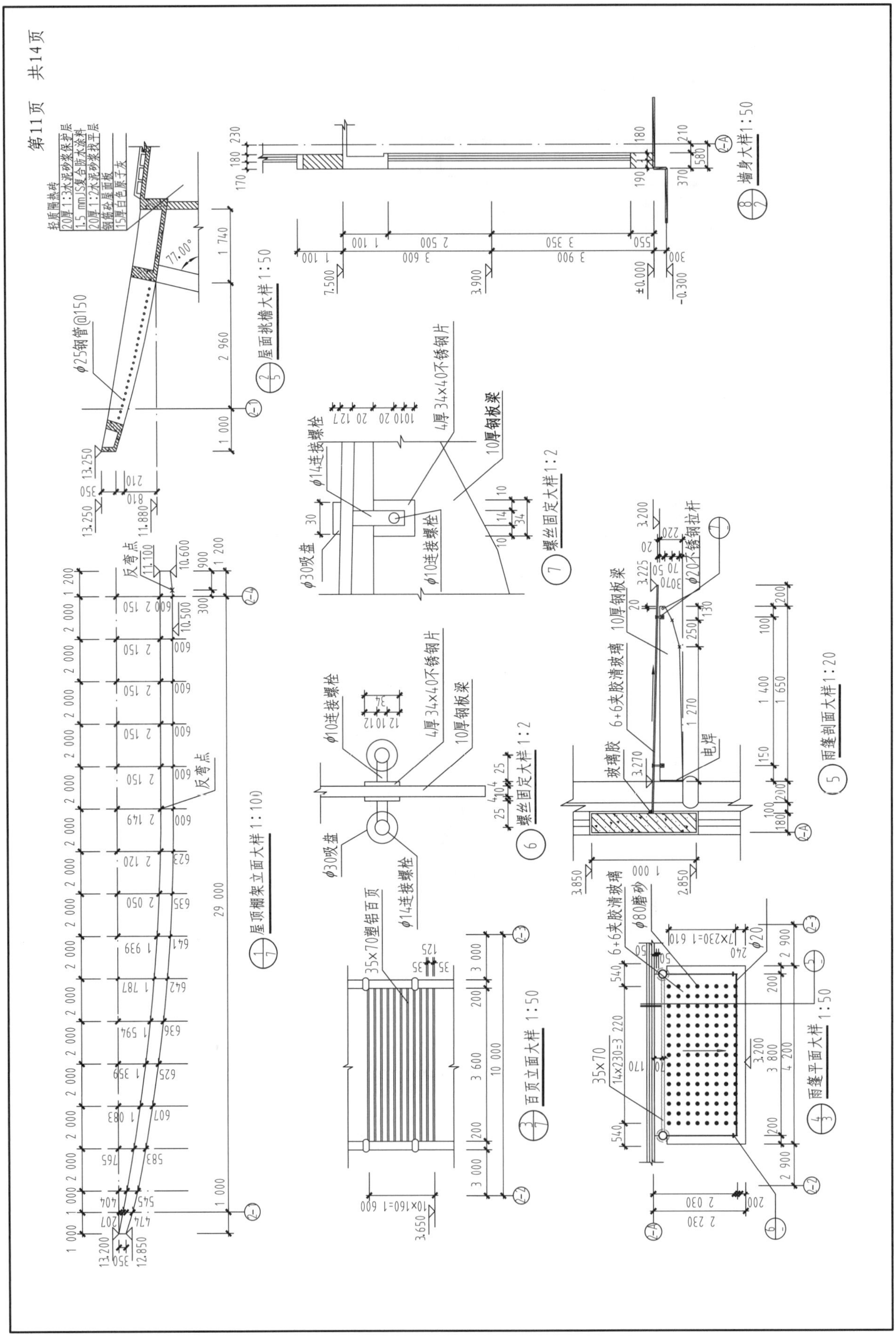
第11页 共14页
屋顶棚架立面大样 1:100
屋面挑檐大样 1:50
墙身大样 1:50
螺丝固定大样 1:2
螺丝固定大样 1:2
百页立面大样 1:50
雨篷剖面大样 1:20
雨篷平面大样 1:50

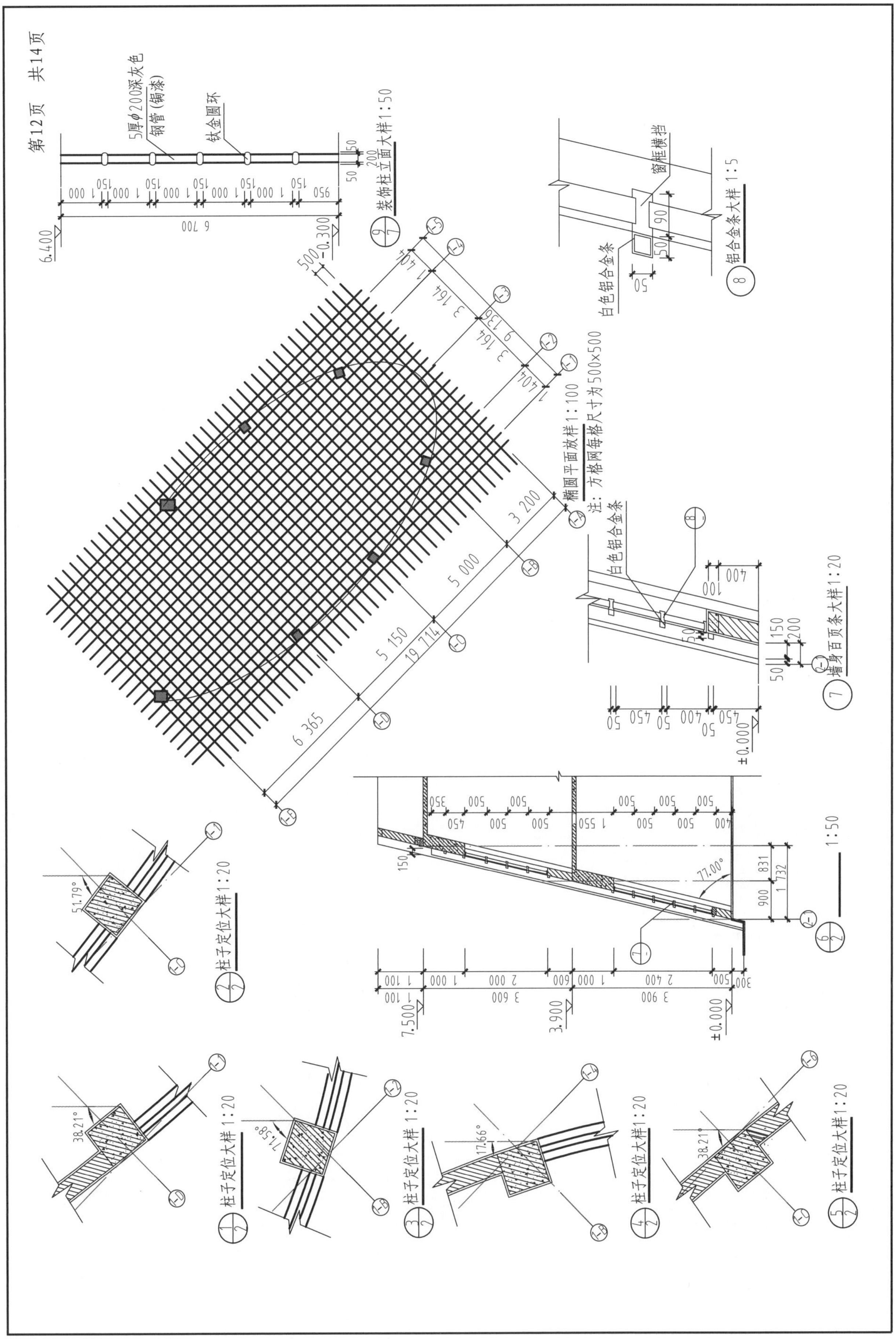
第12页 共14页
5厚φ200深灰色钢管(铜漆)
钛金圆环
装饰柱立面大样1:50
窗框横挡
白色铝合金条
铝合金条大样1:5
椭圆平面放样1:100
注：方格网每格尺寸为500×500
墙身百页条大样1:20
1:50
柱子定位大样1:20
柱子定位大样1:20
柱子定位大样1:20
柱子定位大样1:20
柱子定位大样1:20

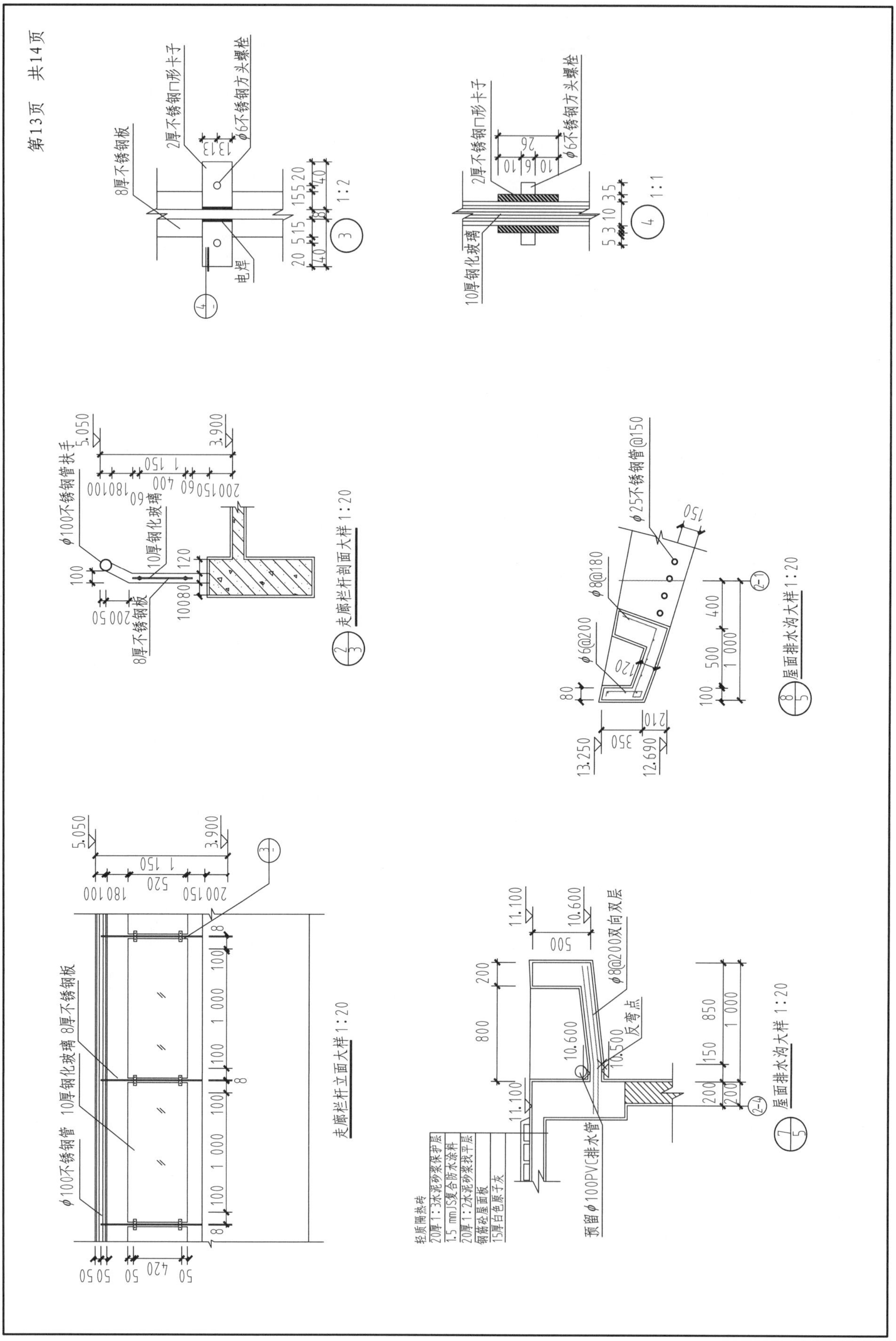
第13页 共14页
8厚不锈钢板
2厚不锈钢П形卡子
φ6不锈钢方头螺栓
电焊
3 1:2
10厚钢化玻璃
4 1:1
φ100不锈钢管扶手
10厚钢化玻璃
8厚不锈钢板
走廊栏杆剖面大样 1:20
φ25不锈钢管@150
φ8@180
φ6@200
屋面排水沟大样 1:20
φ100不锈钢管
10厚钢化玻璃
8厚不锈钢板
走廊栏杆立面大样 1:20
φ8@200双向双层
反弯点
预留φ100PVC排水管
轻质隔热砖
20厚1:3水泥砂浆保护层
1.5 mmJS复合防水涂料
20厚1:2水泥砂浆找平层
钢筋砼屋面板
15厚白色原子灰
屋面排水沟大样 1:20

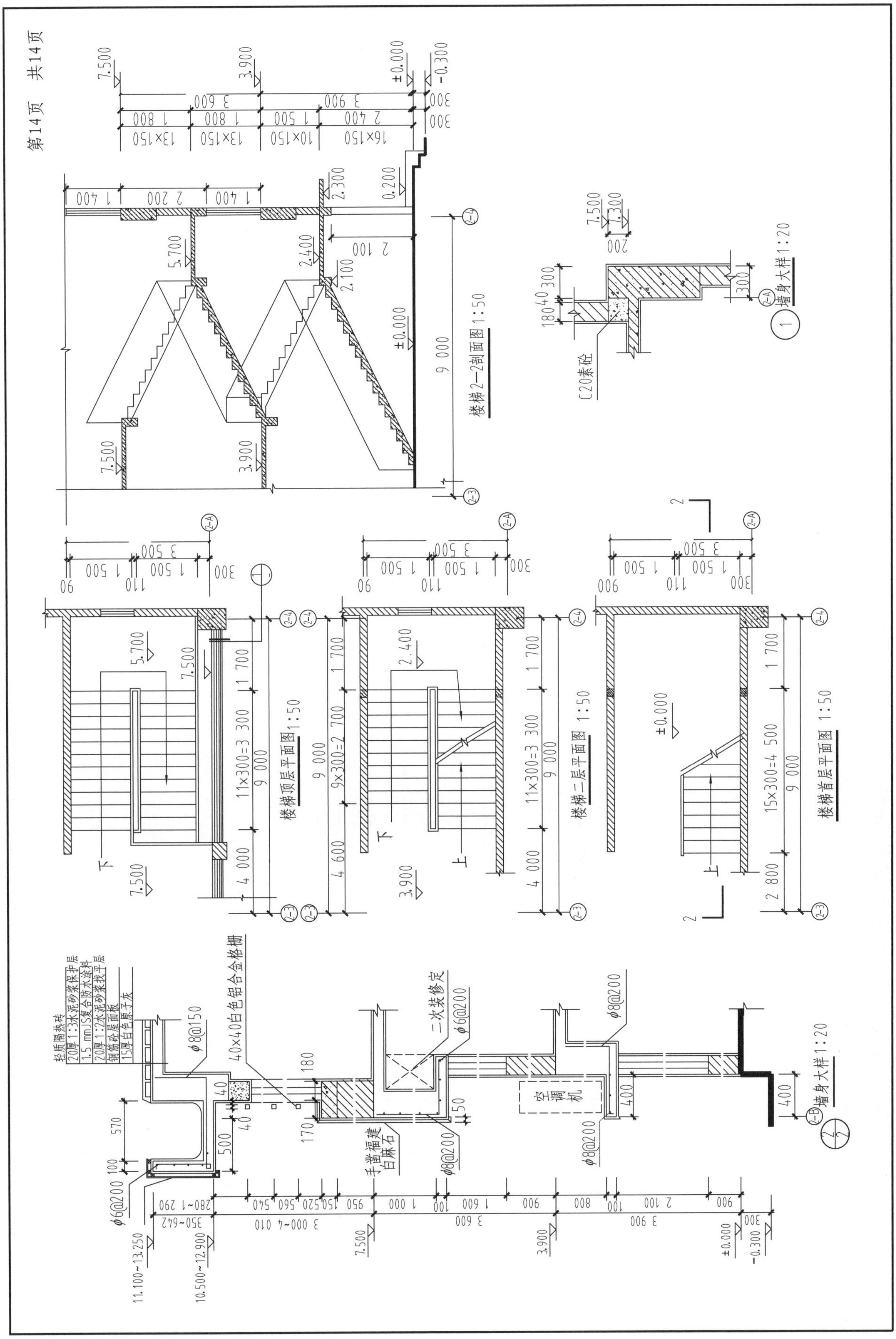
第14页 共14页
楼梯2—2剖面图 1:50
墙身大样 1:20
C20素砼
楼梯顶层平面图 1:50
楼梯二层平面图 1:50
楼梯首层平面图 1:50
40×40白色铝合金格栅
二次装修定
空调机
手凿福建白麻石
墙身大样 1:20

第15届"高教杯"全国大学生先进成图技术与产品信息建模创新大赛尺规绘图试题答案

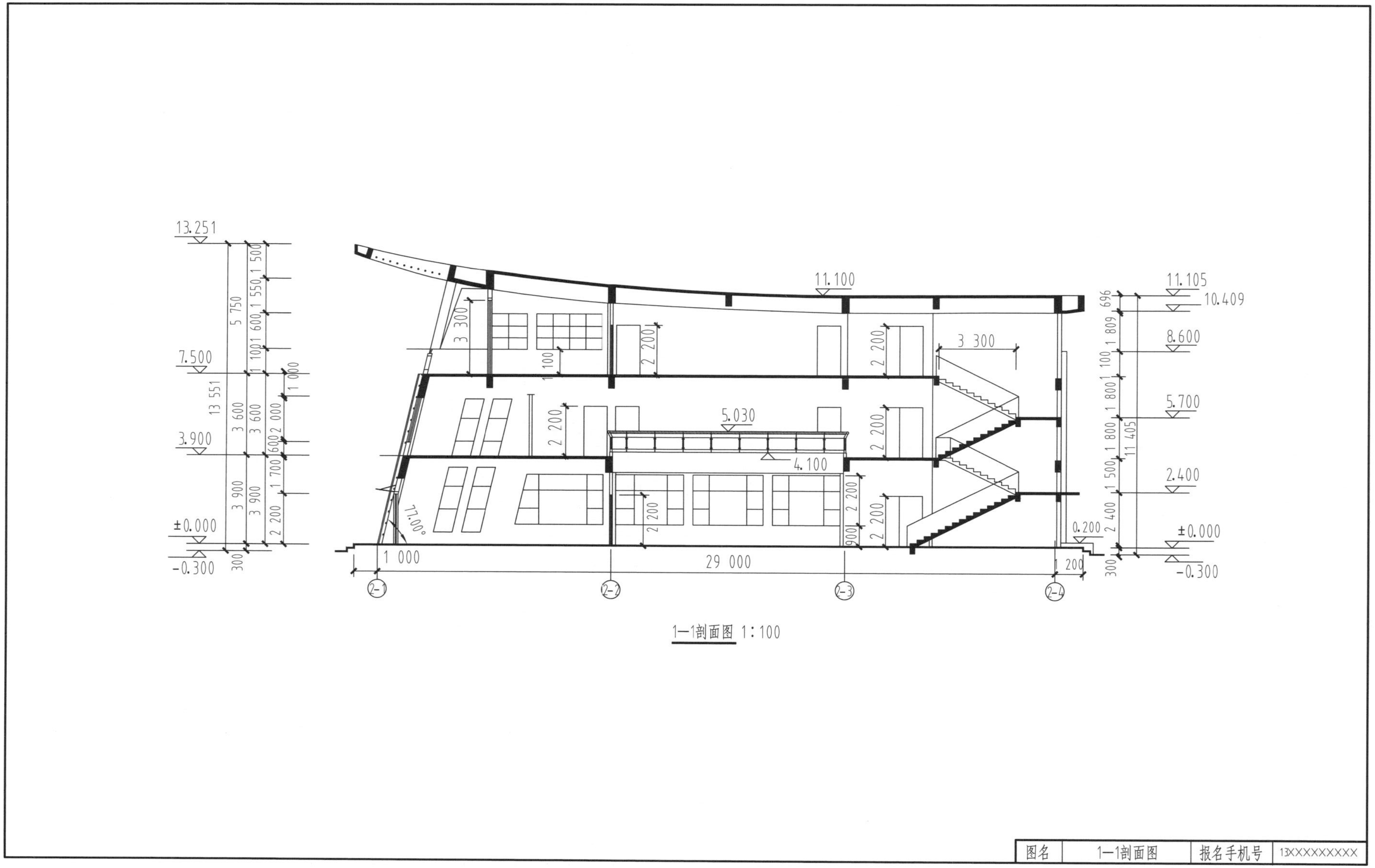

第15届“高教杯”全国大学生先进成图技术与产品信息建模创新大赛建筑类三维信息建模试题(总分100分；时间120分钟)

第1页　共16页

一、任务要求:

根据所给某博物馆（结构形式为框架结构）的建筑施工图，完成该建筑的三维信息模型。具体要求及说明如下:

1.墙体厚度分为两种：主要墙体厚度为240 mm,隔墙厚度为120 mm。
2.楼板、楼梯平台板、屋面板厚度均为170 mm。
3.柱子依据外形根据一层平面图及其柱截面详图确定，全部柱子为等截面柱。
4.所有的梁截面都为300 mm×550 mm。梁的位置参见所给的剖面图。
5.楼梯栏杆扶手高度1 050 mm，扶手栏杆为直径50 mm的钢管。具体样式可自行设计。
6.未给定的尺寸请自行设计。某博物馆建筑施工图详见第2页~第16页。
7.图中所有图号采用试卷的页码代替（试卷的页码就是图号）。

二、建模要求:

1.根据图纸给定的标高和轴网建立三维定位体系，根据所给施工图的尺寸进行三维空间的精确定位与定形。
2.按照房屋建筑学的建筑构造要求进行构件分类，例如：墙、柱、门窗、楼板、屋顶、楼梯、坡道等。
3.根据输出施工图的要求建立楼层视图便于后续输出楼层平面图。
4.根据输出模型的要求建立三维视图便于后续输出该房屋的信息模型。

三、成果提交:

1. 使用天正建筑TR、Revit、SketchUP、3Dmax等建筑三维设计软件创建三维模型后，利用其三维视图导出CAD格式文件(T3格式)三维DWG。文件命名为：信息模型+报名手机号.dwg 例如:

信息模型+13XXXXXXXXX.dwg

要求:
(1) DWG文件WCS坐标系的Z轴保持垂直向上（房屋不能倒置、侧翻）。
(2) 导出时需按建筑构配件的类别导出图层（例如Wall、Window、Floor等），图层命名格式参照附录：“构件分类图层表”。
(3) 导出的模型应为“ACIS实体”或“多边形网格”对象。

2. 利用上述模型导出其标高3.000处的平面图，要求为CAD格式(T3格式)的二维DWG文件。文件命名为：标高3.000平面图+报名手机号.dwg 例如:

标高3.000平面图+13XXXXXXXXX.dwg

3. 利用上述模型导出6-6剖面图的CAD格式（T3格式）二维DWG文件。文件命名为：6-6剖面图+报名手机号.dwg 例如:

6-6剖面图+13XXXXXXXXX.dwg

要求:
(1) 按国家建筑制图相关标准对导出的平面图和剖面图进行标注（必须标注主要构件的定位尺寸）。
(2) 导出楼层平面图和剖面图后在ACAD软件的模型卡的模型空间（非布局卡的模型空间）按1:100的比例调整尺寸标注和文字标注的比例。
(3) 平面图和剖面图应为二维DWG文件(Z坐标全部为零)，或天正建筑软件输出的T3格式文件。其他格式无效；例如：天正软件默认保存的格式(天正8以上版本)无效。
(4) 图形导出时需按建筑构配件的类别设置图层；本次任务所用图层，参见右列图层列表:

注意：以上三个任务必须提交至竞赛系统指定的窗口中。每个文件应为非压缩文件，并单独在不同的提交按钮提交。

附录：建筑构件图层表

图层	图层名	颜色	线型	内容
轴线	DOTE	1	CONTINUOUS	此图层的直线和弧认为是平面轴线
阳台	BALCONY	6	CONTINUOUS	存放阳台对象，利用阳台做的雨篷
柱子	COLUMN	9	CONTINUOUS	存放各种材质构成的柱子对象
门窗	WINDOW	4	CONTINUOUS	存放插入的门窗图块或墙洞
轴标	AXIS	3	CONTINUOUS	存放轴号对象，轴线尺寸标注
地面	GROUND	2	CONTINUOUS	地面与散水
墙线	WALL	9	CONTINUOUS	存放各种材质的墙对象
梁	BEAM	9	CONTINUOUS	各种结构梁
面层	SURFACE	6	CONTINUOUS	粉刷层、保温层、详图饰面层
屋顶	ROOF	4	CONTINUOUS	各种屋顶、老虎窗所在的图层
楼梯	STAIR	2	CONTINUOUS	楼梯段、坡道、台阶、休息平台
洁具	LVTRY	6	CONTINUOUS	洁具
卫生隔断	LATRINE	6	CONTINUOUS	卫生隔断
栏杆	RAIL	3	CONTINUOUS3	栏杆
扶手	HANDRAIL	3	CONTINUOUS	扶手
房间	SPACE	7	CONTINUOUS	房间名称、编号与边界线
标高	DIM_ELEV	3	CONTINUOUS	标高标注
索引符号	DIM_IDEN	3	CONTINUOUS	索引标注
引出标注	DIM_LEAD	3	CONTINUOUS	引出标注
符号	DIM_SYMB	3	CONTINUOUS	其他各种符号标注
剖线	S_WALL	9	CONTINUOUS	剖切到的墙线
剖窗	S_WINDOW	4	CONTINUOUS	剖切到的门窗
剖梯	S_STAIR	9	CONTINUOUS	剖切到的楼梯
层线	E_FLOOR	4	CONTINUOUS	立面楼层分隔线
立线	E_LINE	7	CONTINUOUS	立面可见线
立窗	E_WINDOW	4	CONTINUOUS	立面门窗
立梯	E_STAIR	2	CONTINUOUS	立面楼梯
梁板	FLOOR	2	CONTINUOUS	梁与楼板(组合用)
檐口	EAVES	7	CONTINUOUS	屋面檐口(组合用)
玻璃	GLASS	6	CONTINUOUS	门窗玻璃(组合用)玻璃幕墙
图框	TITLE	4	CONTINUOUS	图框标题栏(组合用)
标注	DIM	3	CONTINUOUS	尺寸标注(组合用)
公填	PUB_HATCH	8	CONTINUOUS	填充图案
公框	PUB_TITLE	4	CONTINUOUS	图框线与标题栏、会签栏
公窗	PUB_WINDW	7	CONTINUOUS	图纸空间的布局视口
窗名	WINDOW_TEXT	7	CONTINUOUS	门窗编号

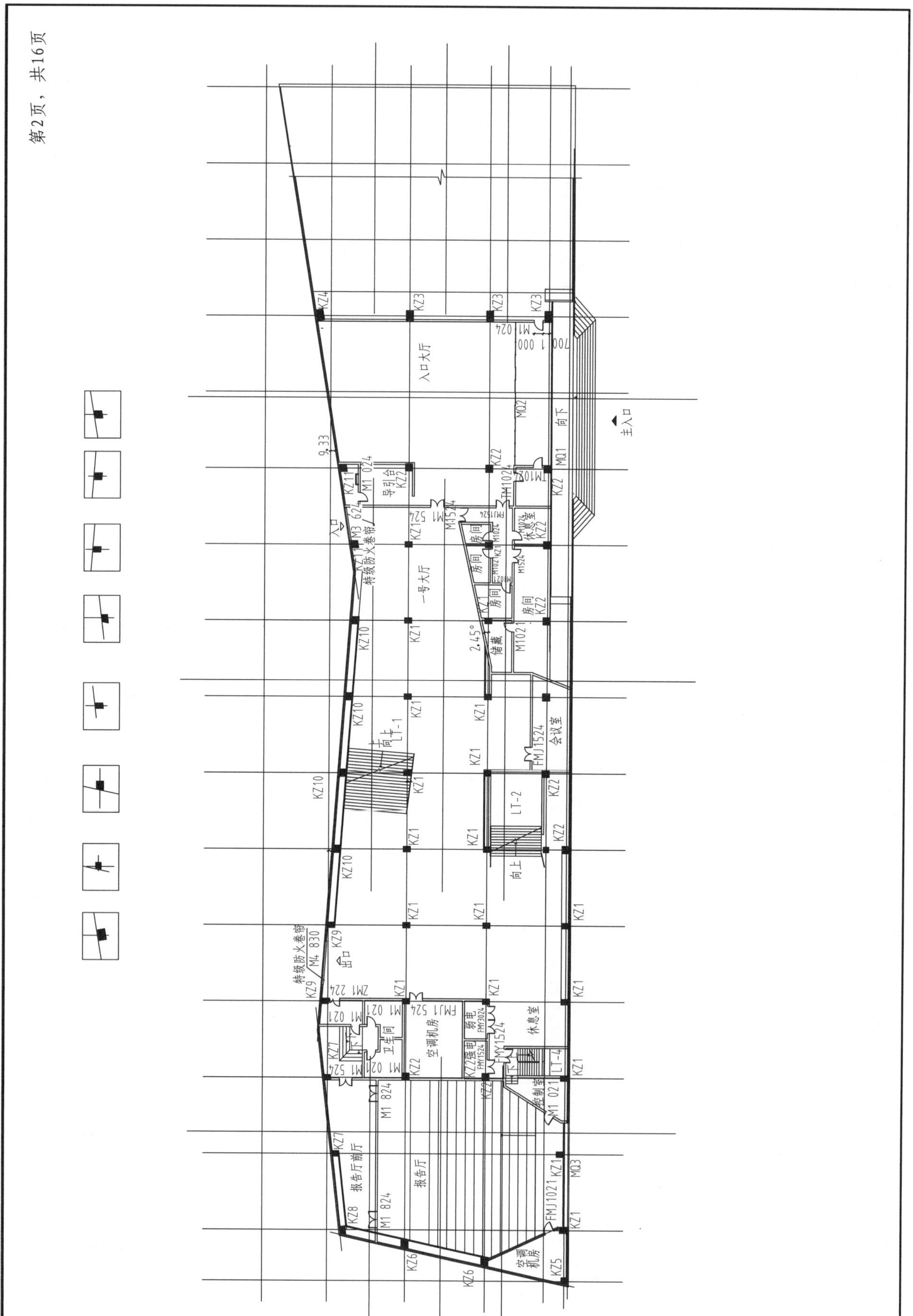
第2页，共16页
入口大厅
主入口
向下
一号大厅
导引台
特级防火卷帘
休息室
房间
储藏
会议室
LT-1
LT-2
LT-4
向上
卫生间
空调机房
弱电
强电
报告厅
报告厅前厅
控制室
出口
入口
9.33
2.45°

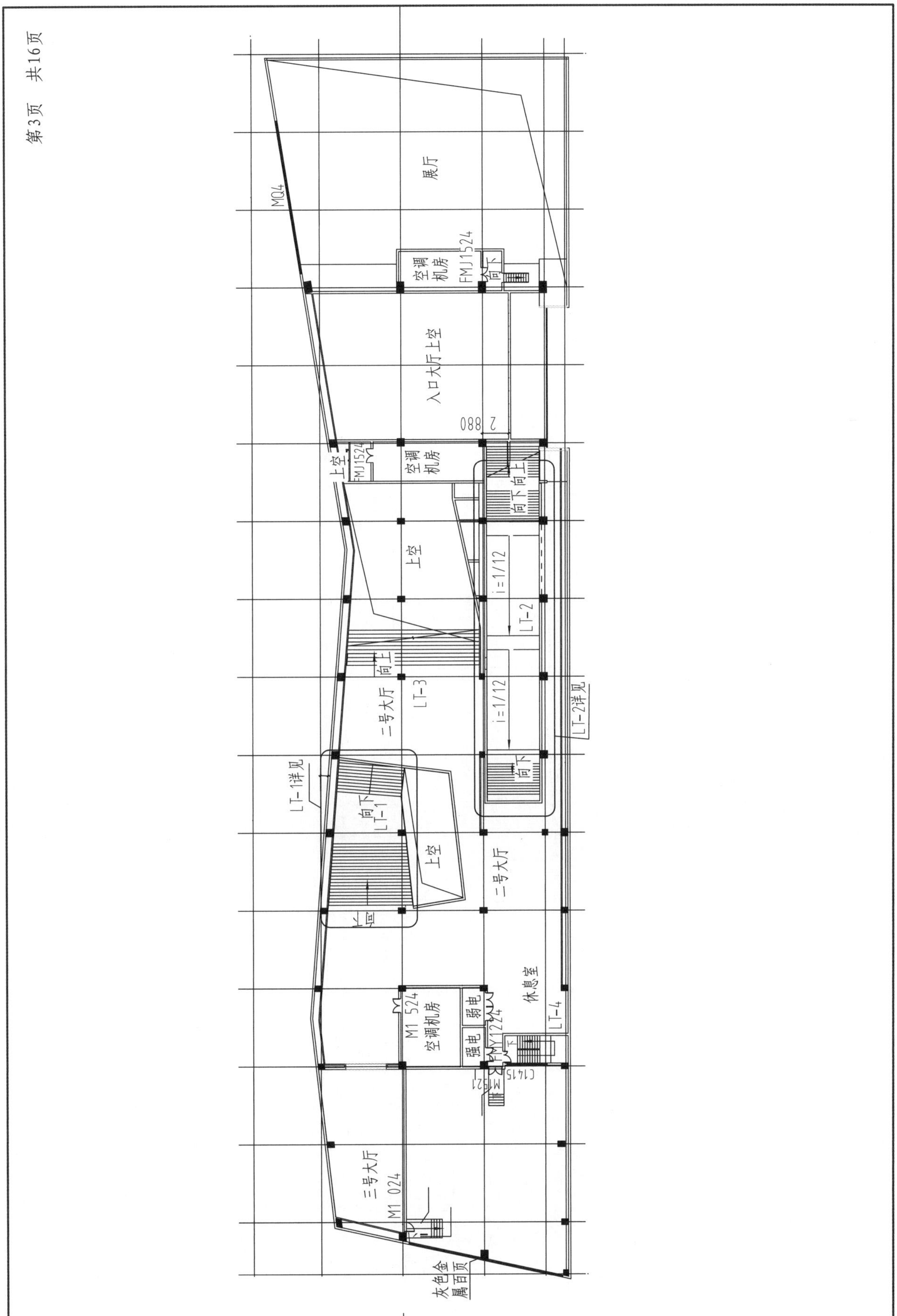
第3页 共16页
展厅
MQ4
空调机房
FMJ1524
向下
入口大厅上空
2 880
上空
空调机房
FMJ1524
向下 向上
i=1/12
LT-2
上空
向上
LT-3
二号大厅
LT-2详见
i=1/12
向下
LT-1详见
向下
LT-1
上空
二号大厅
向上
休息室
M1 524
空调机房
弱电
强电
FMY1224
LT-4
C1415
M1521
三号大厅
M1 024
灰色金属百页

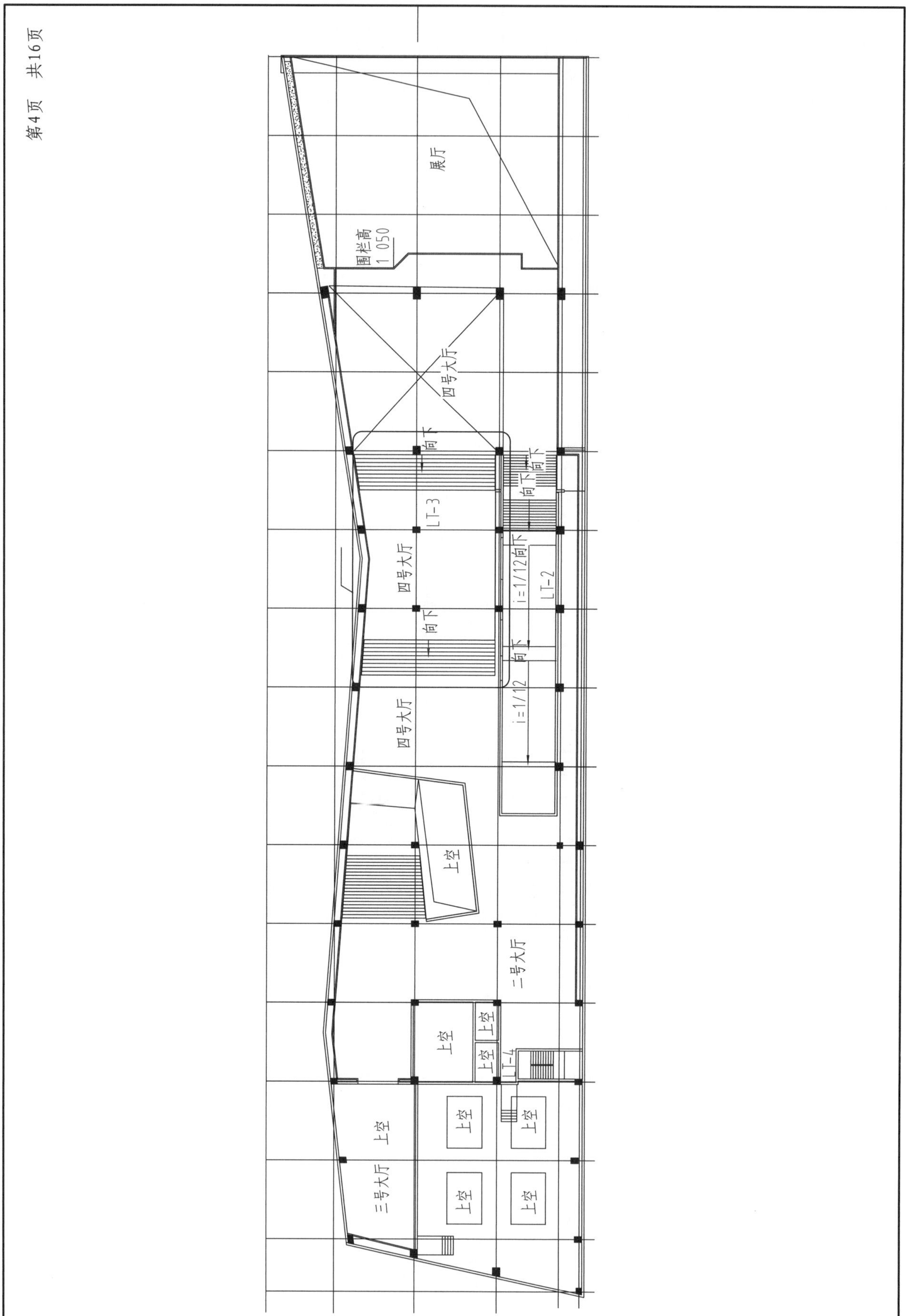
第4页 共16页
展厅
围栏高
1 050
四号大厅
四号大厅
四号大厅
向下
向下
向下
向下
向下
LT-3
i=1/12向下
LT-2
i=1/12
上空
二号大厅
上空
上空
上空
LT-4
上空
上空
上空
上空
三号大厅
上空
上空

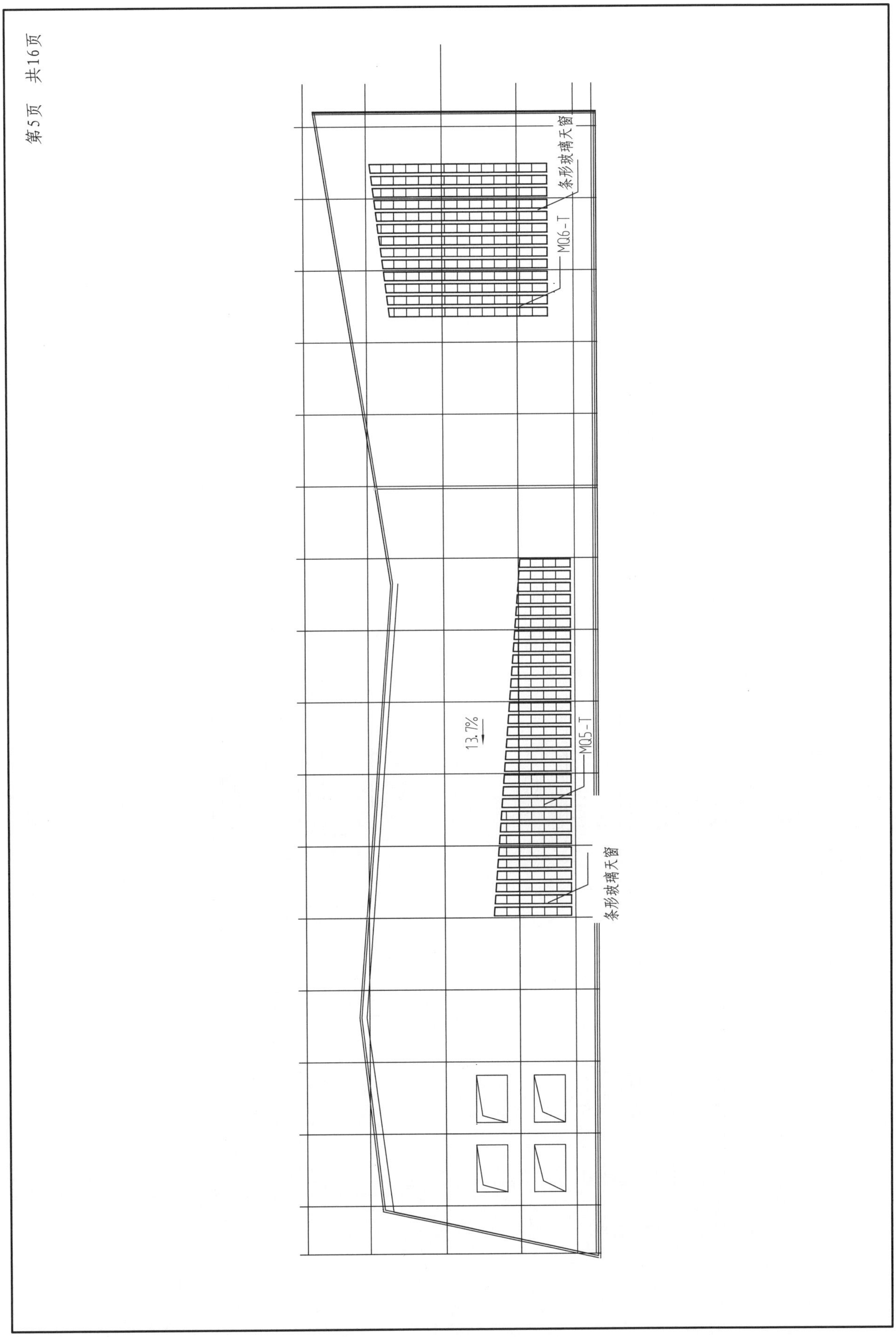
第5页 共16页
条形玻璃天窗
MQ6-T
13.7%
MQ5-T
条形玻璃天窗

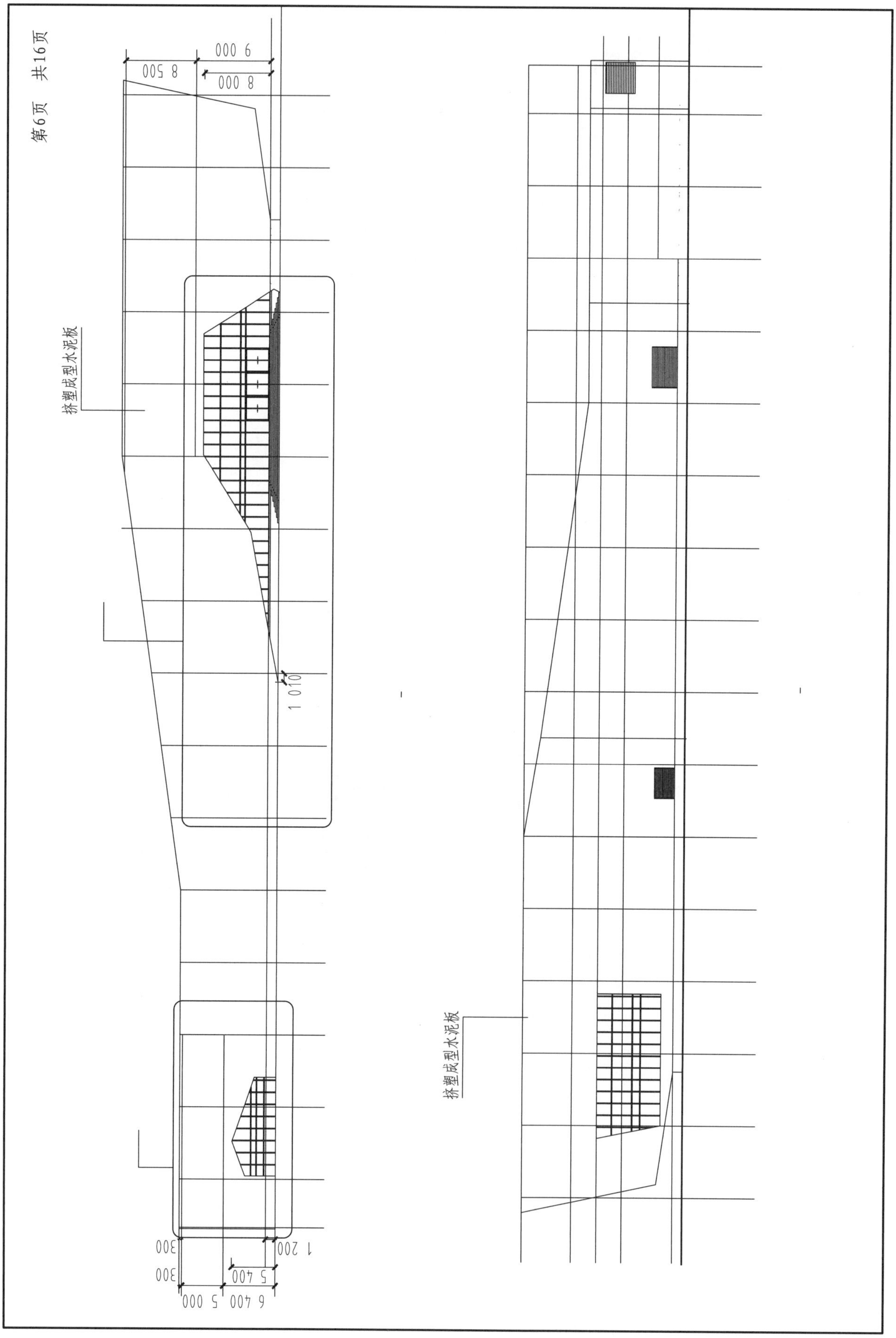
第6页 共16页
挤塑成型水泥板
8 500
9 000
8 000
1 010
挤塑成型水泥板
300
300
1 200
5 400
6 400
5 000

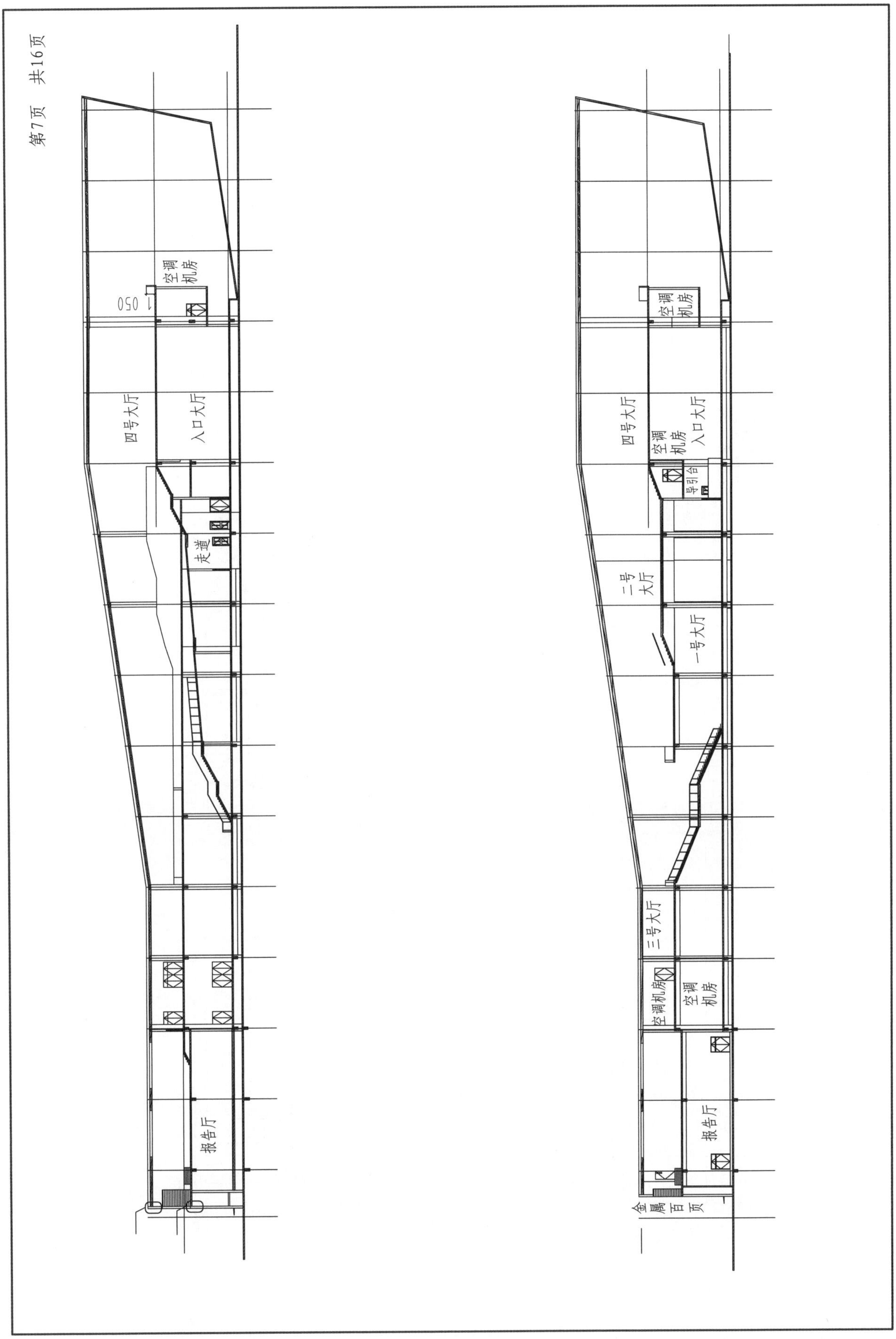
第7页 共16页
空调机房
050
四号大厅
入口大厅
走道
报告厅
空调机房
四号大厅
空调机房
入口大厅
导引台
二号大厅
一号大厅
三号大厅
空调机房
空调机房
报告厅
金属百页

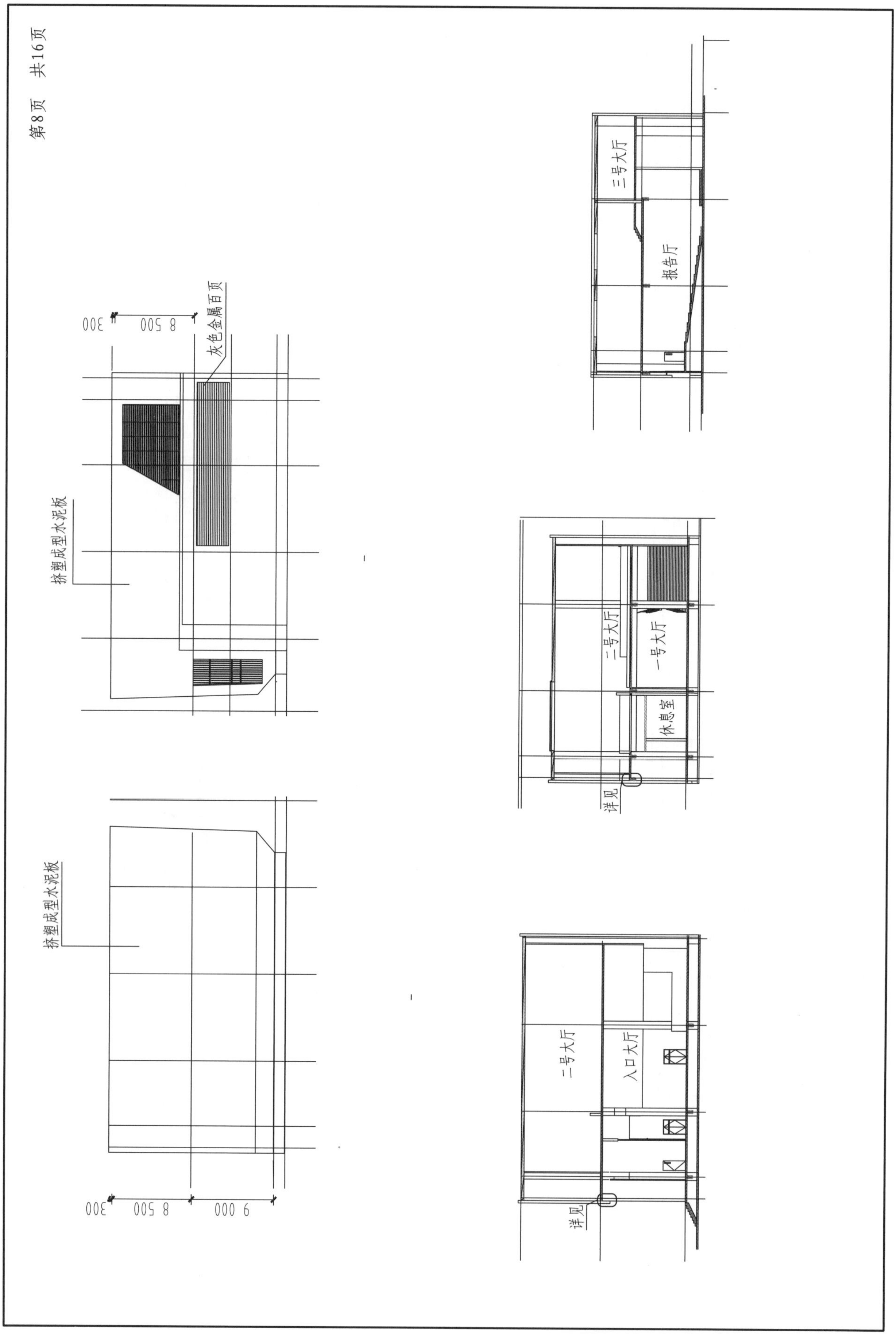
第8页 共16页
挤塑成型水泥板
灰色金属百页
300
8 500
挤塑成型水泥板
300
8 500
9 000
三号大厅
报告厅
二号大厅
一号大厅
休息室
详见
二号大厅
入口大厅
详见

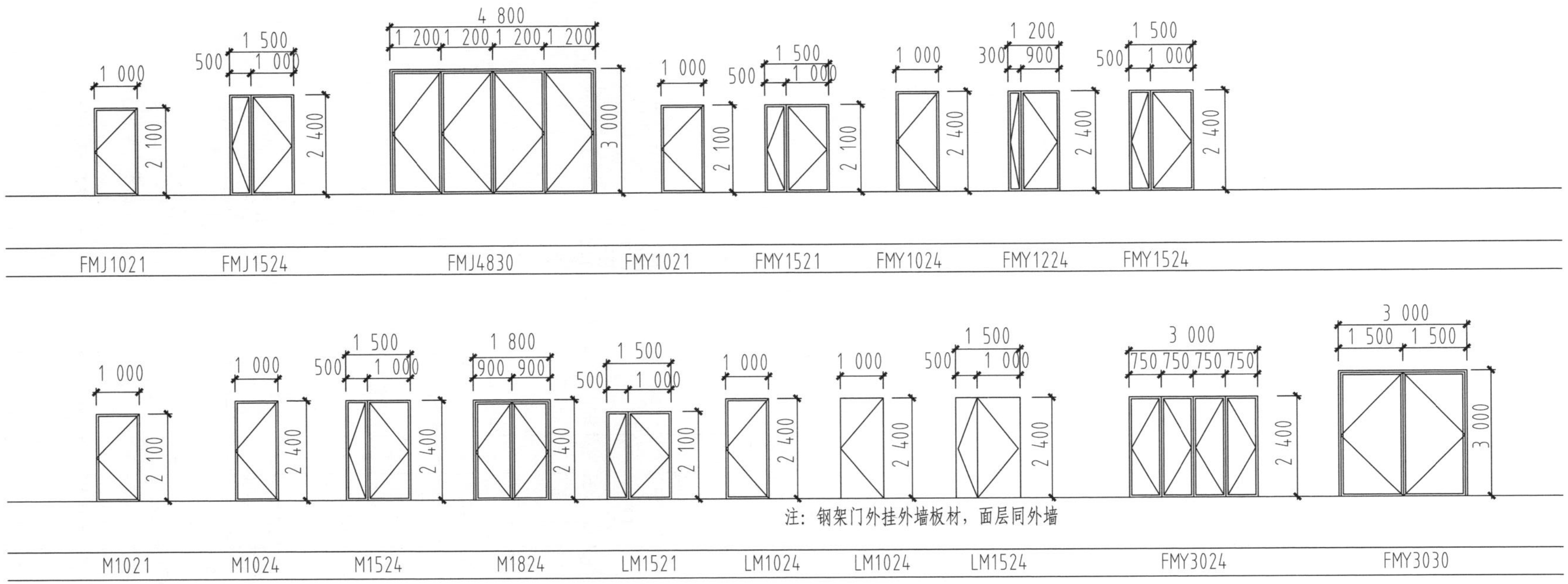

注：钢架门外挂外墙板材，面层同外墙

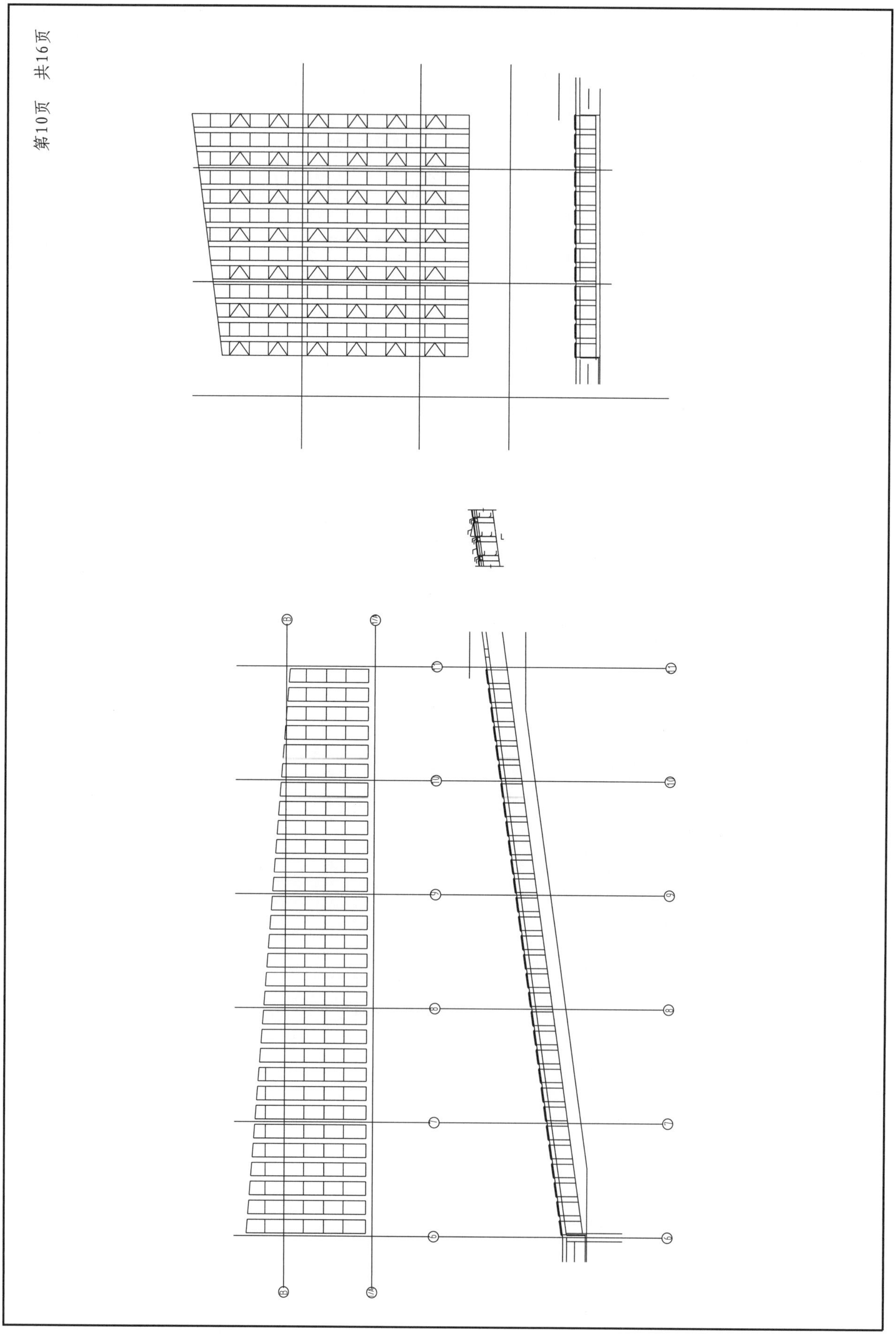
第10页 共16页

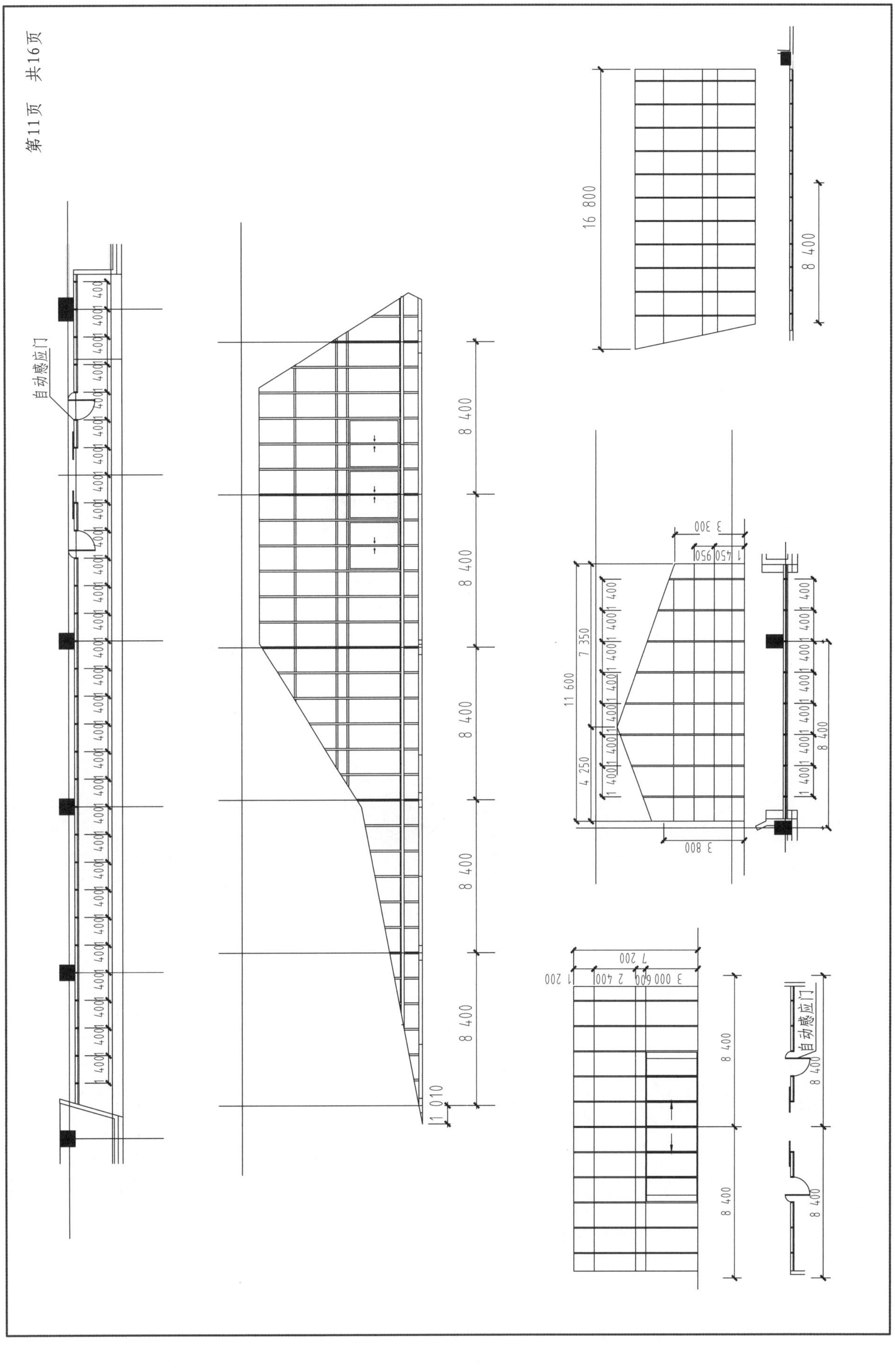
第11页 共16页
自动感应门
8 400
16 800
11 600
7 350
4 250
3 300
3 800
7 200
1 010

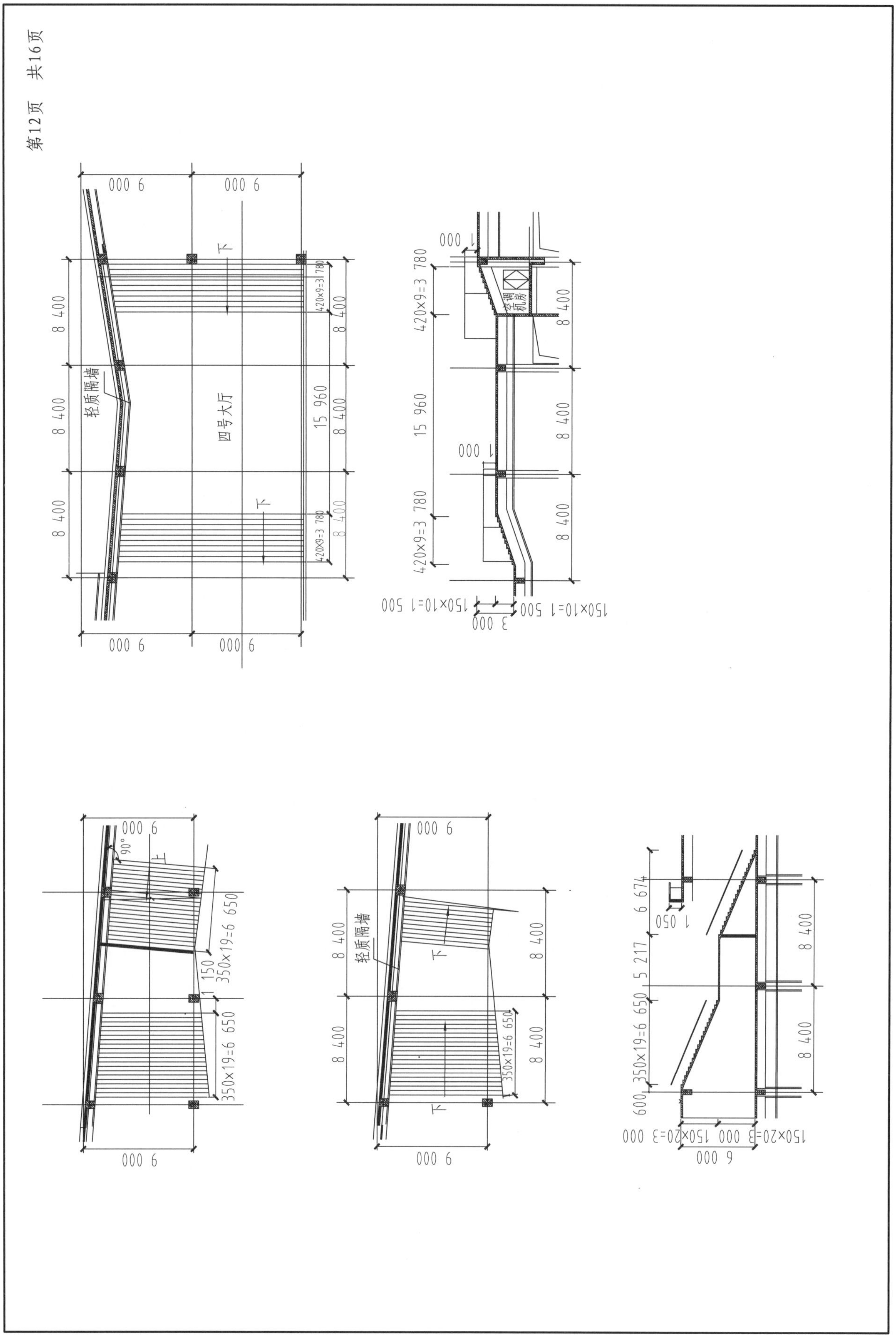
第12页 共16页
轻质隔墙
四号大厅
空调机房
下
上
9 000
8 400
15 960
420×9=3 780
150×10=1 500
3 000
1 000
350×19=6 650
1 150
90°
6 674
5 217
1 050
600
150×20=3 000
6 000

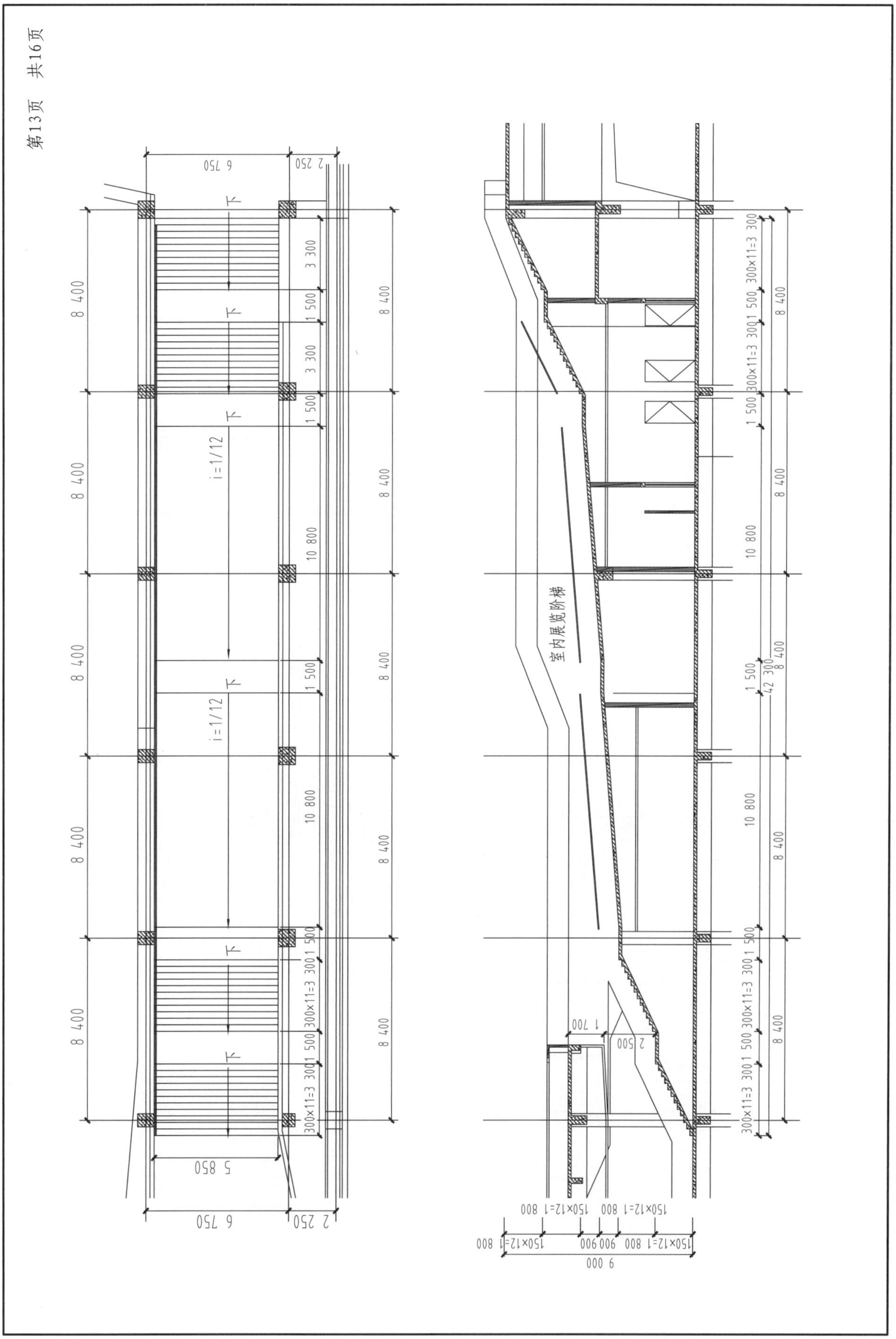
第13页 共16页
6 750
2 250
8 400
3 300
1 500
10 800
下
i=1/12
300×11=3 300
5 850
室内展览阶梯
1 700
2 500
150×12=1 800
900 900
9 000
42 300

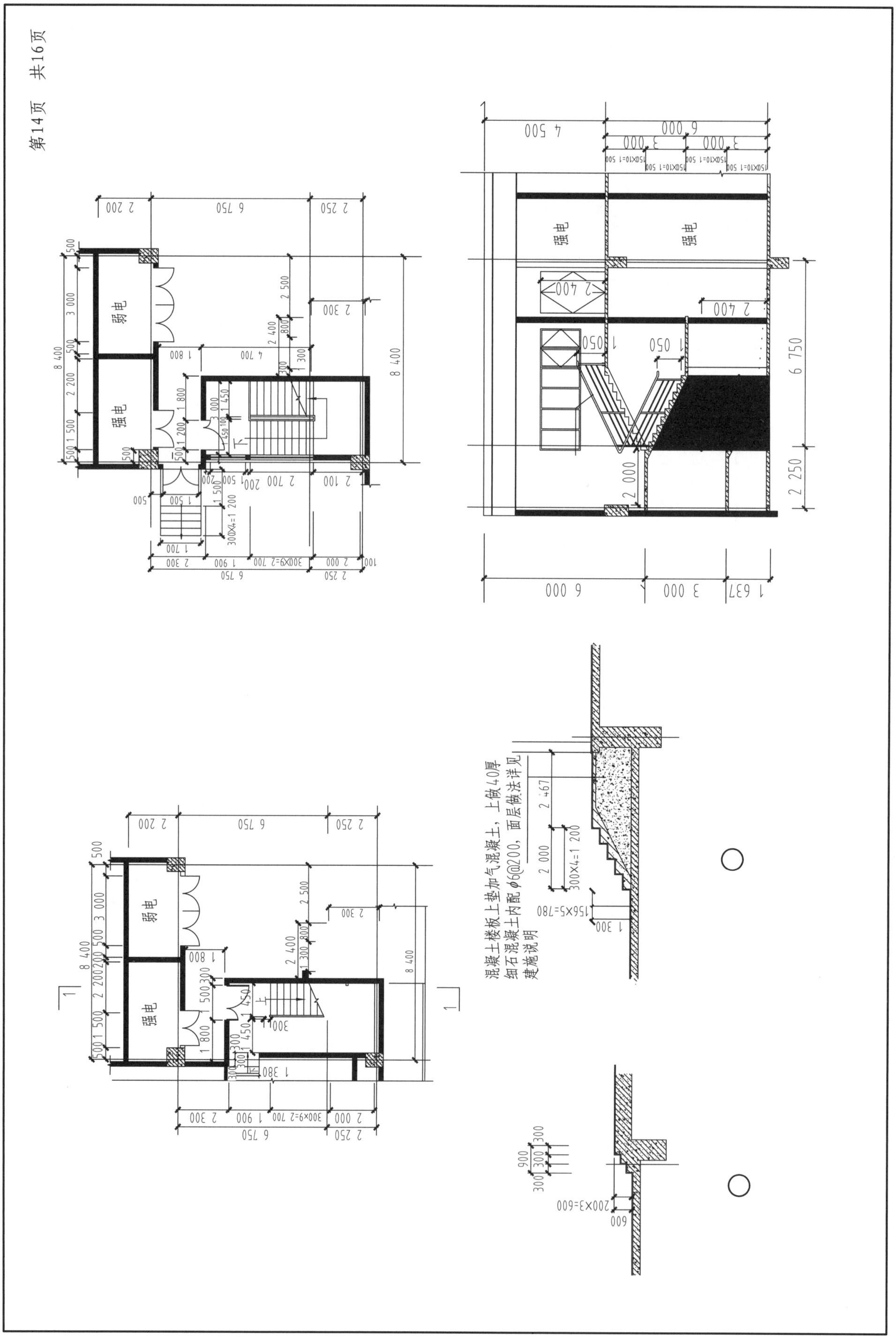
第14页 共16页
弱电
强电
混凝土楼板上垫加气混凝土，上做40厚细石混凝土内配φ6@200，面层做法详见建施说明

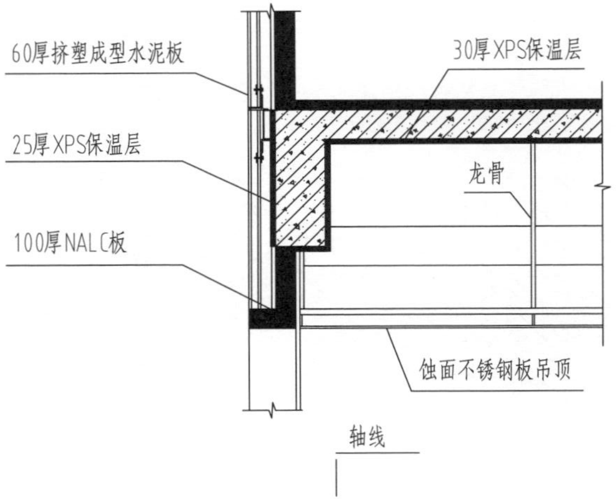
60厚挤塑成型水泥板
30厚XPS保温层
25厚XPS保温层
龙骨
100厚NALC板
蚀面不锈钢板吊顶
轴线

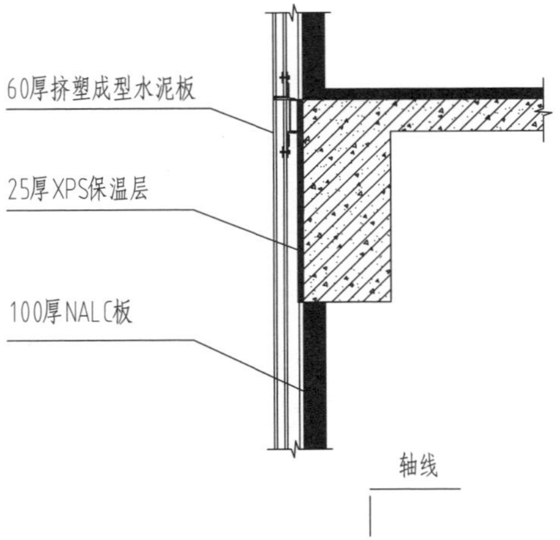
60厚挤塑成型水泥板
25厚XPS保温层
100厚NALC板
轴线

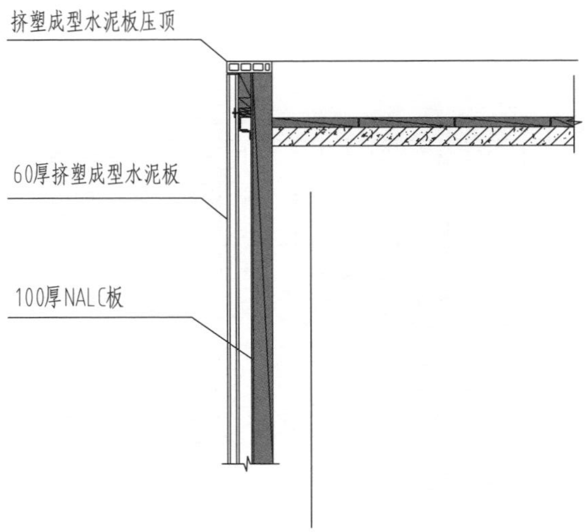
挤塑成型水泥板压顶
60厚挤塑成型水泥板
100厚NALC板

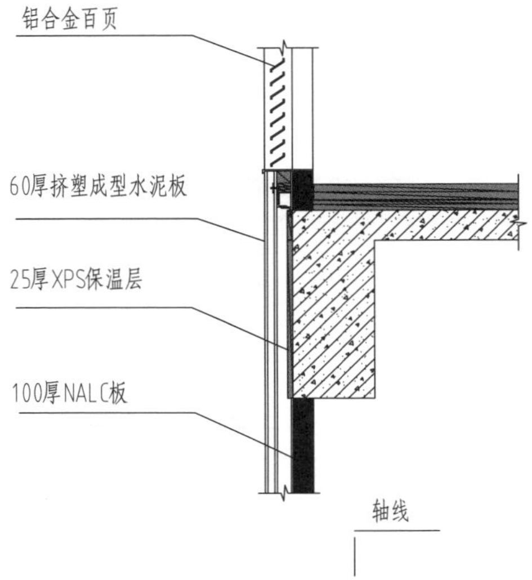
铝合金百页
60厚挤塑成型水泥板
25厚XPS保温层
100厚NALC板
轴线

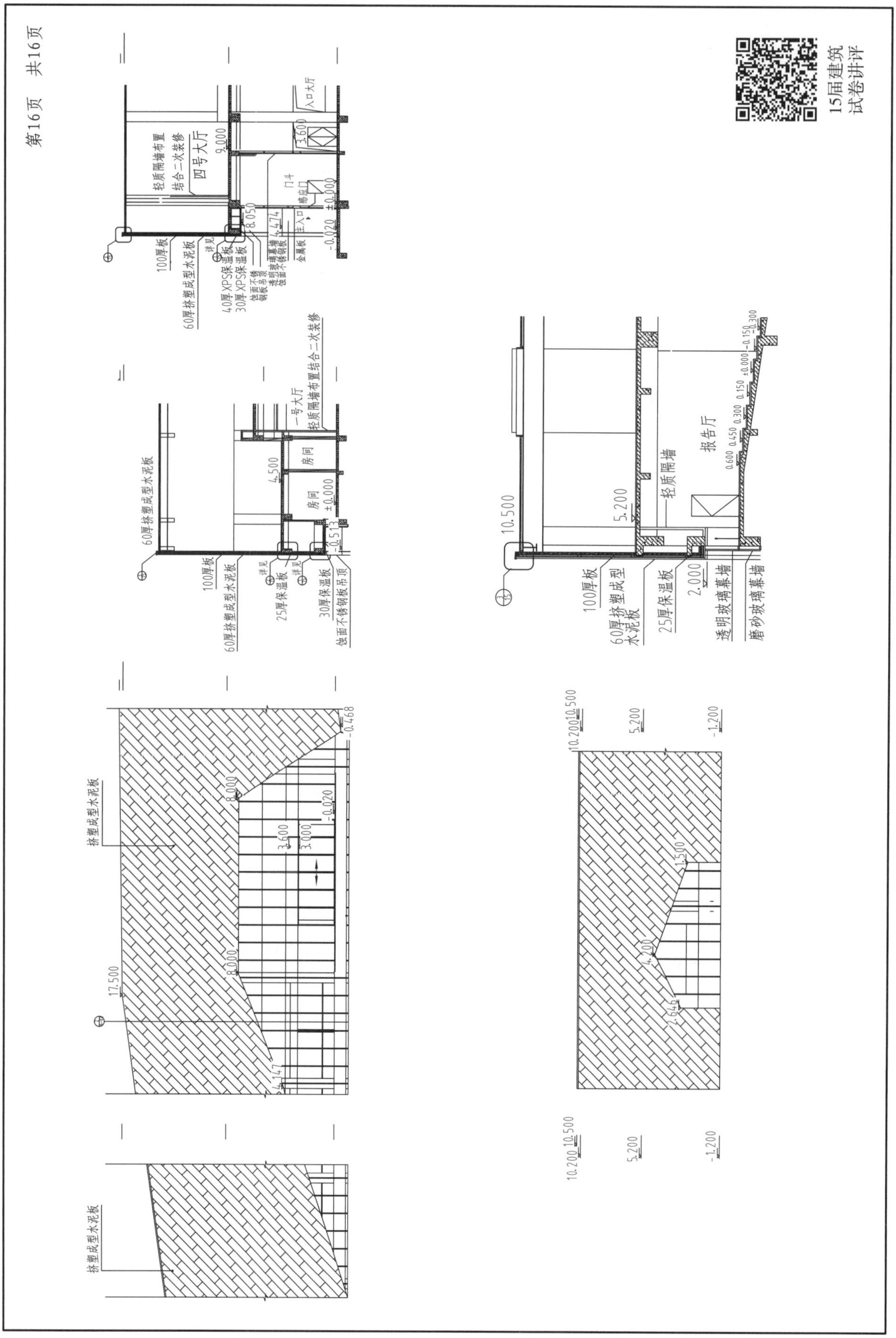
第16页 共16页
15届建筑
试卷讲评
四号大厅
轻质隔墙布置
结合二次装修
100厚板
60厚挤塑成型水泥板
40厚XPS保温板
30厚XPS保温板
一号大厅
轻质隔墙布置结合二次装修
房间
25厚保温板
30厚保温板
饰面不锈钢板吊顶
报告厅
轻质隔墙
60厚挤塑成型水泥板
25厚保温板
透明玻璃幕墙
磨砂玻璃幕墙
挤塑成型水泥板

第 15 届“高教杯”全国大学生先进成图技术与产品信息建模创新大赛
建筑类三维信息建模试题参考答案

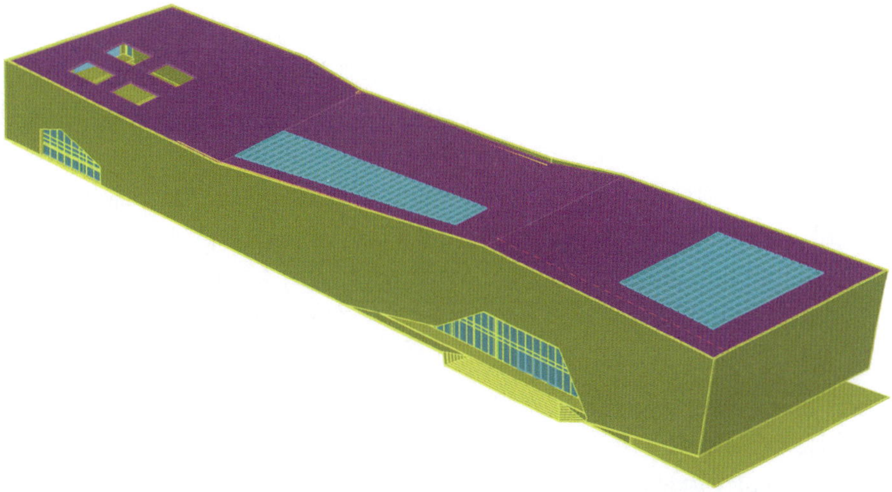

"高教杯"全国大学生先进成图技术与产品信息建模创新大赛建筑类BIM技术应用赛项暨第四届"天正杯"BIM创新应用大赛试题

一、设计要求

1. 本项目位于成都市某行政区内，中型图书馆，属于二类公共建筑性质。

2. 本项目总建筑面积13 500 m^2，建筑总面积上下可浮动10%，地上建筑层数5层(不包含屋顶电梯机房)，地下一层层高4.5 m，地上一层层高6 m，其余层高5.4 m；其中地下车库层耐火等级为一级，地上部分耐火等级为二级。

3. 地下车库为办公人员内部停车场及设备用房，应绘制车道中心线以及布置车位，车道出入口位置应靠近地面城市道路，停车位不少于30个，停车位尺寸不小于进深5.5 m×宽2.5 m。车库应设置消防楼梯间以及消防电梯间，设备用房应包含配电室、消防控制室、消防水泵房、空调机房等。

4. 室外部分：在用地范围红线内规划地面停车位，停车场出入口与地下车库出入口分开设置，车位不少于40个，停车位尺寸为5.5 m×2.5 m。

5. 建筑主体室外部分包含无障碍坡道、入门台阶、散水等。

6. 建筑室内设计要求如下表：

(1) 地下一层应包含以下内容：

表一　地下一层用房及面积

功能分区	房间名称	建筑面积/m^2	数量	设计要求
停车区	停车位		≥30	尺寸5.5 m×2.5 m
设备用房	配电室	≥25	1	
	消防控制室	≥25	1	
	消防泵房室	≥30	1	
	空调机房	≥30	1	
	管理机房	≥30	1	
	清洁间	≥20	1	
交通				安全出口、车道、楼梯、消防电梯、无障碍电梯等

(2) 一层应包含以下内容：

表二　一层用房及要求

功能分区	房间名称	建筑面积/m^2	数量	设计要求
公共区	门厅	≥300	1	含部分走道
	咨询、办证处，寄存处		1	三者应设置在相邻区域
	书店	≥200	1	
	新书展示区		1	敞开式
	卫生间	≥80	1	总蹲位数不应少于8个
书库区	基本书库	≥300	1	
	管理室		1	
报告厅	观众厅	≥350	1	设讲台，含放映室
	卫生间		1	
	贵宾休息室	≥60	1	
内部业务区	拆包、分类、编目室	≥150	各1间	每间≥50 m^2 三个房间内部可连通，应靠近货物出入口
	典藏、美工、装械室	≥150	各1间	每间≥50 m^2，应设置在相邻区域
内部业务区	卫生间		1	蹲位不少于4个、清洁间
	库房		1	
交通	出入中及交通组织			安全出口、车道、楼梯、消防电梯、无障碍电梯等

（3）二层应包含如下内容：

表三　二层用房及要求

功能分区	房间名称	建筑面积/m^2	数量	设计要求
公共区	大厅	≥200	1	含部分走道
	儿童读者活动区	≥200	1	
	卫生间	≥80	1	总蹲位数不应少于 8 个
书库区	基本书库	≥300	1	
	中心借阅处	≥150	1	含借书、还书间
阅览区	报刊阅览室	≥300	1	考虑通风采光
	少儿借阅室	≥400	1	考虑通风采光
内部业务区	管理人员办公室		2	
	库房		1	
交通	交通组织			安全出口、车道、楼梯、消防电梯、无障碍电梯等

（4）三层应包含如下内容：

表四　三层用房及要求

功能分区	房间名称	建筑面积/m^2	数量	设计要求
公共区	大厅	≥200	1	含部分走道
	卫生间	≥80	1	总蹲位数不应少于 8 个
书库区	基本书库	≥300	1	
	管理室		1	
阅览区	半开架阅览室	≥450	1	考虑通风采光
	开架阅览室	≥450	1	考虑通风采光
交通	交通面积			安全出口、车道、楼梯、消防电梯、无障碍电梯等

（5）四层应包含如下内容：

表五　四层用房及要求

功能分区	房间名称	建筑面积/m^2	数量	设计要求
公共区	大厅	≥200	1	含部分直道
	卫生间	≥80	1	总蹲位数不应少于 8 个
活动区	读者活动区	≥150	1	考虑通风采光
	展览区	≥280	1	考虑通风采光
电子阅览区	音像试听	≥400	1	
	缩微阅览	≥400	1	
管理区	管理室		2	
	库房		1	
交通				安全出口、车道、楼梯、消防电梯、无障碍电梯等

（6）五层应包含如下内容：

表六　五层用房及要求

功能分区	房间名称	建筑面积/m^2	数量	设计要求
公共区	大厅	≥150	1	含部分走道
	卫生间	≥80	1	总蹲位数不应少于 6 个
	工作人员休息区	≥100	1	
办公区	办公室		12	每间≥40 m^2
	会议室		2	每间≥60 m^2，分为大小两个会议室
	资料室		3	每间≥50 m^2

续表

功能分区	房间名称	建筑面积/m^2	数量	设计要求
办公区	馆长室	≥50	1	
	接待室	≥50	1	
	会客室	≥70	1	
	复印室	≥40	1	
	更衣室	≥50	2	男女各一间
	机房		1	
	库房		1	
交通				安全出口、车道、楼梯、消防电梯、无障碍电梯等

(7) 屋顶为平屋顶不上人屋面，设电梯机房。

7. 综合部分：

(1) 试题项目应结合《建筑设计防火规范》GB 50016—2018，“一层平面图”在防火视图样板下(Revit 样板文件)划分防火分区，并输出防火分区表。不考虑自动灭火系统。

(2) 试题项目应结合《建筑设计防火规范》GB 50016—2018，合理设计功能房间布局，使其疏散距离符合规范要求。应在防火视图样板中(Revit 样板文件)，在“二层平面图”中绘制走廊疏散路径、各房间绘制疏散路径，并输出走道疏散路径表和房间疏散路径表于二层防火视图样板文件中。

(3) 墙体类型与材质：内外墙体自定材质设置合理，外墙需考虑保温，墙体厚度须有四种以上。南立面可考虑局部玻璃幕墙材质，与其他材质外墙应区分材质与着色颜色。不同墙体需标注墙体材质与厚度，不少于三种。

(4) 楼板结构与厚度自定义，参数合理。

(5) 柱子规格至少包含如下三种且布置合理，500 mm×500 mm、600 mm×600 mm、500 mm×700 mm、700 mm×700 mm，四种规格柱布置处需各选其一进行标注，编制轴号，标注范围在地下一层、一层范围内。

(6) 门、窗类型需根据各功能房间使用性质设置，不应少于各三种，需对门窗进行尺寸标注、门窗编号、以及输出门窗总统计表。

(7) 在二层平面图中完成平面图纸标注，包括墙体、门窗定位尺寸，相应的文字说明，标注内容应符合建筑制图规范要求。

(8) 根据设计内容需求表中，对各层功能房间命名以及面积标注。

(9) 要求输出东、西、南、北四立面，并在北立面完成立面图纸标注，包括尺寸、外立面材质及颜色。

(10) 在车库主入口位置生成剖面，标注尺寸。

(11) 应在 Revit 中创建楼梯间的详图视图，并完成平面详图标注。创建 Revit 图纸样板，在图纸样板中，完成 A2 图框布置以及楼梯间详图布局。

(12) 应在 Revit 中创建卫生间的详图视图，并完成详图标注。创建 Revit 图纸样板，在图纸样板视图中，完成 A2 图框布置以及卫生间详图布局。

(13) 根据总图(dwg)图纸信息，在 Revit 中创建总图视图样板，包含但不限于创新一路、创新二路、创新三路、创新四路范围内的总图模型。总图模型中，市民健身活动中心、市民服务中心行政楼，可用体量代替，并进行楼名、标高标注。

8. 应满足建筑节能分析计算要求，如试题项目不满足节能要求，需结合节能分析计算情况，对试题项目的围护结构构造做法进行修改或者进行热工性能权衡计算至满足节能要求，详细规定如下：

(1) 熟悉《公共建筑节能设计标准》GB 50189—2015 中关于建筑与建筑热工方面的内容和条文规定，并使用该规范完成项目的节能分析计算。

(2) 选择正确的项目所在地以及对应的节能规范和工程计算参数。

(3) 保证项目每层平面施工图墙体连接的完整性和准确性，外墙需要完整闭合。

(4) 在天正建筑节能分析软件中使用工程管理搭建符合节能计算要求的三维模型(注意调整每层的墙高和门窗尺寸数据)。

(5) 完成每层平面房间的搜索、建筑屋顶的生成、特殊围护结构的创建(例如架空楼板、露台等,没有可不做此项)。

(6) 通过工程构造进行项目围护结构材料构造的选择、添加、编辑和修改,包含以下内容:外墙、屋面、热桥柱梁、内墙、地面、楼板、外窗等(注意选择合适的材料类型厚度和参数),并将做好的材料构造导出成 tps 构造文件。

(7) 将做好的材料构造通过热工设置功能分别指定到所属围护结构的模型中。

(8) 计算以下节能数据:体形系数、屋面平均传热系数、外墙(包括非透明幕墙)平均传热系数、架空或外挑楼板传热系数(如果项目存在该项)、单一立面窗墙面积比、各立面外窗传热系数、各立面外窗太阳得热系数、屋顶透明部分面积比、传热系数以及太阳得热系数(如果项目存在该项)。

(9) 如果以上规定性指标不完全满足节能规范的限值要求,需要对该项目进行热工性能权衡判断,对比设计建筑和参照建筑全年耗电量,并以此为依据判断项目是否达到节能规范要求,最终调整至完全满足为止。

(10) 生成节能分析计算书。

9. 应满足建筑日照分析计算要求,分析试题项目对周边(总图)现状建筑日照影响,应结合日照分析结果,对试题项目进行优化。试题项目周边情况(总图)详见附件二——总图. DWG,日照分析详细要求如下:

(1) 熟悉《成都市建筑日照分析管理办法》(详见附件一),明确建筑日照计算的相关参数和分析方法(注意现状建筑的属性)。

(2) 在软件中设置符合当地要求的日照计算参数并选择对应城市,将设置好的参数通过标注当前标注在图纸中。

(3) 在方案确定初期可进行日照分析的估算,评估方案是否对现状建筑有遮挡影响,估算结果可以保留。

(4) 设计完成后对项目进行详细的日照分析,保留日照分析结果。

(5) 按照设计和总图提供的信息创建日照模型,模型包括新建建筑和现状建筑(注意:现状建筑包括有日照要求的被遮挡建筑和周边原有建筑,所有建筑的标高信息需要在创建模型时体现)。

(6) 对创建好的日照模型进行命名,并将建筑名称标注在建筑上。

(7) 使用【线上日照】功能对现状建筑进行日照分析计算,并判断日照是否满足要求,保留线上日照计算结果。

(8) 如果有日照不满足的位置,对其使用【光线圆锥】判断具体遮挡的原因,根据遮挡的情况对设计方案进行调整,并最终是日照分析计算满足规范要求,保留方案调整前后的结果。

(9) 使用【多点分析】功能计算现状建筑周边预留空地或者活动场地的日照情况并保留结果,使用【场地日照】命令计算该场地的日照满足率。

10. 了解建筑碳排放计算的相关内容,并根据规范要求对建材生产及运输、建造及拆除、运行阶段的建筑全生命期碳排放量进行计算,并自动生成符合《建筑碳排放计算标准》要求的报告书,详细要求如下:

(1) 熟悉《建筑碳排放计算标准》GB/T 51366—2019 中的内容和条文规定。

(2) 计算建筑全生命期(50 年)碳排放量,包括,建材+建造(工程措施/分部措施)、运行、拆除阶段的碳排放计算。

(3) 进行建材设置、措施设置、分部设置、拆除设置。建材的碳排放因子的选择如无对应材料,可选相近材料;工程措施、分项措施、拆除工程的工程量以及施工机械的台班消耗量可用经验值或估值。

(4) 根据项目实际情况进行冷源、热源、生活热水、运行方式、可再生能源以及全局区域设置。

(5) 根据项目实际情况进行电梯的设置。

(6) 生成建筑全生命期碳排放分析报告书。

二、考题任务

按照设计任务,完成以下试题任务

任务一:

依据设计要求,完成试题内容,建立 BIM 信息模型。

成果保存为 RVT 格式,命名为"BIM 模型-参赛团队名称-Revit 版本(例如:Revit 2016). RVT"。

任务二:

将任务一中完成的楼梯间、卫生间的图纸详图布局视图进行虚拟打印,打印比例为 1∶50。

成果保存为 PDF 格式,命名为"楼梯间详图-参赛团队名称. pdf""卫生间详图-参赛团队名称. pdf"两张。

任务三:

将任务一中完成的信息模型,转换或搭建为可供天正建筑节能分析软件所识别和计算的数据模型,完成楼层的创建,输出构造材料数据文件(tps)用于验证,完成节能分析计算并生成计算书。

成果包含如下内容:整个工程项目形成一个单独的节能文件夹(注意:该文件夹需要在做节能分析计算之前先创建好,并将计算用的图纸放入该文件夹,后续的所有操作、计算、输出都需要在该文件夹中进行),并命名为"节能文件夹-参赛团队名称",文件夹包含节能模型 dwg 图纸、楼层表 tpr 文件、构造材料 tps 文件、节能信息 bns 文件、节能审查 esp 文件、节能计算书 docx 文件。

任务四:

依据试题给定的"总图. DWG",分析试题项目对周边(总图)现状建筑日照影响,结合日照分析结果,对试题项目进行优化调整。

成果保存为"日照分析图纸(估算)-参赛团队名称. DWG""日照分析图纸-参赛团队名称. DWG",如果进行了初期方案的估算,提供估算结果的图纸,成果应包含如下内容:日照计算参数需要在图纸上标注,项目初期方案的日照模型(包含新建建筑和现状建筑的高度和标高信息),线上日照和多点分析结果;方案确定后的日照分析结果图,成果应包含如下内容:日照计算参数需要在图纸上标注,建筑日照模型(包含新建建筑和现状建筑的高度和标高信息),方案调整前线上日照分析结果(如果方案不满足日照要求),方案调整前日照最不利点的光线圆锥(如果方案不满足日照要求),方案调整后的建筑模型和线上日照分析结果,场地多点分析结果和日照满足率。

任务五:

将任务三中完成节能分析计算的工程,设置建筑碳排放计算核心中的相关参数(包括冷源、热源、生活热水、运行方式、可再生能源和全局区域设置等),使用天正碳排放分析软件对项目进行计算并生成计算书。

成果包含如下内容:整个工程项目形成一个单独的文件夹,并命名为"建筑碳排放分析文件夹-参赛团队名称",文件夹包含模型 dwg 图纸、楼层表文件 tpr、构造文件 tps、建筑碳排放计算书 PDF。

附件——成都市建筑日照分析管理办法(试行)

第一条　目的和依据

为加强和规范建筑日照分析管理工作，根据《城市居住区规划设计规范》(GB 50180—93、2002 年修订版)和《成都市规划管理技术规定》，结合成都市实际情况，制定本办法。

第二条　适用范围

本办法适用于成都市中心城区域，中心城区域以外其他各区(市)县可参照执行。

第三条　日照分析及复核要求

需做日照分析的建筑应由建设单位提供日照分析成果。

成都市规划管理局可对建设单位报送的日照分析成果进行复核。复核单位在规定周期内完成复核，复核结果作为规划管理部门进行建筑工程规划管理的依据。对日照分析计算结果有异议的可以申请再次复核，日照分析结果若经再次复核基本一致即作为最终结果。

第四条　日照分析对象及标准

1. 每套住宅至少应有一个卧室或起居室(厅)大寒日日照不低于 2 h(三环路以内住宅大寒日日照不低于 1 h)。

2. 老年人、残疾人专用住宅应有一个卧室或起居室(厅)冬至日日照不低于 2 h。

3. 托儿所、幼儿园的生活用房冬至日底层日照不低于 3 h。

4. 医院、疗养院半数以上病房和疗养室冬至日日照不低于 3 h。

5. 中、小学教学楼南向教室冬至日底层日照不低于 2 h。

6. 须满足日照要求的建筑，当下部作为商店、办公、停车、架空层等功能使用时，日照时间计算起点从最低层需满足日照功能房间的窗台面起算。

7. 若拟建建筑对界外空地(规划为住宅、托儿所、幼儿园、医院、疗养院、教学楼等有日照要求的建筑)有日照影响，其不符合日照要求的阴影在界外的影响距离(用地界至不符合日照要求的阴影范围的边缘线)不应大于 10.0 m。

第五条　日照分析软件

1. 天正日照分析软件 Tsun7.5 及其以上版本。

2. SUN 日照分析软件 8.2 及其以上版本(洛阳有限公司)。

3. 中城四方建筑日照测算软件 1.0 及其以上版本。

第六条　日照分析计算参数

1. 成都市经纬度：东经 104°4′，北纬 30°40′。

2. 有效时间：大寒日 8:00—16:00，冬至日 9:00—15:00。

3. 时间计算精度：5 min。

4. 日照时间统计方式：累计所有连续照射大于 15 min 的时间段。

5. 采样点间距：1 m。

6. 日照计算时均采用真太阳时。

第七条　计算规则

1. 日照计算范围

有日照要求的建筑(或用地)和该建筑(或用地)将产生日照影响的建筑物(或构筑物)均需参与日照计算。

2. 窗的计算基准面

一般窗户以外墙皮窗台位置为计算基准面，转角直角窗、凸窗等特别窗户原则上以平行墙面的外墙皮窗台位置为计算基准面。

3. 窗户计算高度(含落地门窗、组合门窗、阳台封窗等门窗形式)按离室内地坪 0.9 m 的高度计算。

4. 所有阳台均以阳台出挑面为计算基准面。

5. 实体女儿墙和跃层建筑的高度、出挑的阳台、檐口等影响因素须纳入计算。

第八条　日照分析成果

1. 日照分析综合计算图(比例 1∶500)。

2. 日照分析综合计算图上需注明：

(1) 日照分析依据及标准。

(2) 进行日照分析所使用的分析软件。

(3) 日照分析技术参数设置。

(4) 日照分析结论——日照分析综合计算图及建筑工程设计方案总平面图上均应表述。

第九条　责任

建设单位应对提供的日照分析成果及其附送材料的真实性负责，提供材料不实或隐瞒实情而产生后果的，应承担全部责任。

日照分析成果编制单位应对日照分析成果的准确性、真实性负责。由于日照分析成果不准确、不真实而产生后果的，日照分析成果编制单位应承担相应责任，并按《成都市城乡规划信用信息管理规定(试行)》记入警示信息。

第十条　解释权

本办法由成都市规划管理局负责解释。

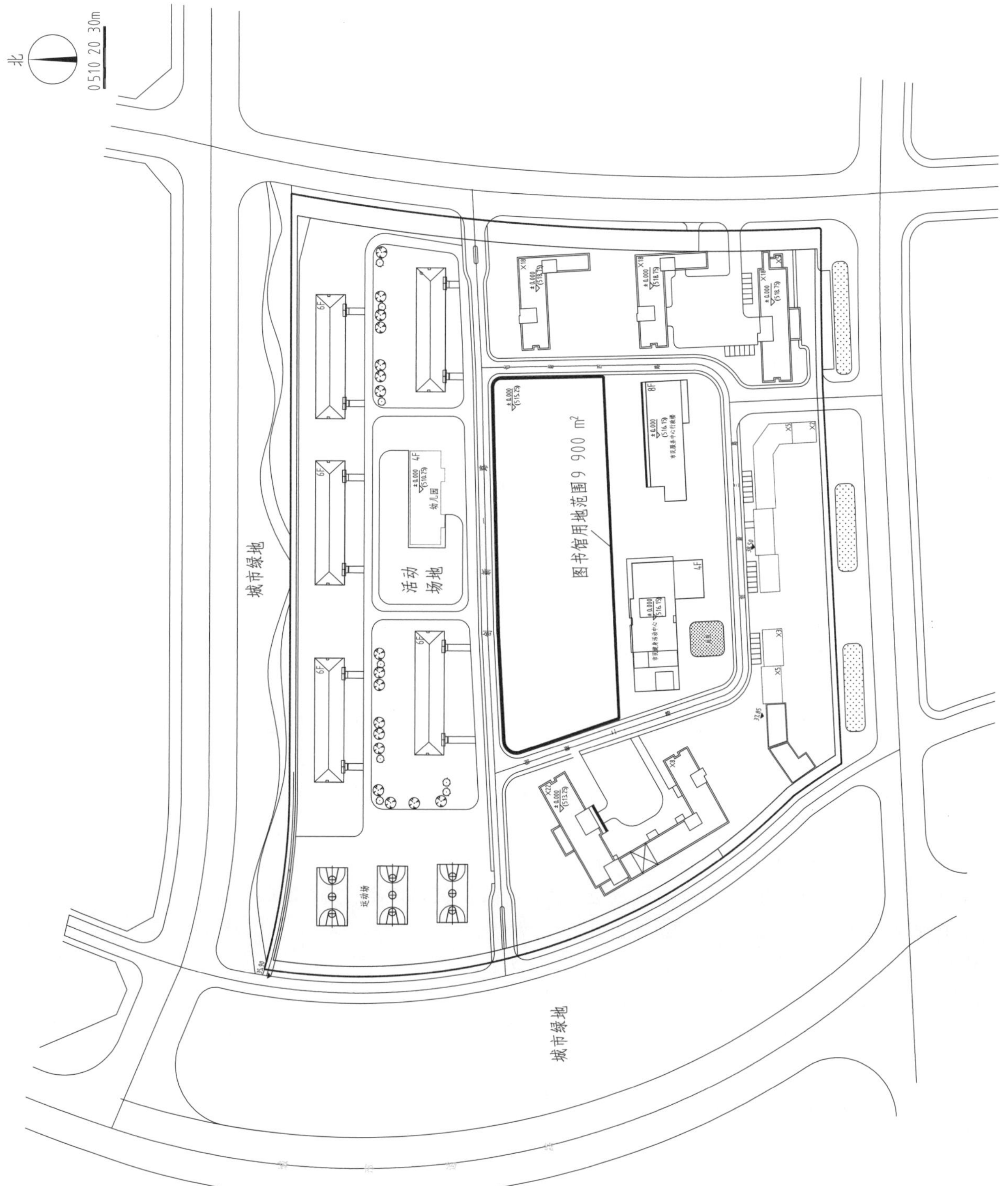

附件二 总图

“高教杯”全国大学生先进成图技术与产品信息建模创新大赛建筑类BIM技术应用赛项暨第五届“天正杯”BIM创新应用大赛试题

一、设计任务概述

(1)规划用地内拟建一座五星级酒店,该项目位于江苏南通市某行政区内,总建筑面积36 000 m^2(可上下浮动8%);

(2)地上层数为二十层(不包含屋顶电梯机房等),地下车库层一层(计入总建筑面积)。其中地上一至四层为酒店公共部分,一层层高6 m,二至四层层高5.7 m;五层至二十层为客房区,层高4.2 m,客房层每层建筑面积不超过1 500 m^2。该建筑耐火等级为一级。

(3)用地条件:基地东侧为城市道路、北侧为公寓楼、西侧为住宅区、南侧为城市公园。

二、设计要求

1. 总平面图设计要求:

(1)在规划用地红线内设计新建酒店,并在红线内规划布置地上停车位,停车位不少于25个,应靠近酒店主入口;

(2)应设主次入口、货物出入口、员工出入口、垃圾出入口及必要的疏散出口,包含无障碍坡道,并文字标注。

2. 建筑设计要求:

该建筑功能区主要由三部分组成:公共部分、客房部分、辅助部分。

◆公共部分

(1)大堂总服务位置应明显,视野良好,与餐饮区、多功能宴会(会议)厅、健身娱乐区及客房区相互联系方便;

(2)多功能宴会(会议)厅,不少于4个应设置家具库、茶水间等,其中须设置大宴会一个,面积不少于500 m^2;

(3)餐厅类型须包括中、西餐厅,咖啡厅,酒吧等;

(4)健身娱乐区设置游泳室,含淋浴区及更衣室,羽毛球场、台球室、健身室等;

(5)酒店人行主出入口需与地下车库出入口分开设置。

◆客房部分

(1)客房应设客梯、货梯(兼消防电梯)、员工专梯、楼梯;

(2)房型设置为大床房、标准间、行政间、豪华套房等,可考虑设置无烟客房层,所有客房不得贴临电梯井道布置,服务间、布草间应临近货梯;

(3)应考虑设置一台垃圾电梯,垃圾收集至各层垃圾间后,经垃圾电梯出口运出。

◆辅助部分

(1)厨房加工后的餐品应经备餐间送往餐厅,洗碗间须与餐厅、备餐间直接联系,洗碗间、加工制作间产生的垃圾通过走道运至垃圾间,不得穿越其他用房;

(2)除更衣室、库房、收验间、洗碗间、茶水间、家具库、卫生间、行李间、设备用房、消毒间、客房服务间等,其余用房均应天然采光及自然通风;

(3)地下车库层共一层,为停车场及设备用房,应设置专用客梯、货梯,设备用房应包含配电室、消防控制室、消防水泵房、空调机房等。

3. 各功能区设计要求具体如下表:

※一层应包含以下内容:

表一　一层功能区、面积及要求

类别			建筑面积/m^2	数量	备注
公共部分	酒店大堂区	大堂	≥400	1	含前台办公室、休息室、行李间、库房，一部直接通向二层宴会区大堂楼梯
		休息区	≥300	1	
		咖啡厅	≥350	1	应避开进出大堂人动线区域，需布置族或相应二维图例
		商务中心	≥80	1	
		电梯厅、门厅	≥120	1	含 4 台客梯
		公共卫生间	120	2	每间≥60 m^2，男、女蹲位≥8 个、无障碍卫生间 5 m^2、清洁间 5 m^2，需布置族或二维图例
辅助部分	员工及货物服务区	货物门厅	≥50	1	含 1 台货梯(兼消防电梯)，1 台员工专梯
		收验间	≥40	1	应与库房相邻，设直接对外开口
		库房	≥150	2	每间≥60 m^2
		垃圾电梯厅	25	1	含 1 台垃圾电梯，设直接对外开口
		垃圾间	20	1	与垃圾电梯厅相邻
		员工门厅	40	1	含一部专用楼梯
		员工更衣室	≥150	1	含男女更衣各≥70 m^2(含卫生间)
其他交通面积(走道楼梯等)约 700 m^2					

※二层应包含如下内容：

表二　二层功能区、面积及要求

类别			建筑面积/m^2	数量	备注
公共部分	多功能宴会(会议)区	大宴会(会议)厅	≥500	1	声光控制室≥15 m^2、卫生间≥25 m^2
		小宴会(会议)厅	≥200	3	可考虑连通
		等候休闲区	150	2	服务于大小宴会厅，两处总面积≥150 m^2，分别设置
		客梯电梯厅	≥120	1	含 4 台客梯
		公共卫生间	120	2	每间≥50 m^2，男、女蹲位≥8 个、无障碍卫生间 5 m^2，需布置族或二维图例
		休息室	140	2	每间≥60 m^2
辅助部分	厨房共用区	货物电梯厅	45	1	含 1 台货梯(兼消防电梯)，1 台员工专梯
		总厨办公室	40	1	
		垃圾电梯厅	25	1	含 1 台垃圾电梯
		垃圾间	15	1	与垃圾电梯相邻
	宴会厨房区	加工制作间	240	1	
		备餐间	50	1	
		洗碗间	30	1	
		库房	75	3	每间≥20 m^2，与加工制作间相邻
	服务区	茶水间	25	1	方便服务宴会厅会议室
		家具库	40	1	方便服务宴会厅会议室
其他交通面积(走道、楼梯)约 600 m^2					

※三层应包含以下内容：

表三　三层功能区、面积及要求

类别			建筑面积/m^2	数量	备注
公共区域	休闲餐饮区	休息区	≥100	1	
		酒吧	≥260	1	需布置族或二维图例
		中餐厅	≥450	1	需布置族或二维图例
		西餐厅	≥350	1	需布置族或二维图例
		客梯电梯厅	≥120	1	含 4 台客梯
		公共卫生间	120	2	每间≥50 m^2，男、女蹲位≥8 个、无障碍卫生间 5 m^2、清洁间 5 m^2、需布置族或二维图例

续表

类别			建筑面积/m²	数量	备注
辅助部分	厨房共用区	货物门厅	45	1	含1台货梯(兼消防电梯),1台员工专梯
		垃圾电梯厅	25	1	含1台垃圾电梯,并直接对外开门
		垃圾间	15	1	与垃圾电梯厅相邻
		员工通道	30	1	含一部专用楼梯
		员工更衣室	90	1	含男女更衣室各45 m²(含卫生间)
	中餐厨房区	加工制作间	≥150	1	
		备餐间	≥30	1	
		洗碗间	30	1	
		库房	≥60	2	每间≥30 m²,与加工制作间相邻
	西餐厨房区	加工制作间	≥120	1	
		备餐间	≥30	1	
		洗碗间	30	1	
		库房	≥60	2	每间≥30 m²,与加工制作间相邻
其他交通面积(走道楼梯等)约600 m²					

※四层应包含如下内容:

表四　四层功能区、面积及要求

类别			建筑面积/m²	数量	备注
公共部分	健身娱乐区	游泳室	450	1	按半标准泳池尺寸设计,含泳区专用更衣间,沐浴区
		健身室	400	1	
		台球室	240	1	
		瑜伽室	180	1	
		羽毛球场地	220	1	按标准羽毛球尺寸设计
		沐浴更衣间	200	1	
		公共卫生间	100	2	每间≥45 m²,男、女蹲位≥6个、无障碍卫生间5 m²、清洁间5 m²,需布置族或二维图例
		客梯电梯厅	≥120	1	含4台客梯
		服务中心	80	1	含接待服务台
辅助部分	货物垃圾运输区	货物门厅	45	1	含1台梯(兼消防电梯),1台员工专梯
		垃圾电梯厅	25	1	含1台垃圾电梯,并直接对外开门
		垃圾间	15	1	与垃圾电梯厅相邻
其他交通面积(走道楼梯等)约600 m²					

※五层至二十层应包含如下内容:

表五　五层至二十层功能区、面积及要求

类别			建筑面积/m²	数量	备注
客房部份	客房区	客房电梯厅	≥100	1	含4台客梯
		客房标准间	32~40	间数比例约30%	每间32~40 m²,需布置族或二维图例
		客房大床间	32~40	间数比例约30%	每间32~40 m²,需布置族或二维图例
		客房行政间	40~50	间数比例约20%	每间40~50 m²,需布置族或二维图例
		客房豪华套间	≥80	间数比例约15%	每间≥80 m²,需布置族或二维图例,且应设置在十层及以上
		服务人员休息间	10	1	每层设置一间,需布置族或二维图例
		布草间	12	1	每层设置一间
		消毒间	15	1	每层设置一间

续表

类别			建筑面积/m²	数量	备注
辅助部分	货物垃圾运输区	货物电梯厅	55	1	含1台梯(兼消防电梯),1台员工专梯
		垃圾电梯厅	20	1	含1台垃圾电梯
		垃圾间	15	1	与垃圾电梯厅相邻
其他交通面积(走道、楼梯等)约400 m²					

4. 综合部分:

• 试题项目应结合《建筑设计防火规范》GB 50016—2018,“一层平面图”在防火视图样板下(Revit样板文件)划分防火分区,并输出防火分区表。不考虑自动灭火系统。

• 试题项目应结合《建筑设计防火规范》GB 50016—2018,合理设计功能房间布局,使其疏散距离符合规范要求。应在防火视图样板中(Revit样板文件),在“一层平面图”中绘制走廊疏散路径、各房间绘制疏散路径,并输出走道疏散路径表和房间疏散路径表于一层防火视图样板文件中。

• 墙体类型与材质:内外墙体自定材质设置合理,外墙需考虑保温。墙体厚度须有四种以上。外立面可考虑主立面为玻璃幕墙材质。不同墙体需标注墙体材质与厚度,不少于三种。

• 楼板结构与厚度自定义,参数合理。

• 柱子规格至少包含如下规格中的三种且布置合理,500 mm×500 mm、600 mm×600 mm、500 mm×700 mm、700 mm×700 mm、800 mm×800 mm,三种规格柱布置处需各选其一进行标注,标注在地下一层范围内。

• 门、窗类型需根据各功能房间使用性质设置,不应少于各三种,需对门窗进行尺寸标注、门窗编号、以及输出门窗总统计表于二层平面视图中。

• 在二层平面图中完成平面图纸标注,包括墙体、门窗定位尺寸,相应的文字说明等,标注内容应符合建筑制图规范要求。

• 根据设计内容需求表中,对各层功能房间命名以及面积标注。

• 要求输出东、西、南、北四立面,并在南立面完成立面图纸标注,包括层间标注、门窗间距标注。

• 在楼梯处生成剖面,标注尺寸。

• 应在Revit中创建楼梯间的详图视图,并完成平面详图标注。创建Revit图纸样板,在图纸样板中,完成A3图框布置以及楼梯间详图布局。

• 应在Revit中创建卫生间的详图视图,并完成详图标注。创建Revit图纸样板,在图纸样板视图中,完成A3图框布置以及卫生间详图布局。

• 根据总图(dwg)图纸信息,在Revit中创建总图视图样板,包含但不限于龙山路、科技一路、科技三路、广场路范围内的总图模型。总图模型中,现状住宅区、商务写字楼,可用体量代替,并进行楼名、标高标注。

5. 应满足建筑节能分析计算要求,如试题项目不满足节能要求,需结合节能分析计算情况,对试题项目的围护结构构造做法进行修改或者进行热工性能权衡计算至满足节能要求,详细规定如下:

• 熟悉《公共建筑节能设计标准》GB 50189—2015中关于建筑与建筑热工方面的内容和条文规定,并使用该规范完成项目的节能分析计算。

• 选择正确的项目所在地以及对应的节能规范和工程计算参数。

• 保证项目每层平面施工图墙体连接的完整性和准确性,外墙需要完整闭合。

• 在天正建筑节能分析软件中使用工程管理搭建符合节能计算要求的三维模型(注意调整每层的墙高和门窗尺寸数据)。

• 完成每层平面房间的搜索、建筑屋顶的生成、特殊围护结构的创建(例如架空楼板、露台等,没有可不做此项)。

• 通过工程构造进行项目围护结构材料构造的选择、添加、编辑和修改,包含以下内容:外墙、屋面、热桥柱梁、内墙、地面、楼板、外窗等(注意选择合适的材料类型厚度和参数),并将做好的材料构造导出成

tps 构造文件。

• 将做好的材料构造通过热工设置功能分别指定到所属围护结构的模型中。

• 计算以下节能数据：体形系数、屋面平均传热系数、外墙（包括非透明幕墙）平均传热系数、架空或外挑楼板传热系数（如果项目存在该项）、单一立面窗墙面积比、各立面外窗传热系数、各立面外窗太阳得热系数、屋顶透明部分面积比、传热系数以及太阳得热系数（如果项目存在该项）。

• 如果以上规定性指标不完全满足节能规范的限值要求，需要对该项目进行热工性能权衡判断，对比设计建筑和参照建筑全年耗电量，并以此为依据判断项目是否达到节能规范要求，最终调整至完全满足为止。

• 生成节能分析计算书。

6. 应满足建筑日照分析计算要求，分析试题项目对周边（总图）现状建筑日照影响，应结合日照分析结果，对试题项目进行优化。试题项目周边情况（总图）详见附件——总图.DWG，日照分析详细要求如下：

熟悉《江苏省日照分析技术规程》，明确建筑日照计算的相关参数和分析方法（注意现状建筑的属性）。

• 在软件中设置符合当地要求的日照计算参数并选择对应城市，将设置好的参数通过标注当前设置标注在图纸中。

• 在方案确定初期可进行日照分析的估算，评估方案是否对现状建筑有遮挡影响，估算结果可以保留。

• 在方案确定初期需进行客体范围分析，计算拟建建筑客体范围，保留客体范围图。

• 设计完成后对项目进行详细的日照分析，保留日照分析结果。

• 按照设计和总图提供的信息创建日照模型，模型包括新建建筑和现状建筑（注意：现状建筑包括有日照要求的被遮挡建筑和周边原有建筑，所有建筑的标高信息需要在创建模型时体现）。

• 对创建好的日照模型进行命名，并将建筑名称标注在建筑上。

• 使用【线上日照】功能对现状建筑进行日照分析计算，并判断日照是否满足要求，保留线上日照计算结果。

• 如果有日照不满足的位置，对其使用【光线圆锥】判断具体遮挡的原因，根据遮挡的情况对设计方案进行调整，并最终使日照分析计算满足规范要求，保留方案调整前后的结果。

• 使用【多点分析】功能计算现状建筑周边预留空地或者活动场地的日照情况并保留结果，使用【场地日照】命令计算该场地的日照满足率。

7. 了解建筑碳排放计算的相关内容，并根据规范要求对建材生产及运输、建造及拆除、运行阶段的建筑全生命期碳排放量进行计算，并自动生成符合《建筑碳排放计算标准》要求的报告书，详细要求如下：

• 熟悉《建筑碳排放计算标准》GB/T 51366—2019 中的内容和条文规定。

• 计算建筑全生命期（50 年）碳排放量，包括，建材＋建造（工程措施/分部措施）、运行、拆除阶段的碳排放计算。

• 进行建材设置、措施设置、分部设置、拆除设置。建材的碳排放因子的选择如无对应材料，可选相近材料；工程措施、分项措施、拆除工程的工程量以及施工机械的台班消耗量可用经验值或估值。

• 根据项目实际情况进行冷源、热源、生活热水、运行方式、可再生能源以及全局区域设置。

• 根据项目实际情况进行电梯的设置。

• 生成建筑全生命期碳排放分析报告书。

三、考题任务

按照设计任务，完成以下试题任务

任务一：

依据设计要求，完成试题内容，建立 BIM 信息模型。

成果保存为 RVT 格式，命名为“BIM 模型-参赛团队名称-Revit 版本（例如：Revit2016）.RVT”。

任务二：

将任务一中完成的楼梯间、卫生间的图纸详图布局视图进行虚拟打印，打印比例为 1∶50。

成果保存为 PDF 格式，命名为“楼梯间详图-参赛团队名称. pdf”“卫生间详图-参赛团队名称. pdf”两张。

任务三：

将任务一中完成的信息模型，转换或搭建为可供天正建筑节能分析软件所识别和计算的数据模型，完成楼层的创建，输出构造材料数据文件(tps)用于验证，完成节能分析计算并生成计算书。

成果包含如下内容：整个工程项目形成一个单独的节能文件夹(注意：该文件夹需要在做节能分析计算之前先创建好，并将计算用的图纸放入该文件夹，后续的所有操作、计算、输出都需要在该文件夹中进行)，并命名为“节能文件夹-参赛团队名称”，文件夹包含节能模型 dwg 图纸、楼层表 tpr 文件、构造材料 tps 文件、节能信息 bns 文件、节能审查 esp 文件、节能计算书 docx 文件。

任务四：

依据试题给定的“总图. DWG”，分析试题项目对周边(总图)现状建筑日照影响，结合日照分析结果，对试题项目进行优化调整。

成果保存为“日照分析图纸(估算)-参赛团队名称. DWG”“日照分析图纸-参赛团队名称. DWG”。

如果进行了初期方案的估算，提供估算结果的图纸，成果应包含如下内容：日照计算参数需要在图纸上标注，项目初期方案的日照模型(包含新建建筑和现状建筑的高度和标高信息)，线上日照和多点分析结果，拟建建筑客体范围图；

方案确定后的日照分析结果图，成果应包含如下内容：日照计算参数需要在图纸上标注，建筑日照模型(包含新建建筑和现状建筑的高度和标高信息)，方案调整前线上日照分析结果(如果方案不满足日照要求)，方案调整前日照最不利点的光线圆锥(如果方案不满足日照要求)，方案调整后的建筑模型和线上日照分析结果，场地多点分析结果和日照满足率。

任务五：

将任务三中完成节能分析计算的工程，设置建筑碳排放计算核心中的相关参数(包括冷源、热源、生活热水、运行方式、可再生能源和全局区域设置等)，使用天正碳排放分析软件对项目进行计算并生成计算书。

成果包含如下内容：整个工程项目形成一个单独的文件夹，并命名为“建筑碳排放分析文件夹-参赛团队名称”，文件夹包含模型 dwg 图纸、楼层表文件 tpr、构造文件 tps、建筑碳排放计算书 PDF。

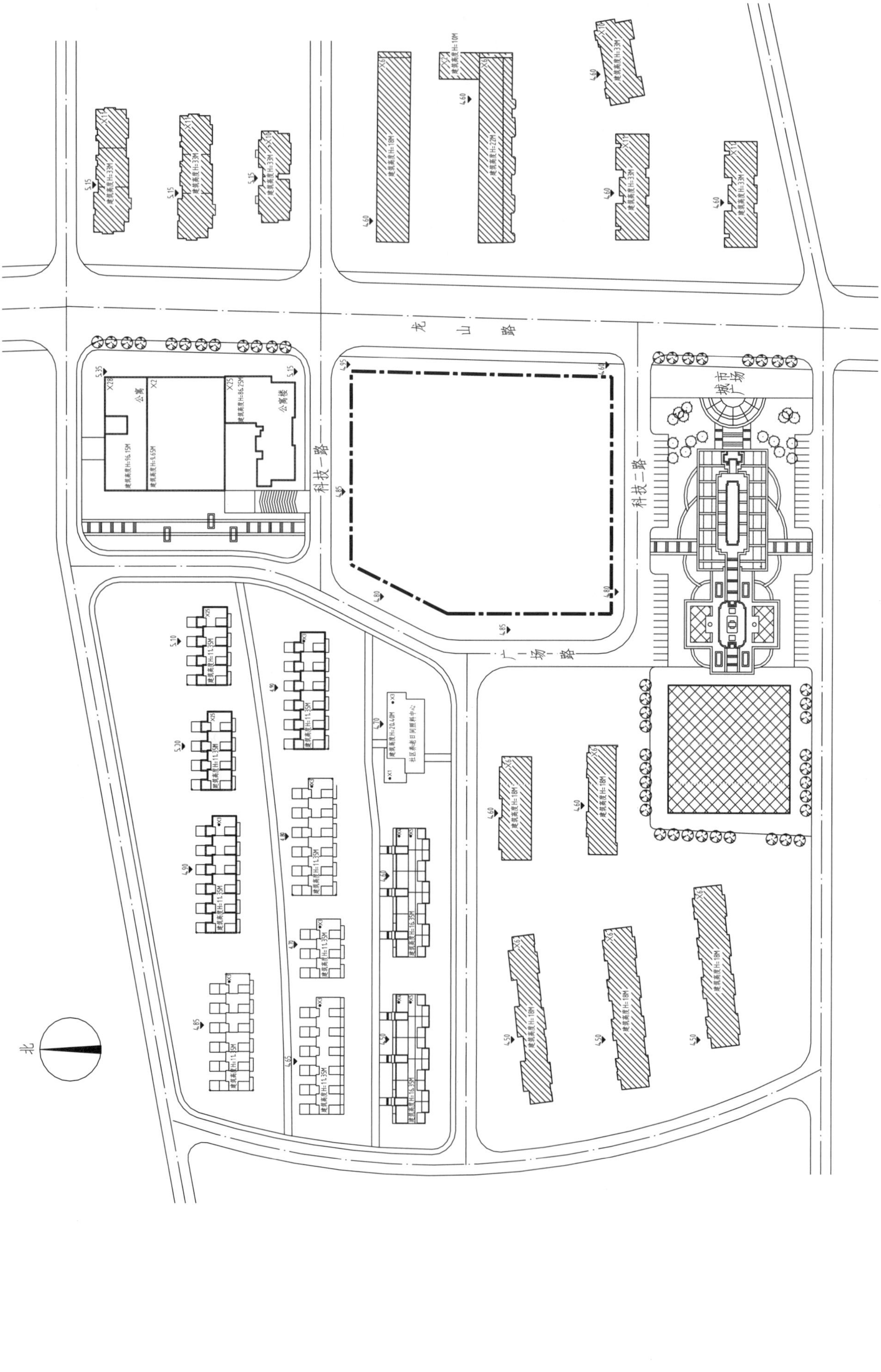

总图

水利类

第14届“高教杯”全国大学生先进成图技术与产品信息建模创新大赛水利类尺规绘图试题

水利类尺规绘图试题：

1. 图幅A3，装订格式，在自备A3图纸背面绘制，绘图比例1∶100，作题时间90分钟。
2. 依据渡槽进口段结构立面示意图和各连接段的断面图，绘制从梯形渠道过渡到半圆形渡槽底面的结构段纵剖视图、平面图、上下游立面图和必要的断面图。
3. 结构设计要求：在渐变段Ⅰ和渐变段Ⅱ，采用适当的水工曲面使得水流平顺地由梯形断面过渡到矩形断面，再由矩形断面过渡到底面为半圆形的渡槽。
4. 视图表达要求：通过一组视图把渡槽进口段结构组成和关键断面形状表达清楚；必要时各分段的连接处结构形状允许作局部调整。
5. 表达内容要求：(1)视图正确，表达完整；(2)标注完整的结构尺寸和主要高程；(3)绘出各曲面的素线；(4)绘出各结构段的材料符号和必要标注；(5)注写不少于2条的图样说明文字（内容自拟）；(6)标题栏格式和内容按本图所给，尺寸自定。
6. 成果提交要求：将结果全图拍照上传，拍照要求图纸成果完整、内容清晰可辨。
7. 参赛号是参赛人的唯一身份号。除此之外，图纸中不得出现与学校和个人相关的信息和标识，否则按0分处理。

渡槽进口段结构立面示意图

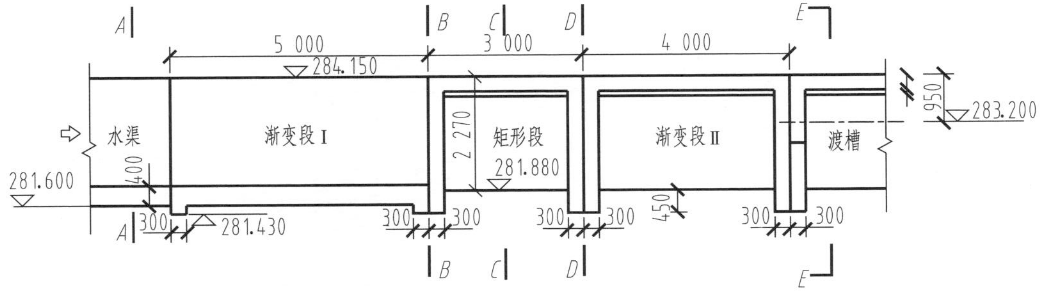

A-A

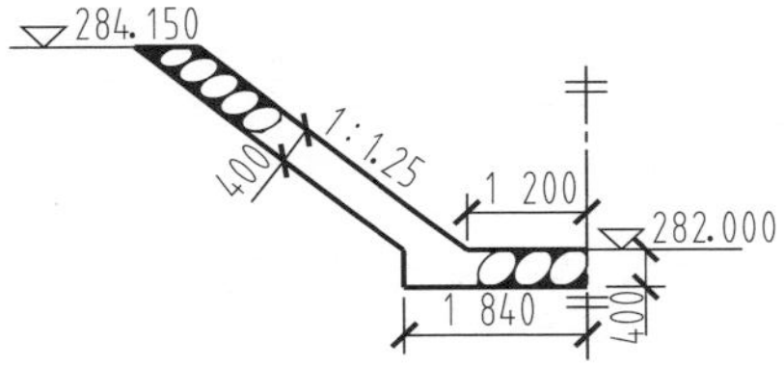

C-C

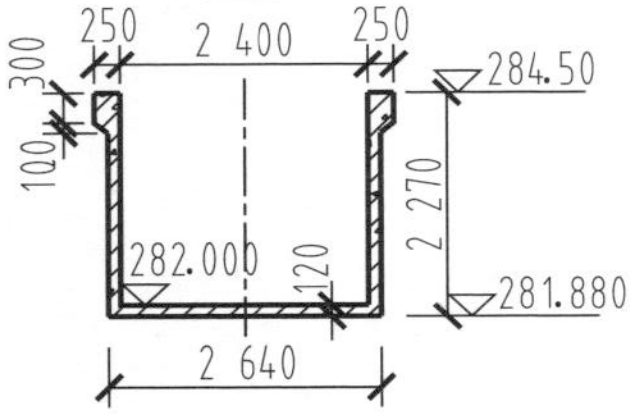

B-B
D-D

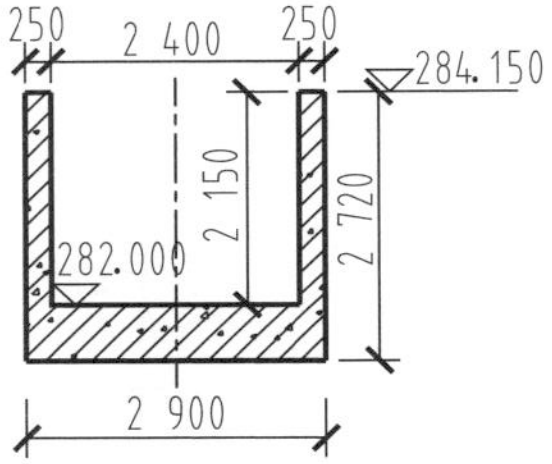

E-E

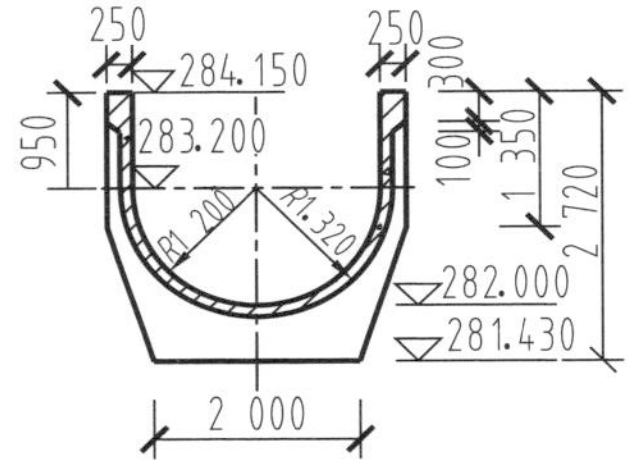

渡槽进口段结构图	比例	
	图号	01-01

水利类计算机二维绘图试题:

抄绘土石坝断面图，图幅A1，绘图比例见图，装订格式，保存原文件并输出PDF文件。

1. 抄绘：溢洪道纵剖视图和详图，说明文字（内容自拟，不少于2条），标题栏。
2. 标题栏格式和内容按本图所给，尺寸自定。图中未给尺寸按比例自行拟定。
3. 二维、三维作题时间共180分钟，请合理分配作图时间，图形成果展示应满屏显示。
4. 以参赛号为名命名文件夹，所有绘制的图形文件都保存在此文件夹内，本题以“二维图”文件名命名。
5. 参赛号是参赛人的唯一身份号。图形成果中均不得出现与学校和个人相关的信息和标识，否则按0分处理。

溢洪道纵剖视图 1:500

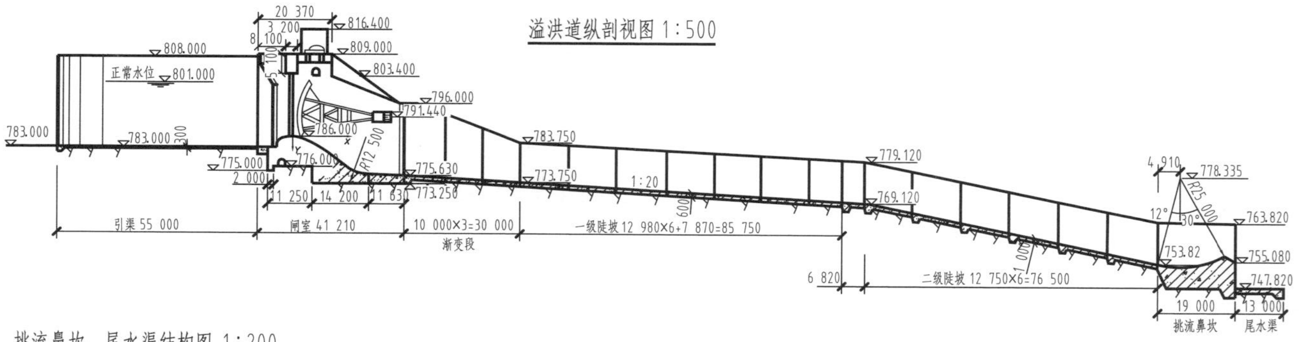

挑流鼻坎、尾水渠结构图 1:200

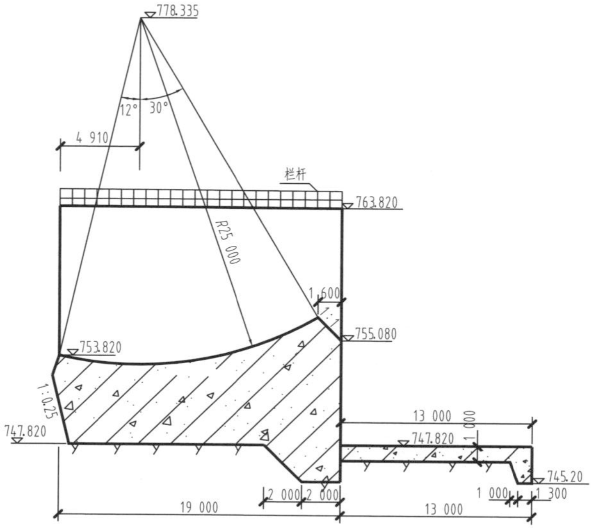

堰面结构图 1:200

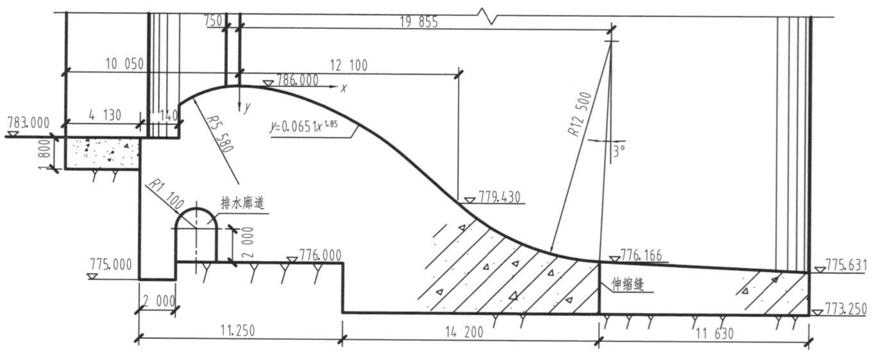

堰面曲线坐标值 m

x	0	2	4	6	8	10	12.1
y	0	0.0235	0.846	1.90	3.04	4.59	6.7

曲线方程 $y=0.651x^{1.85}$

溢洪道纵剖视图	比例	
	图号	02-01

第14届“高教杯”全国大学生先进成图技术与产品信息建模创新大赛水利类尺规绘图试题答案

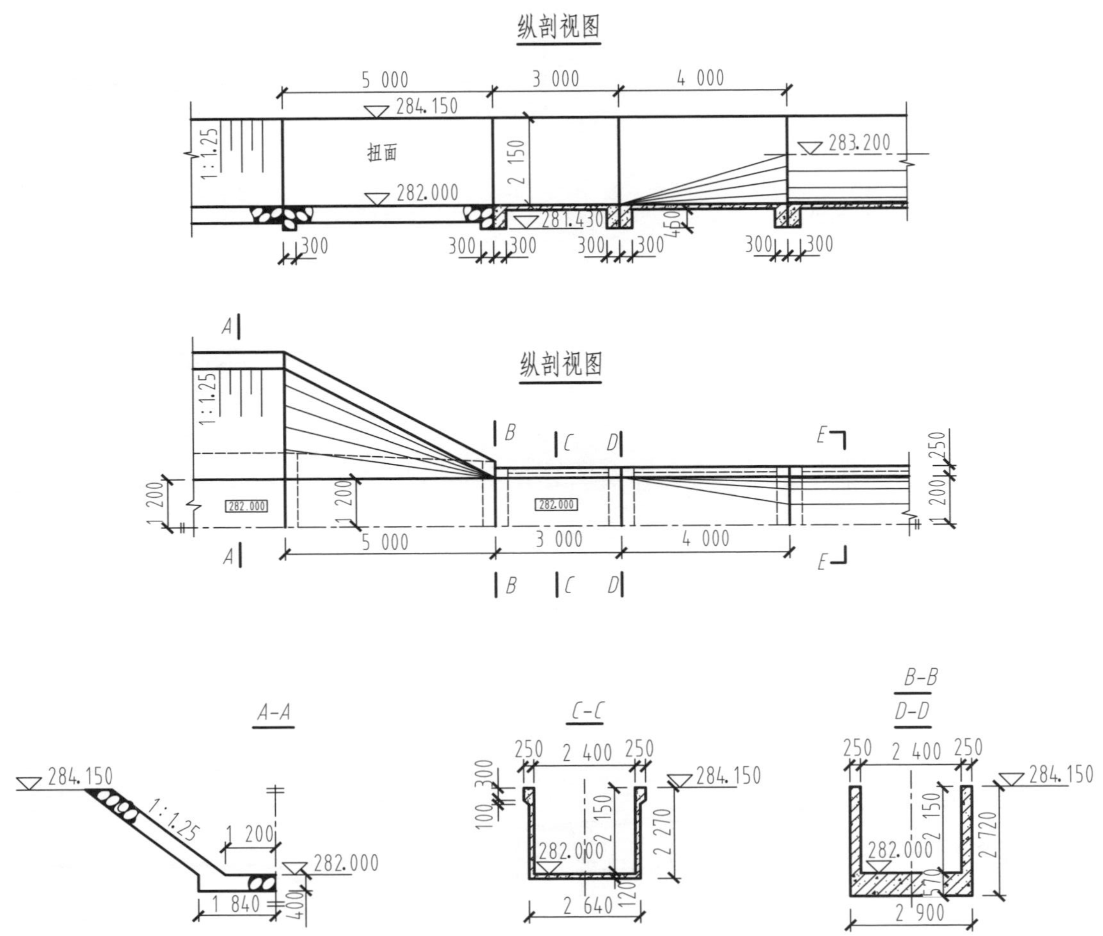

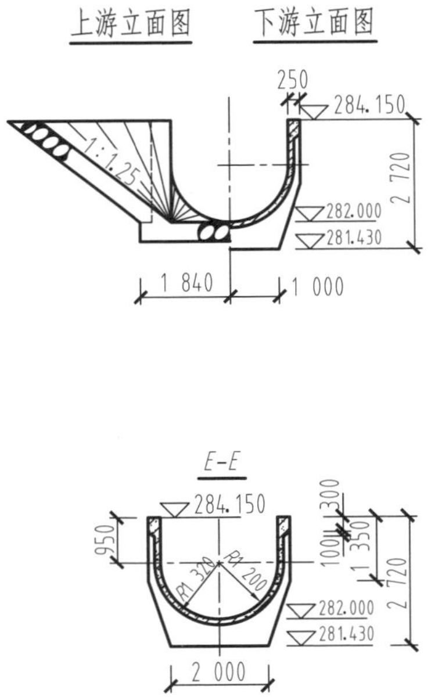

说明:
1. 图中标高单位为m，其余均为mm。
2. 图中高程为黄海高程系。

渡槽进口段结构图(答案)	比例	1:100
	图号	01

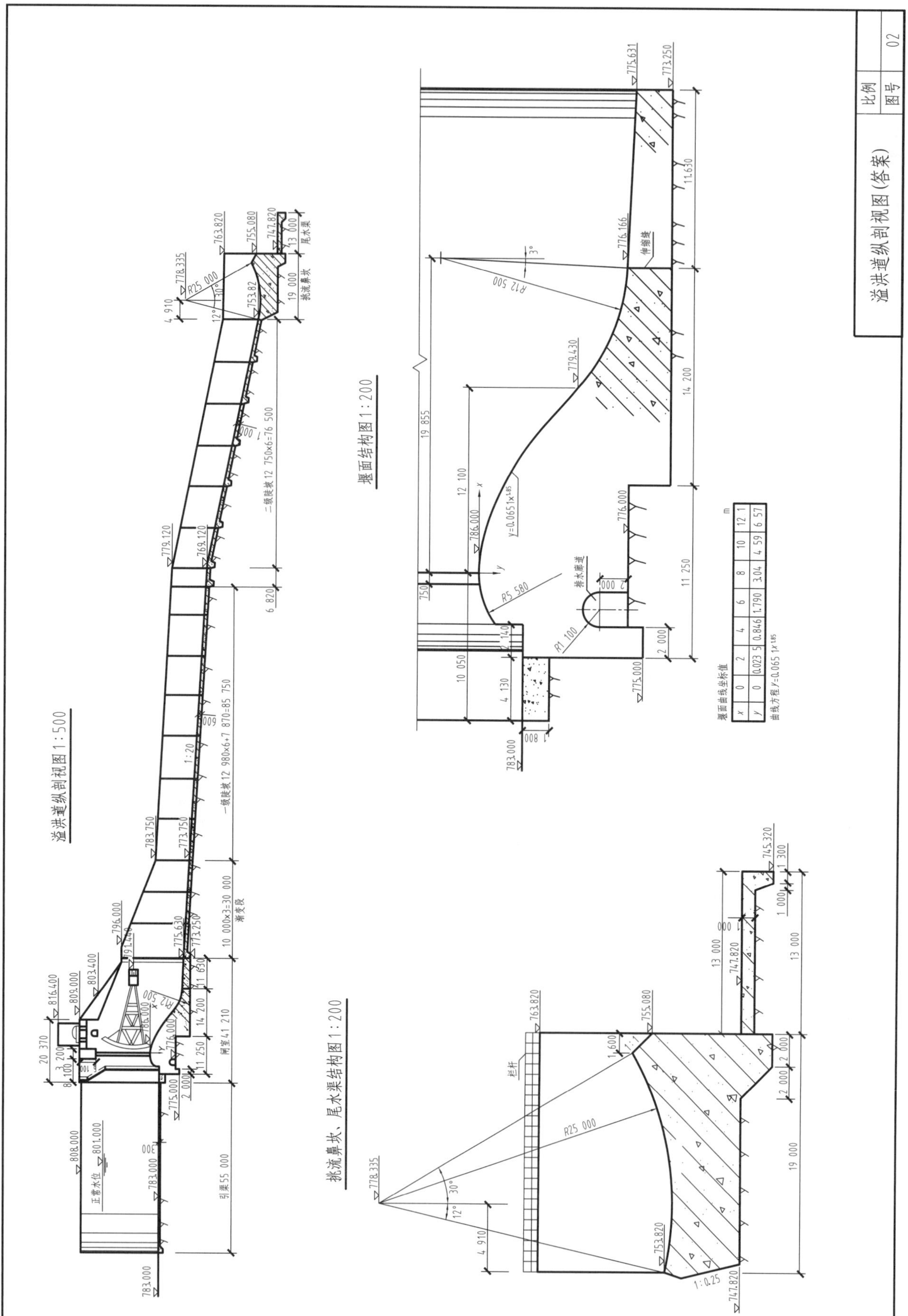
溢洪道纵剖视图(答案)
比例
图号 02
溢洪道纵剖视图 1:500
堰面结构图 1:200
挑流鼻坎、尾水渠结构图 1:200
堰面曲线坐标值
x 0 2 4 6 8 10 12.1
y 0 0.0235 0.846 1.790 3.04 4.59 6.57
m
曲线方程 y=0.0651x^1.85
y=0.0651x^1.85
R12 500
R5 580
R1 100
R25 000
伸缩缝
排水廊道
栏杆
正常水位
引渠 55 000
闸室 41 210
渐变段
一级陡坡 12 980×6+7 870=85 750
二级陡坡 12 750×6=76 500
挑流鼻坎
尾水渠

第14届“高教杯”全国大学生先进成图技术与产品信息建模创新大赛水利类计算机三维模型绘图试题

绘制图03-01~图03-04水闸的三维模型。

1.按1∶1尺寸三维建模，垫层、排水孔可忽略。图中未给尺寸自定。
2.三维模型成果：水闸整体装配图（包括上游连接段、闸室和下游连接段）；水闸整体装配纵剖图；水闸构件分解图（按装配位置分解布置）。
3.参照图03-04的上游立面图完成水闸整体场景制作(除图示内容外，周边环境、地形和植被自行设置)。合理考虑材质和光照需求，以展示全景的视角完成渲染图，并输出“jpg”格式的图片文件。
4.二维、三维作题时间共180分钟，请合理分配作图时间，图形成果展示应满屏显示。
5.以参赛号为名命名文件夹，所有绘制图形（二维、三维）都保存在此文件夹内，本题以“三维图”文件名命名。
6.成果提交：将上述文件夹（参赛号命名，包含二维、三维所有成果）制作为压缩文件，按照竞赛系统要求上传。
7.参赛号是参赛人的唯一身份号。所有图形成果中均不得出现与学校和个人相关的信息和标识，否则按0分处理。

水闸纵剖视图

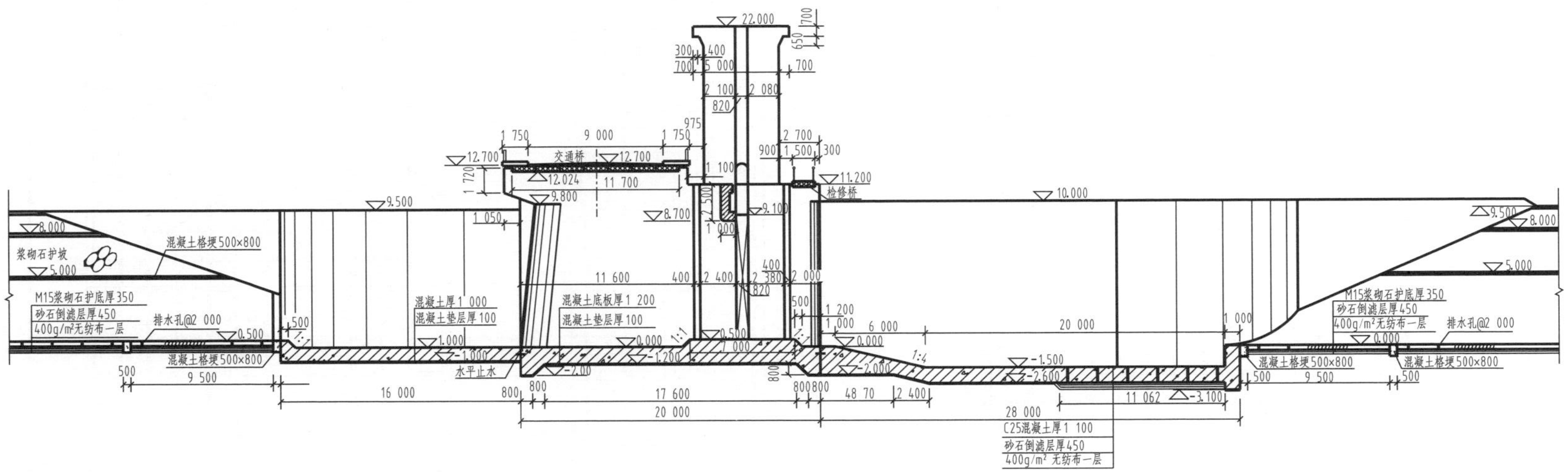

水闸结构图一	比例	1∶300
	图号	03-01

14届水利类
试题解析

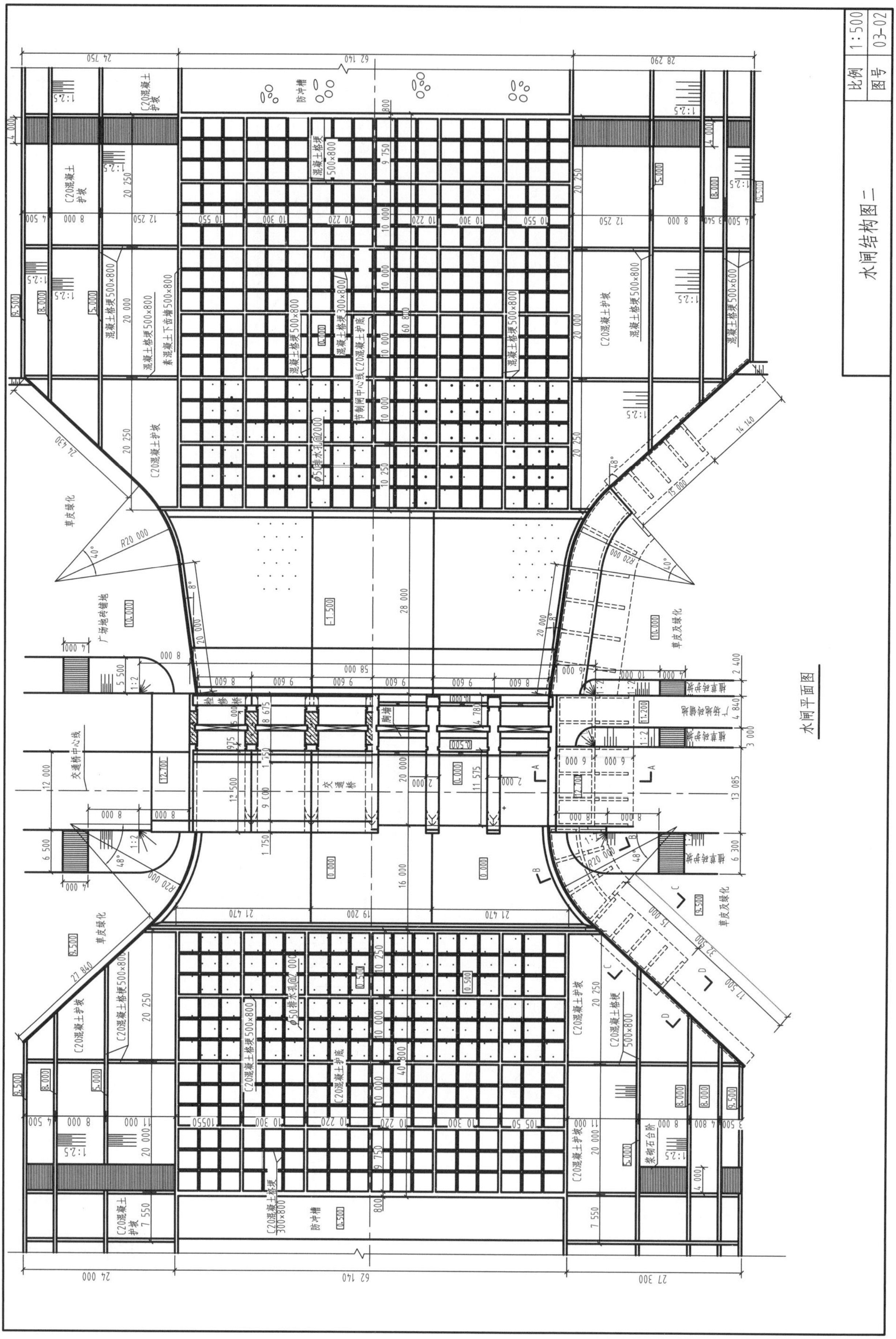
比例 1:500
图号 03-02
水闸结构图二
水闸平面图

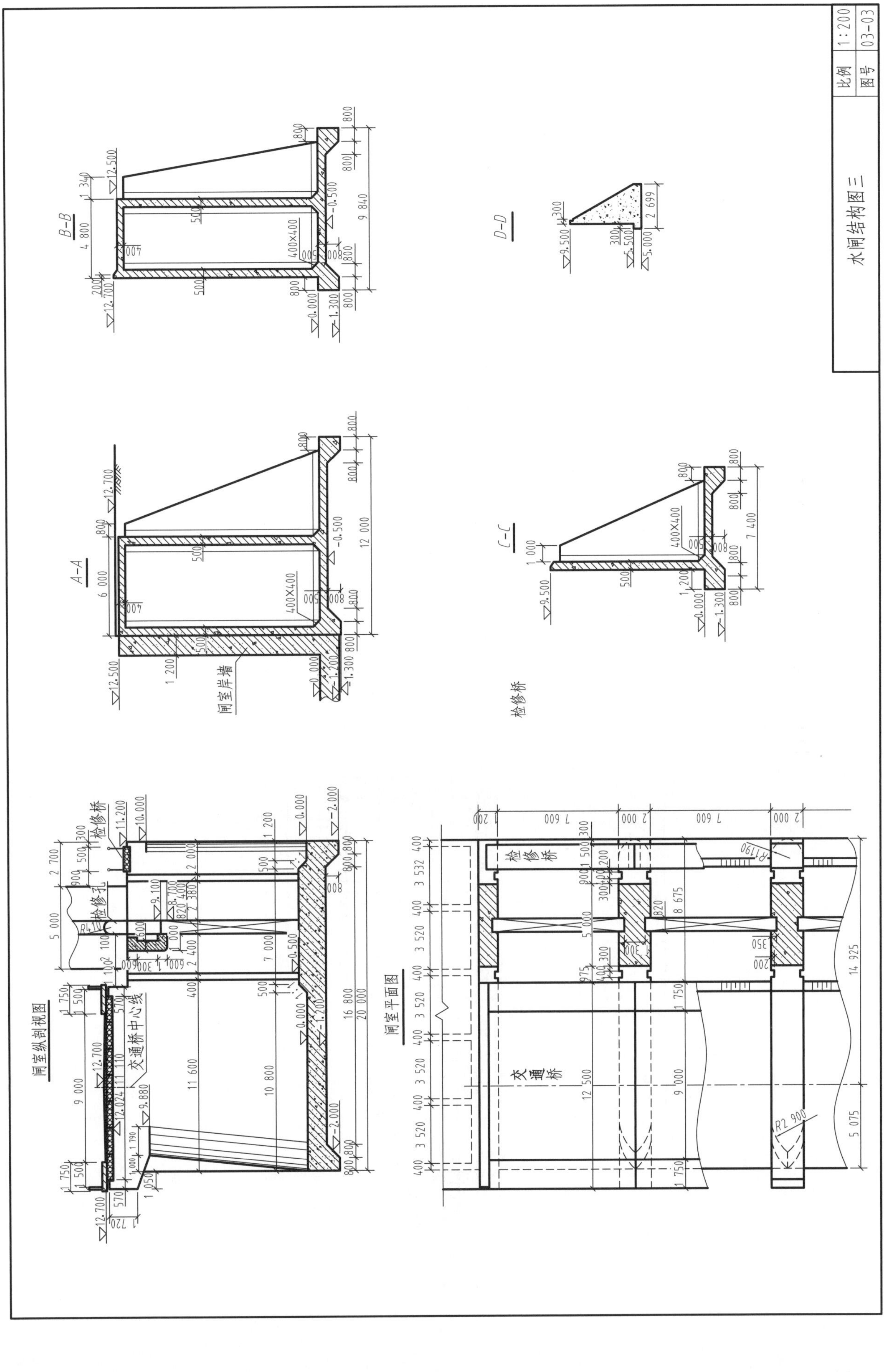
比例 1:200
图号 03-03
水闸结构图三
B-B
A-A
闸室岸墙
D-D
C-C
检修桥
闸室纵剖视图
检修桥
检修孔
交通桥中心线
闸室平面图
检修桥
交通桥

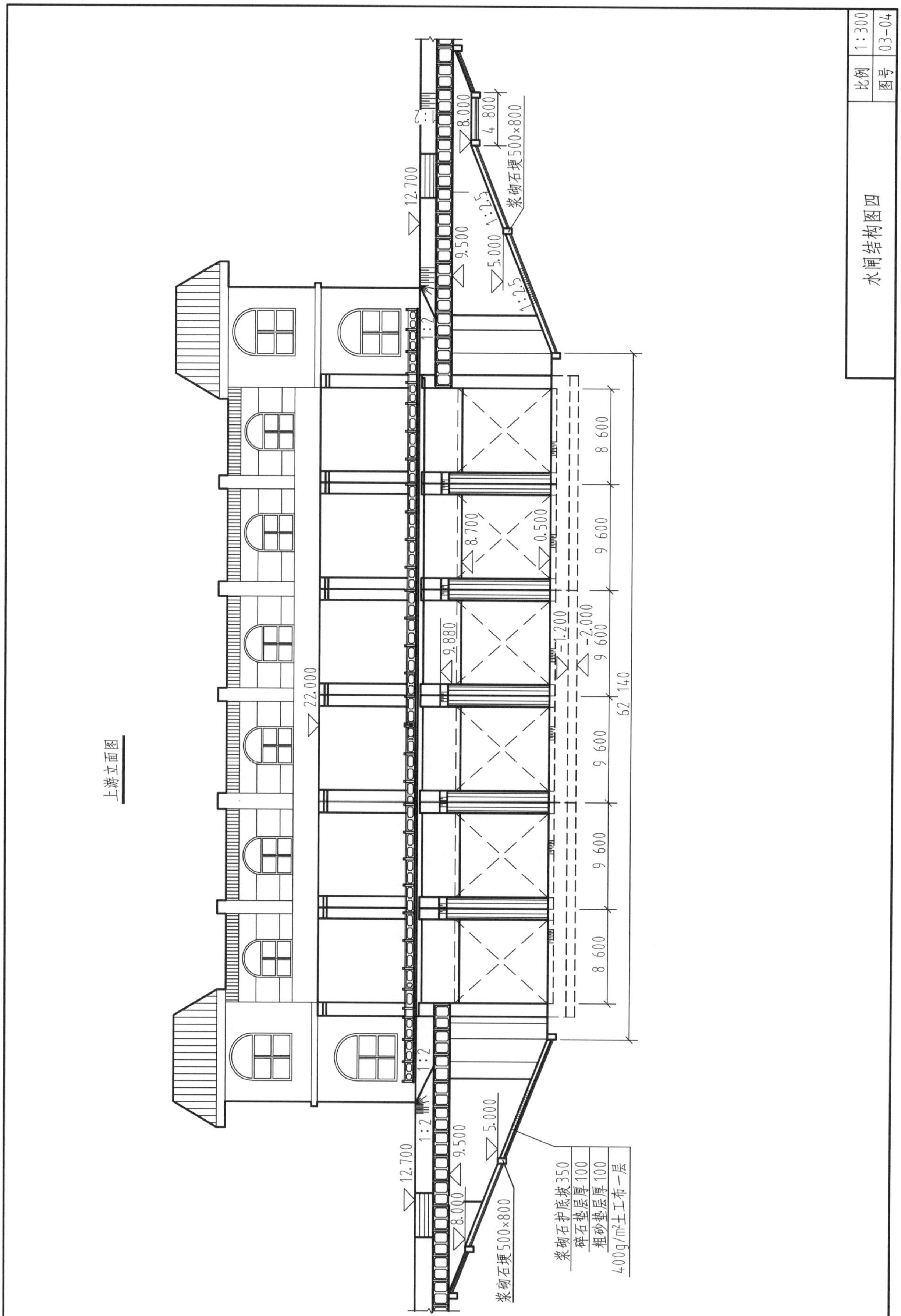
上游立面图
水闸结构图四
比例 1:300
图号 03-04
浆砌石埂500×800
浆砌石埂500×800
浆砌石护底坡350
碎石垫层厚100
粗砂垫层厚100
400g/m²土工布一层
22.000
12.700
9.500
8.000
5.000
4 800
8.700
0.500
9.880
1.200
-2.000
1:2
1:2.5
8 600
9 600
62 140

第14届“高教杯”全国大学生先进成图技术与产品信息建模创新大赛水利类计算机三维模型绘图试题答案

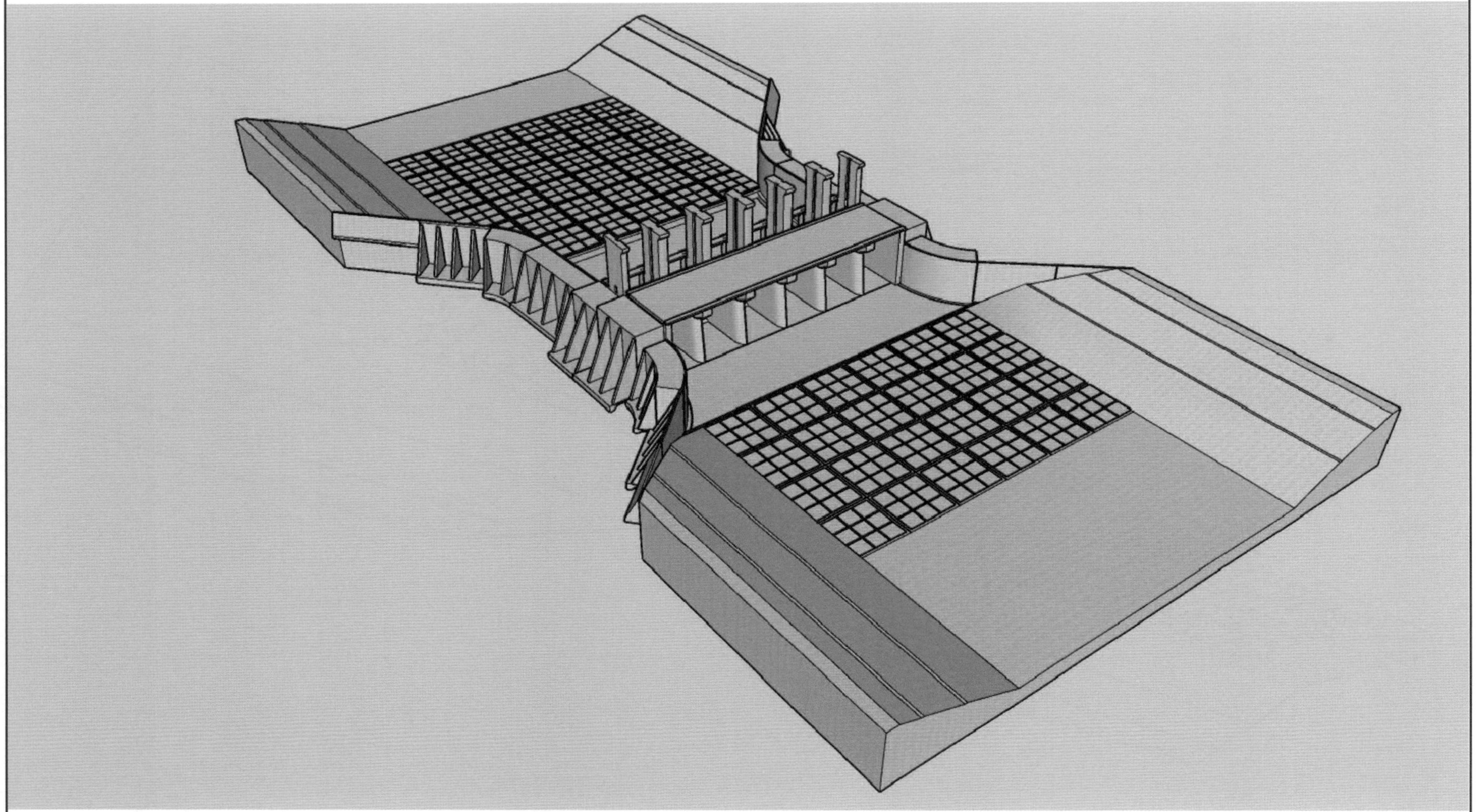

水闸三维绘图(答案一)	比例	
	图号	03-01a

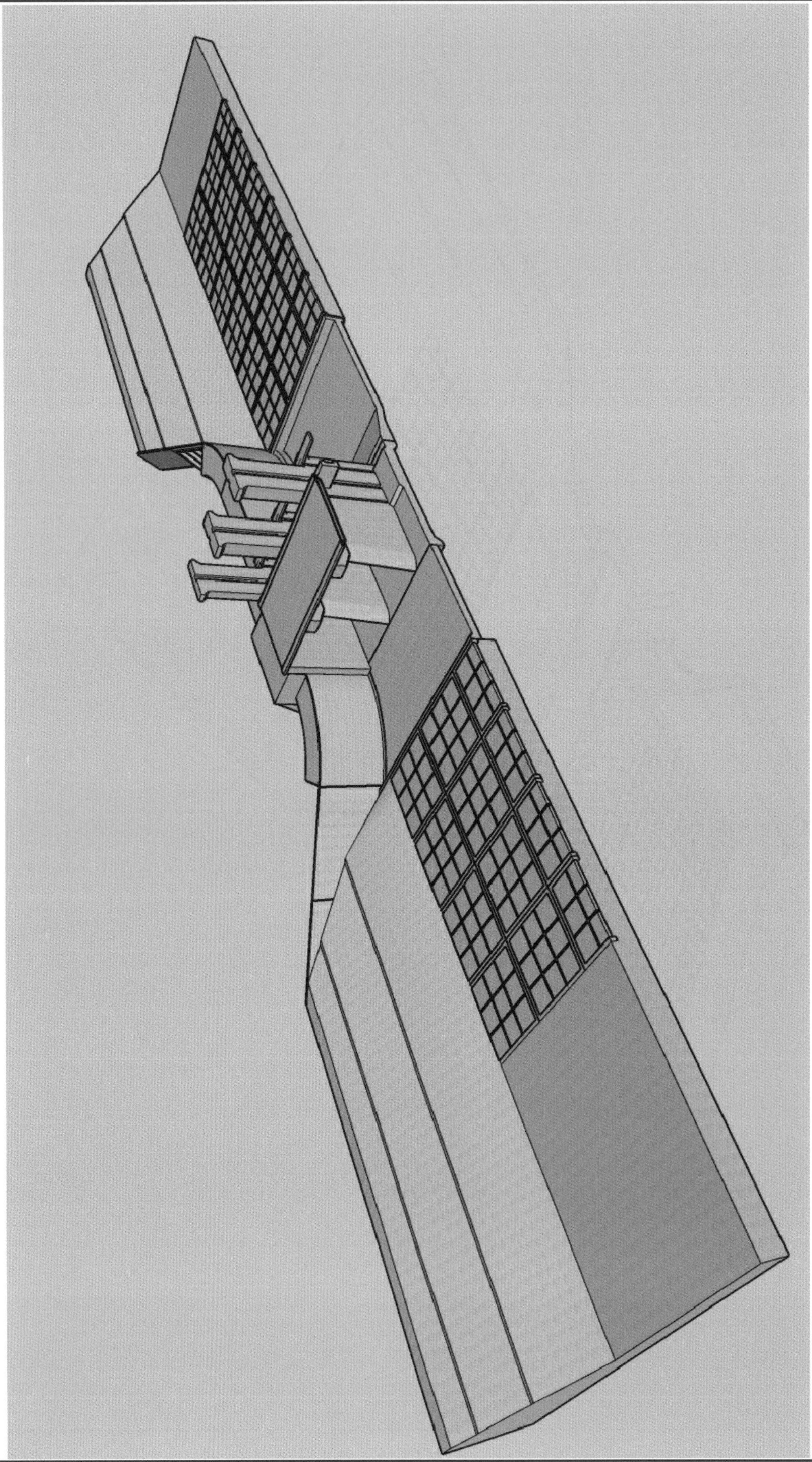

水闸三维绘图(答案二)	比例	
	图号	03-01b

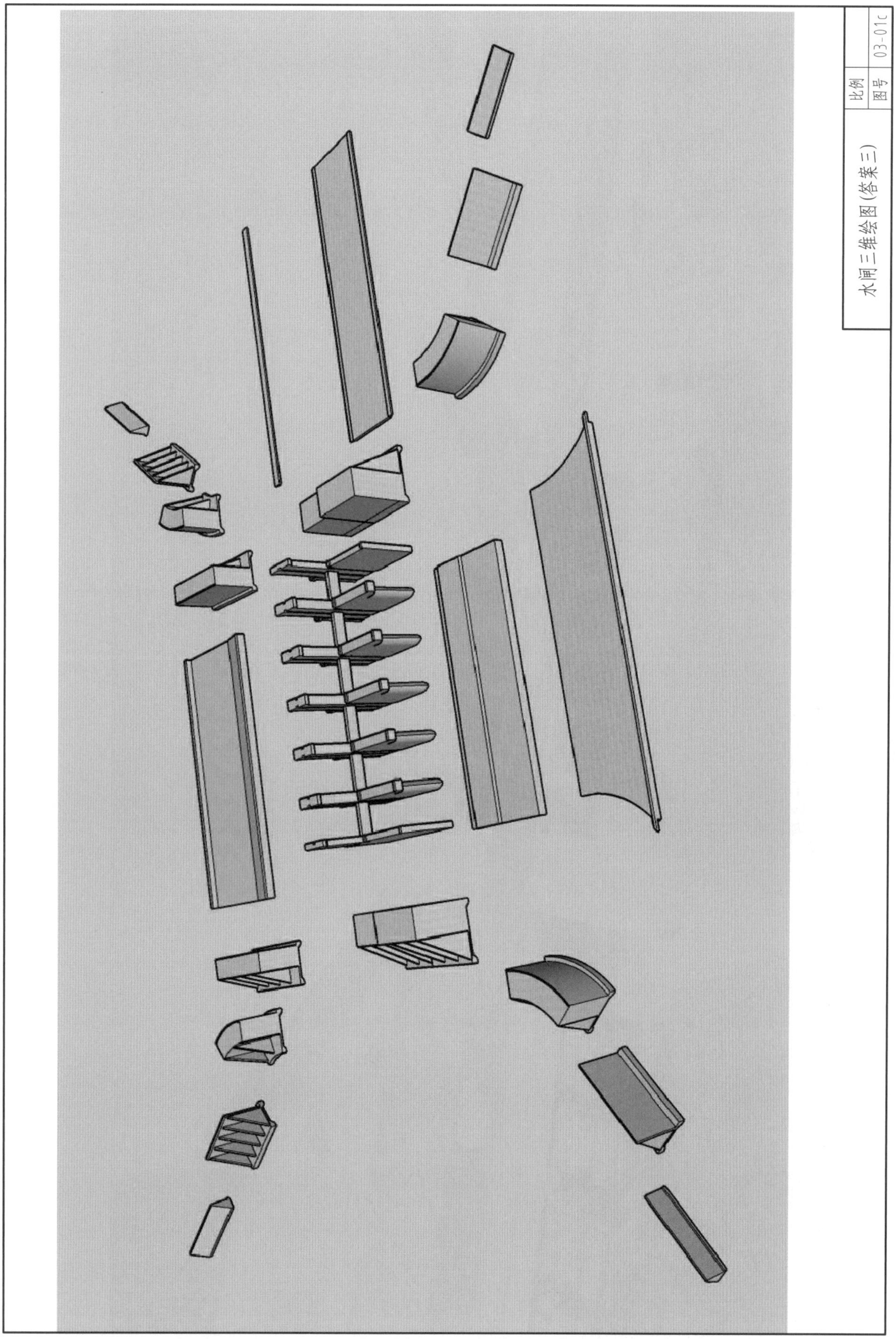
水闸三维绘图(答案三)
比例
图号
03-01c

水闸三维绘图(答案四)	比例	
	图号	03-01d

第 15 届“高教杯”全国大学生先进成图技术与产品信息建模创新大赛
水利类尺规绘图试题

一、工程图表达与成果提交要求

（一）工程图表达要求

1. 根据水工建筑物轴测图，请采用 A2 图幅，装订格式，1∶50 比例完成工程形体表达，标题栏按照图 1 所示绘制，不能出现个人信息，否则按 0 分处理。

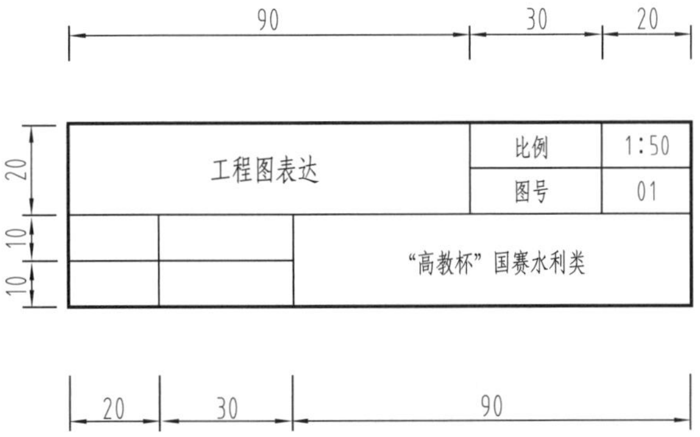

图 1　标题栏

2. 工程图表达包含建筑物纵剖视图、平面图，表达流槽段与挡土墙的左立面图（拆卸掉挡土墙右侧形体）、闸室段右立面以及表达闸室段采用的剖视图、断面图、详图等。

3. 图形表达需要按照水利工程制图标准完成尺寸标注、文字注写以及各种符号绘制等；流槽段、挡土墙、涵管基座为混凝土，其他均为钢筋混凝土。

（二）成果提交要求

选手需要同时提交 DWG 格式文件和 PDF 格式文件，其中 DWG 格式文件需输出为 CAD2010 及以下版本。选手按照要求在考试平台上提交。

二、竞赛其他要求

（一）评判依据文件

考生提交的 PDF 格式文件作为评判依据，DWG 格式文件仅作为源文件备案备查功用。

（二）零分处理情况

1. 绘制的标题栏内不能出现个人信息，否则按 0 分处理。

2. 成果上均不得出现与竞赛内容无关的信息、图像、符号等，否则按 0 分处理。

第1页　共2页

建筑物轴测图

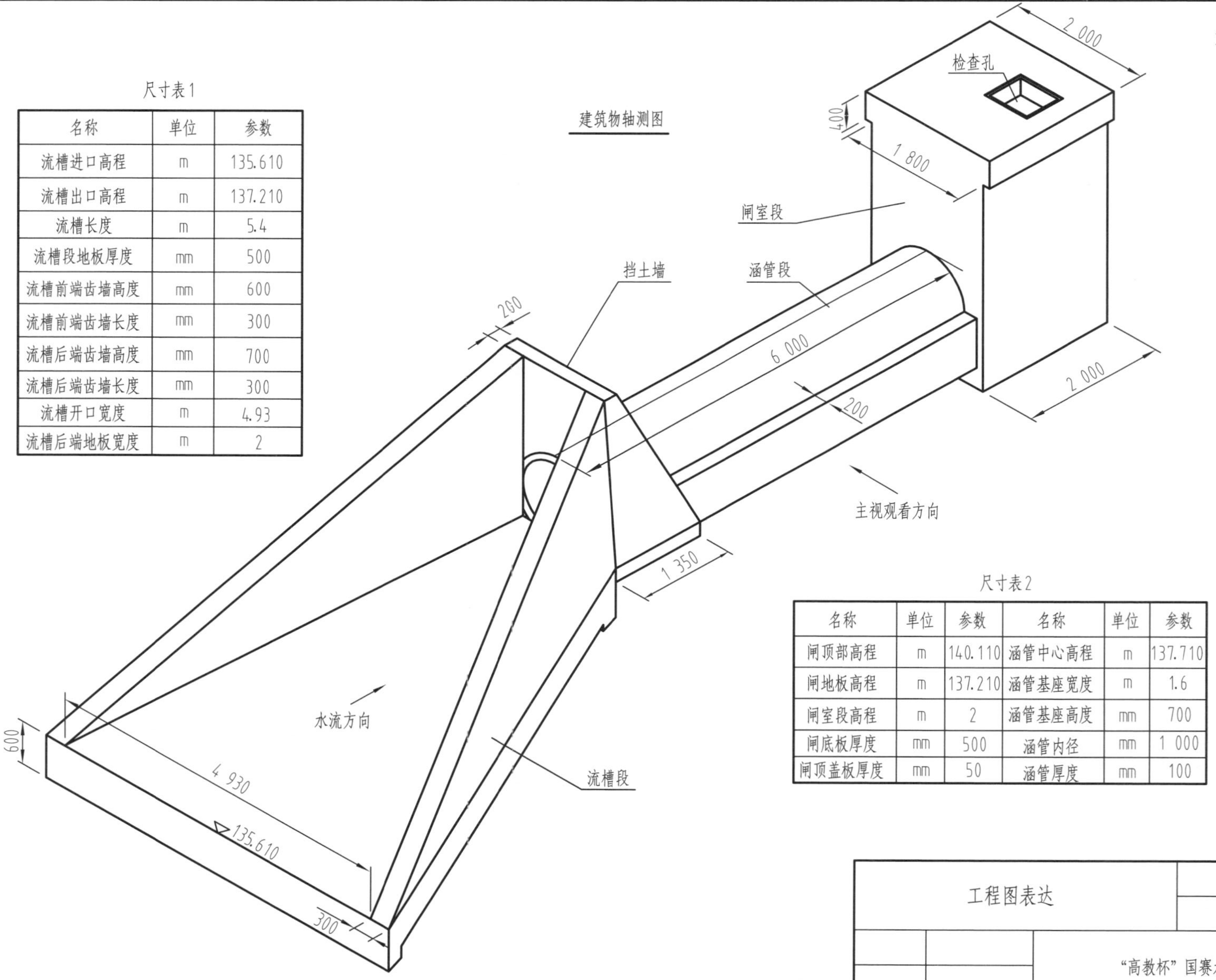

尺寸表1

名称	单位	参数
流槽进口高程	m	135.610
流槽出口高程	m	137.210
流槽长度	m	5.4
流槽段地板厚度	mm	500
流槽前端齿墙高度	mm	600
流槽前端齿墙长度	mm	300
流槽后端齿墙高度	mm	700
流槽后端齿墙长度	mm	300
流槽开口宽度	m	4.93
流槽后端地板宽度	m	2

尺寸表2

名称	单位	参数	名称	单位	参数
闸顶部高程	m	140.110	涵管中心高程	m	137.710
闸地板高程	m	137.210	涵管基座宽度	m	1.6
闸室段高程	m	2	涵管基座高度	mm	700
闸底板厚度	mm	500	涵管内径	mm	1 000
闸顶盖板厚度	mm	50	涵管厚度	mm	100

工程图表达	比例	1:50
	图号	01
		“高教杯”国赛水利类

15 届水利类工程图表达分析

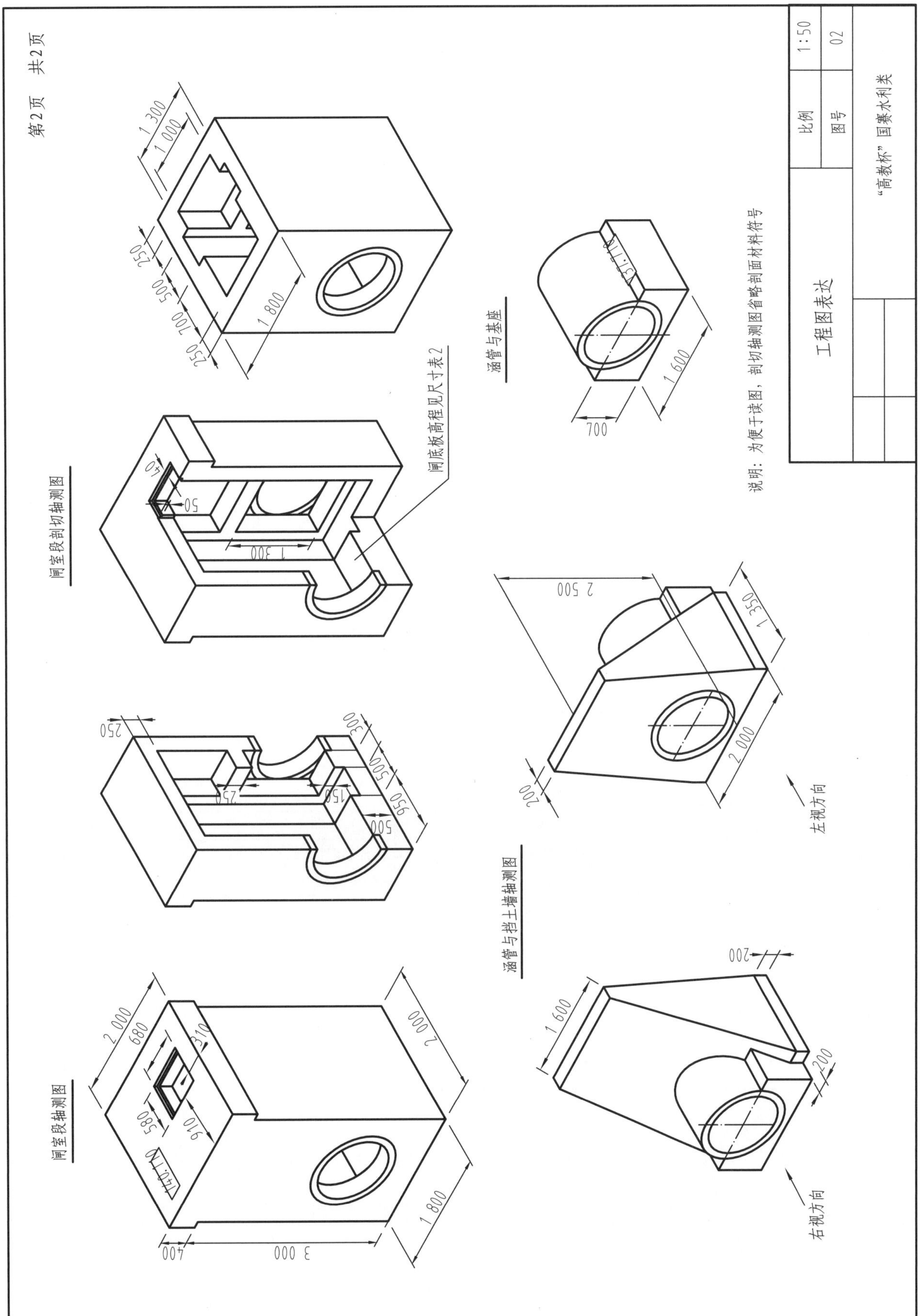
第2页 共2页
闸室段轴测图
闸室段剖切轴测图
闸底板高程见尺寸表2
涵管与基座
涵管与挡土墙轴测图
左视方向
右视方向
说明：为便于读图，剖切轴测图省略剖面材料符号
比例 1:50
图号 02
工程图表达
"高教杯"国赛水利类
1 300
1 000
250
500
700
250
1 800
40
50
1 300
250
300
500
250
150
950
500
1 600
700
2 500
1 350
2 000
200
2 000
680
310
580
910
2 000
1 800
400
3 000
1 600
200
200

第 15 届“高教杯”全国大学生先进成图技术与产品信息建模创新大赛
水利类工程图表述评分标准

选手编号			内容	评分细则		得分	备注
类别		部位	内容分解	分值	得分		
表达 100 分	图形表达（71 分）	纵剖视（22 分）	流槽段	6	侧墙 2.5 分，底板（包括齿墙）3 分，材料填充 0.5 分		
			挡土墙及涵管段	6.5	挡土墙和涵管段各 3 分，材料填充 0.5 分		
			闸室段	9.5	轮廓 9 分，填充 0.5 分		
		平面图（23 分）	流槽段	6	底板（包括齿墙）3 分，侧墙 3 分		
			挡土墙及涵管段	8	挡土墙和涵管段各 4 分		
			闸室段	9	轮廓 9 分		
		立面图（13 分）	流槽段和挡土墙左立面	6	流槽底板（包括齿墙）2 分，侧墙 2 分，挡土墙轮廓 2 分		
			闸室段右立面	7	检查口轮廓 1 分，闸室轮廓 5 分		
		闸室段表达（13 分）	闸室段剖视	13	剖切位置及剖视图能将闸室内部结构表达清楚即可		
			闸室段断面		剖切位置及剖视图能将闸室内部结构表达清楚即可		
			闸室段详图		剖切位置及剖视图能将闸室内部结构表达清楚即可		
	尺寸等（27 分）	尺寸标注等（25 分）	流槽段	5	尺寸标注、标高等		
			挡土墙及涵管段	4	尺寸标注、标高等		
			闸室段	8	视图及剖视图能将闸室段尺寸表达完整即可		
			图名、剖切符号	6	图名 4 分，剖切符号 2 分		
			绘图比例	2	比例 2 分		
		图幅图框标题栏（2 分）	图幅，图框	1	A2 图框、装订格式		
			标题栏	1	标题栏绘制及文字		
	图形质量 2 分	字体（1 分）	汉字数字样式	0.5			
			注写整体效果	0.5			
		线型粗细分明（0.5 分）	整体线型效果	0.5			
		上下左右位置（0.5 分）	整体布图效果	0.5			
合计				100			

第15届“高教杯”全国大学生先进成图技术与产品信息建模创新大赛水利类尺规绘图试题答案

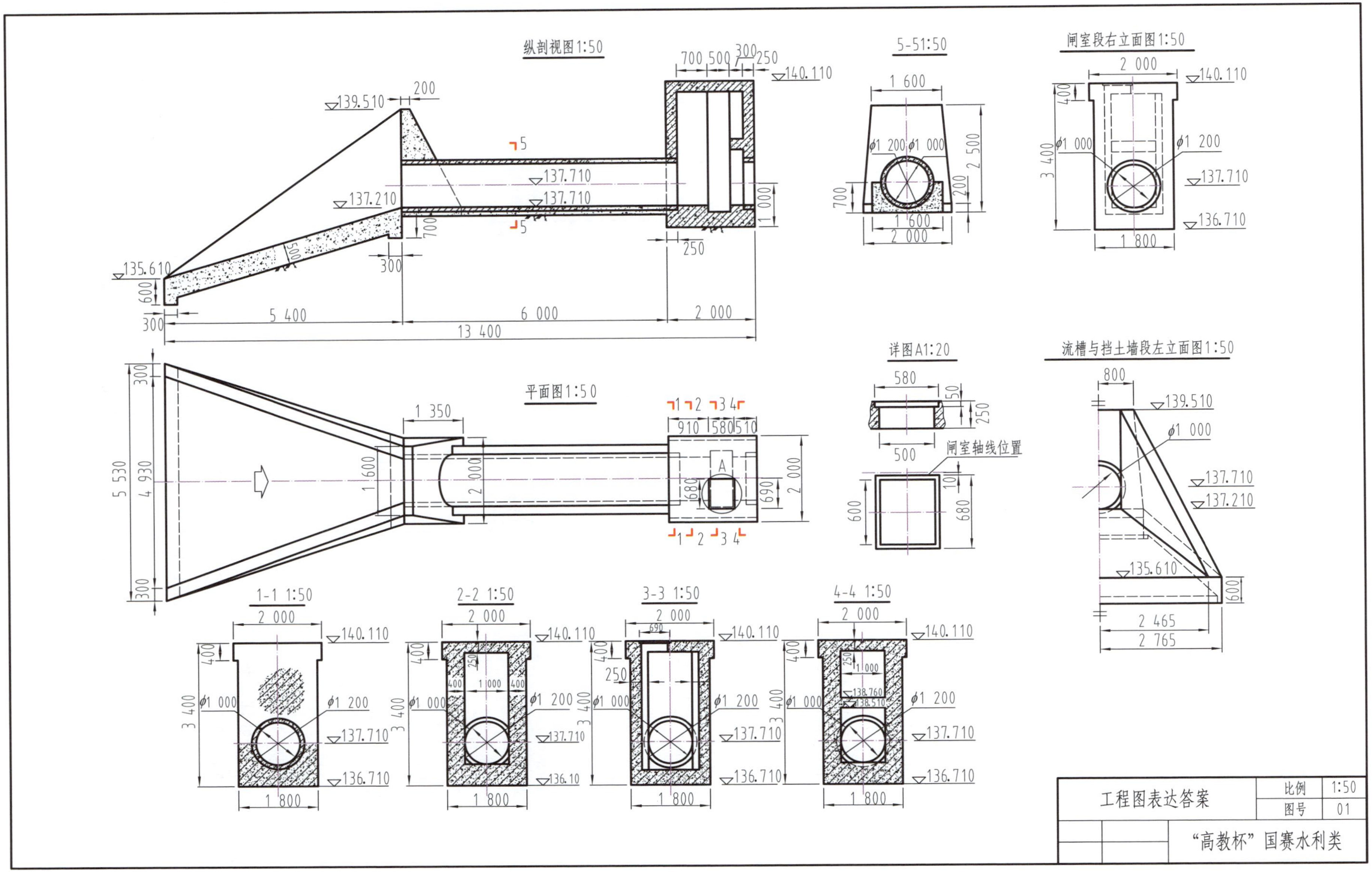

第15届“高教杯”全国大学生先进成图技术与产品信息建模创新大赛 水利类三维建模试题

一、成果提交要求

（一）模型截图要求

根据水利工程图1∶1完成题目要求模型创建，单位cm，模型视觉样式以概念或者真实显示均可，颜色自定，材质不做要求；模型需要2个视口不同观看方向或角度显示效果。模型结果以图片格式提交，具体要求如下。

1. 截图数量1张，图片格式均可。
2. 截图需要包含模型两个不同的观看方向。
3. 截图需要包含电脑任务栏（一定包含系统时间）。
4. 截图保证模型效果，大小自定。
5. 选手在平台上按照试题要求提交成果。

（二）模型出图要求

根据模型，采用1∶50比例，A3图幅非装订格式完成题目要求出图，出图包含必要的尺寸标注等。出图成果提交DWG格式文件和PDF格式文件，其中DWG格式文件需输出为CAD2010版本格式。选手在平台上按照试题要求提交成果。标题栏如图1所示，不得出现选手个人信息，否则成绩按0分处理。

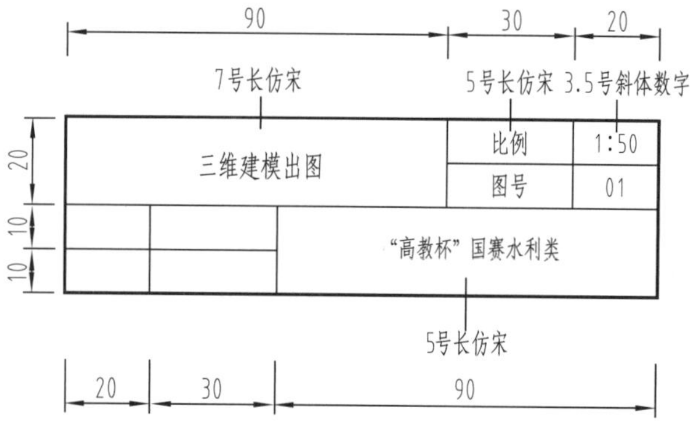

图1 标题栏

（三）模型体积要求

根据实体模型完成指定部分的体积查询，体积数值四舍五入取整，单位cm^3。选手在平台上作答。

二、竞赛其他要求

（一）评判依据文件

考生提交的图片格式文件作为评判依据，DWG格式文件仅作为源文件备案备查功用。

（二）零分处理情况

1. 绘制的标题栏内不能出现个人信息，否则按0分处理。
2. 成果上均不得出现与竞赛内容无关的信息、图像、符号等，否则按0分处理。

三、试题完成要求

根据已知水利工程图1∶1分别完成1～9段分段实体模型和整体模型创建。按照要求完成绘制内容和成果提交。

（一）第1段绘制内容和成果提交要求

1. 第1段模型截图1张（图片格式）；

2. 第 1 段模型文件(DWG 格式);
3. 第 1 段模型出图左立面图(DWG 格式);
4. 第 1 段模型出图左立面图(PDF 格式);
5. 第 1 段单边墙体积(四舍五入取整,单位 cm^3);
6. 第 1 段底板体积(四舍五入取整,单位 cm^3)。

(二) 第 2 段绘制内容和成果提交要求

1. 第 2 段模型截图 1 张(图片格式);
2. 第 2 段模型文件(DWG 格式)。

(三) 第 3 段绘制内容和成果提交要求

1. 第 3 段模型截图 1 张(图片格式);
2. 第 3 段模型文件(DWG 格式);
3. 第 3 段单边墩体积(四舍五入取整,单位 cm^3);
4. 第 3 段底板体积(四舍五入取整,单位 cm^3);
5. 第 3 段中墩体积(四舍五入取整,单位 cm^3)。

(四) 第 4 段绘制内容和成果提交要求

1. 第 4 段模型截图 1 张(图片格式);
2. 第 4 段模型文件(DWG 格式);
3. 第 4 段模型出图横断面图(DWG 格式);
4. 第 4 段模型出图横断面图(PDF 格式)。

(五) 第 5 段绘制内容和成果提交要求

1. 第 5 段模型截图 1 张(图片格式);
2. 第 5 段模型文件(DWG 格式);
3. 第 5 段模型出图右立面图(DWG 格式);
4. 第 5 段模型出图右立面图(PDF 格式)。

(六) 第 6 段绘制内容和成果提交要求

1. 第 6 段模型截图 1 张(图片格式);
2. 第 6 段模型文件(DWG 格式);
3. 第 6 段最后一个 2 000 长度段与 260 长度段合成的右视图(DWG 格式);
4. 第 6 段最后一个 2 000 长度段与 260 长度段合成的右视图(PDF 格式)。

(七) 第 7 段绘制内容和成果提交要求

1. 第 7 段模型截图 1 张(图片格式);
2. 第 7 段模型文件(DWG 格式);
3. 第 7 段模型出图右立面图(DWG 格式);
4. 第 7 段模型出图右立面图(PDF 格式);
5. 第 7 段单边墙体积(四舍五入取整,单位 cm^3)。

(八) 第 8 段绘制内容和成果提交要求

1. 第 8 段模型截图 1 张(图片格式);
2. 第 8 段模型文件(DWG 格式)。

(九) 第 9 段绘制内容和成果提交要求

1. 第 9 段模型截图 1 张(图片格式);
2. 第 9 段模型文件(DWG 格式);
3. 第 9 段沿建筑物长度方向 1/4 处模型出图右立面图(DWG 格式);
4. 第 9 段沿建筑物长度方向 1/4 处模型出图右立面图(PDF 格式)。

（十）整体建筑物提交成果

1. 整体模型截图1张(图片格式)；

2. 整体模型文件(DWG格式)。

15届水利类
三维建模
分析

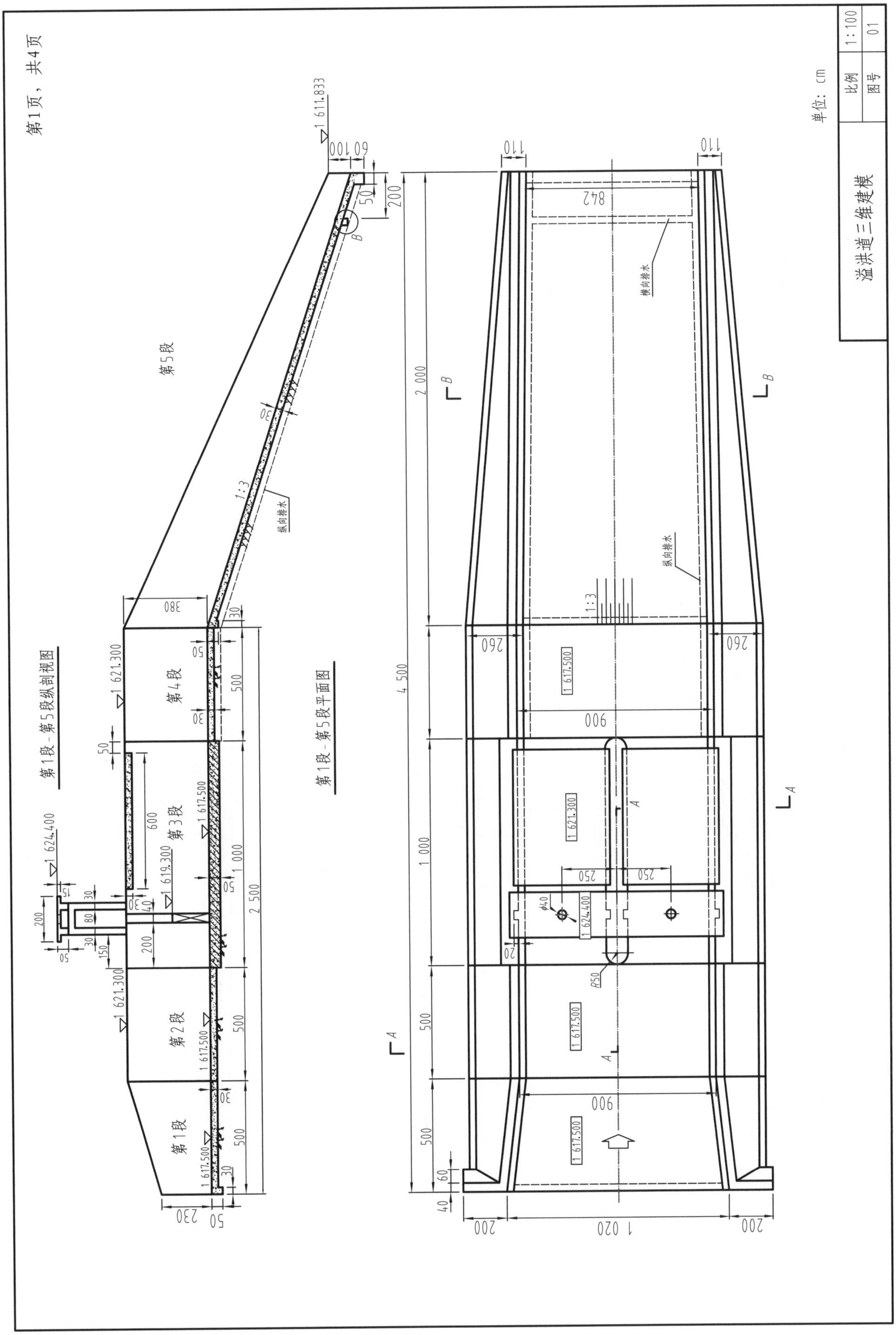
第1页，共4页
第1段-第5段纵剖视图
第1段-第5段平面图
第1段
第2段
第3段
第4段
第5段
纵向排水
横向排水
单位：cm
比例 1:100
图号 01
溢洪道三维建模

第2页，共4页

第6段纵剖视图 1:100

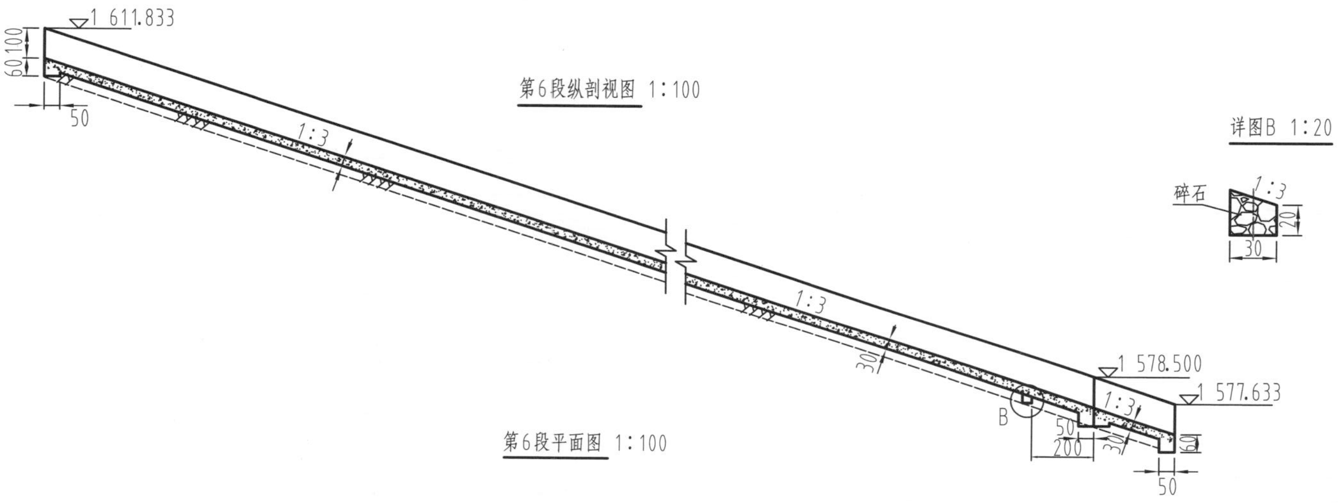

第6段平面图 1:100

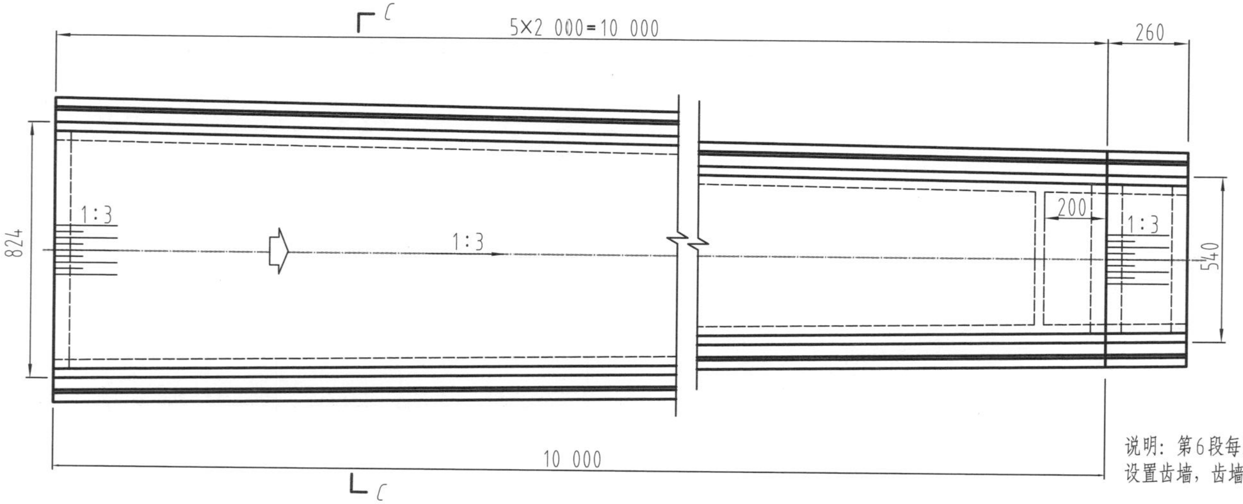

说明：第6段每隔2 000 cm设置分缝，分缝处分别设置齿墙，齿墙深度60 cm，齿墙长度50 cm。

单位：cm

溢洪道三维建模	比例	分示
	图号	02

第7段-第9段纵剖视图

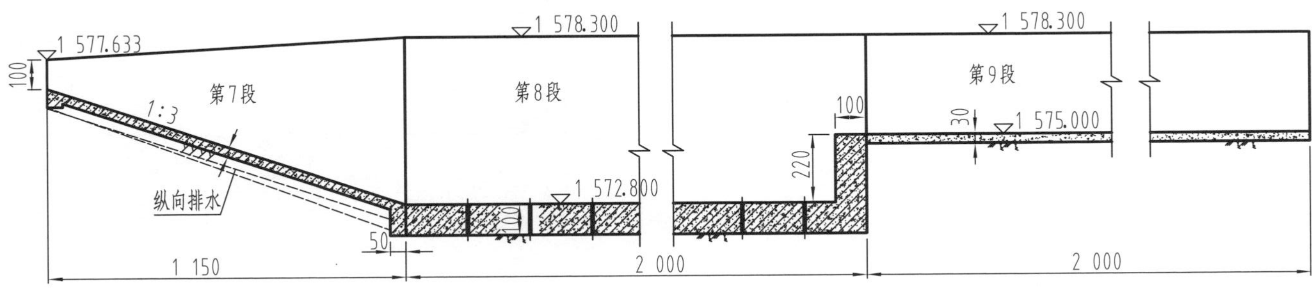

第7段-第9段纵平面图

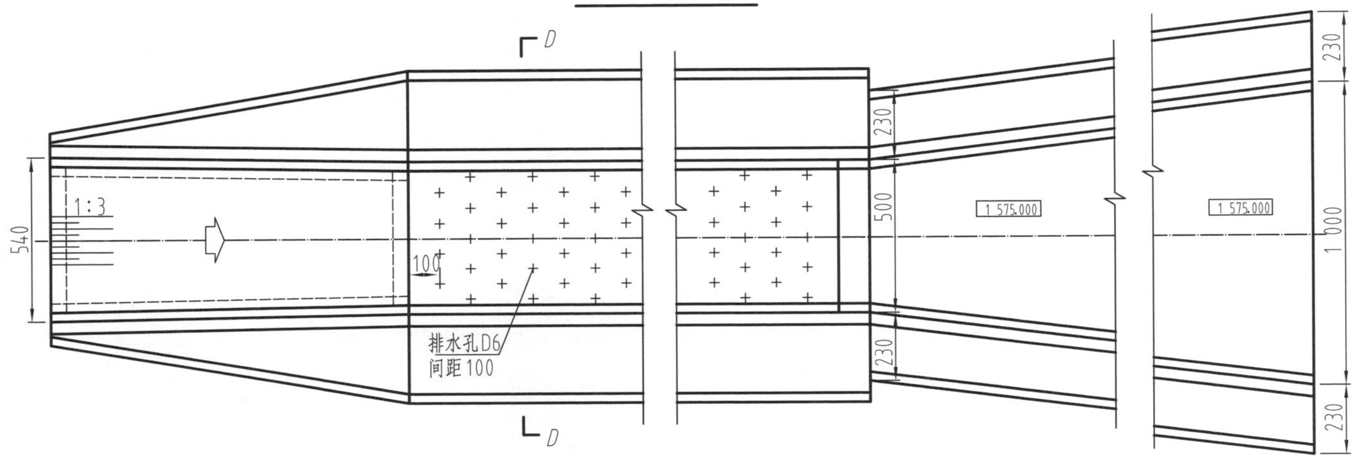

单位：cm

溢洪道三维建模	比例	1:100
	图号	03

A-A 1:100

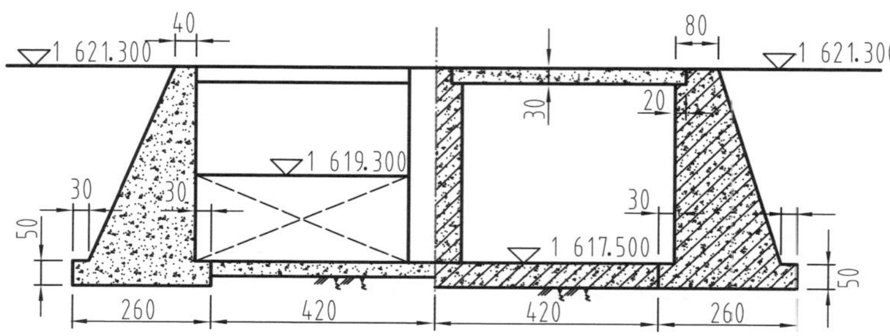

B-B 1:100

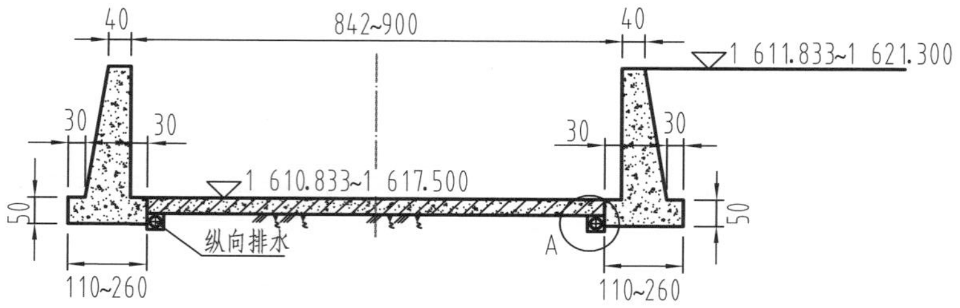

详图A 1:20

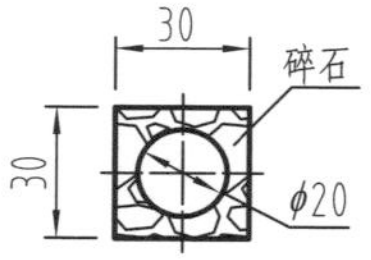

D-D 1:100

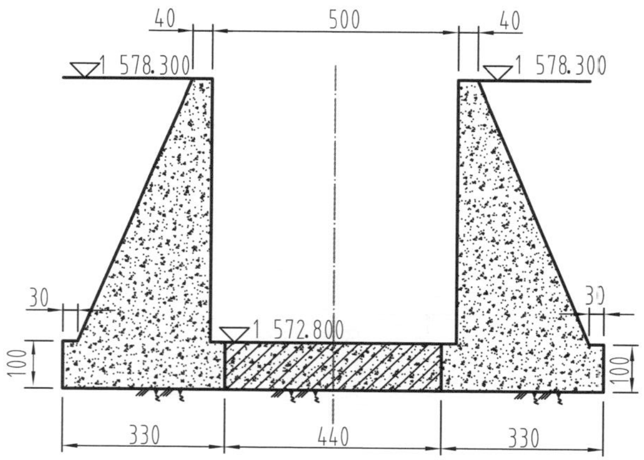

C-C 1:100

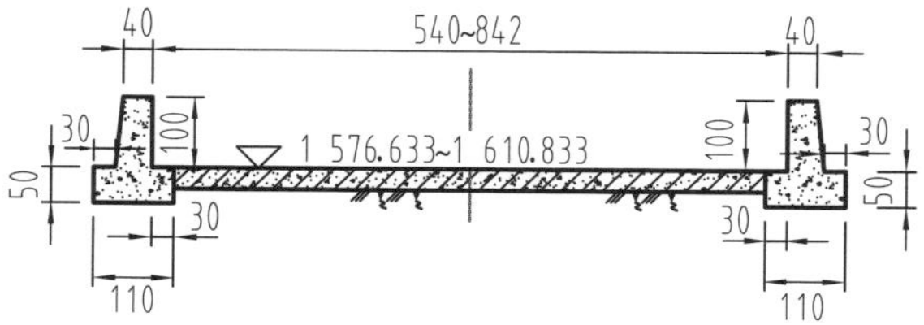

说明：排水系统建模缺少尺寸自定，反滤层不做要求

单位：cm

溢洪道三维建模	比例	分示
	图号	04

第 15 届"高教杯"全国大学生先进成图技术与产品信息建模创新大赛
水利类三维建模评分标准

选手编号			内容	评分细则		得分	备注
类别		部位	内容分解	分值		得分	
三维建模（100 分）	第 1 段模型（16.5 分）	第 1 段模型截图（6 分）	底板	2			
			侧墙	3			
			观看方向	1			观看方向 1 分（含截图时间）
		第 1 段模型出图左立面（5.5 分）	左右立面形状	2			
			底板形状	1			
			尺寸，高程，坡度	2			
			图名，标题栏，比例，绘图单位等	0.5			
		第 1 段单边墙体积（3 分）	23 838 689 cm^3，前四位相同即满分，两位相同得一半分，其他不得分	3			
		第 1 段底板体积（2 分）	14 073 840 cm^3，答案相同即满分，前四位相同得一半分，其他不得分	2			
	第 2 段模型（4 分）	第 2 段模型截图（4 分）	底板	1			
			侧墙	2			
			观看方向	1			观看方向 1 分（含截图时间）
	第 3 段模型（12 分）	第 3 段模型截图（6 分）	底板	1			
			边墙	1			
			中墩	1			
			闸门	1			
			盖板	1			
			观看方向	1			
		第 3 段单边墩体积（2 分）	65 536 000 cm^3，答案相同即满分，前四位相同得一半分，其他不得分	2			
		第 3 段底板体积（1 分）	42 000 000 cm^3，答案相同即满分，前四位相同得一半分，其他不得分	1			
		第 3 段中墩体积（3 分）	35 856 569 cm^3，答案相同即满分，前四位相同得一半分，其他不得分	3			
	第 4 段模型（7.5 分）	第 4 段模型截图（3.5 分）	底板	1			
			侧墙	1			
			排水	0.5			
			观看方向	1			
		第 4 段模型出图横断面图（4 分）	边墩	1			
			底板	1			
			排水	0.5			
			尺寸，高程	1			
			图名，比例，绘图单位等	0.5			

续表

选手编号			内容	评分细则		选手得分	备注
类别		部位	内容分解	分值		得分	
三维建模（100分）	第5段模型（11.5分）	第5段模型截图（6分）	底板（含齿墙）	2			
			侧墙	2			
			排水	1			
			观看方向	1			
		第5段模型出图右立面图（5.5分）	左右立面形状	2			
			底板形状	1			
			排水	1			
			尺寸，高程，坡度	1			
			图名，比例，绘图单位等	0.5			
	第6段模型（11.5分）	第6段模型截图（5.5分）	底板（含齿墙）	2			
			侧墙	2			
			排水	0.5			
			观看方向	1			
		第6段最后一个2000长度段与260长度段合成的右视图（6分）	左右立面形状	2			
			底板形状	2			
			排水	0.5			
			尺寸，高程，坡度	1			
			图名，标题栏，比例，绘图单位等	0.5			
	第7段模型（14分）	第7段模型截图（5.5分）	底板（含齿墙）	1.5			
			侧墙	2			
			排水	1			
			观看方向	1			
		第7段模型出图右立面图（6.5分）	左右立面形状	2			
			底板形状	2			
			排水	1			
			尺寸，高程，坡度	1			
			图名，标题栏，比例，绘图单位等	0.5			
		第7段单面边墙体积（2分）	62 147 917 cm^3，答案相同即满分，前四位相同得一半分，其他不得分	2			
	第8段模型（6分）	模型截图（6分）	底板	1			
			侧墙	1.5			
			消力池墙	1			
			排水	1.5			
			观看方向	1			
	第9段模型（10.5分）	第9段模型截图（4分）	底板	1			
			侧墙	2			
			观看方向	1			
		第9段沿建筑物长度方向1/4处模型出图右立面图（6.5分）	左右立面形状	2			
			底板形状	2			
			尺寸，高程，坡度	2			
			图名，标题栏，比例，绘图单位等	0.5			
	整段模型（6.5分）	整体模型截图（6.5分）	9段模型完整性	4.5			
			不同观看方向	2			
合计				100			

第 15 届“高教杯”全国大学生先进成图技术与产品信息建模创新大赛 水利类三维建模试题答案

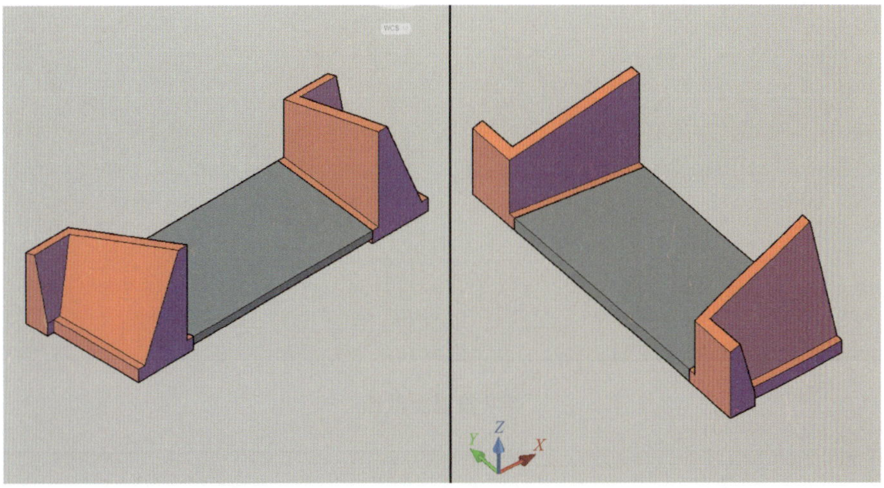

第 1 段模型截图

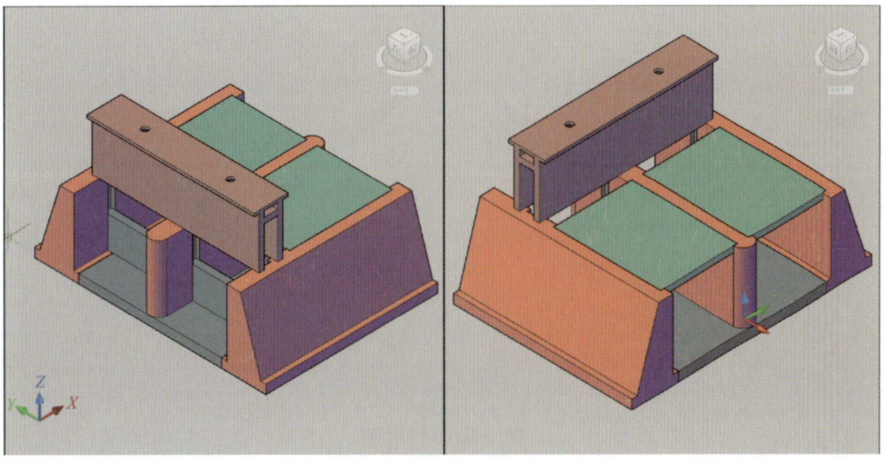

第 2 段模型截图

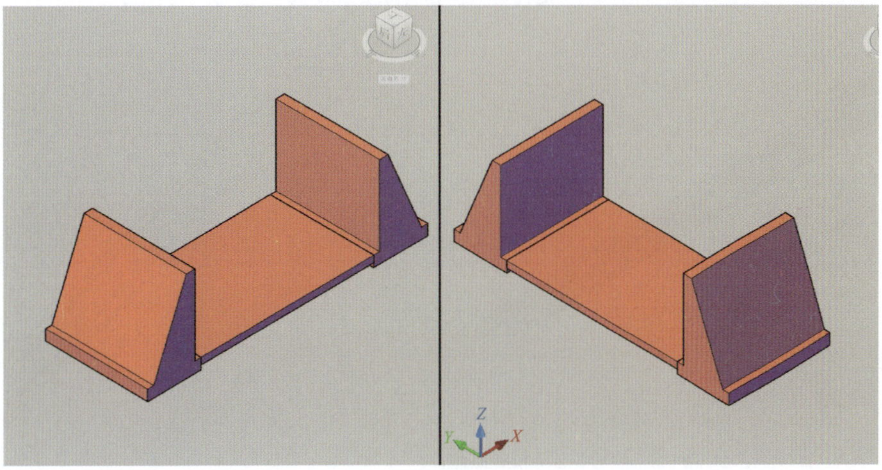

第 3 段模型截图

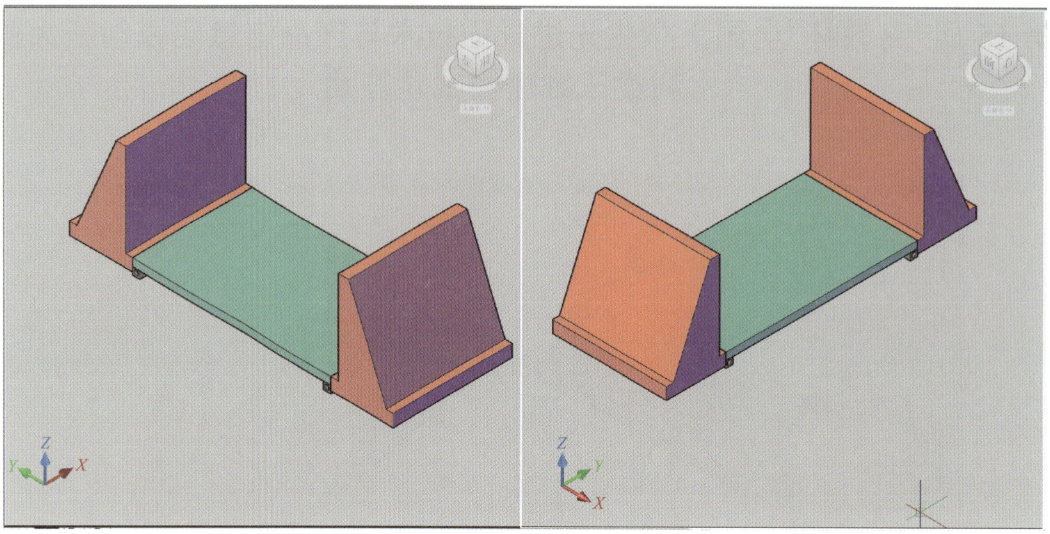

第 4 段模型截图

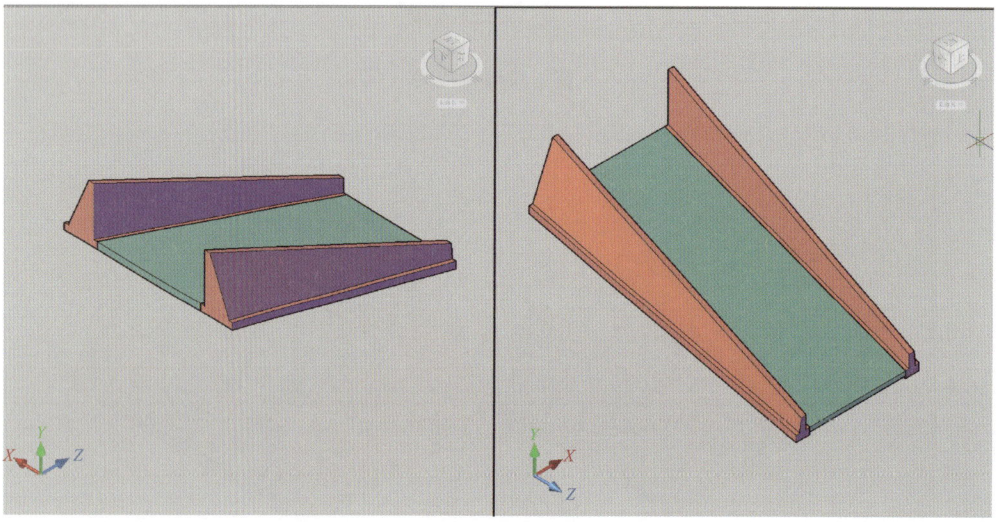

第 5 段模型截图

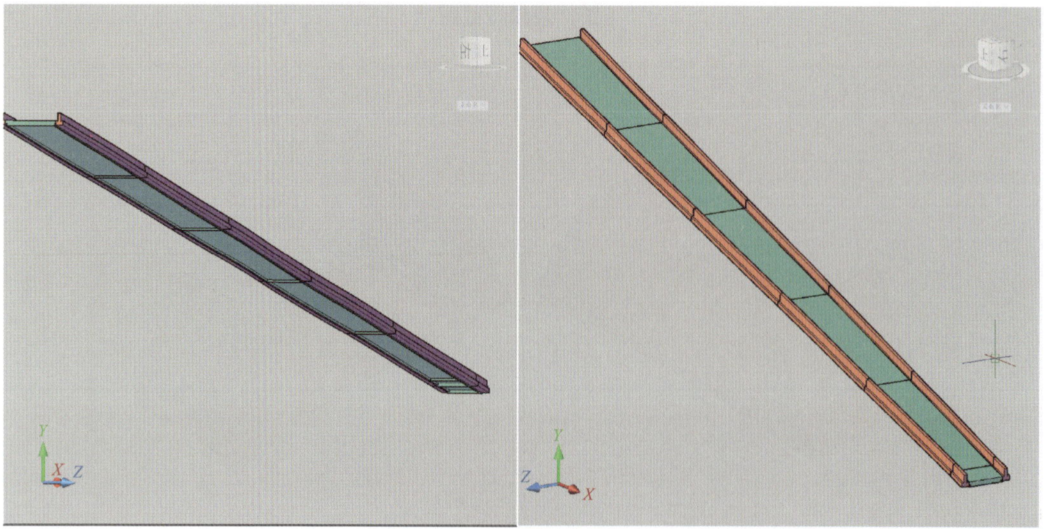

第 6 段模型截图

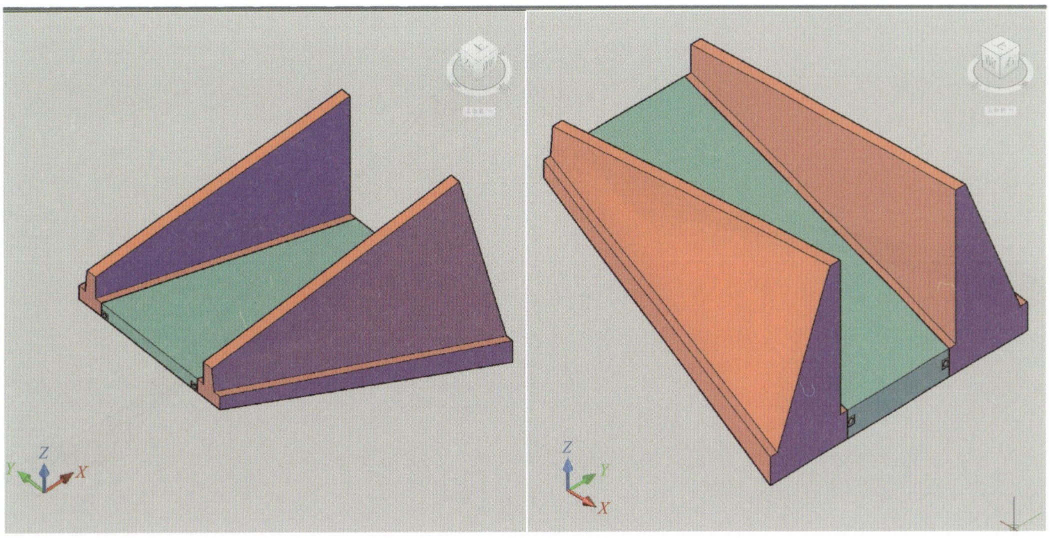

第 7 段模型截图

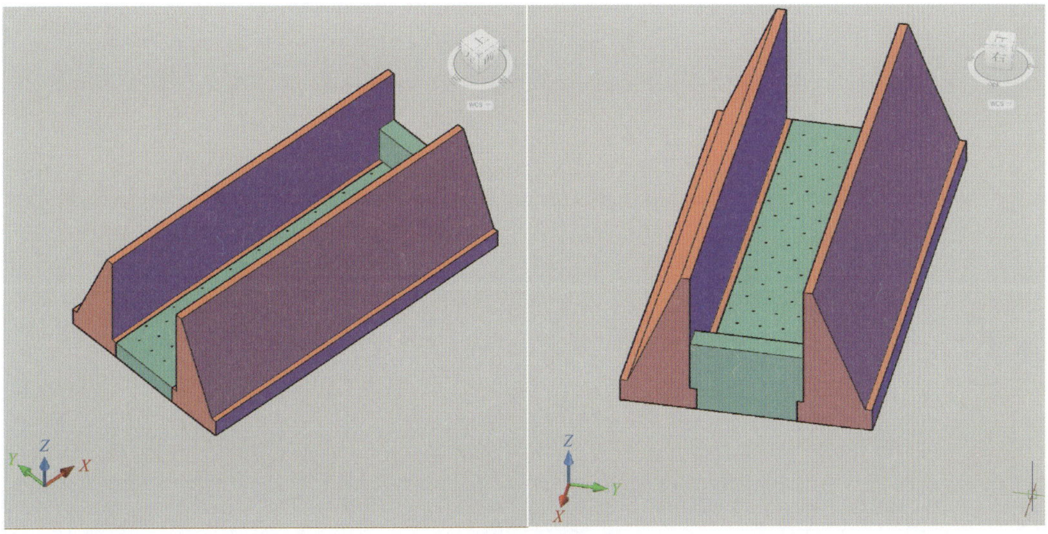

第 8 段模型截图

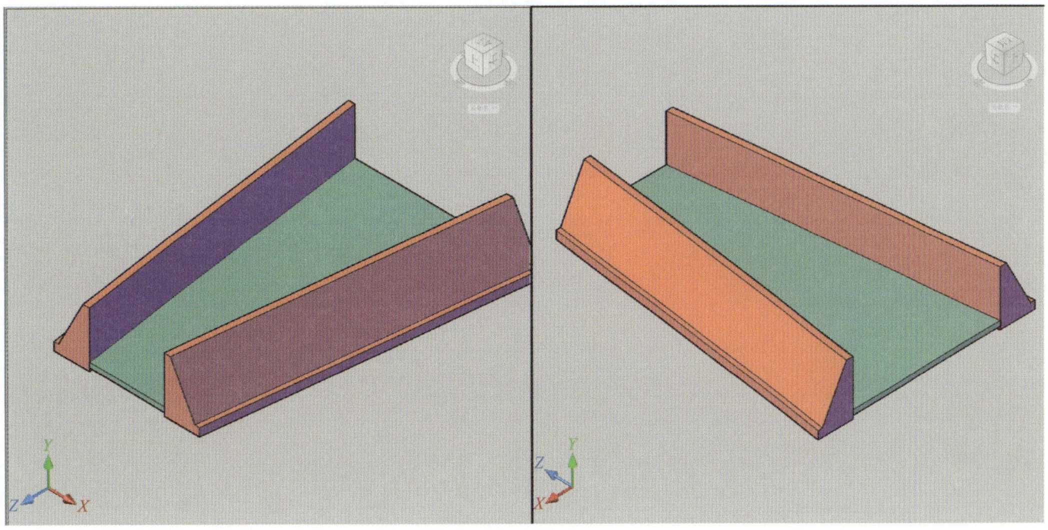

第 9 段模型截图

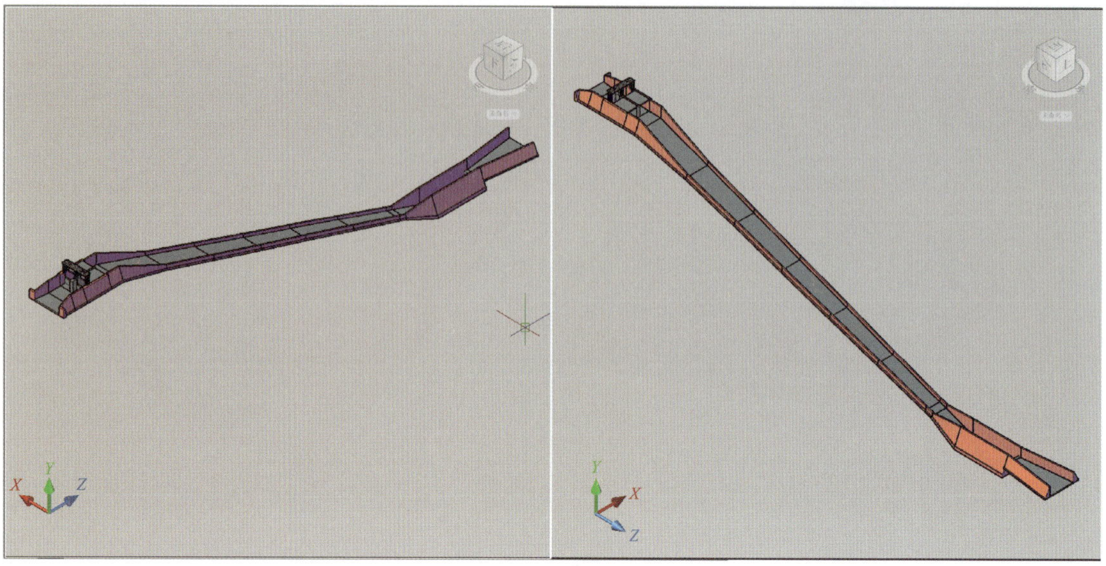

整体模型截图

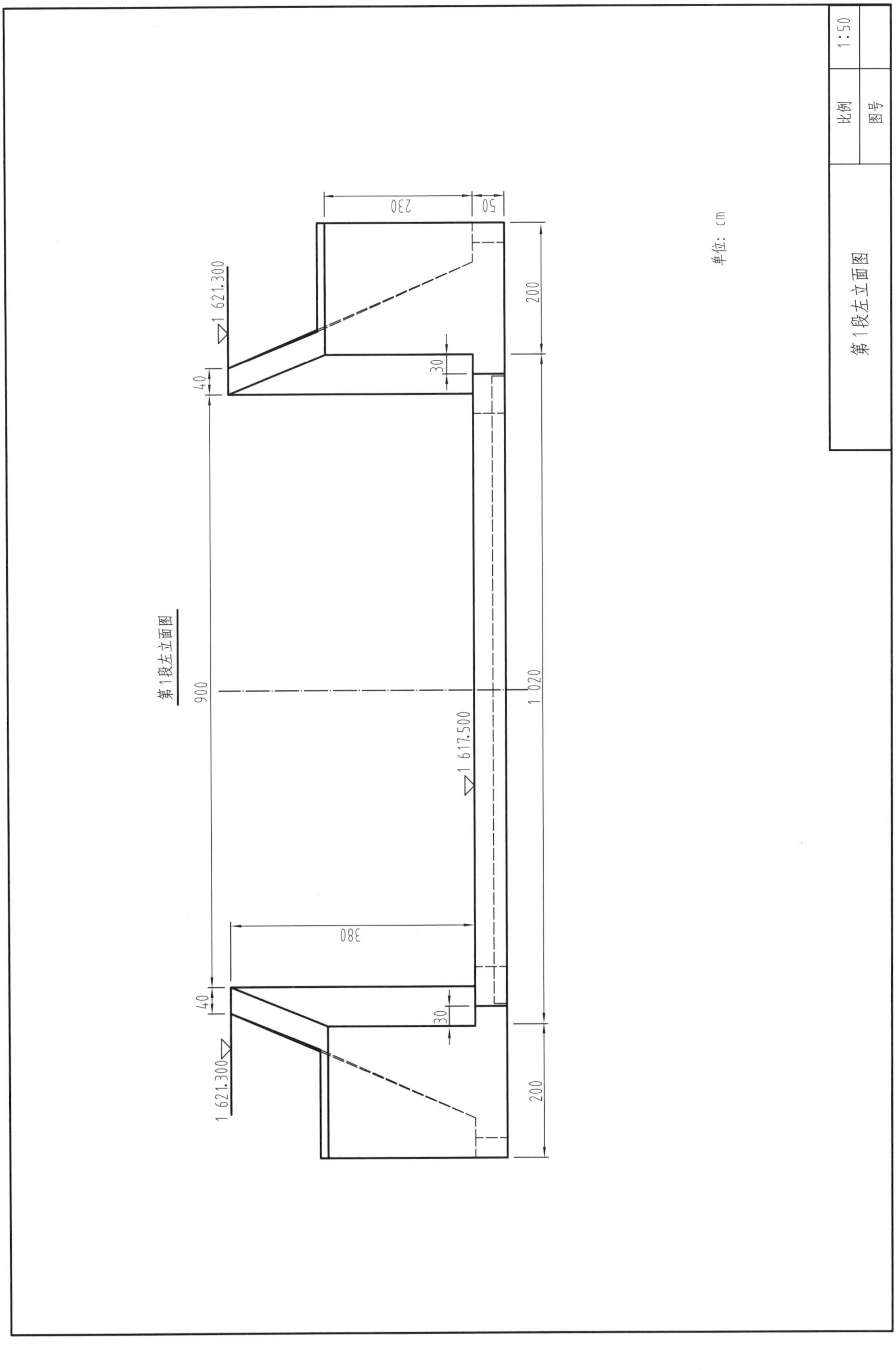
第1段左立面图
单位：cm
比例 1:50
图号
第1段左立面图
230
50
200
30
40
1 621.300
900
1 020
1 617.500
380
30
40
1 621.300
200

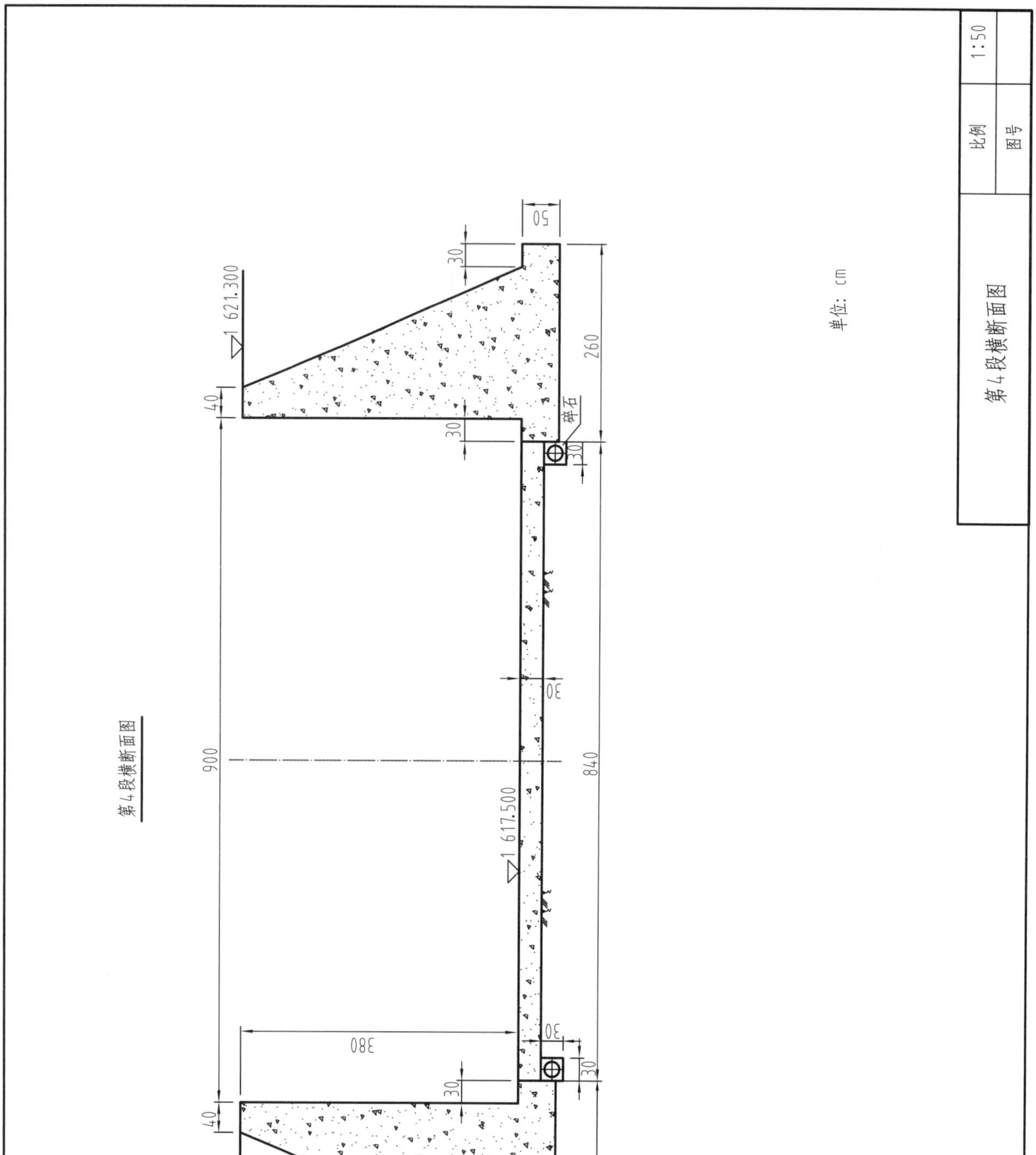
第4段横断面图
单位：cm
比例
1:50
图号
第4段横断面图
碎石
1 621.300
1 621.300
1 617.500
50
30
260
40
30
30
30
900
840
380
30
30
30
40
260
30
50

单位：cm

比例	1:50
图号	

第5段右立面图

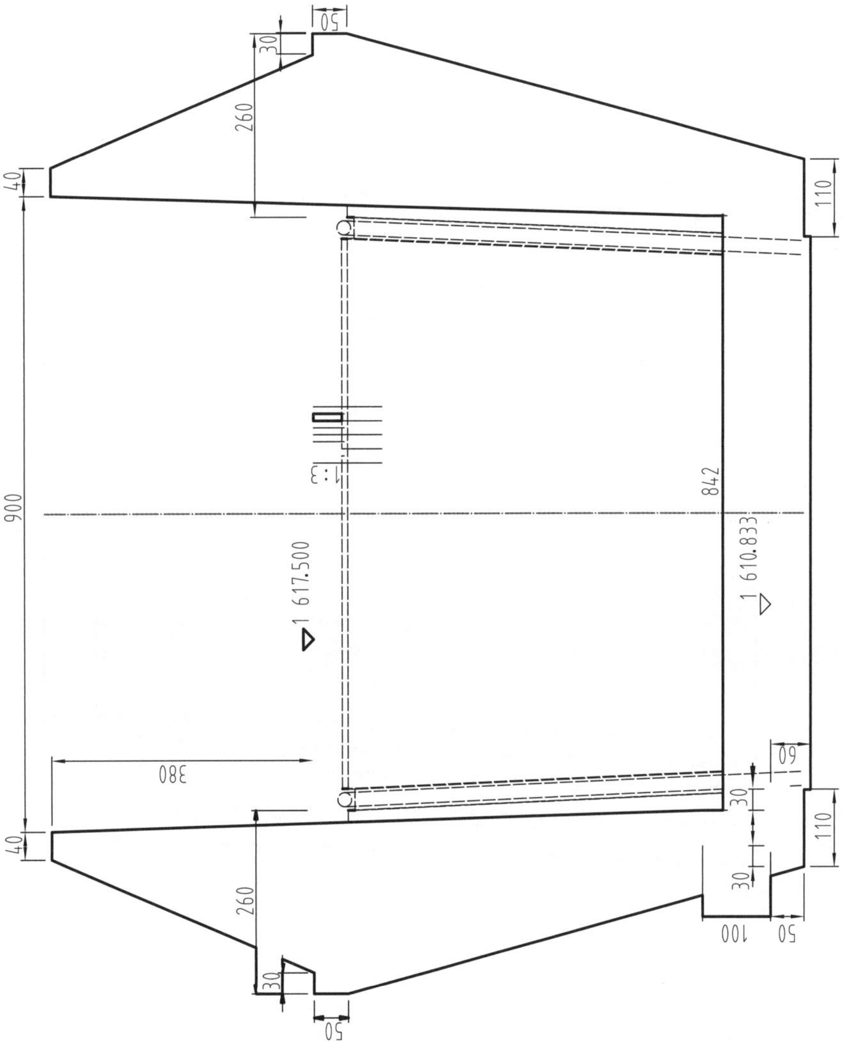

第5段右立面图

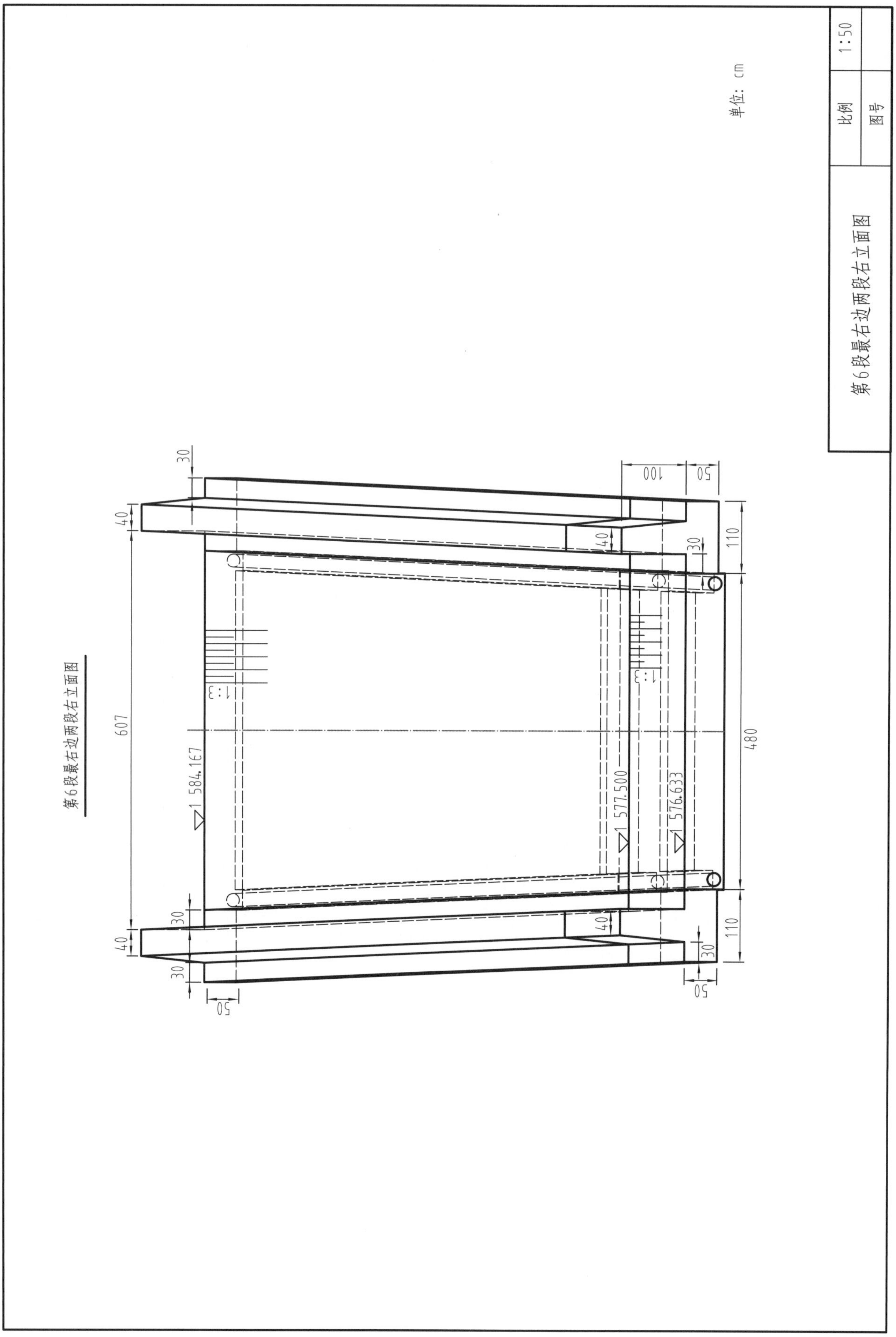
比例
1:50
图号
第6段最右边两段右立面图
单位：cm
第6段最右边两段右立面图
607
480
110
110
100
50
50
50
30
30
30
30
30
40
40
40
40
1:3
1:3
1 584.167
1 577.500
1 576.633

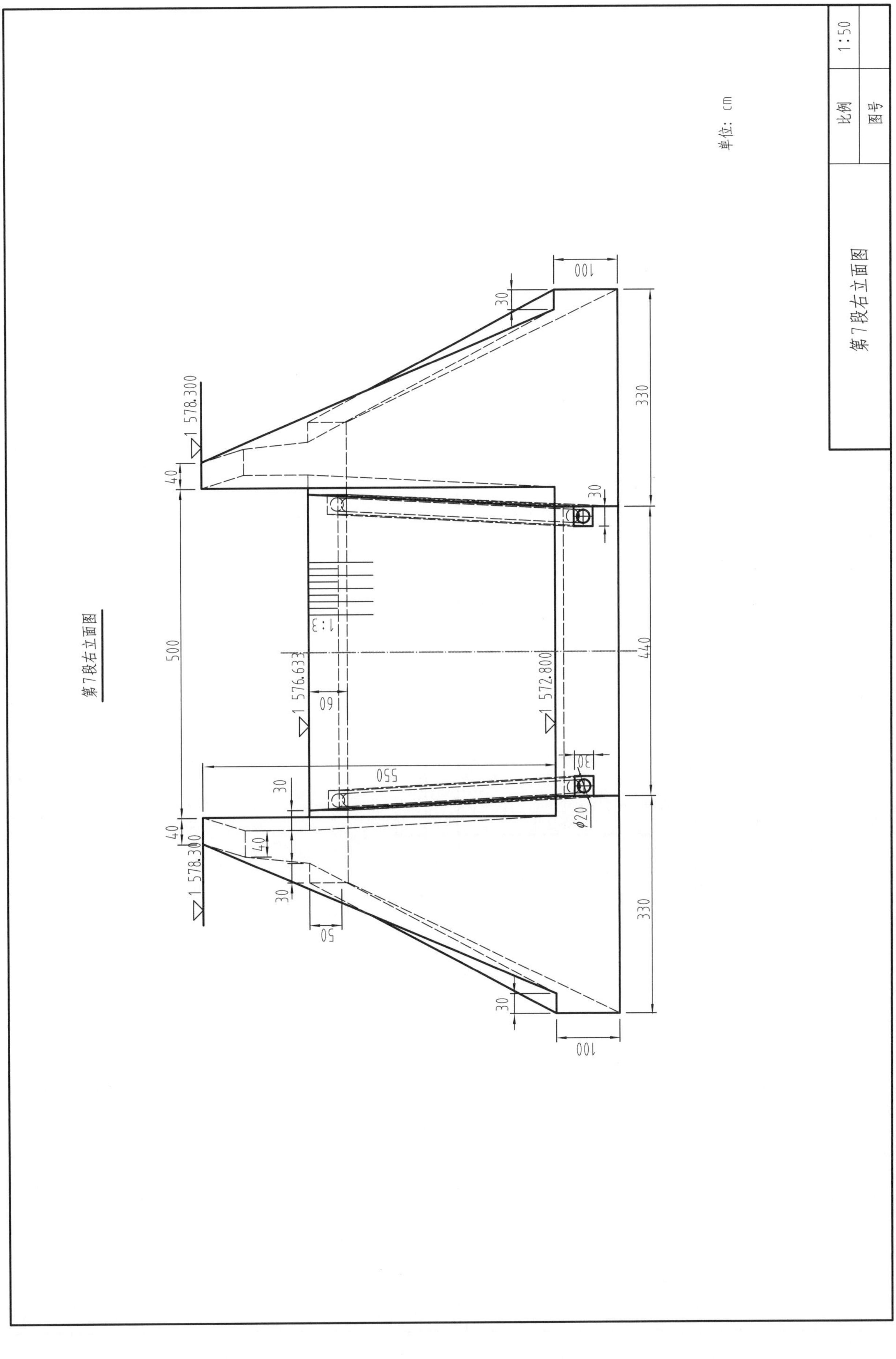
第7段右立面图
单位：cm
比例
1:50
图号
第7段右立面图
100
30
330
1 578.300
40
500
30
1:3
440
1 576.633
60
1 572.800
550
30
40
1 578.300
30
330
50
φ20
30
100

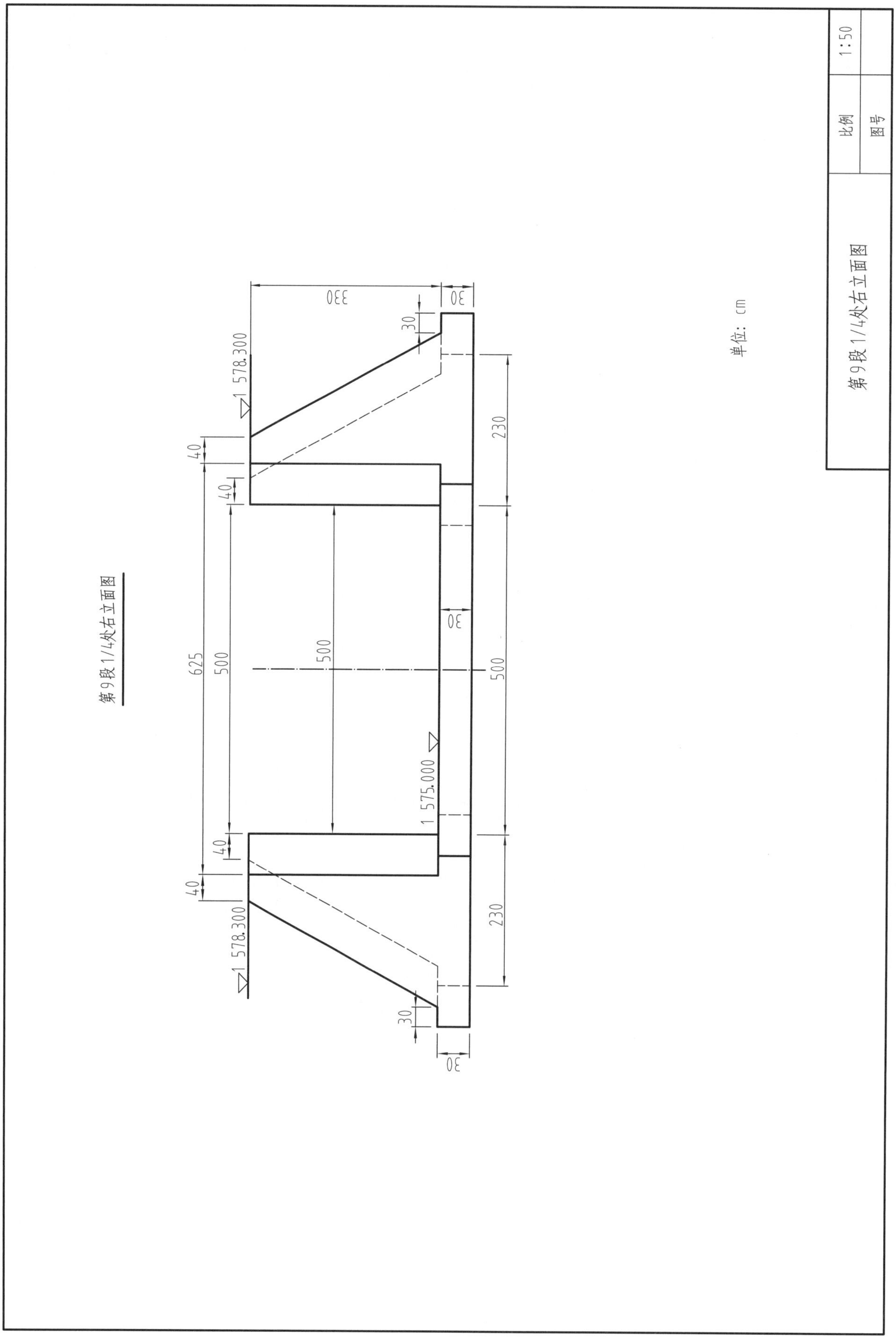
第9段1/4处右立面图
比例
1:50
图号
单位：cm
330
30
1 578.300
40
230
625
500
1 575.000

道桥类

第14届“高教杯”全国大学生先进成图技术与产品信息建模创新大赛道桥类尺规绘图试题

（总分100分；时间：90分钟）

一、试题要求

阅读所给“正交0号桥台一般构造图”，根据平面图、立面图、侧立面图及桥台各部参数表，在A3图幅上，选择相同比例和表现手法，绘制“斜交45度0号桥台一般构造图”（桥梁前进方向右偏45度）的平面图、立面图、侧立面图及桥台各部参数表，并写出相关绘图说明。斜交45度0号桥台一般构造图路线中心线处桥台顶标高不变，要求绘制的侧立面图与“正交0号桥台一般构造图”相同，平面图、立面图及桥台各部参数表中i1、i2需结合斜交角度确定。试题中未注明的尺寸按照专业及比例自定。

考生要将设计图名、考号填写在标题栏中，其中考号应准确填写在“考号”一栏位置，图纸中不得出现任何与考生姓名、学校相关的信息，否则以作弊处理，取消比赛成绩。

二、绘图要求

1. 图纸图幅：A3；
2. 图名：斜交45度0号桥台一般构造图；
3. 绘图比例：1∶100；
4. 图形表达要正确、完整、清晰，线型、线宽分明，尺寸标注完整、清晰、合理，符合《道路工程制图标准》（GB 50162—1992）的相关规定；
5. 图面布局合理、整洁，字体工整；
6. 参赛标题栏参考如下，要求绘制、书写正确；
7. 竞赛结束，将作图结果用手机拍照后上传至指定位置。

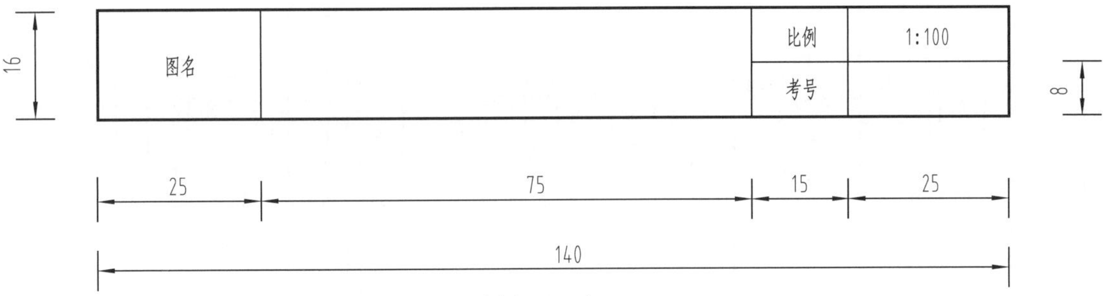

参赛标题栏（单位：mm）

14届道桥

第14届“高教杯”全国大学生先进成图技术与产品信息建模创新大赛道桥类尺规绘图试题(总分100分，时间：90分钟)

第1页　共1页

立面　1:100

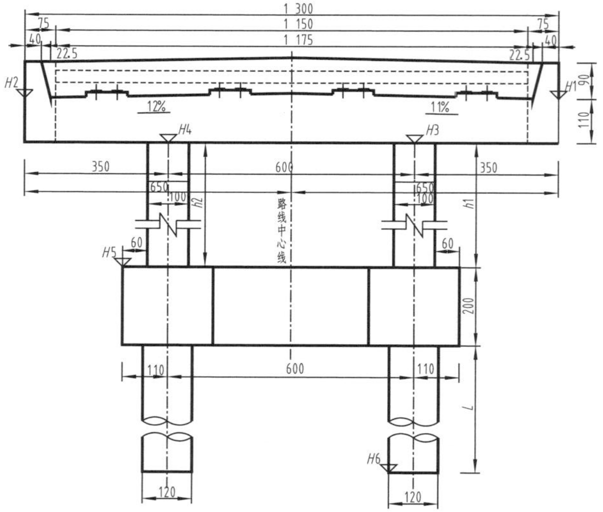

侧立面　1:100

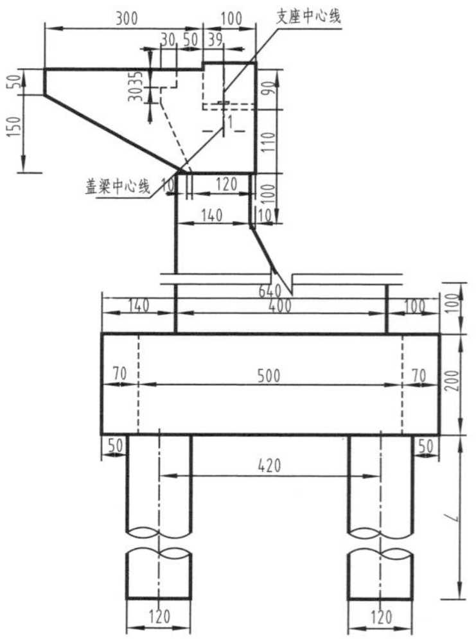

平面　1:100

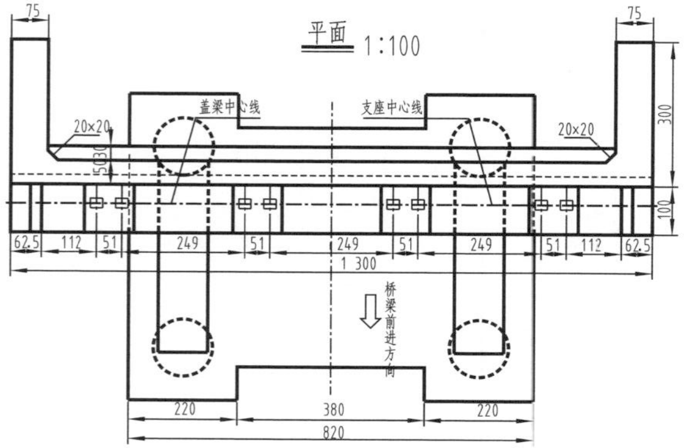

桥台各部参数表

桥台编号	H1 (m)	H2 (m)	H3 (m)	H4 (m)	H5 (m)	H6 (m)	h1 (m)	h2 (m)	h平均 (cm)	L (cm)	i1 (cm)	i2 (%)
0	108.160	108.160	107.060	107.060	99.700	77.700	736	736	736	2 000	2.00	-2.00

注：
1. 本图尺寸除标高以m计外，其余均以cm计。
2. 本图适用于正交0号桥台。
3. 桥台采用GJZF4200×250×44型四氟板式橡胶支座，共计8块。

图名	正交0号桥台一般构造图	比例	如图所示
		图号	

第14届“高教杯”全国大学生先进成图技术与产品信息建模创新大赛道桥类尺规绘图试题答案

立面 1:100

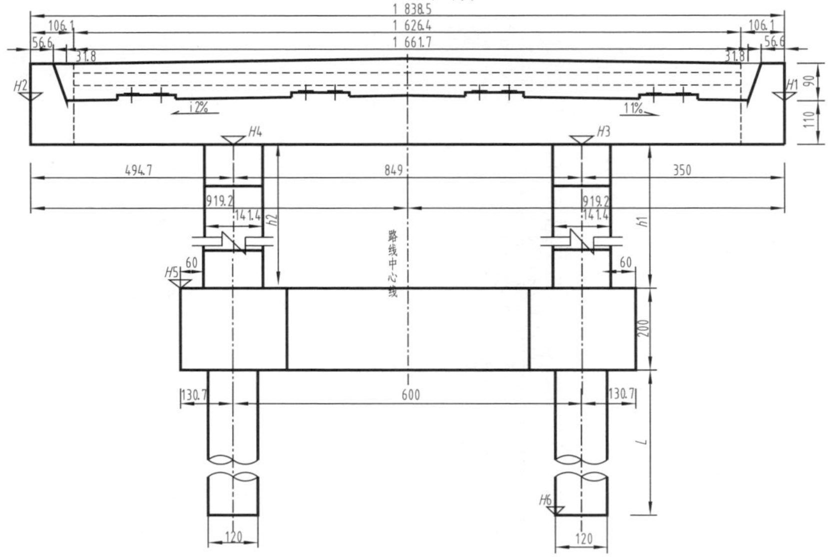

侧立面 1:100

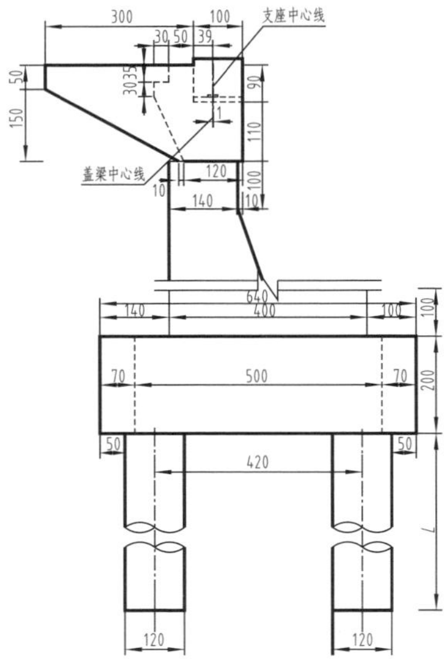

平面 1:100

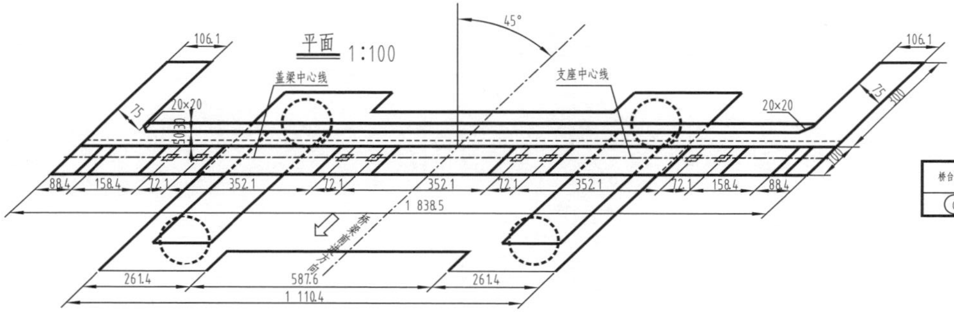

桥台各部参数表

桥台编号	H1 (m)	H2 (m)	H3 (m)	H4 (m)	H5 (m)	H6 (m)	h1 (m)	h2 (m)	h平均 (cm)	L (cm)	i1 (%)	i2 (%)
0	108.160	108.160	107.060	107.060	99.700	77.700	736	736	736	2 000	1.41	−1.41

注:
1. 本图尺寸除标高以m计外，其余均以cm计。
2. 本图适用于斜交45度0号桥台。
3. 桥台采用GJZF$_4$225×44型四氟板式橡胶支座，共计8块。

图名	斜交45度0号桥台一般构造图	比例	如图所示
		图号	

第14届"高教杯"全国大学生先进成图技术与产品信息建模创新大赛道桥类计算机三维建模试题

总分100分;时间:120分钟

一、试题要求

先建立一个以考生手机号命名的Word新文件,将成果以图片形式保存在该文件内,文件存储中不允许出现选手其他任何信息,否则以作弊处理,取消比赛成绩。

二、建模要求

阅读所附某蝶形拱式连续梁桥施工图内容,根据所选建模软件,完成该桥梁的三维模型创建。试题图纸未涉及的结构构造尺寸自拟。要求:

1. 完成全桥(含主梁、拱圈、拉索、桥墩、基础、人行道及护栏)三维模型。
2. 人行道及护栏尺寸自拟,并对桥梁外立面、桥面系及护栏等的色彩、材质进行设计。
3. 自行设计河道地形、河岸绿化等背景环境制作。
4. 分别输出以下图片(BMP、JPG、PNG等格式均可)。

(1) 添加材质和周围环境的全桥渲染图片一张(视角、方向合理,能将全桥形状表达清楚);
(2) 能表达清楚拱圈(含拉索)构造的图片一张;
(3) 能表达清楚主梁(含人行道和护栏)构造的图片一张;
(4) 能表达清楚Z1(Y4)、Z2(Y3)、Z3(Y2)、Z4(Y1)桥墩构造的图片各一张。

将以上所做图片存储于以考生手机号命名的Word文档中,作为最终成果提交。

注:模型的源文件在竞赛结束后规定时间内随录屏文件一起上传至指定位置。

图 纸 目 录

序号	图名	图号	页数
0	题目		1
1	桥型布置图	DQ001	1
2	ZK2~ZK4孔箱梁一般构造图	DQ002	6
3	拱肋一般构造图	DQ003	8
4	拉索一般构造图	DQ004	2
5	桥墩一般构造图	DQ005	5

第14届“高教杯”全国大学生先进成图技术与产品信息建模创新大赛道桥类计算机三维建模试题(总分 100分；时间：120分钟)

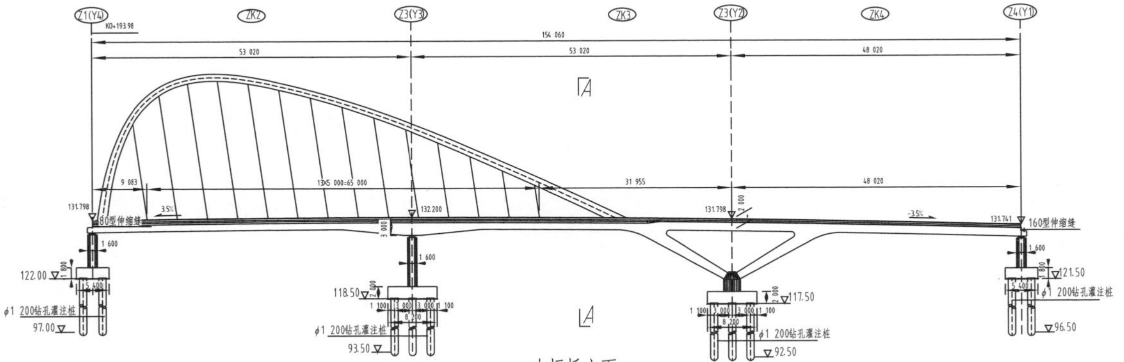

左幅桥立面 1:500

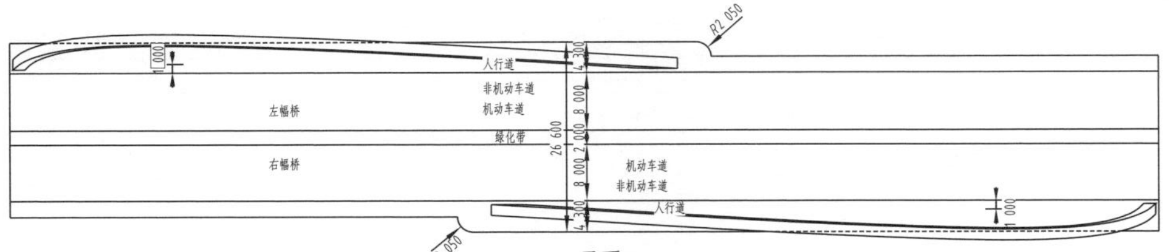

平面 1:500

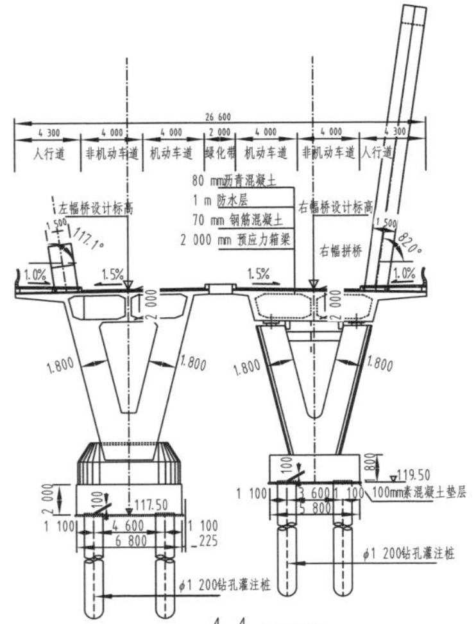

A-A 1:250

附注：

1. 本图尺寸单位除标高及里程桩号以m计外，均以mm计。
2. 本桥为三跨蝶形拱式连续梁桥，左幅跨径为53.02 m+53.02 m+48.02 m，右幅跨径为48.02 m+53.02 m+53.02 m。
3. 主、引桥桥墩均采用V形墩，桩基采用φ1 200 m钻孔灌注桩。

图名	桥型布置图	比例	如图所示
		图号	DQ001

ZK2-ZK4孔箱梁立面 1:200

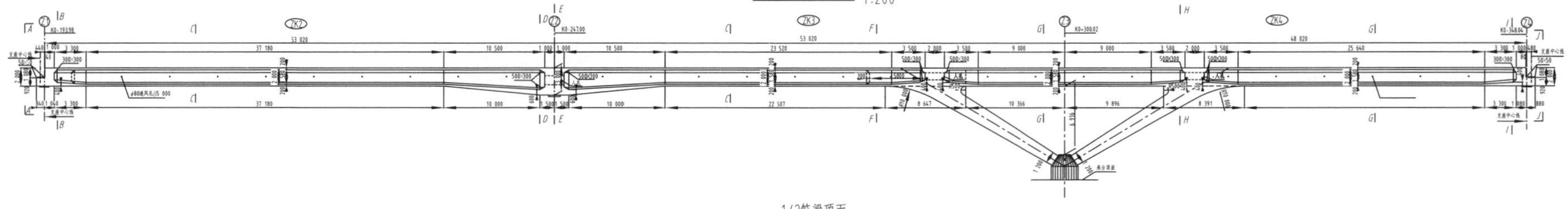

1/2箱梁顶面 1:200（示箱梁结构中心线外侧）

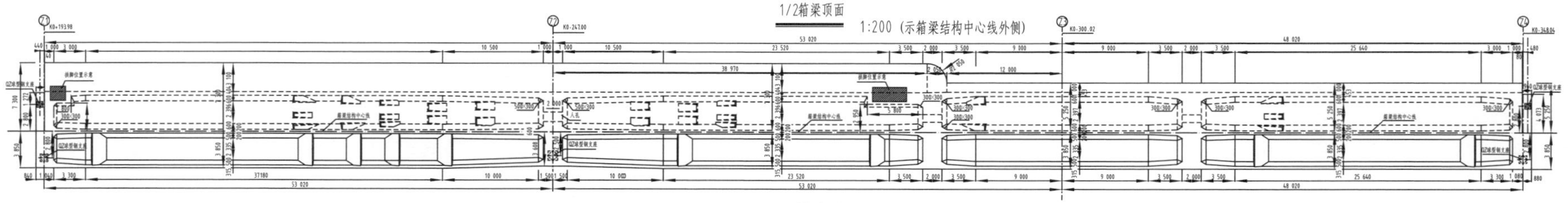

1/2箱梁底面 1:200（示箱梁结构中心线内侧）

附注：1.图中尺寸单位除桩号和标高以m计外，余均以mm计。
2.箱梁顶、底板均设1.5%的单向横坡，通过支座垫块调整高度。
3.本图适用于ZK2~ZK4孔箱梁一般构造。
4.左幅与右幅均适用本构造图，使用时请注意方向。

图名	ZK2~ZK4孔箱梁一般构造图	比例	如图所示
		图号	DQ002

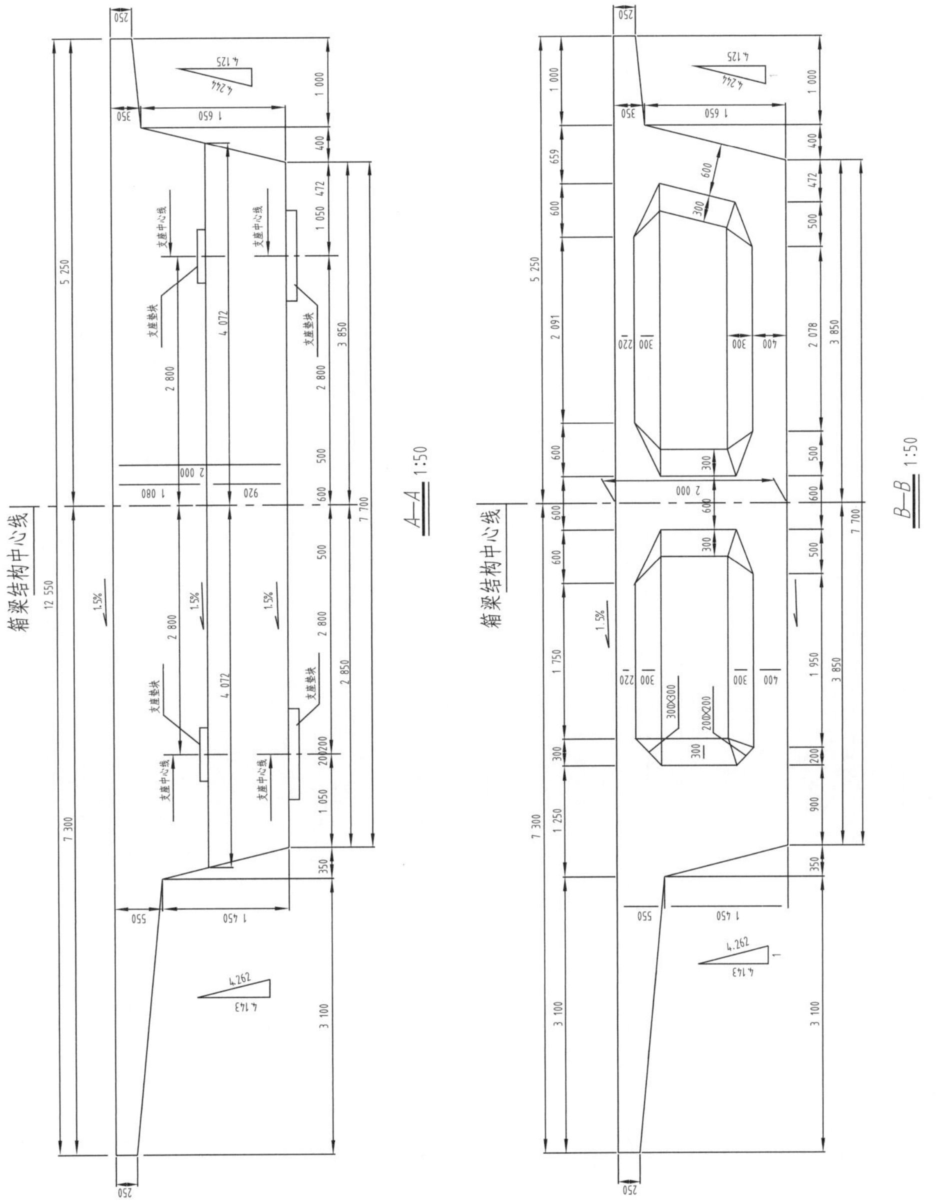

附注：
图中尺寸单位均以mm计。

图名	ZK2～ZK4孔箱梁一般构造图	比例	如图所示
		图号	DQ002

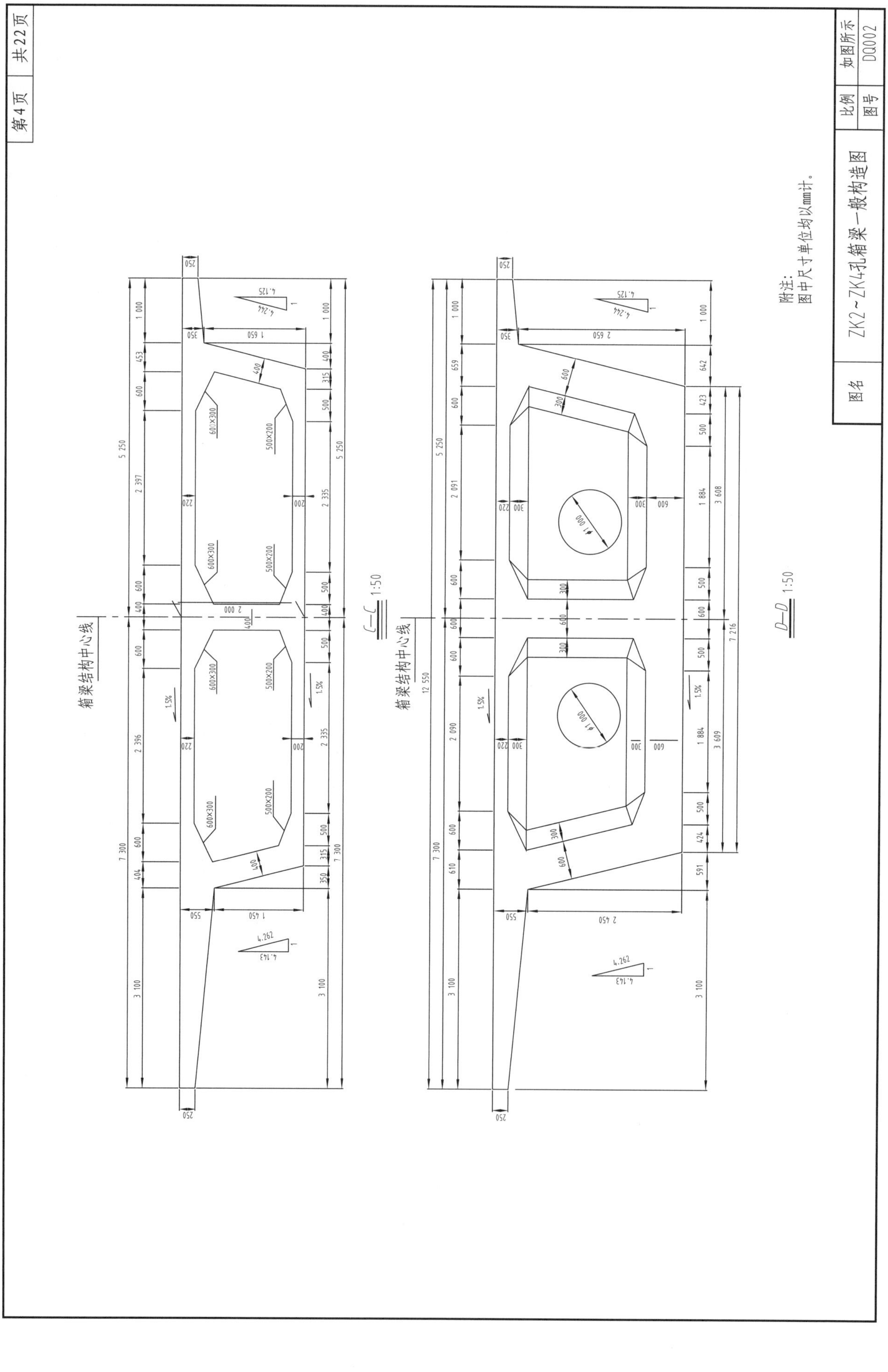
第4页
共22页
C—C 1:50
D—D 1:50
箱梁结构中心线
箱梁结构中心线
附注:
图中尺寸单位均以mm计。
图名
ZK2~ZK4孔箱梁一般构造图
比例
如图所示
图号
DQ002

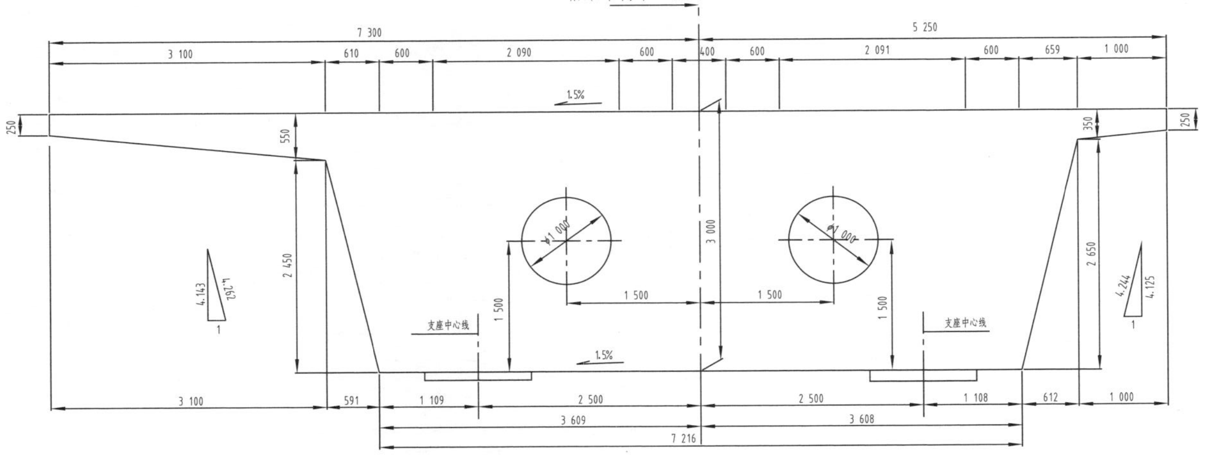

E—E 1:50

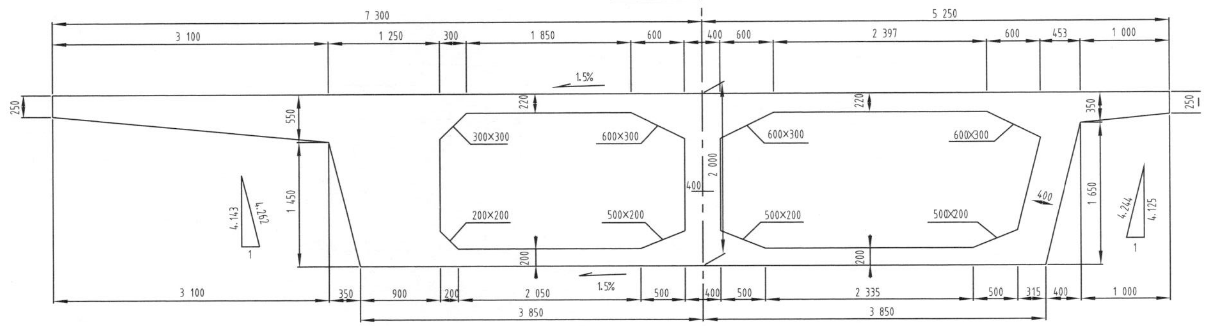

F—F 1:50

附注：
图中尺寸单位均以mm计。

图名	ZK2~ZK4孔箱梁一般构造图	比例	如图所示
		图号	DQ002

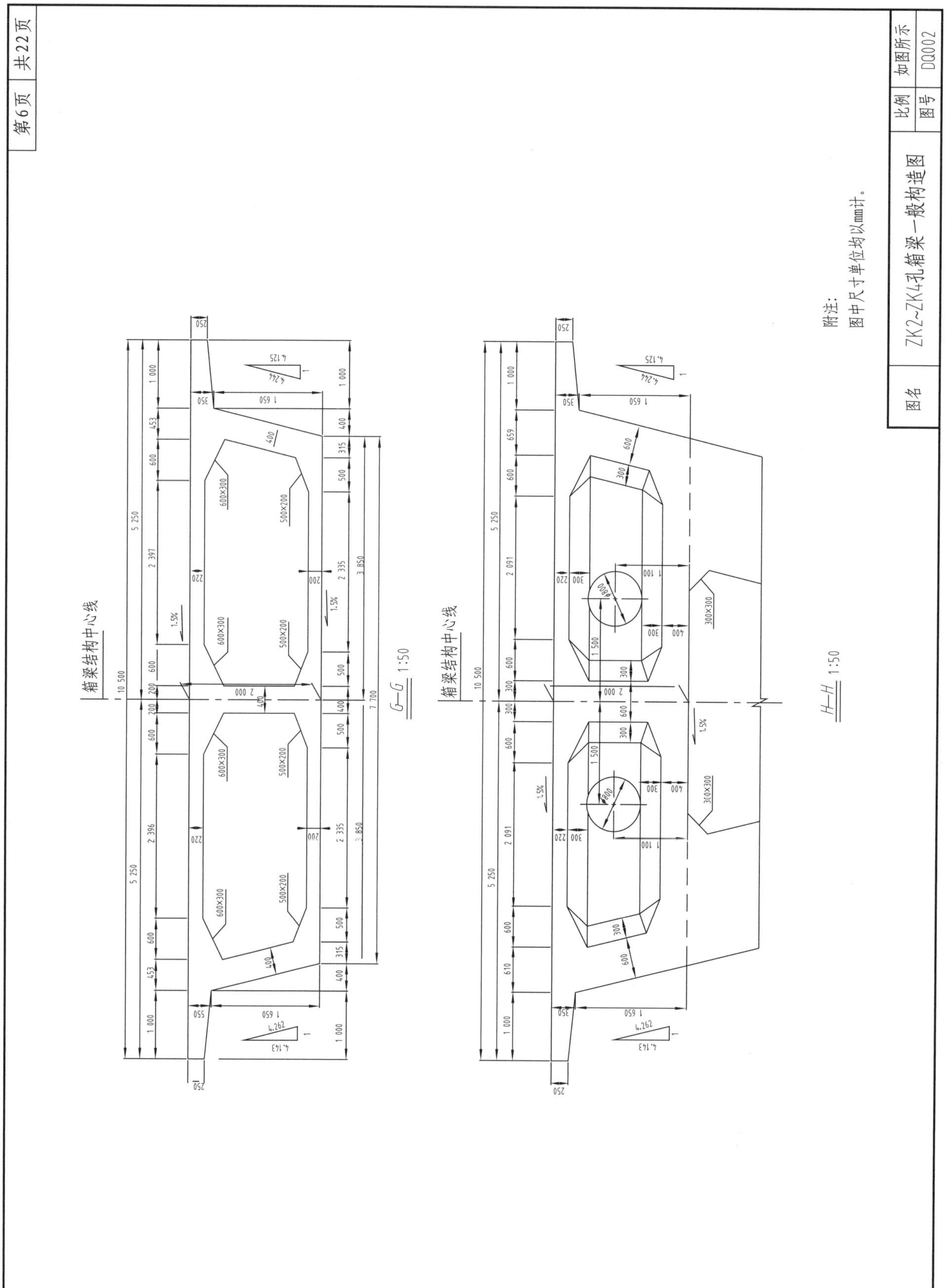
第6页 共22页
箱梁结构中心线
G—G 1:50
箱梁结构中心线
H—H 1:50
附注:
图中尺寸单位均以mm计。
图名 ZK2~ZK4孔箱梁一般构造图
比例 如图所示
图号 DQ002

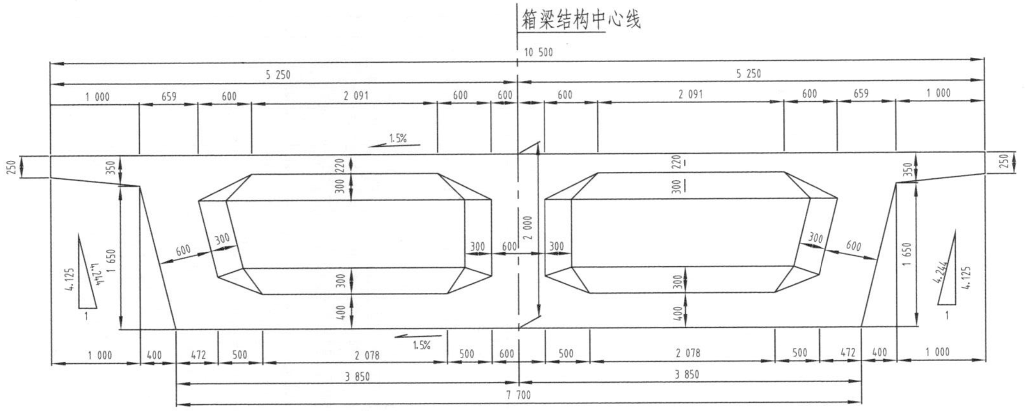

I—I 1:50

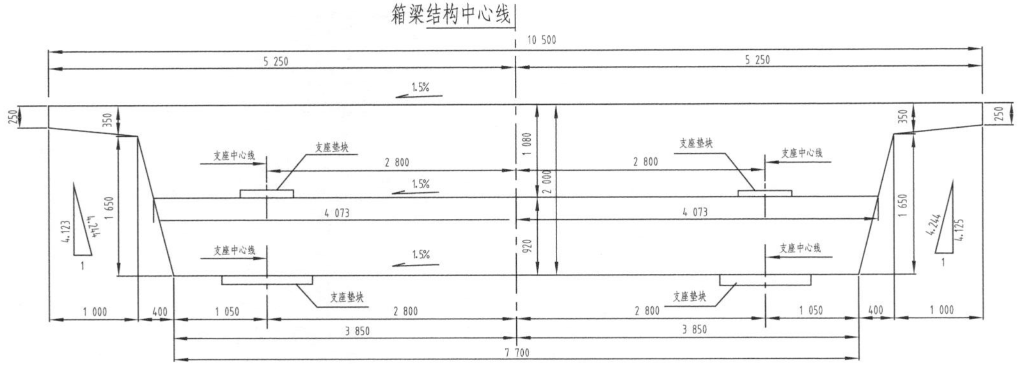

I—I 1:50

附注:
图中尺寸单位均以mm计。

图名	ZK2~ZK4孔箱梁一般构造图	比例	如图所示
		图号	DQ002

第8页 共22页

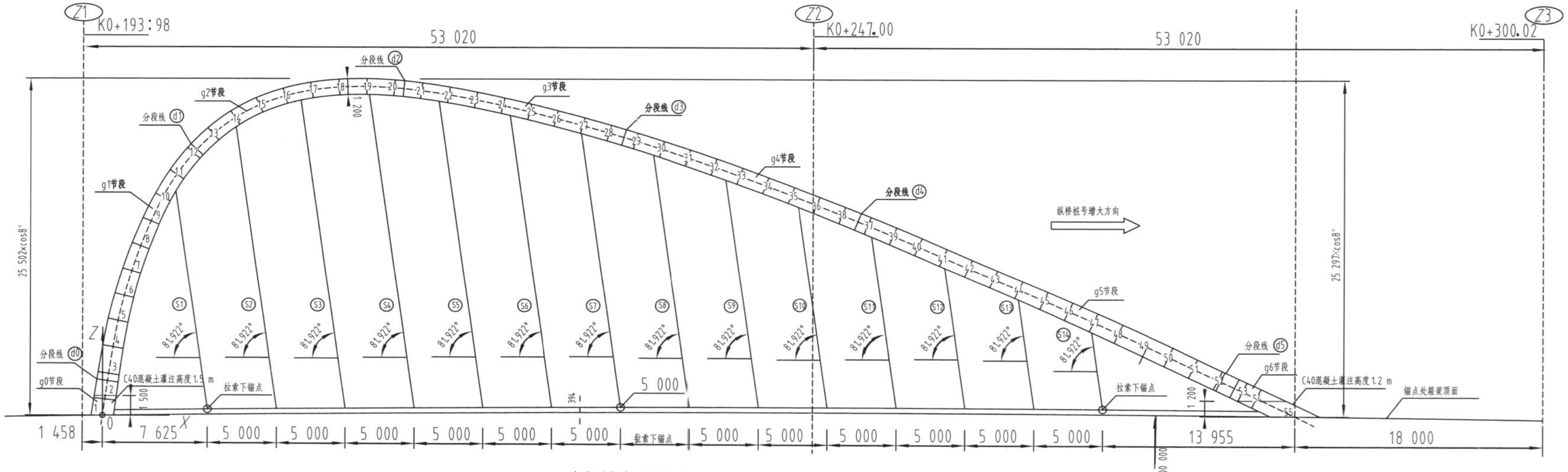

左幅拱肋XOZ平面 1:300

拱肋轴线XOZ空间坐标表

序号	X/m	Y/m	Z/m	序号	X/m	Y/m	Z/m	序号	X/m	Y/m	Z/m
1	0.000	0.000	0.000	d2	21.803	3.447	24.518	40	59.193	Y1.813	12.897
2	0.167	0.173	1.224	21	23.109	3.425	124.366	41	61.025	1.701	12.099
d0	0.364	0.370	2.629	22	25.085	3.382	24.061	42	62.851	1.588	11.294
3	0.443	0.449	3.186	23	27.049	3.330	23.685	43	64.675	1.474	10.481
4	0.746	0.724	5.144	24	29.001	3.269	23.256	44	66.495	1.359	9.661
5	1.107	0.998	7.092	25	30.945	3.204	22.791	45	68.315	1.243	8.841
6	1.550	1.269	9.023	26	32.883	3.135	22.299	46	70.132	1.127	8.012
7	2.088	1.37	10.930	27	34.812	3.062	21.779	47	71.948	1.010	7.183
8	2.729	1.801	12.807	28	36.735	2.985	21.233	48	73.762	0.893	6.348
9	3.472	2.059	14.644	d3	37.803	2.940	20.916	49	75.572	0.775	5.505
10	4.328	2.311	16.434	29	38.649	2.904	20.658	50	77.380	0.656	4.660
11	5.349	2.550	18.136	30	40.555	2.820	20.058	51	79.185	0.536	3.806
12	6.571	2.770	19.7032	31	42.452	2.732	19.432	52	80.987	2.732	2.944
d1	6.803	2.06	19.958	32	44.342	2.641	18.785	d5	81.175	0.402	2.853
13	7.983	2.967	21.103	33	46.222	2.546	18.108	53	82.783	0.293	2.076
14	9.570	3.136	22.304	34	48.095	2.448	17.144	54	83.801	0.223	1.579
15	11.320	3.270	23.261	35	49.961	2.348	16.700	55	86.580	0.124	0.203
16	13.192	3.367	23.3953	36	51.819	2.245	15.968				
17	15.139	3.430	24.399	37	53.671	2.140	15.221				
18	17.125	3.462	24.627	d4	54.803	2.075	14.755				
19	19.124	3.469	24.677	38	55.517	2.033	14.458				
20	21.121	3.455	24.580	39	57.357	1.924	13.683				

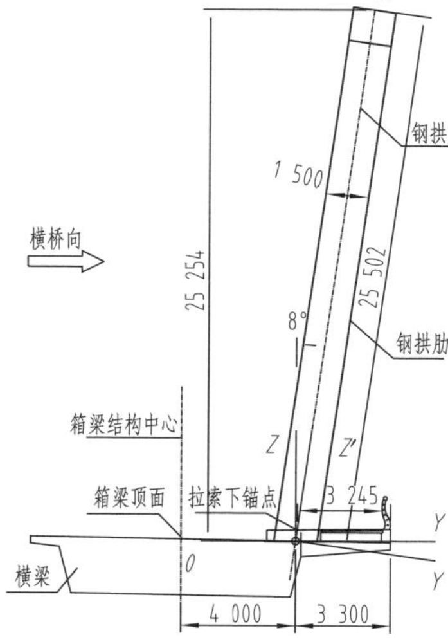

左幅拱肋YOZ平面 1:200

附注：

1. 本图尺寸单位除注明外，均以mm计。
2. 本图适用于左幅桥拱轴线。
3. 坐标原点为钢拱肋中心线和箱梁顶面交点(小桩号侧交点)。原点横桥向距箱梁结构中心线4.0 m，顺桥向距Z1分孔线1.458 m。X轴方向为水平顺桥向，Y轴方向为水平横桥向，Z轴方向为竖直方向。

图名	拱肋一般构造图	比例	如图所示
		图号	DQ003

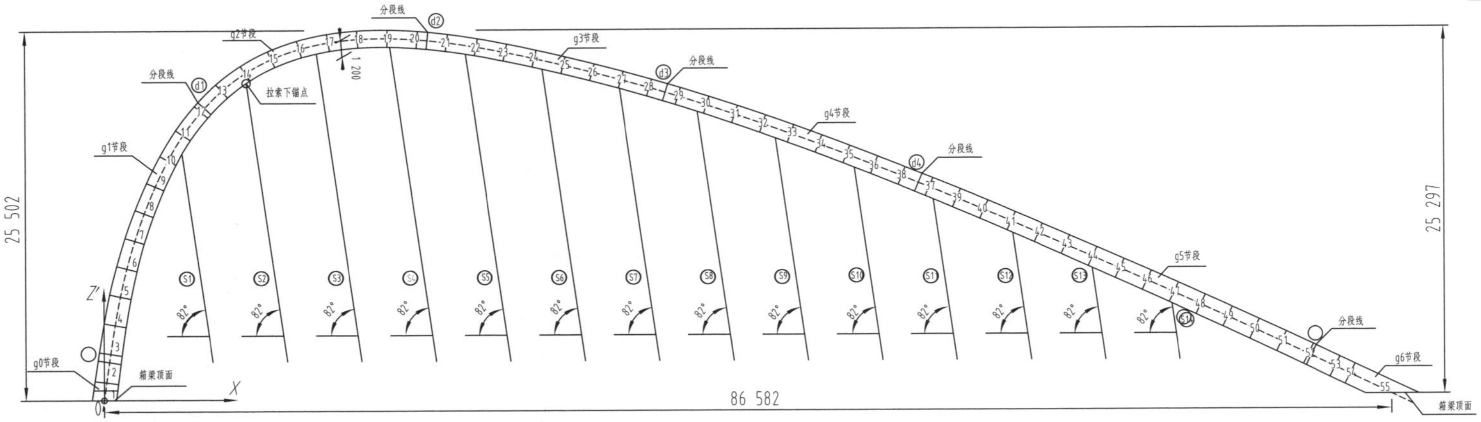

左幅拱肋 1:300
XOZ′ 平面

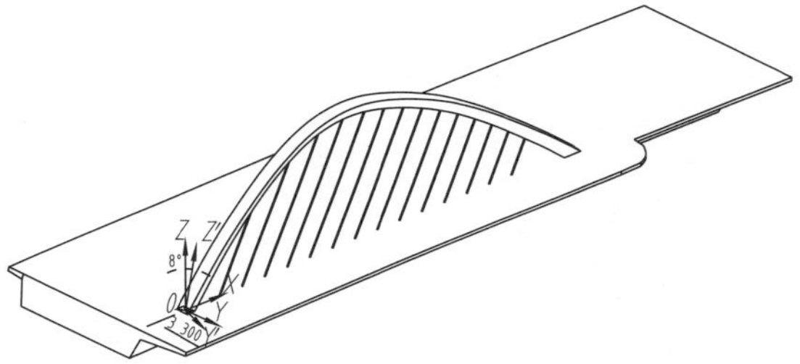

单幅箱梁与拱肋轴测图

拱肋XOZ′ 平面坐标表

定点序号	X/m	Z′/m	截面高H/m	定点序号	X/m	Z′/m	截面高H/m	定点序号	X/m	Z′/m	截面高H/m
1	0.000	0.000	1.627	d2	21.803	24.766	1.200	40	59.193	13.027	1.371
2	0.167	1.236	1.587	21	23.109	24.612	1.200	41	61.025	12.221	1.377
d0	0.364	2.656	1.555	22	25.085	24.304	1.200	42	62.851	11.408	1.387
3	0.443	3.218	1.540	23	27.049	23.924	1.200	43	64.675	10.587	1.407
4	0.746	5.196	1.495	24	29.001	23.491	1.200	44	66.495	9.759	1.435
5	1.107	7.164	1.467	25	30.945	23.021	1.200	45	68.315	8.930	1.460
6	1.550	9.114	1.403	26	32.883	22.524	1.200	46	71.948	8.093	1.476
7	2.088	11.040	1.349	27	34.812	21.999	1.200	47	71.948	7.256	1.486
8	2.729	12.936	1.312	28	36.735	21.447	1.200	48	73.762	6.412	1.493
9	3.472	14.792	1.275	d3	37.803	21.127	1.200	49	75.572	0.656	1.499
10	4.28	16.600	1.235	29	38.649	20.867	1.200	50	77.380	4.707	1.508
11	5.349	18.319	1.200	30	40.555	20.261	1.203	51	79.185	3.844	1.520
12	6.571	19.902	1.200	31	42.452	19.628	1.241	52	80.987	2.974	1.535
d1	6.803	20.160	1.200	32	44.342	18.975	1.261	d5	81.175	2.882	1.536
13	7.983	21.316	1.200	33	46.222	18.291	1.266	53	82.783	0.223	1.555
14	9.570	22.529	1.200	34	48.095	17.590	1.271	54	83.801	1.595	1.569
15	11.320	23.496	1.200	35	49.961	16.869	1.279	55	86.580	0.205	3.579
16	15.139	24.195	1.200	36	51.819	16.129	1.93				
17	15.139	24.645	1.200	37	53.671	15375	1.317				
18	17.125	24.876	1.200	d4	54.803	14904	1.333				
19	19.124	24.926	1.200	38	55.517	14.604	1.343				
20	21.121	24.828	1.200	39	57.357	13.821	1.361				

附注：
1. 本图尺寸单位除注明外，均以mm计。
2. XOZ′ 平面为拱肋及拉索所在的平面。
3. 点1、点55处截面高度为拱肋水平截面高度。
4. 本图适用于左幅桥拱轴线。

图名	拱肋一般构造图	比例	如图所示
		图号	DQ003

第10页 共22页

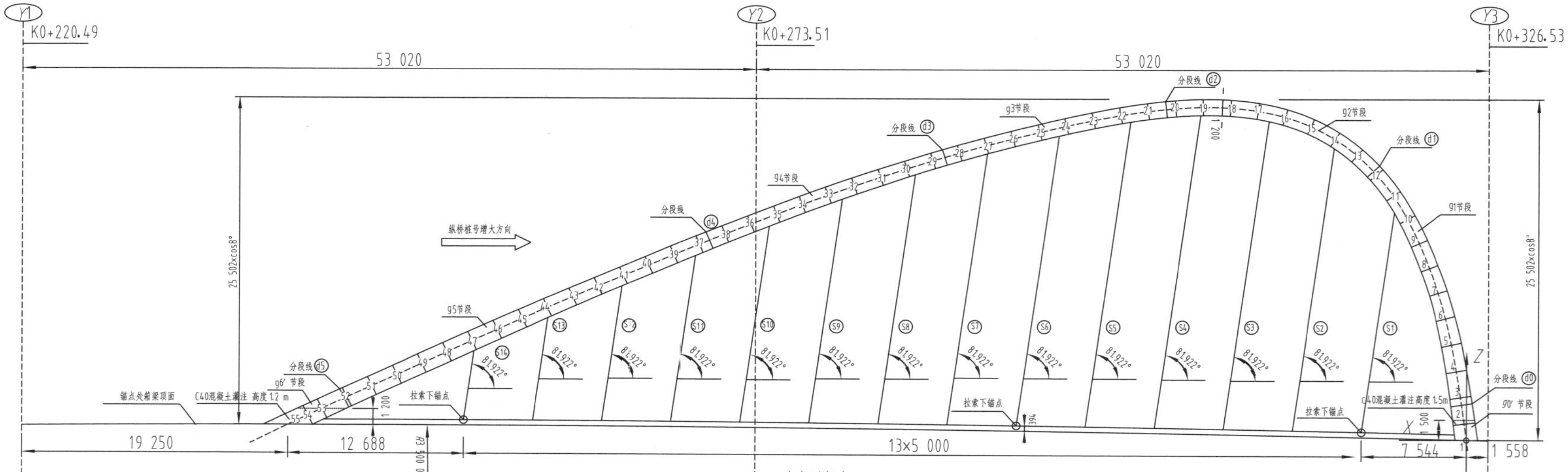

右幅拱肋XOZ平面 1:300

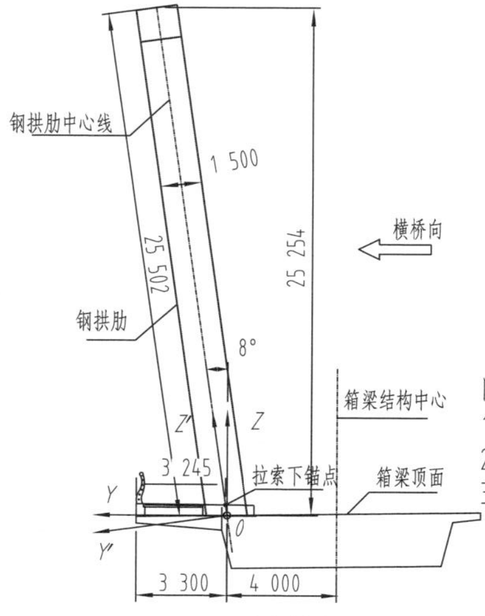

左幅拱肋YOZ平面 1:200

附注:
1. 本图尺寸单位除注明外，均以mm计。
2. 本图适用于右幅桥拱轴线。
3. 坐标原点为钢拱肋中心线和箱梁顶面交点(小桩号侧交点)。原点横桥向距箱梁结构中心线4.0 m，顺桥向距Z1分孔线1.458 m。X轴方向为水平顺桥向，Y轴方向为水平横桥向，Z轴方向为竖直方向。

拱肋轴线XYZ空间坐标表

序号	X/m	Y/m	Z/m	序号	X/m	Y/m	Z/m	序号	X/m	Y/m	Z/m
1	0.000	0.000	0.000	d2	21.800	3.444	24.497	40	59.190	1.810	12.876
2	0.164	0.170	1.203	21	23.106	3.422	124.345	41	61.022	1.698	12.078
d0	0.361	0.367	2.608	22	25.082	3.379	24.040	42	62.848	1.585	11.273
3	0.440	0.446	3.165	23	27.046	3.327	23.664	43	64.672	1.471	10.460
4	0.743	0.721	5.123	24	29.998	3.266	23.235	44	66.492	1.356	9.640
5	1.104	0.995	7.071	25	30.942	3.201	22.770	45	68.312	1.240	8.820
6	1.547	1.266	9.002	26	32.880	3.132	22.278	46	70.129	1.124	8.991
7	2.085	1.534	10.909	27	34.809	3.059	21.758	47	71.945	1.007	7.162
8	2.726	1.798	12.786	28	36.732	2.982	21.212	48	73.759	0.890	6.327
9	3.469	2.056	14.623	d3	37.800	2.937	20.895	49	75.569	0.772	5.484
10	4.325	2.308	16.413	29	38.646	2.901	20.637	50	77.377	0.653	4.639
11	5.346	2.547	18.115	30	40.552	2.817	20.037	51	79.182	0.533	3.785
12	6.568	2.767	19.682	31	42.449	2.729	19.411	52	80.984	0.412	2.923
d1	6.800	2.803	19.937	32	44.339	2.638	18.764	d5	81.172	0.399	2.832
13	7.980	2.964	21.082	33	46.219	2.543	18.007	53	82.780	0.290	2.055
14	9.567	3.133	22.283	34	48.092	2.445	17.393	54	83.798	0.220	1.558
15	11.317	3.267	23.240	35	49.958	2.345	16.679	55	85.232	0.121	0.852
16	13.182	3.364	23.332	36	51.816	2.242	15.947				
17	15.136	3.427	24.378	37	53.668	2.137	15.200				
18	17.122	3.459	24.606	d4	54.800	2.072	14.734				
19	19.121	3.466	24.656	38	55.515	2.030	14.437				
20	21.118	3.452	24.559	39	57.355	1.921	13.662				

图名	拱肋一般构造图	比例	如图所示
		图号	DQ003

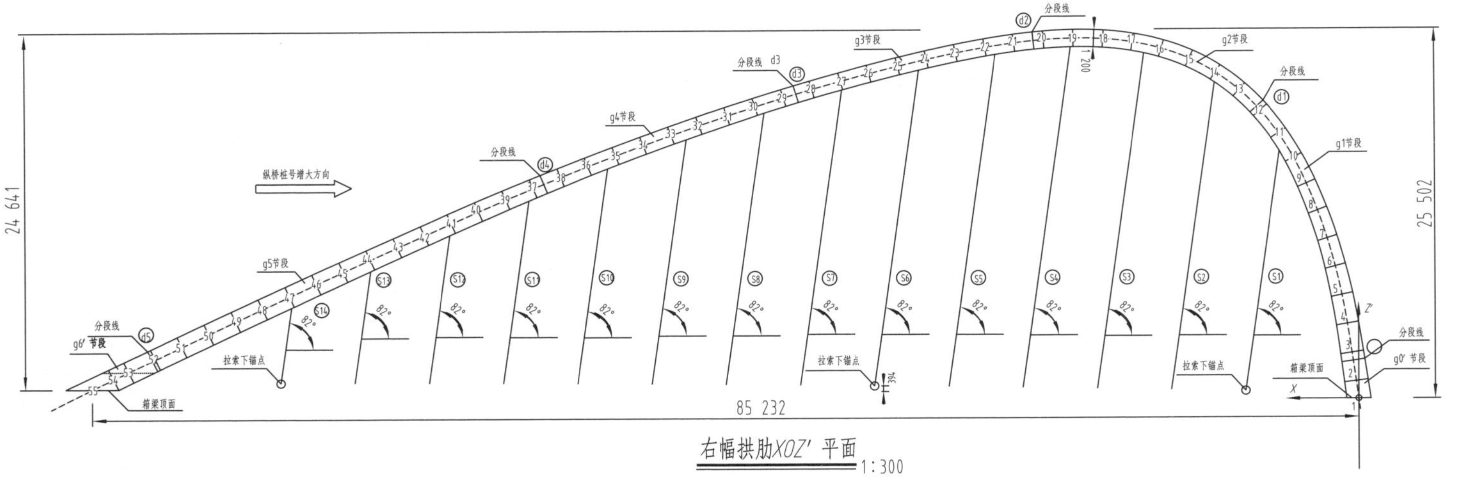

右幅拱肋XOZ′平面 1:300

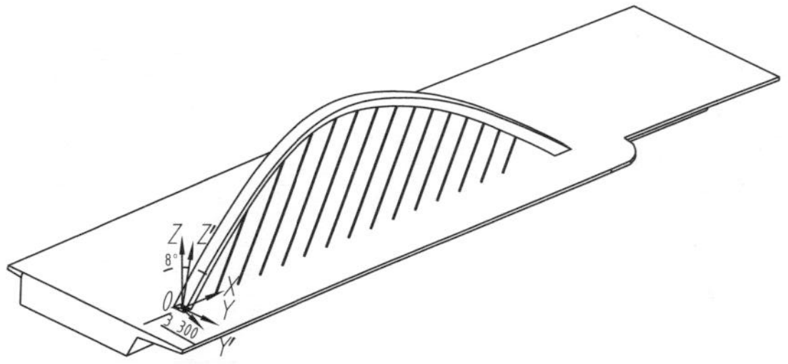

单幅箱梁与拱肋轴测图

拱肋XOZ 平面坐标表

定点序号	X/m	Z′/m	截面高H/m	定点序号	X/m	Z′/m	截面高H/m	定点序号	X/m	Z′/m	截面高H/m
1	0.000	0.000	1.627	d2	21.800	24.744	1.200	40	59.190	13.006	1.371
2	0.164	1.215	1.587	221	23.106	24.591	1.200	41	61.022	12.200	1.377
d0	0.361	2.634	1.555	22	25.082	24.283	1.200	42	62.848	11.387	1.387
3	0.440	3.197	1.540	23	27.046	23.903	1.200	43	64.672	10.566	1.407
4	0.743	5.175	1.495	24	28.998	23.470	1.200	44	66.492	9.737	1.435
5	1.104	7.142	1.467	25	30.942	23.000	1.200	45	68.312	8.909	1.460
6	1.547	9.093	1.403	26	32.880	22.503	1.200	46	70.129	8.072	1.476
7	2.085	11.019	1.349	27	34.809	21.978	1.200	47	71.945	7.234	1.486
8	2.726	12.915	1.312	28	36.732	21.426	1.200	48	73.759	6.391	1.493
9	3.469	14.771	1.275	d3	37.800	21.106	1.200	49	75.569	5.539	1.499
10	4.325	16.579	1.235	29	38.646	20.845	1.200	50	77.377	4.686	1.508
11	5.346	18.298	1.200	30	40.552	20.239	1.203	51	79.182	3.823	1.520
12	6.568	19.881	1.200	31	42.449	19.607	1.241	d2	80.984	2.953	1.535
d1	6.800	20.138	1.200	32	44.339	18.954	1.261	d5	81.172	2.861	1.536
13	7.980	21.295	1.200	33	46.219	18.270	1.266	53	82.780	2.076	1.555
14	9.567	22.508	1.200	34	48.092	17.569	1.271	54	83.798	1.574	1.569
15	11.317	23.475	1.200	35	49.958	16.847	1.279	55	85.232	0.861	3.568
16	13.189	24.174	1.200	36	51.816	16.108	1.293				
17	15.136	24.624	1.200	37	53.668	15.354	1.317				
18	17.122	24.855	1.200	d4	54.800	14.883	1.333				
19	19.121	24.905	1.200	38	55.514	14.583	1.343				
20	21.118	24.807	1.200	39	57.354	13.800	1.361				

附注:

1. 本图尺寸单位除注明外，均以mm计。
2. XOZ′平面为拱肋及拉索所在的平面。
3. 点1、点55处截面高度为拱肋水平截面高度。
4. 本图适用于左幅桥拱轴线。

图名	拱肋一般构造图	比例	如图所示
		图号	DQ003

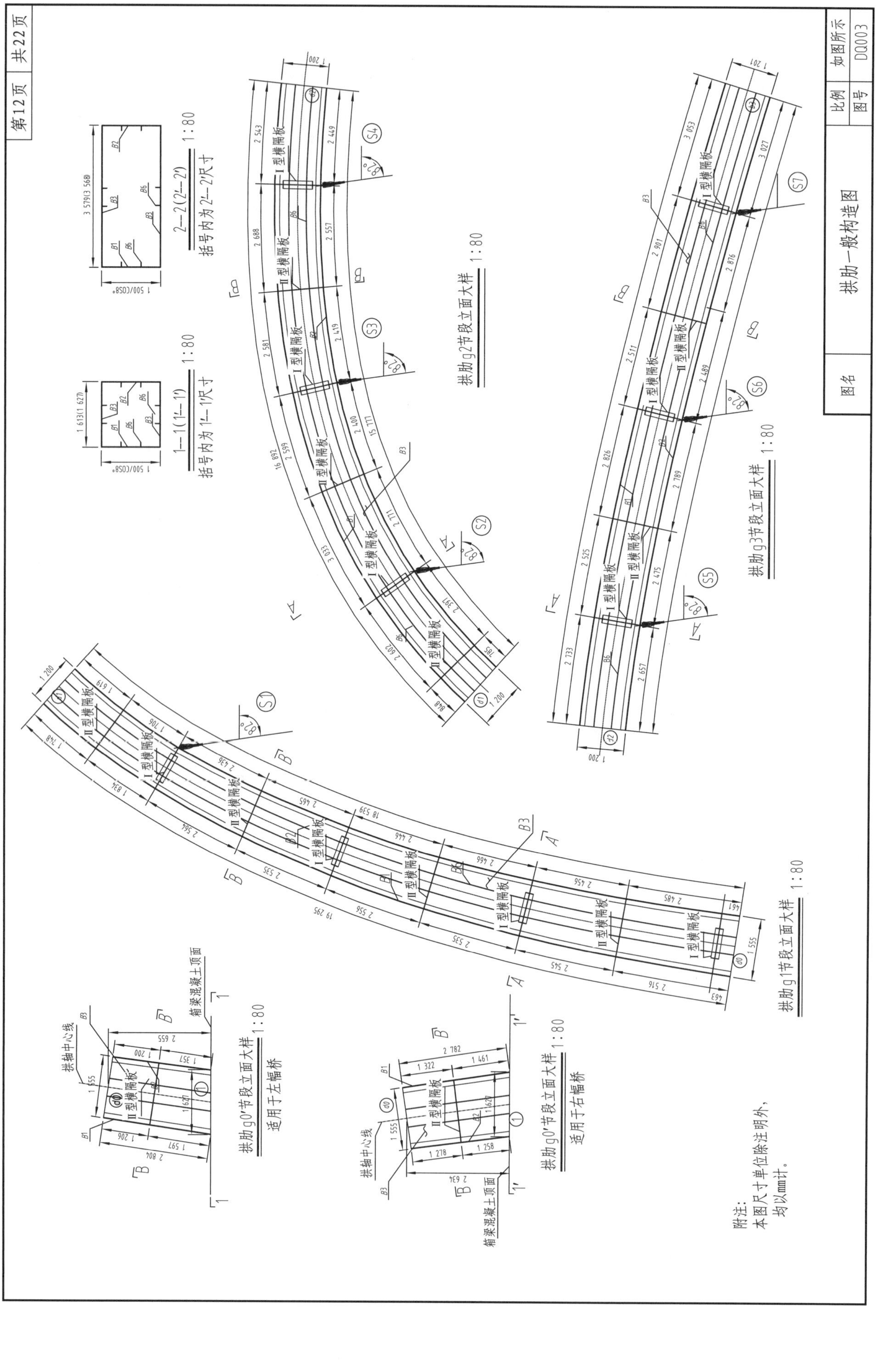
第12页 共22页
比例 如图所示
图号 DQ003
图名 拱肋一般构造图
1—1(1'—1') 1:80
括号内为1'—1'尺寸
2—2(2'—2') 1:80
括号内为2'—2'尺寸
拱肋g2节段立面大样 1:80
拱肋g3节段立面大样 1:80
拱肋g1节段立面大样 1:80
拱肋g0'节段立面大样 1:80
适用于左幅桥
拱肋g0'节段立面大样 1:80
适用于右幅桥
Ⅰ型横隔板
Ⅱ型横隔板
拱轴中心线
箱梁混凝土顶面
附注：
本图尺寸单位除注明外，
均以mm计。

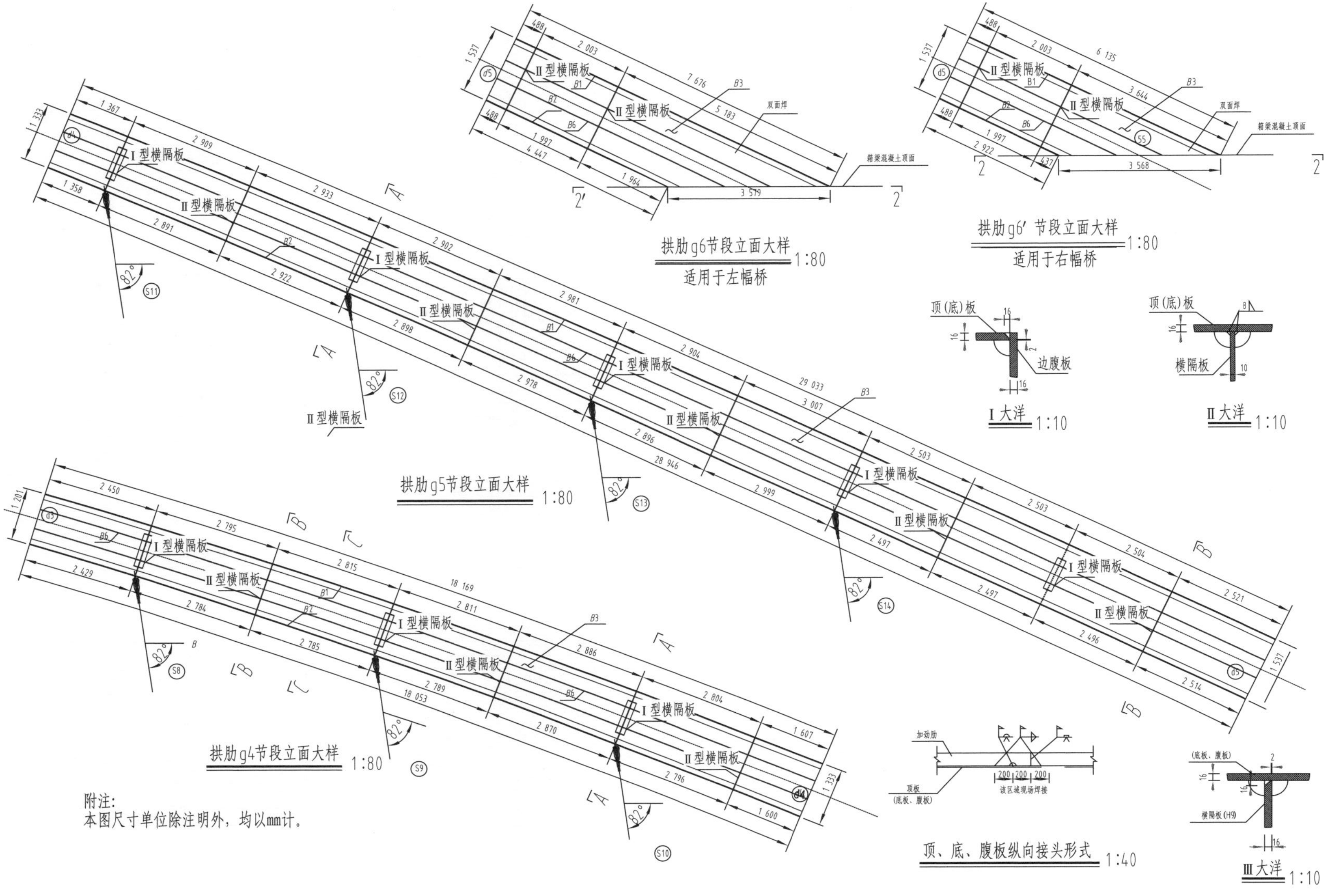

附注:
本图尺寸单位除注明外，均以mm计。

图名	拱肋一般构造图	比例	如图所示
		图号	DQ003

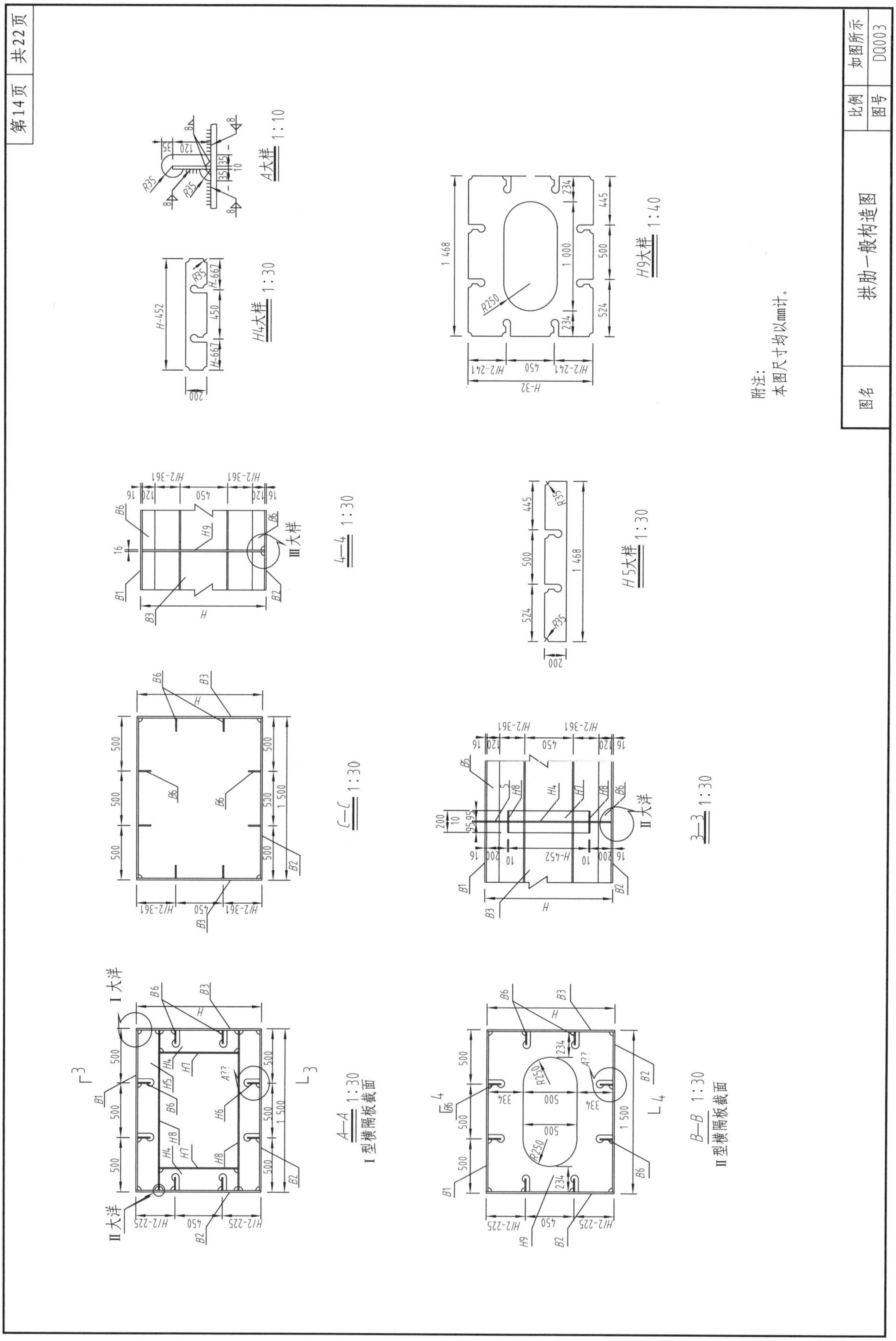

第14页 共22页
比例 如图所示
图号 DQ003
图名 拱肋一般构造图
附注：
本图尺寸均以mm计。
A大样 1:10
H4大样 1:30
H9大样 1:40
4—4 1:30
Ⅲ大样
H5大样 1:30
C—C 1:30
3—3 1:30
Ⅱ大洋
A—A 1:30
Ⅰ型横隔板截面
Ⅰ大洋
Ⅱ大洋
B—B 1:30
Ⅱ型横隔板截面

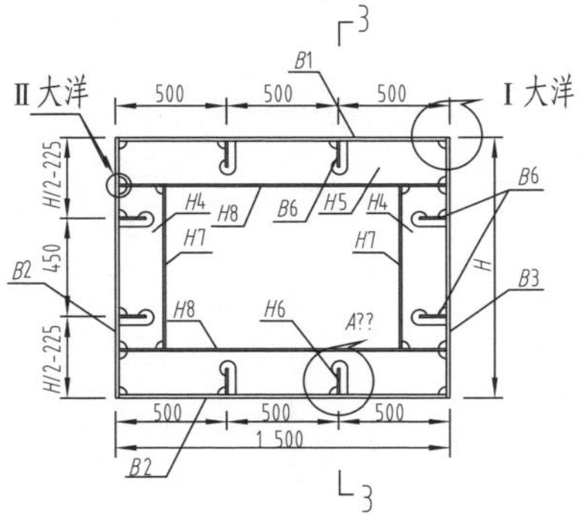

A—A 1:30
I 型横隔板截面

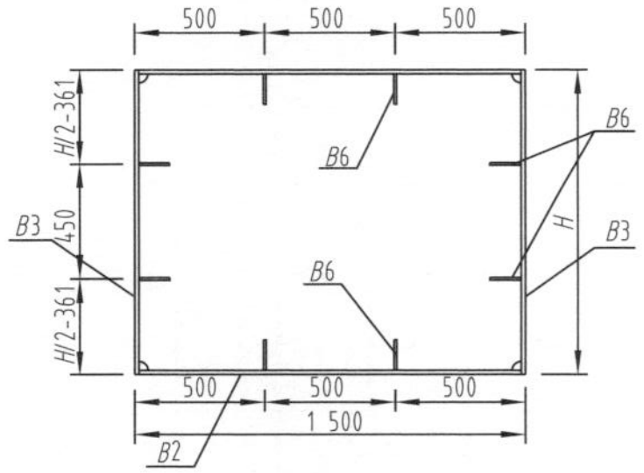

C—C 1:30

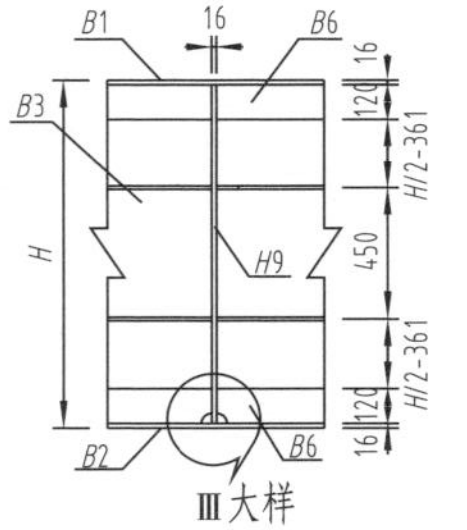

4—4 1:30

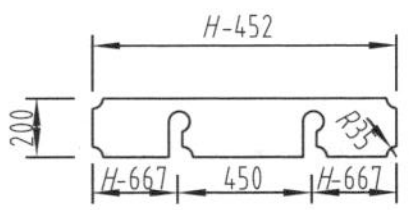

H4大样 1:30

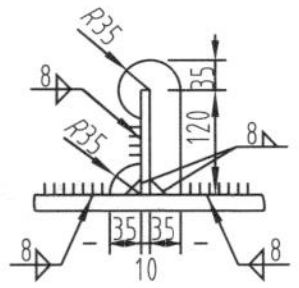

A大样 1:10

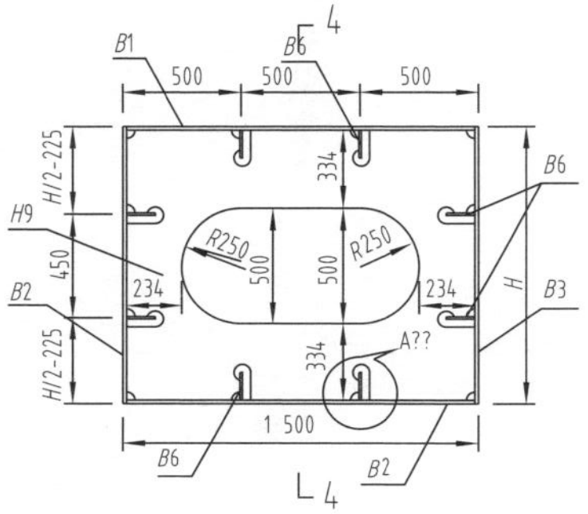

B—B 1:30
II 型横隔板截面

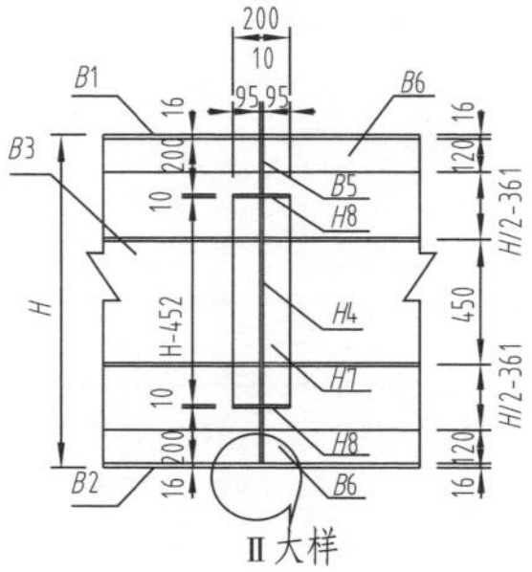

3—3 1:30

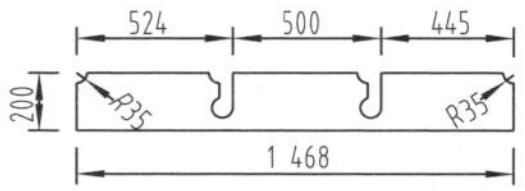

H5大样 1:30

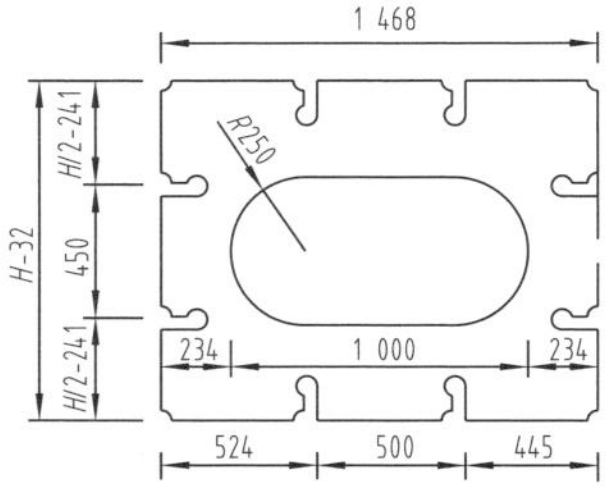

H9大样 1:40

附注：
本图尺寸均以mm计。

图名	拱肋一般构造图	比例	如图所示
		图号	DQ003

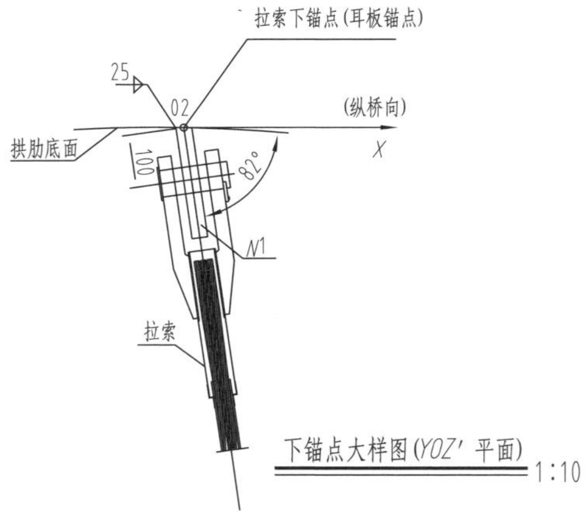

下锚点大样图(YOZ′ 平面) 1:10

拉索上锚点YOZ′ 平面坐标表(左幅)

拉索编号	上锚点02	
	X/m	Z′/m
S1	5.279	17.075
S2	9.633	21.843
S3	14.355	23.873
S4	19.399	24.316
S5	24.376	23.810
S6	29.530	22.744
S7	34.723	21.396
S8	39.947	19.822
S9	45.205	17.991
S10	50.490	15.967
S11	55.801	13.753
S12	61.126	11.424
S13	66.469	8.978
S14	71.814	6.492

拉索上锚点YOZ′ 平面坐标表(右幅)

拉索编号	上锚点02	
	X/m	Z′/m
S1	5.276	17.054
S2	9.630	21.822
S3	14.352	23.852
S4	19.296	24.295
S5	24.373	23.789
S6	29.527	22.723
S7	34.720	21.375
S8	39.944	19.801
S9	45.202	17.970
S10	50.487	15.946
S11	55.798	13.732
S12	61.123	11.403
S13	66.466	8.957
S14	71.811	6.471

拉索下锚点XYZ平面坐标表(左幅)

拉索编号	下锚点01′		
	X/m	Y/m	Z/m
S1	7.625	0.055	0.498
S2	12.625	0.055	0.557
S3	17.625	0.055	0.609
S4	22.625	0.055	0.654
S5	27.625	0.055	0.692
S6	32.625	0.055	0.723
S7	37.625	0.055	0.746
S8	42.625	0.055	0.763
S9	47.625	0.055	0.772
S10	52.625	0.055	0.774
S11	57.625	0.055	0.769
S12	62.625	0.055	0.757
S13	67.625	0.055	0.737
S14	72.625	0.055	0.711

拉索下锚点XYZ平面坐标表(右幅)

拉索编号	下锚点01′		
	X/m	Y/m	Z/m
S1	7.544	0.055	0.555
S2	12.544	0.055	0.652
S3	17.544	0.055	0.742
S4	22.544	0.055	0.825
S5	27.544	0.055	0.900
S6	32.544	0.055	0.968
S7	37.544	0.055	0.030
S8	42.544	0.055	0.084
S9	47.544	0.055	0.131
S10	52.544	0.055	0.170
S11	57.544	0.055	1.203
S12	62.544	0.055	0.229
S13	67.544	0.055	0.247
S14	72.544	0.055	0.258

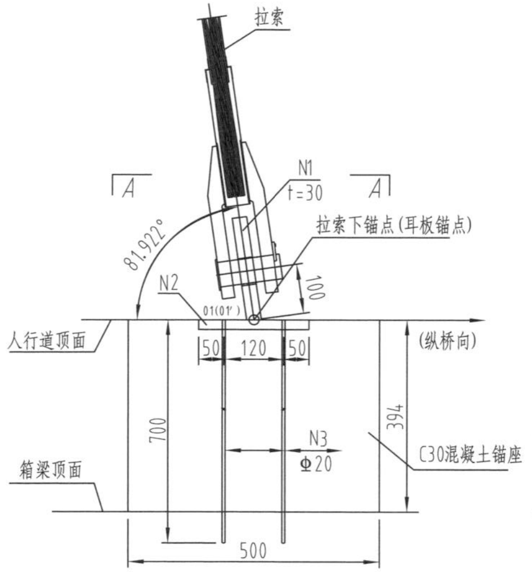

下锚点大样图(YOZ平面) 1:10

(纵桥面)

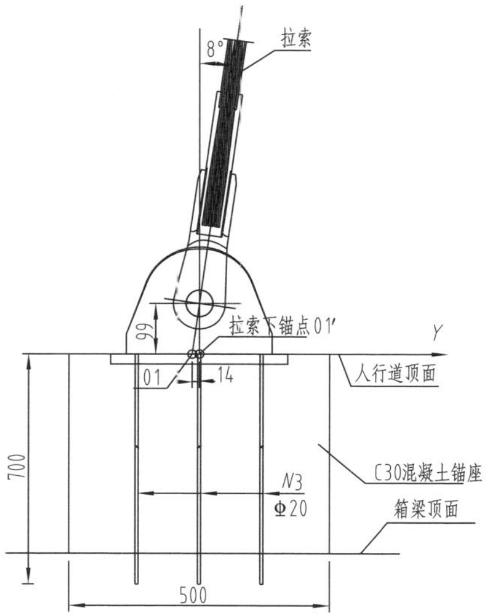

下锚点大样(YOZ平面) 1:10

(横桥面)

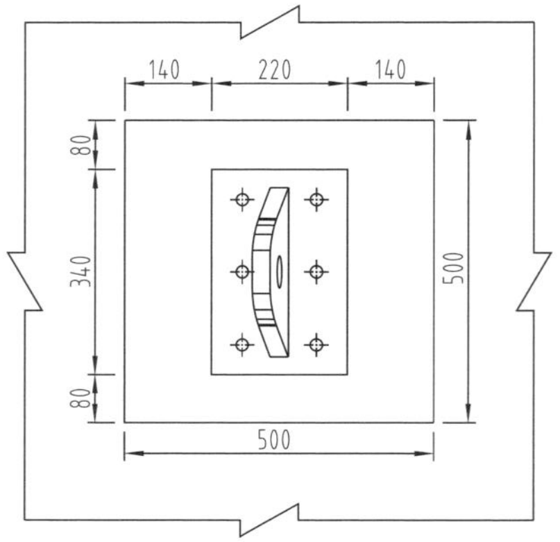

A—A 1:10

附注:
本图尺寸均以mm计。

图名	拱索一般构造图	比例	如图所示
		图号	DQ004

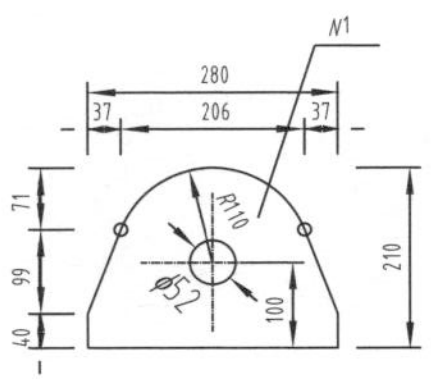

N1大样图(沿厚度中心剖切) 1:10

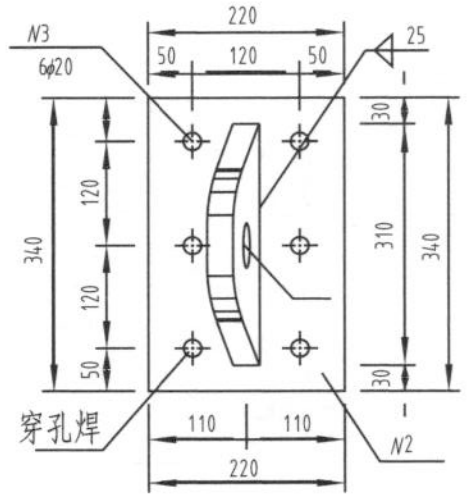

N2钢板大样图 1:10

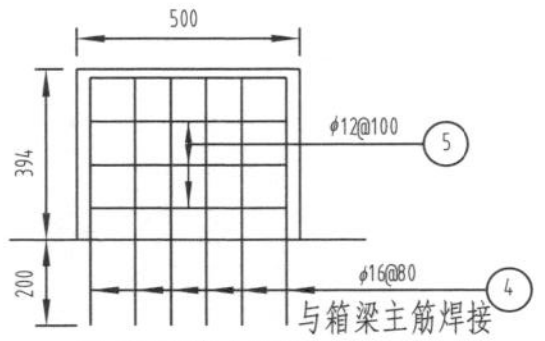

锚座配筋立面图 1:20

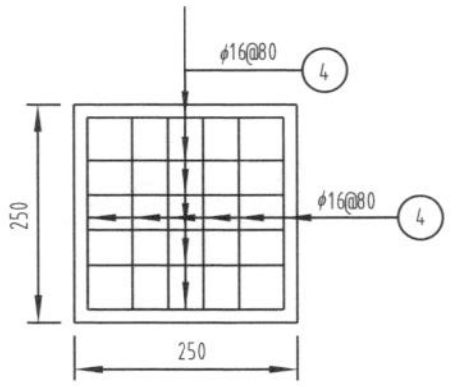

锚座配筋平面图 1:20

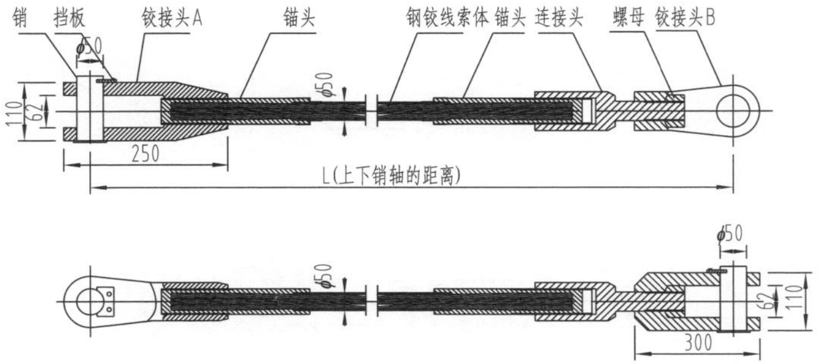

固定端

张拉端

斜拉索大样 1:10

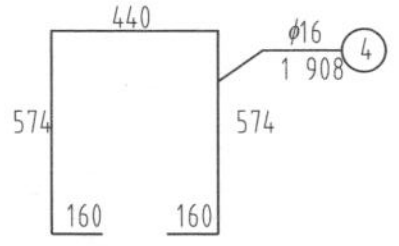

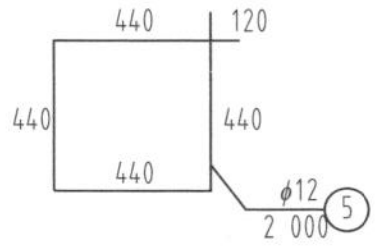

拉索工程参数及数量表

构件编号		上、下锚点距离/mm	销轴距理论值L/mm	拉索根数	拉索重量/kg	张拉端锚具/套	固定端锚具/套
左幅	S1	16 742	16 542	1	77.75	1	1
	S2	21 495	21 295	1	100.09	1	1
	S3	23 492	23 292	1	109.47	1	1
	S4	23 894	23 694	1	111.36	1	1
	S5	23 345	23 145	1	108.78	1	1
	S6	22 383	22 183	1	104.26	1	1
	S7	20 853	20 653	1	97.07	1	1
	S8	19 247	19 047	1	89.52	1	1
	S9	17 388	17 188	1	80.78	1	1
	S10	15 342	15 142	1	71.17	1	1
	S11	12 112	12 912	1	60.69	1	1
	S12	10 772	10 572	1	49.69	1	1
	S13	8 321	8 121	1	38.17	1	1
	S14	5 838	5 638	1	26.50	1	1
右幅	S1	16 663	16 463	1	77.38	1	1
	S2	21 378	21 178	1	99.54	1	1
	S3	23 337	23 137	1	108.74	1	1
	S4	23 701	23 501	1	110.45	1	1
	S5	22 114	22 914	1	107.70	1	1
	S6	21 969	21 769	1	102.31	1	1
	S7	20 545	20 345	1	95.65	1	1
	S8	18 901	18 701	1	87.89	1	1
	S9	17 004	16 804	1	78.98	1	1
	S10	14 921	14 721	1	69.19	1	1
	S11	12 652	12 452	1	58.52	1	1
	S12	10 274	10 074	1	47.35	1	1
	S13	7 785	7 585	1	35.65	1	1
	S14	5 264	5 064	1	23.80	1	1
合计				28	2 228.42	28	28

耳板及预埋件工程数量表

构件编号	规格/mm 宽度×长度×厚度	数量	单件重量/kg	材料	总量/kg
N1	▱ 210×280×30	56	13.85	Q345d	775.60
N2	▱ 220×340×20	28	11.74	Q345d	328.72
N3	ϕ	168	1.74	HRB335	292.3
N4	见大样	336	3.01	HRB335	1 011.35
N5	见大样	84	1.776	HRB335	149.18
全桥合计	Q345d: 1104.32kg	HRB335: 1452.84kg		C30混凝土: 2.758 m³	

附注:

本图尺寸单位为mm。

图名	拱索一般构造图	比例	如图所示
		图号	DQ004

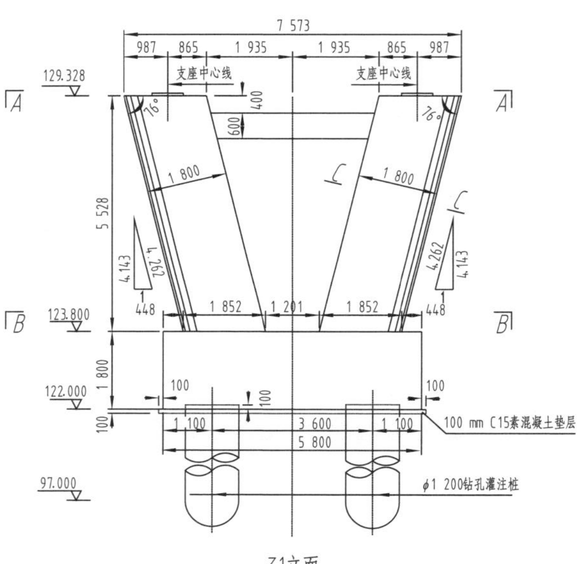

Z1立面 1:100

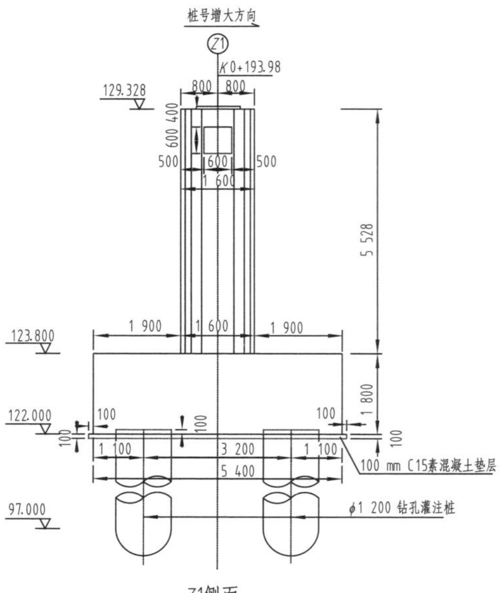

Z1侧面 1:100

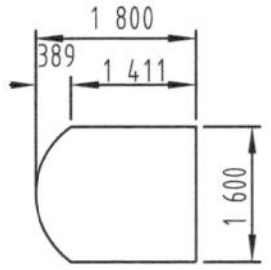

C—C 1:100

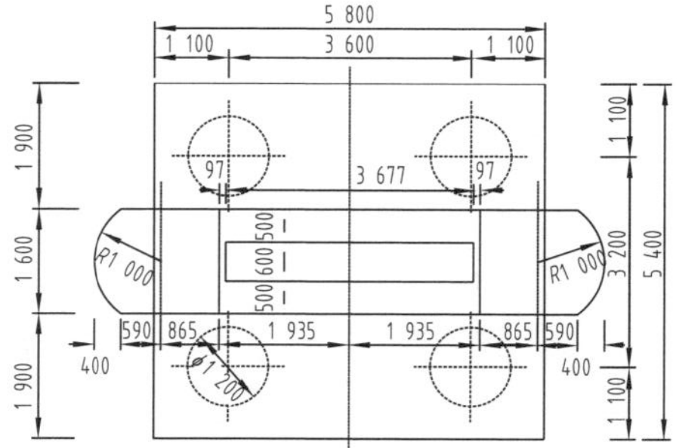

A—A 1:100

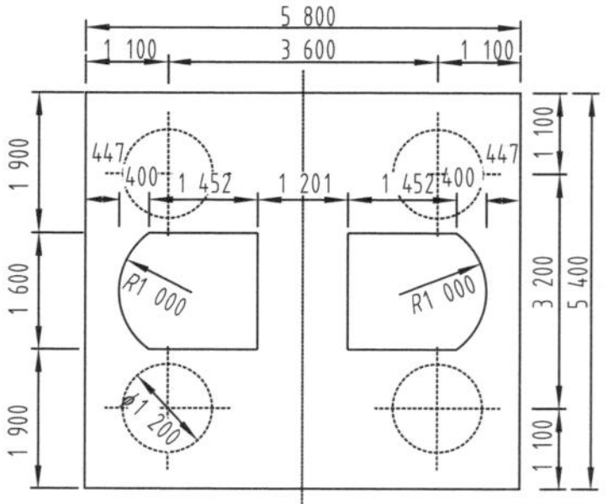

B—B 1:100

Z1桥墩材料数量表

项目	C40混凝土(m³)	C30混凝土(m³)	C25混凝土(m³)	C15混凝土(m³)
ϕ120钻孔灌注桩			113.10	
桥墩立柱与拉杆	31.52			
承台		56.38		
混凝土垫层				3.36
合计	31.52			3.36

附注：

1. 本图除标高以m计外，其余尺寸均以mm计。
2. 本图适应于Z1和Y4桥墩。

图名	桥墩一般构造图	比例	如图所示
		图号	DQ005

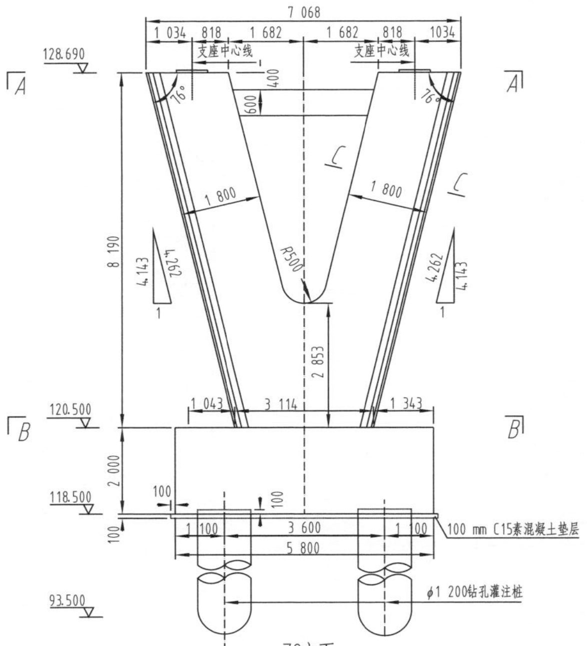

Z2立面 1:100

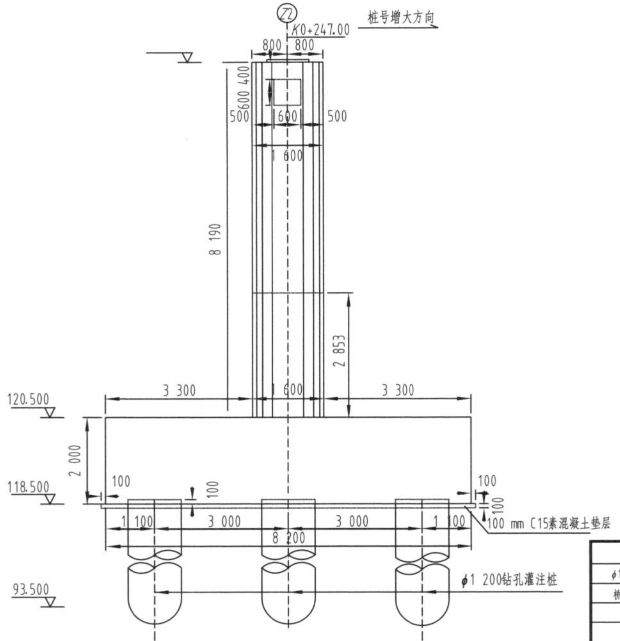

Z2侧面 1:100

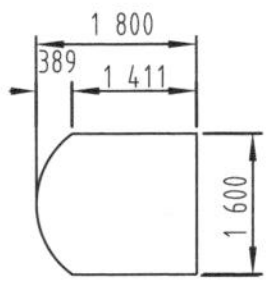

C—C 1:100

Z2桥墩材料数量表

项目	C40混凝土(m³)	C30混凝土(m³)	C25混凝土(m³)	C15混凝土(m³)
ϕ120钻孔灌注桩			169.65	
桥墩立柱与拉杆	47.84			
承台		95.12		
混凝土垫层				5.04

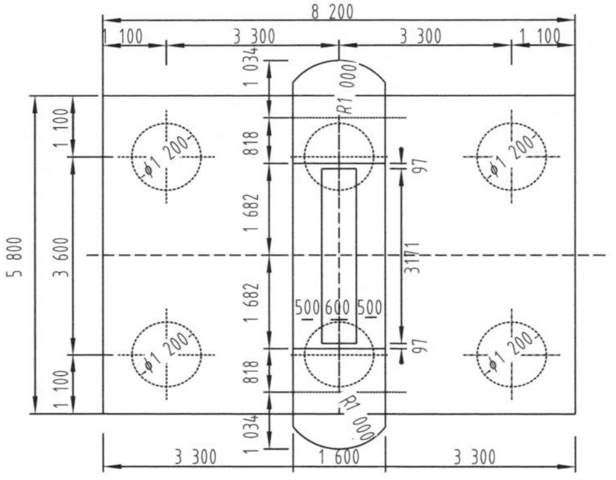

A—A 1:100

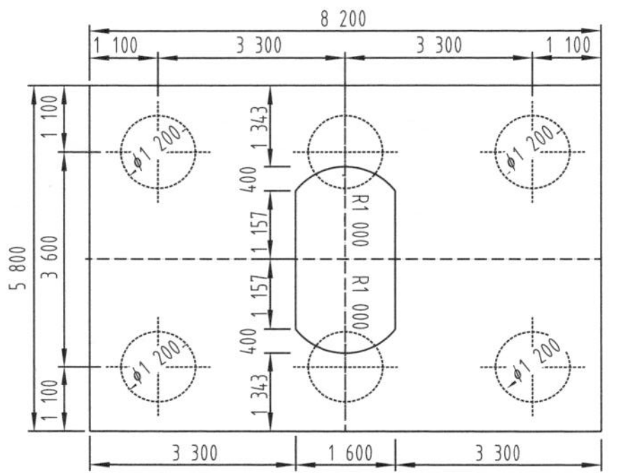

B—B 1:100

附注:

1. 本图除标高以m计外，其余尺寸均以mm计。
2. 本图适应于Z2和Y3桥墩。

图名	桥墩一般构造图	比例	如图所示
		图号	DQ005

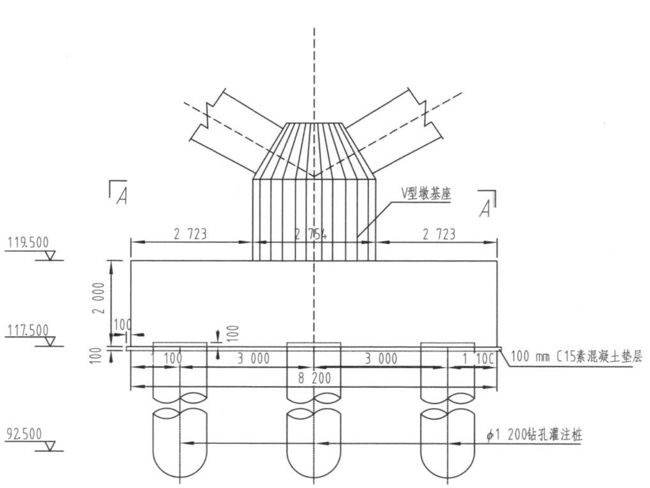

Z 3立面 1:100

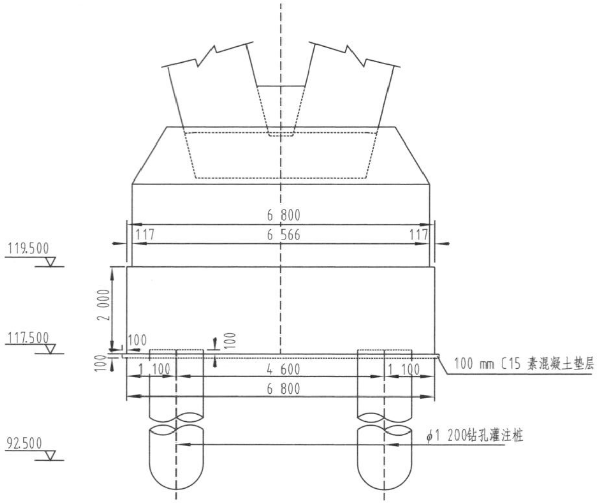

Z3侧面 1:100

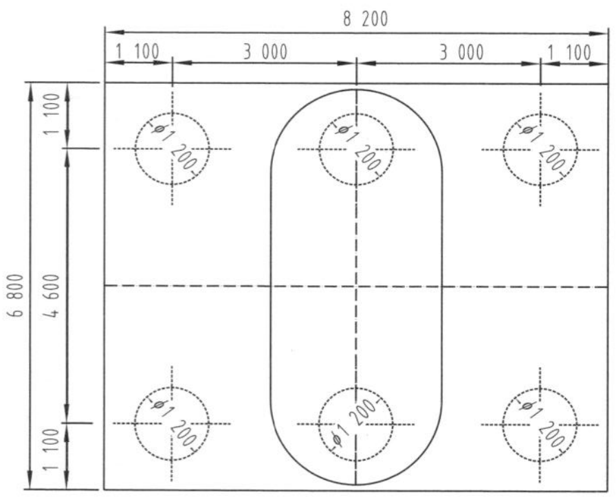

A—A 1:100

Z3桥墩材料数量表

项目	C30混凝土(m³)	C25混凝土(m³)	C15混凝土(m³)
φ120钻孔灌注桩		169.65	
承台	111.52		
混凝土垫层			5.88

附注:

1. 本图除标高以m计外,其余尺寸均以mm计。
2. 本图适应于Z3和Y2桥墩。

图名	桥墩一般构造图	比例	如图所示
		图号	DQ005

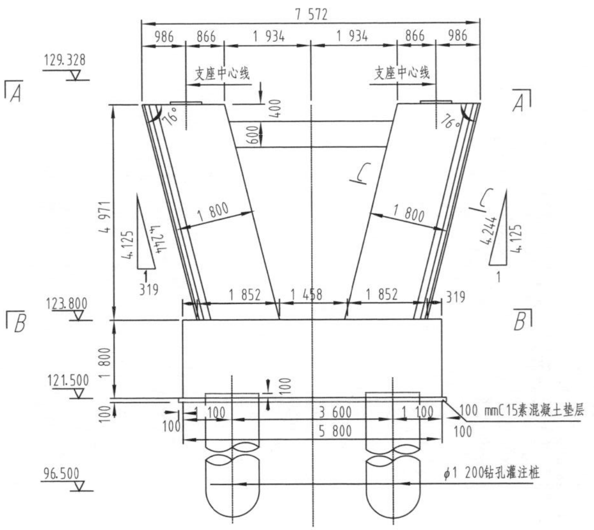

Z4立面 1:100

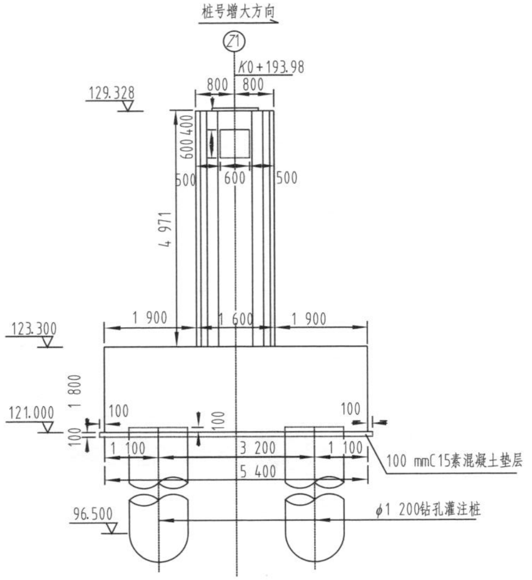

Z4侧面 1:100

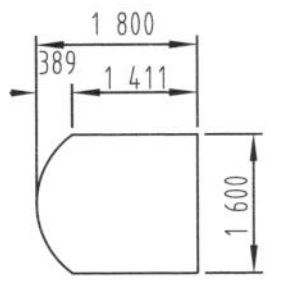

C—C 1:100

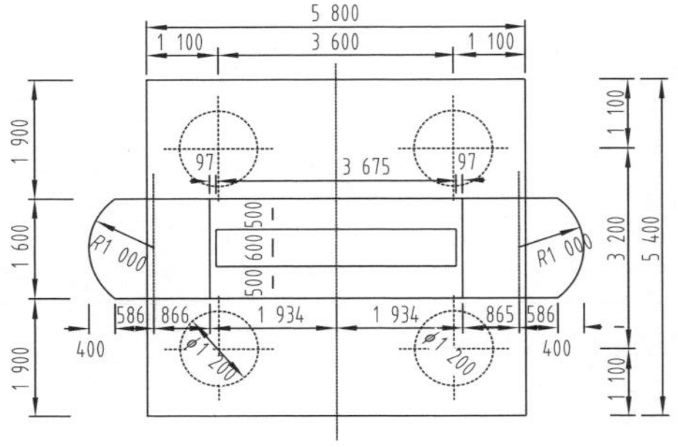

A—A 1:100

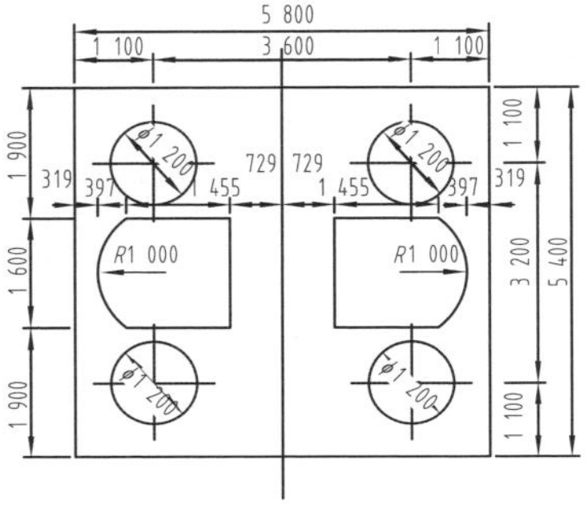

B—B 1:100

Z4桥墩材料数量表

项目	C40混凝土(m³)	C30混凝土(m³)	C25混凝土(m³)	C15混凝土(m³)
ϕ120钻孔灌注桩			113.10	
桥墩立柱与拉杆	29.71			
承台		56.38		
混凝土垫层				3.36

附注:

1. 本图除标高以m计外,其余尺寸均以mm计。
2. 本图适应于Z4和Y1桥墩。

图名	桥墩一般构造图	比例	如图所示
		图号	DQ005

第22页 共22页

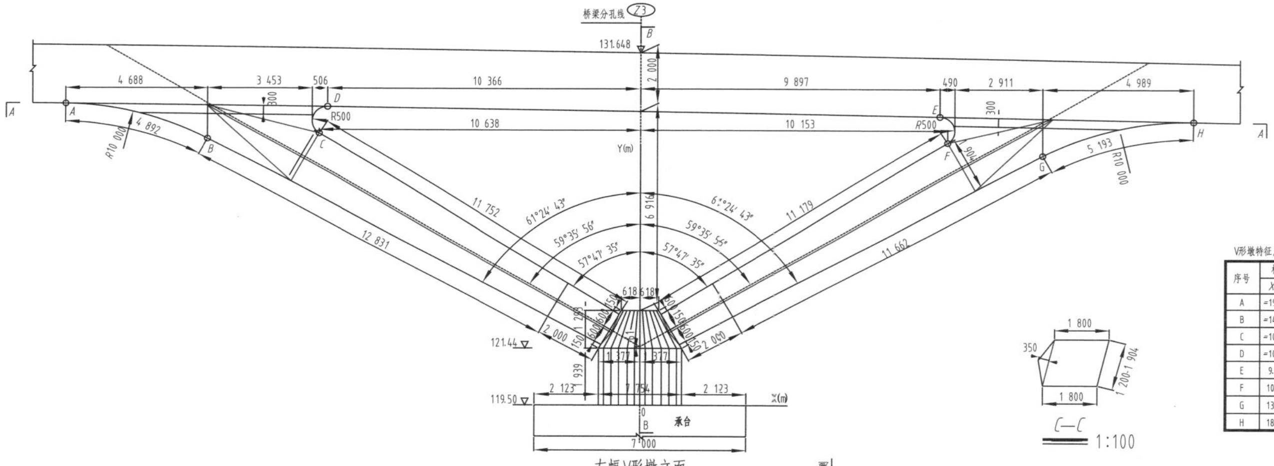

左幅V形墩立面 1:100

（沿左幅箱梁结构中心线展开）

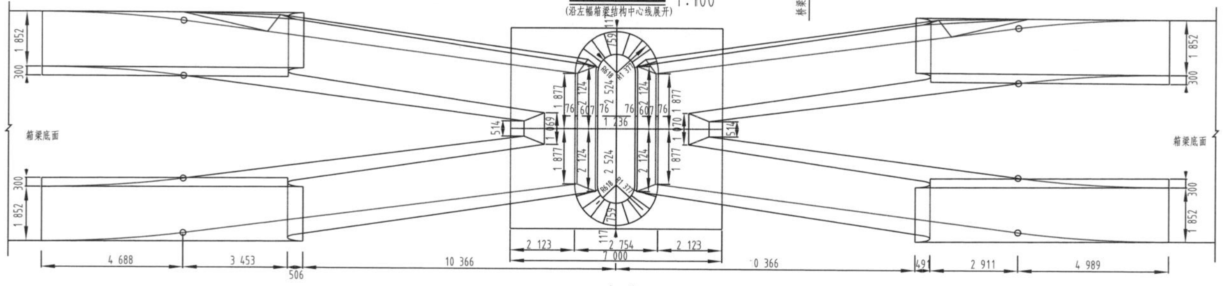

A—A 1:100

C—C 1:100

V形墩特征点相对坐标表

序号	相对理论坐标	
	X(m)	Y(m)
A	−19.013	10.385
B	−14.325	9.166
C	−10.638	9.367
D	−10.366	10.29
E	9.896	9.984
F	10.53	9.061
G	13.298	8.606
H	18.287	9.824

左幅V形桥墩材料数量表

项目	C40混凝土(m³)
V形桥墩	183.70
桥墩基座	45.98
合计	223.68

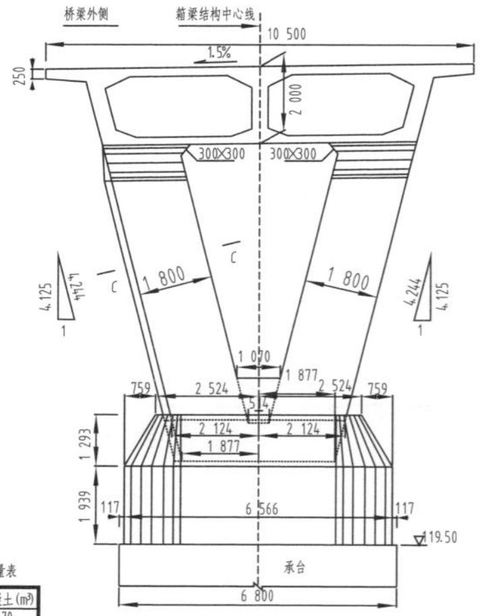

B—B 1:100

附注：
图中尺寸单位除桩号和标高以m计外，余均以mm计。

图名	V形墩一般构造图	比例	如图所示
		图号	DQ005

第 14 届“高教杯”全国大学生先进成图技术与产品信息建模创新大赛 道桥类计算机三维建模试题评分标准

道桥类计算机三维建模试题评分标准如表 1 所列。

表 1　道桥类计算机三维建模试题评分标准

考生编号	（手机号）				
构件名称	评分项目		得分	小计	总分
拱（20 分）	左侧拱肋（6 分）	形状（5 分）			
		位置（1 分）			
	左侧拉索（4 分）	形状及方向正确 2 分（错一处扣 0.5 分）			
		数量齐全 2 分（少一个扣 0.5 分）			
	右侧拱肋（6 分）	形状（5 分）			
		位置（1 分）			
	右侧拉索（4 分）	形状及方向正确 2 分（错一处扣 0.5 分）			
		数量齐全 2 分（少一个扣 0.5 分）			
梁体（22 分）	梁（18 分）	两侧形状各 8 分，其中观景台 3 分，主梁 5 分（变截面 2 分），位置各 1 分			
	人行道（2 分）	形状（1 分），每侧 0.5 分			
		位置（1 分），每侧 0.5 分			
	栏杆（2 分）	形状（1 分），每侧 0.5 分			
		位置（1 分），每侧 0.5 分			
桥墩（50 分，左右桥墩分值各占一半）	Z1（Y4）桥墩（9 分）	基础 2 分；承台 2 分；墩身 4 分，位置 1 分			
	Z2（Y3）桥墩（9 分）	基础 2 分；承台 2 分；墩身 4 分，位置 1 分			
	Z3（Y2）桥墩（23 分）	基础 2 分；承台 2 分；墩身 18 分（下部 1 分，上部 8 分 4 个均分），位置 1 分			
	Z4（Y1）桥墩（9 分）	基础 2 分；承台 2 分；墩身 4 分，位置 1 分			
材质、渲染及后处理（8 分）	材质添加（4 分）	拱肋为金属材料（1 分）；桥面为沥青材料（1 分）；其余为混凝土（2 分）			
	环境设置（2 分）	周围环境设置合理			
	渲染图片（2 分）	带有周围环境设置的渲染图片			

第 14 届“高教杯”全国大学生先进成图技术与产品信息建模创新大赛
道桥类计算机三维建模试题答案

01　全桥渲染图

02　拱圈渲染图

03　主梁渲染图 1

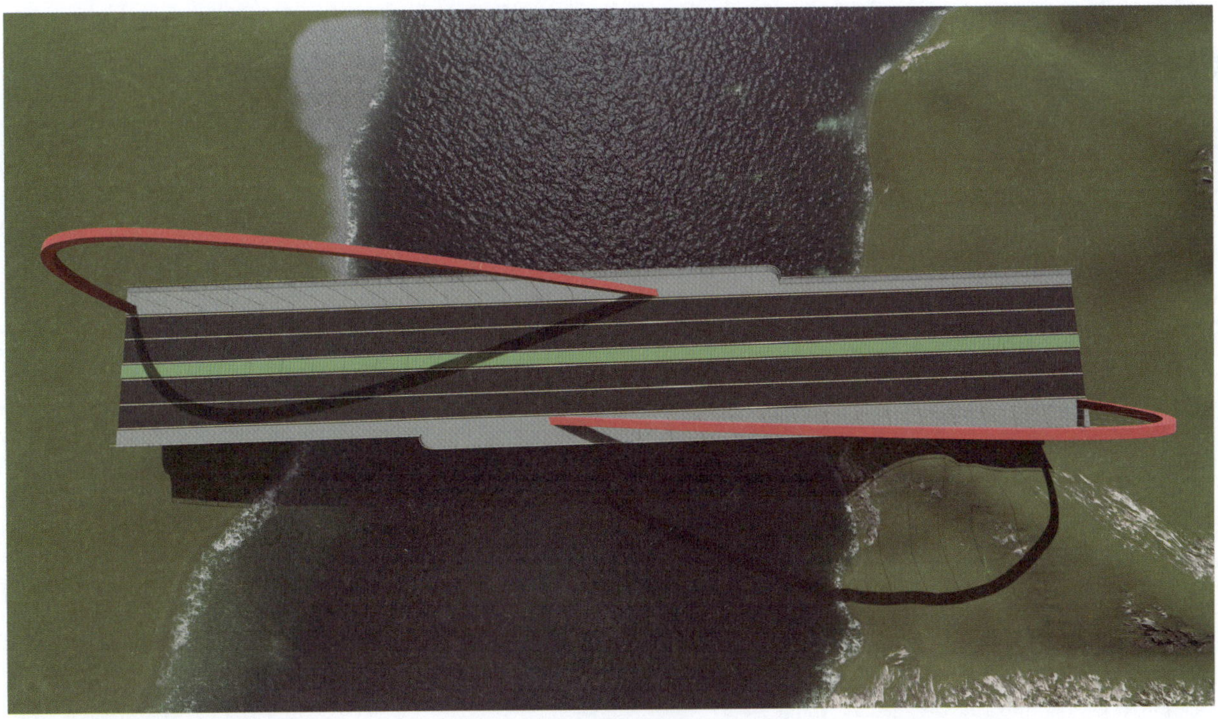

03　主梁渲染图 2

04　Z1(Y4)桥墩渲染图 1

04　Z1(Y4)桥墩渲染图 2

05 *Z*2(*Y*3)桥墩渲染图 1

05 *Z*2(*Y*3)桥墩渲染图 2

06 *Z*3(*Y*2)桥墩渲染图 1

06 *Z*3(*Y*2)桥墩渲染图 2

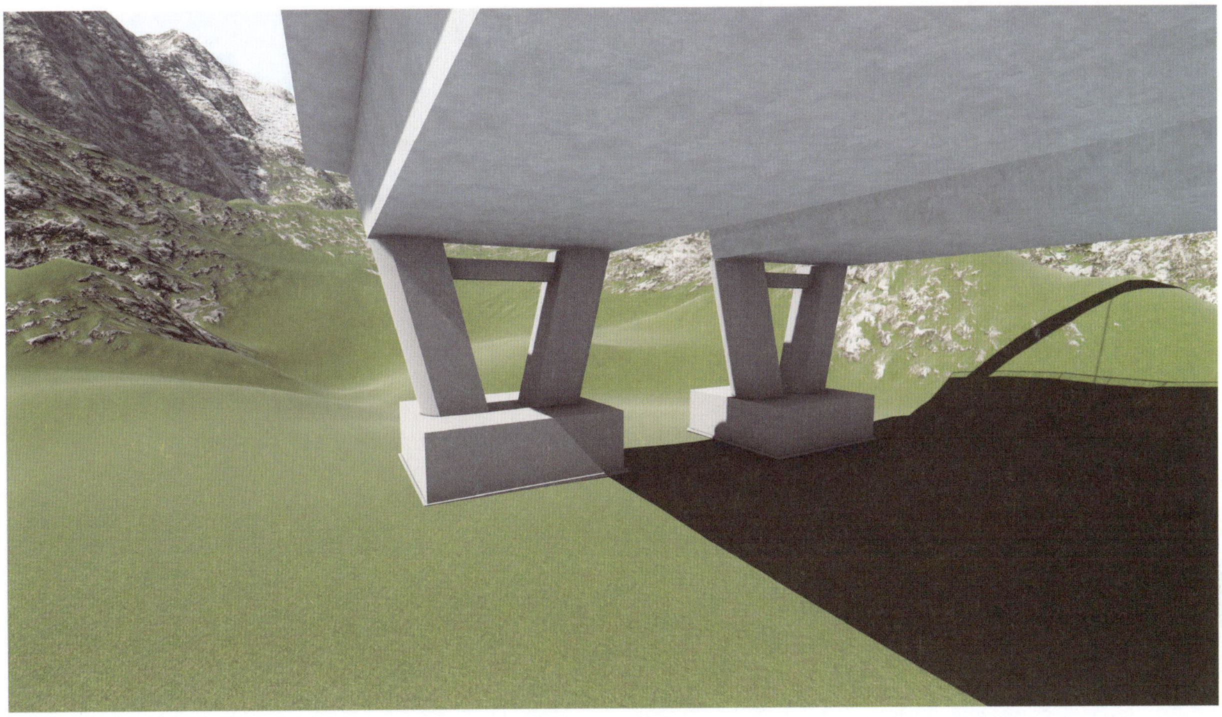

07 Z4(Y1)桥墩渲染图 1

07 Z4(Y1)桥墩渲染图 2

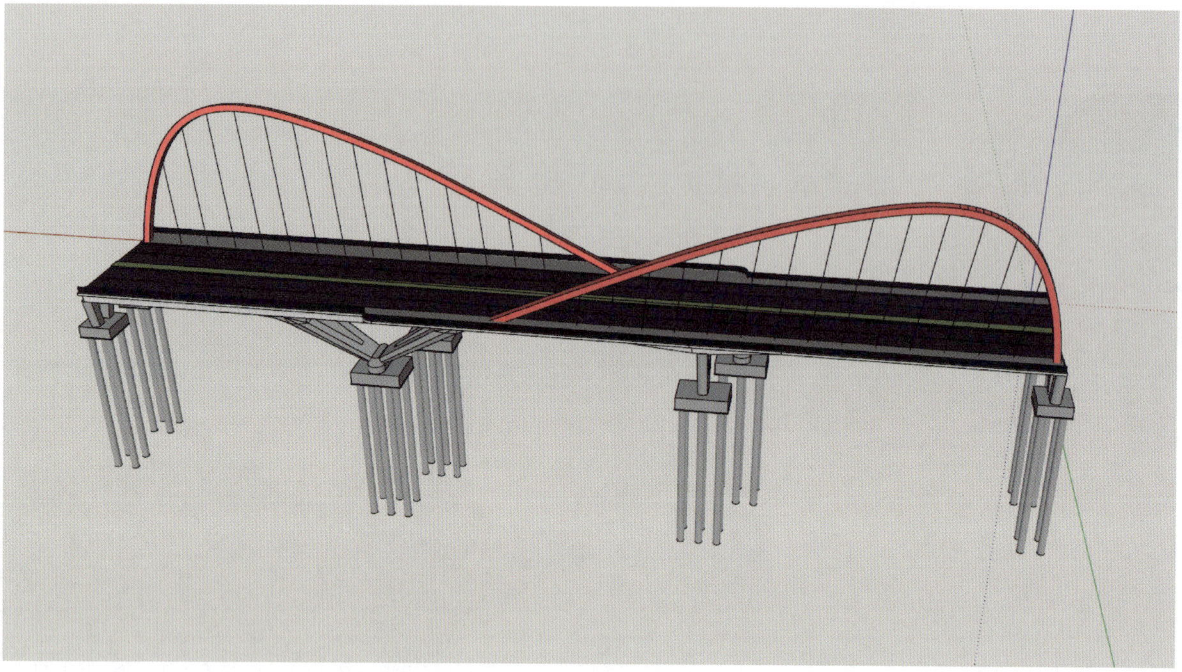

模型

第15届“高教杯”全国大学生先进成图技术与产品信息建模创新大赛 道桥类计算机二维绘图试题

总分100分;时间:90分钟

1. 试题要求:

(1) 根据附录中所给上承式钢桁梁构造立体图、设计轮廓图、E_3 节点构造立体图、E_3 节点平面图(拆去竖杆)及节点板 D_{22} 详图,从卡伦特平台下载“计算机二维绘图样板”,以A3图幅内,采用1∶20的比例绘制 E_3 节点详图[含平面图、正面图(拆去下平纵联的连接杆件 L_5、L_6、L_7)、各杆件断面图、主桁简图及适当的说明],并标注尺寸。图名:“E_3 节点详图”。

(2) 各杆件均采用折断画法。

(3) 拼接板 P_{41}、P_{43} 详细尺寸参考 E_3 节点平面图(拆去竖杆)。

(4) 标题栏中只需填写设计图名、绘图比例、图号,不得填写其他任何信息,否则以作弊处理,取消比赛成绩。

(5) 图形尺寸要正确、完整,图线清晰,线型线宽选用合理,图形层次清晰,主次分明,尺寸标注齐全、清晰、合理。

(6) 图面布局匀称、整洁,字体工整。

2. 成果要求:

(1) 以“E_3 节点详图”为文件名,保存文件,并上传到卡伦特平台(.dwg格式);

(2) 将所绘制结果打印成PDF文件,文件名为“E_3 节点详图”,上传到卡伦特平台。

注:上传两个文件,文件格式分别为.dwg和.pdf,文件名为“E_3 节点详图”。

附录:

图 纸 目 录

序号	图名	图号	页码
1	上承式钢桁梁示意图	1	1
2	设计轮廓图	2	2
3	E_3 节点立体图	3	3
4	节点板详图(D_{22})	4	4
5	E_3 节点平面图(拆除竖杆)	5	5

第15届“高教杯”全国大学生先进成图技术与产品信息建模创新大赛道桥类计算机二维绘图试题(总分100分；时间：90分钟)

第1页 共5页

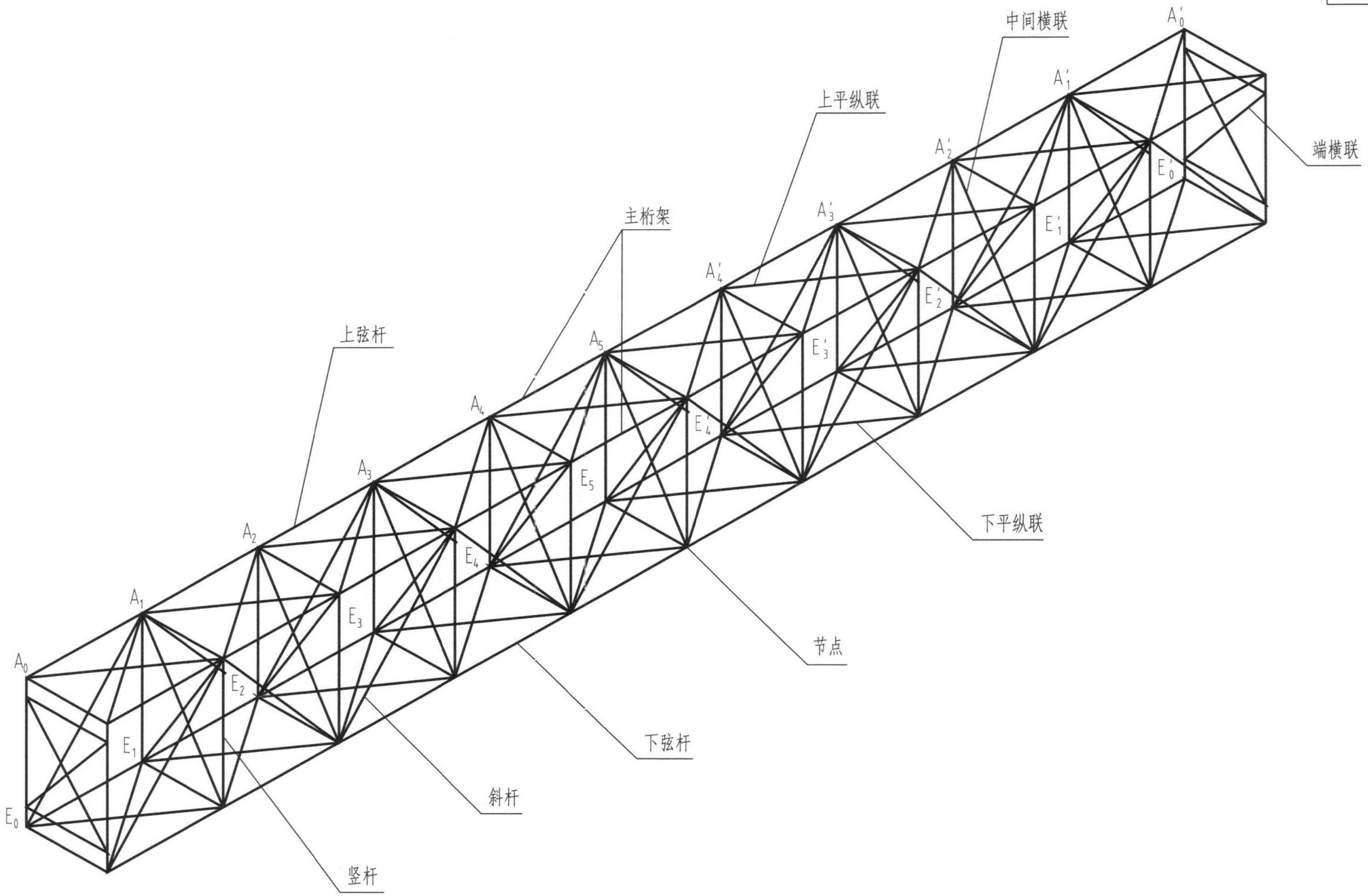

图名	上承式钢桁梁示意图	竞赛日期	比例	
		2022.7.30	图号	1

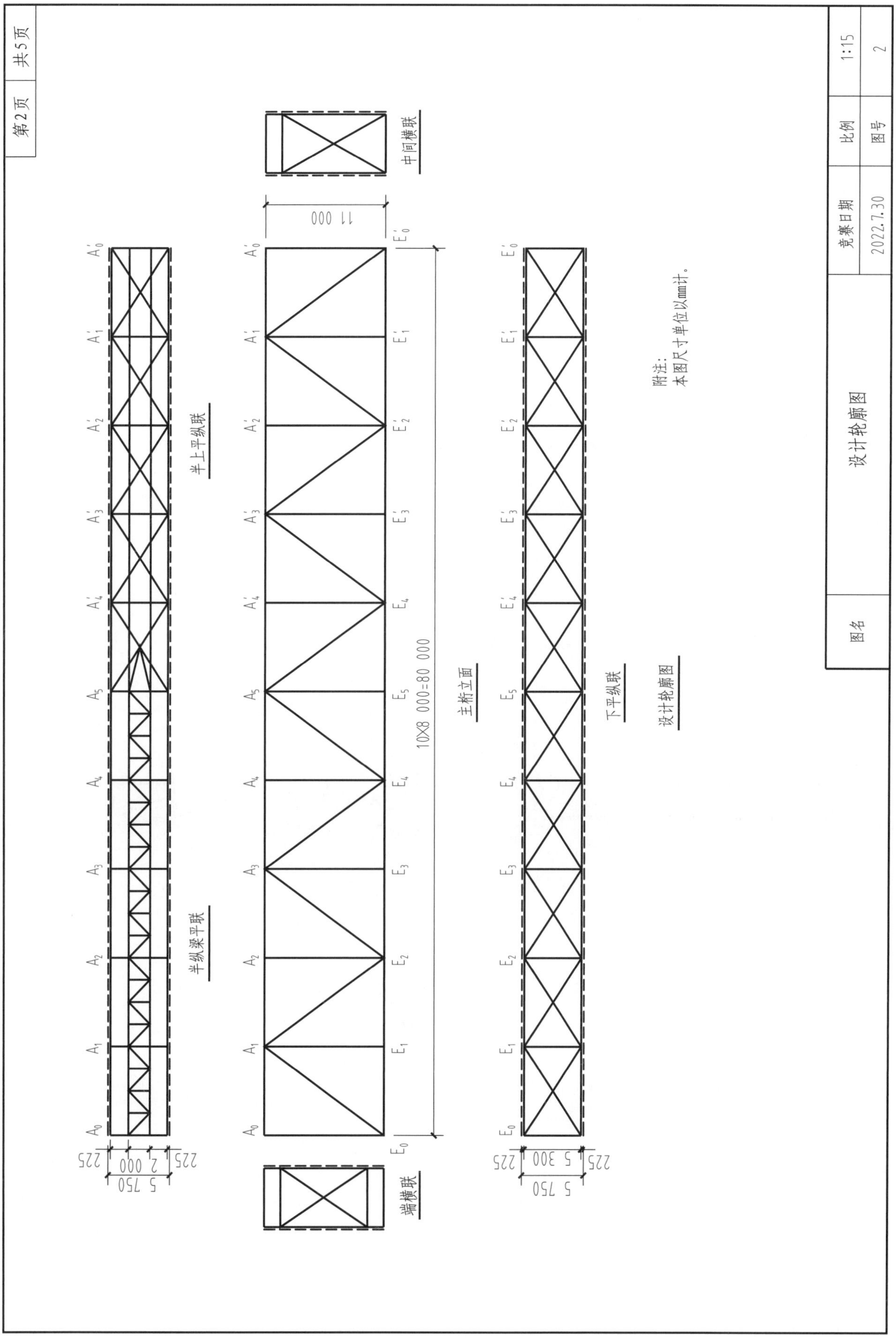
第2页
共5页
中间横联
11 000
半上平纵联
半纵梁平联
主桁立面
10X8 000=80 000
下平纵联
设计轮廓图
端横联
225
2 000
5 750
5 300
附注：
本图尺寸单位以mm计。
竞赛日期
2022.7.30
比例
1:15
图号
2
图名
设计轮廓图

第3页	共5页

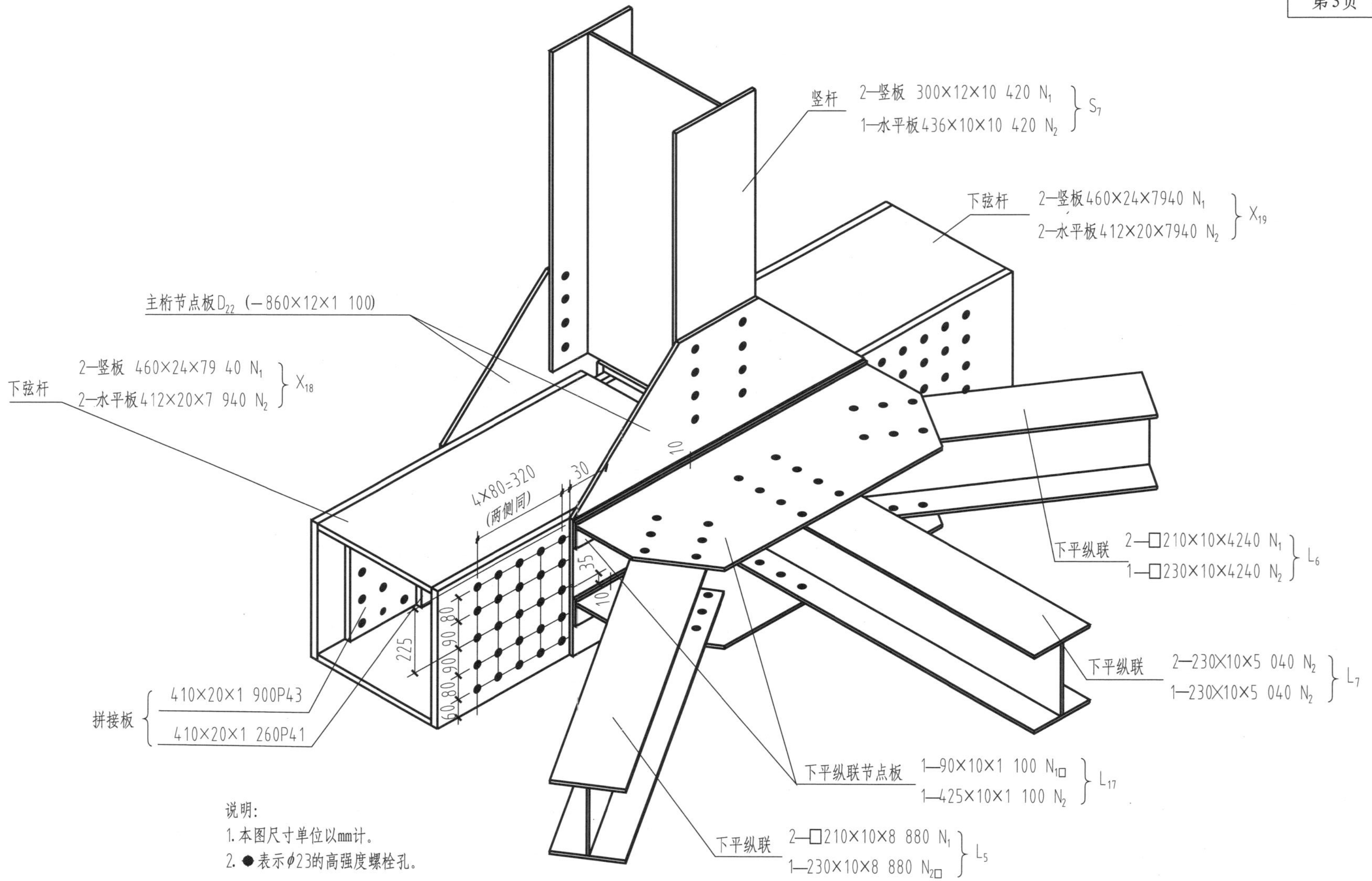

说明：
1. 本图尺寸单位以mm计。
2. ●表示ϕ23的高强度螺栓孔。

图名	E_3节点立体图	竞赛日期	比 例	
		2022.7.30	图 号	3

第4页 共5页

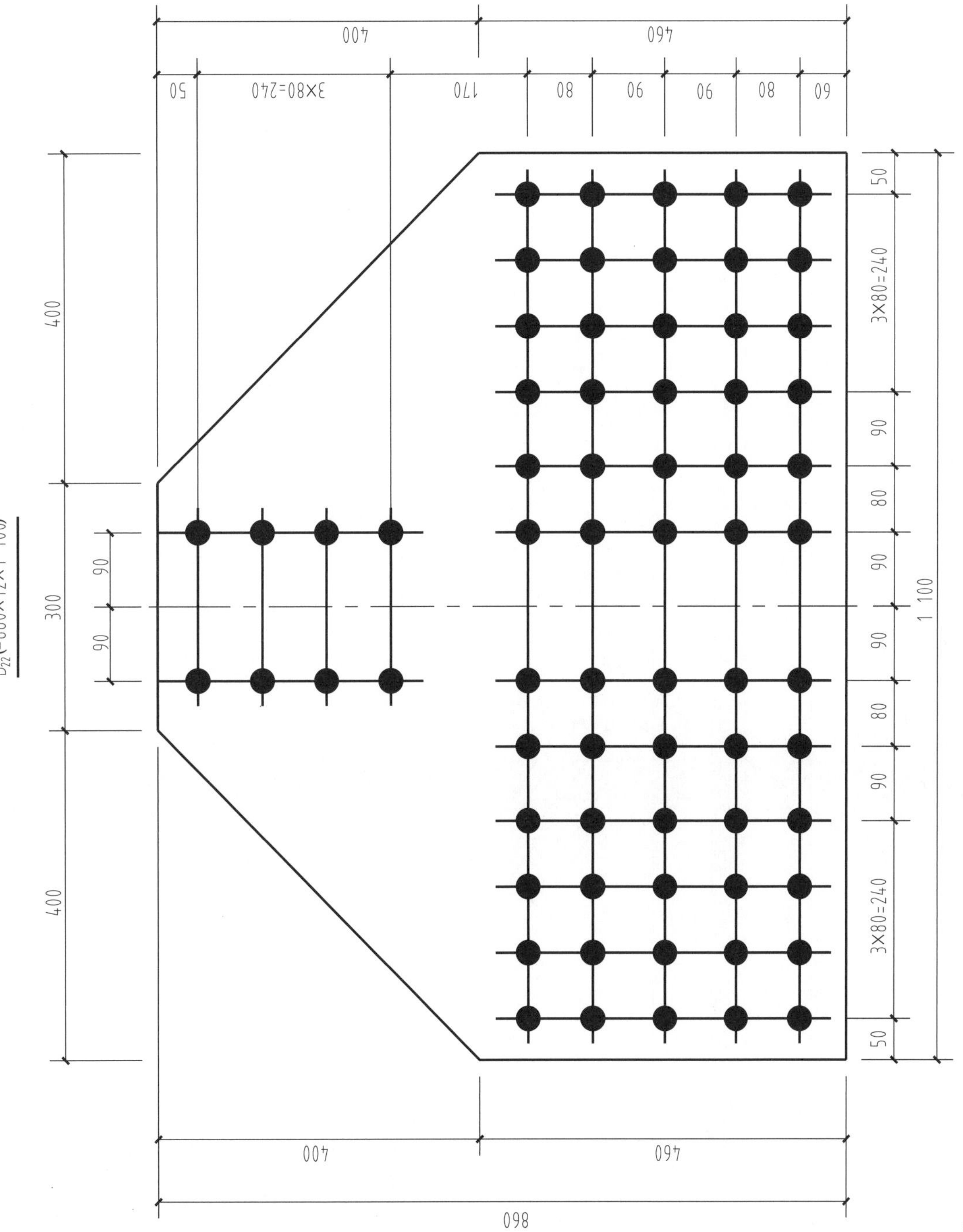

图名	节点板详图(D_{22})	竞赛日期	比例	1:5
		2022.7.30	图号	4

说明：
1. 本图尺寸单位以mm计。
2. ● 表示φ23的高强度螺栓孔。

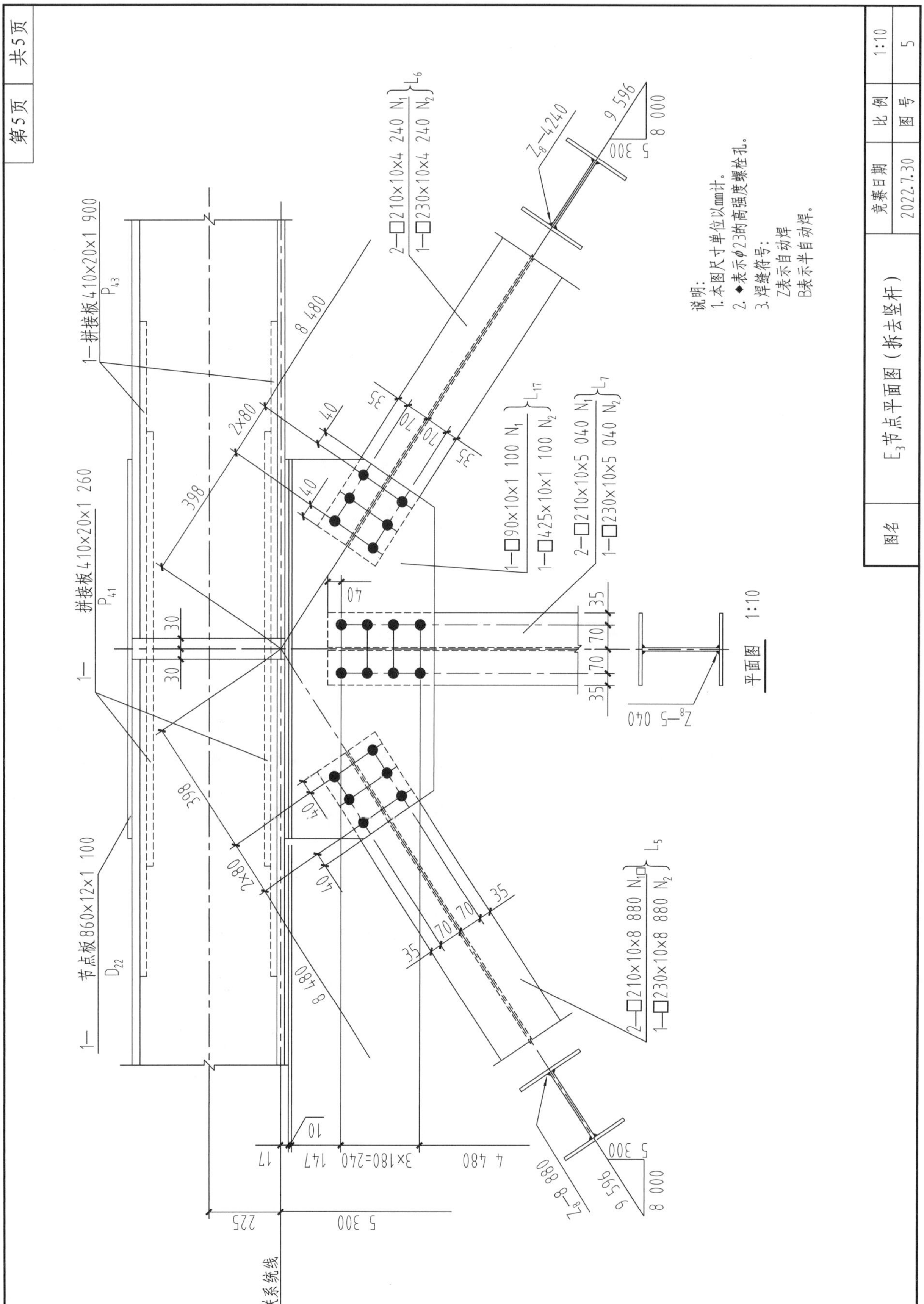
第5页 共5页
1—拼接板410×20×1 900
P_{43}
拼接板410×20×1 260
P_{41}
1—
节点板860×12×1 100
D_{22}
1—
2—□210×10×4 240 N_1
1—□230×10×4 240 N_2
L_6
Z_8—4240
9 596
8 000
5 300
8 480
2×80
40
398
35
70
1—□90×10×1 100 N_1
1—□425×10×1 100 N_2
L_{17}
2—□210×10×5 040 N_1
1—□230×10×5 040 N_2
L_7
30
平面图 1:10
Z_8—5 040
2—□210×10×8 880 N_1
1—□230×10×8 880 N_2
L_5
Z_8—8 880
10
17
147
3×180=240
4 480
225
下平联系统线
说明：
1. 本图尺寸单位以mm计。
2. ◆表示ø23的高强度螺栓孔。
3. 焊缝符号：
Z表示自动焊
B表示半自动焊。
图名
E3节点平面图（拆去竖杆）
竞赛日期
2022.7.30
比例
1:10
图号
5

第15届“高教杯”全国大学生先进成图技术与产品信息建模创新大赛道桥类计算机二维绘图试题参考答案(总分100分；时间：90分钟)

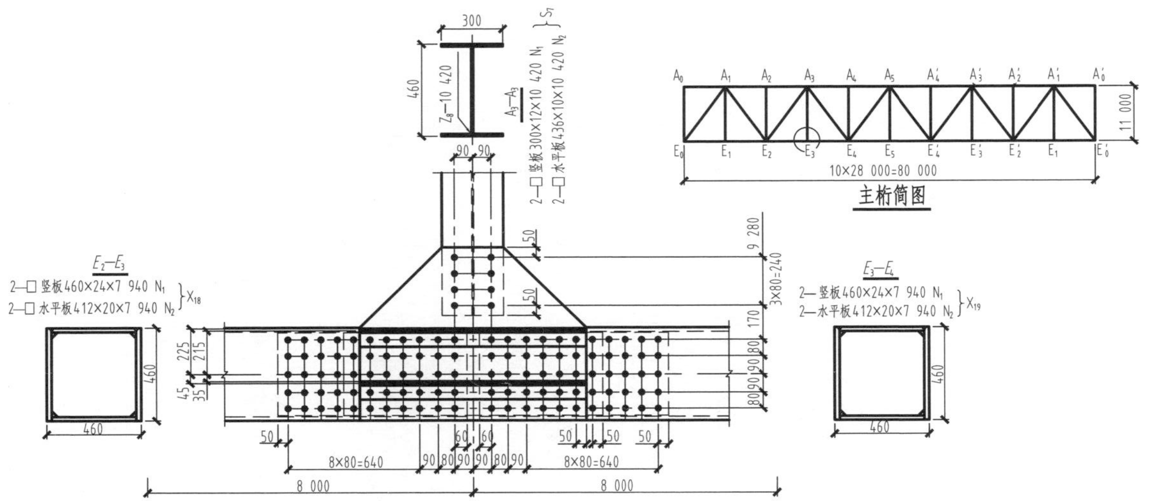

主桁简图

立面图 1:20

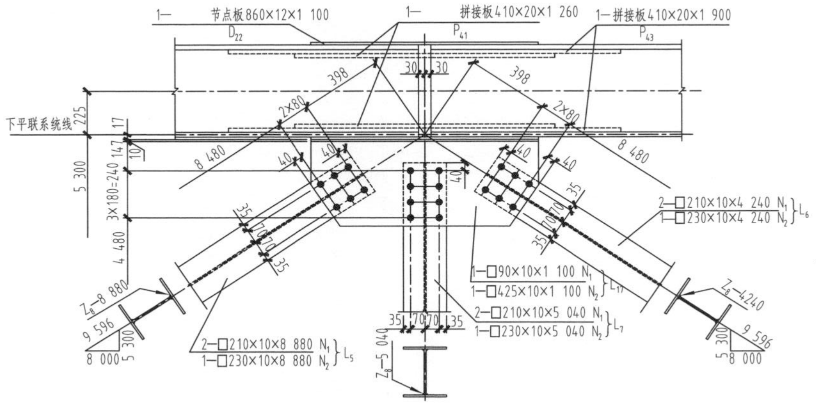

平面图 1:10

说明:
1. 本图尺寸单位以mm计。
2. ● 表示ϕ23的高强度螺栓孔。
3. 焊缝符号:
Z表示自动焊
B表示半自动焊。

图名	E_3节点详图	竞赛日期	比 例	1:20
		2022.7.30	图 号	1

第15届“高教杯”全国大学生先进成图技术与产品信息建模创新大赛道桥类计算机三维建模试题

总分100分;时间:90分钟

一、试题要求

1. 阅读附录中所给拱桥图纸,在120分钟内,完成该桥梁主桥部分三维模型的创建。(试题图纸未涉及结构构造尺寸按比例自拟)

2. 护栏的形式及具体尺寸由选手自行设计。

3. 对主桥各部分结构、桥面系及护栏等的色彩、材质进行设计。

4. 自行设计河道地形、河岸绿化等背景环境。

二、成果要求

1. 完成该桥梁主桥部分(主拱、副拱、横撑、装饰球、连杆、吊杆、主梁、主墩、边墩、基础、人行道、护栏)三维模型的创建。

2. 以DWG格式输出以下成果,并分别上传至卡伦特平台:

(1) 输出一张能清楚表达主梁、人行道及栏杆构造(不含主拱、副拱及吊杆、边杆等)的图形(dwg格式),命名为“1-主梁及人行道”,上传到卡伦特平台;

(2) 输出一张能清楚表达主桥桥墩构造(含基础)的图形(dwg格式),命名为“2-主桥桥墩”,上传到卡伦特平台;

(3) 输出一张能清楚表达边墩构造(含基础)的图形(dwg格式),命名为“3-边墩”,上传到卡伦特平台;

(4) 输出一张主桥整体模型(dwg格式),命名为“4-主桥”,上传到卡伦特平台;

3. 渲染出一张能反映整体结构的效果图(视角、方向合理,能将全桥形状表达清楚),命名为“5-渲染图”,以JPG格式输出,上传至卡伦特平台。

三、特别提示

1. 为了避免最后文件上传失败,参赛选手可以分步上传文件,即可以完成一项任务上传一项,不必等到最后一次上传。

2. 务必看清楚文件上传格式,否则后果自负。

3. 文件存储中不允许出现选手其他任何信息,否则以作弊处理,取消比赛成绩。

附录:

图 纸 目 录

序号	图名	图号	页码
1	全桥总体布置图(一)	1	1
2	全桥总体布置图(二)	2	2
3	主拱构造总图(一)	3	3
4	主拱构造总图(二)	4	4
5	副拱构造图(一)	5	5
6	副拱构造图(二)	6	6
7	主桥拱肋总体布置图(一)	7	7
8	主桥拱肋总体布置图(二)	8	8
9	拱肋横撑构造图(一)	9	9
10	拱肋横撑构造图(二)	10	10

续表

序号	图名	图号	页码
11	拱肋连杆构造图	11	11
12	拱肋装饰球构造图	12	12
13	主桥桥墩构造图	13	13
14	主桥桥墩基础构造图	14	14
15	边墩构造图(含基础)	15	15
16	主桥吊杆布置图	16	16
17	主桥桥面板总体布置图(一)	17	17
18	主桥桥面板总体布置图(二)	18	18
19	主桥人行道挑臂构造图(一)	19	19
20	主桥人行道挑臂构造图(二)	20	20

第15届“高教杯”全国大学生先进成图技术与产品信息建模创新大赛道桥类计算机三维建模试题(总分100分；时间：120分钟)

第1页	共20页

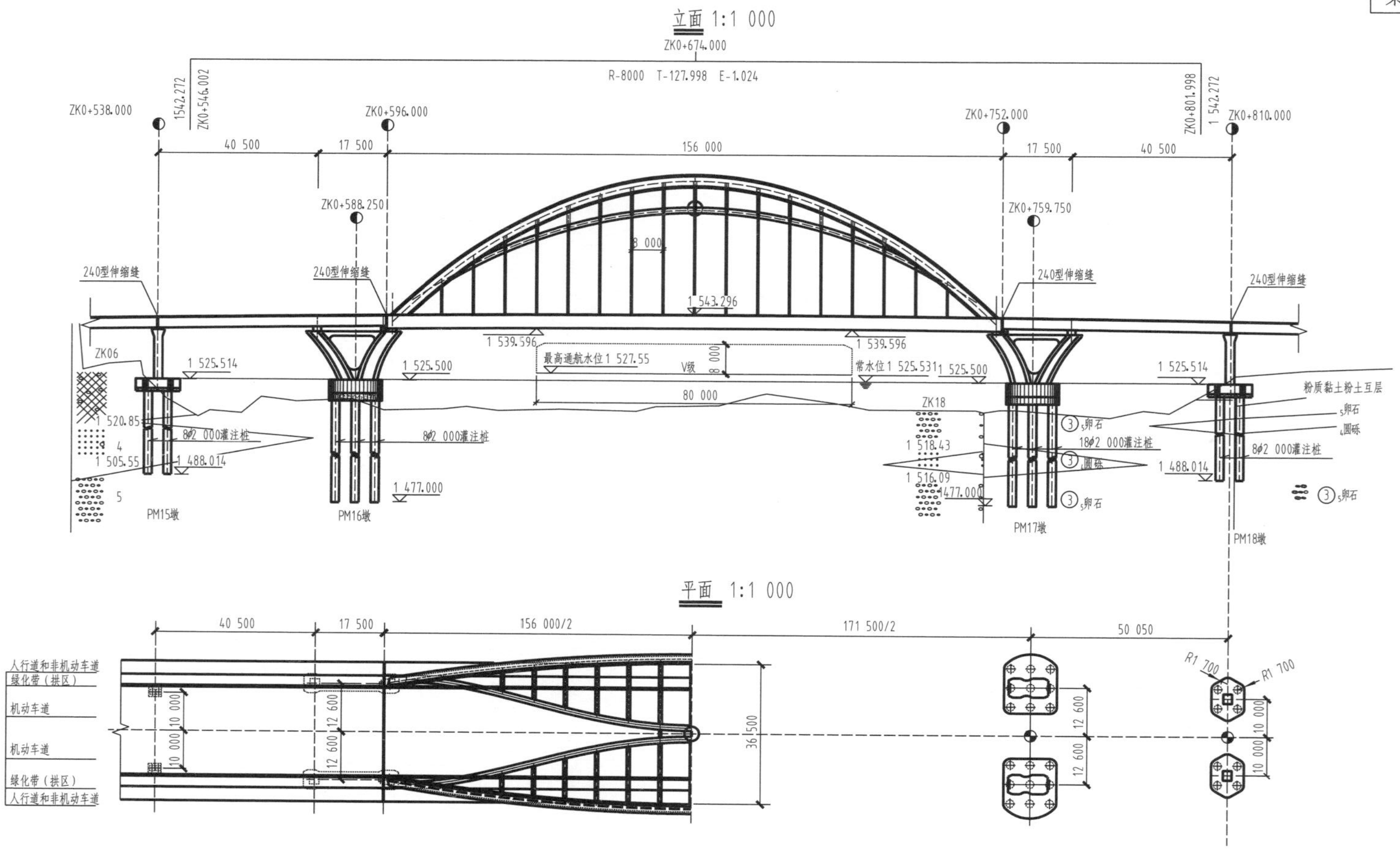

附注：

1. 本图尺寸除桩号、标高及坐标以m计外，其余均以mm计。
2. 坐标系统：年兰州市城建坐标系。
3. 高程系统：旧大沽高程系统。

图名	全桥总体布置图（一）	竞赛日期	比 例	如 图
		2022.7.30	图 号	1

主桥断面1:400

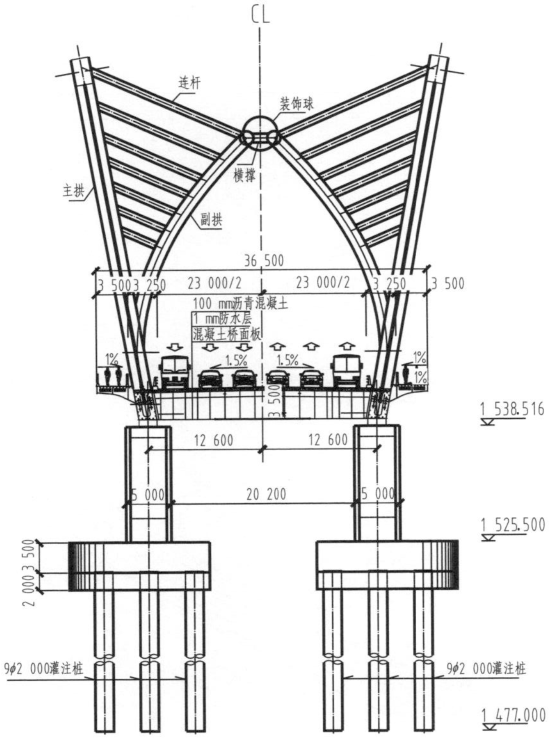

附注:
本图尺寸除桩号、标高及坐标以m计外，其余均以mm计。

图名	全桥总体布置图（二）	竞赛日期	比例	如图
		2022.7.30	图号	2

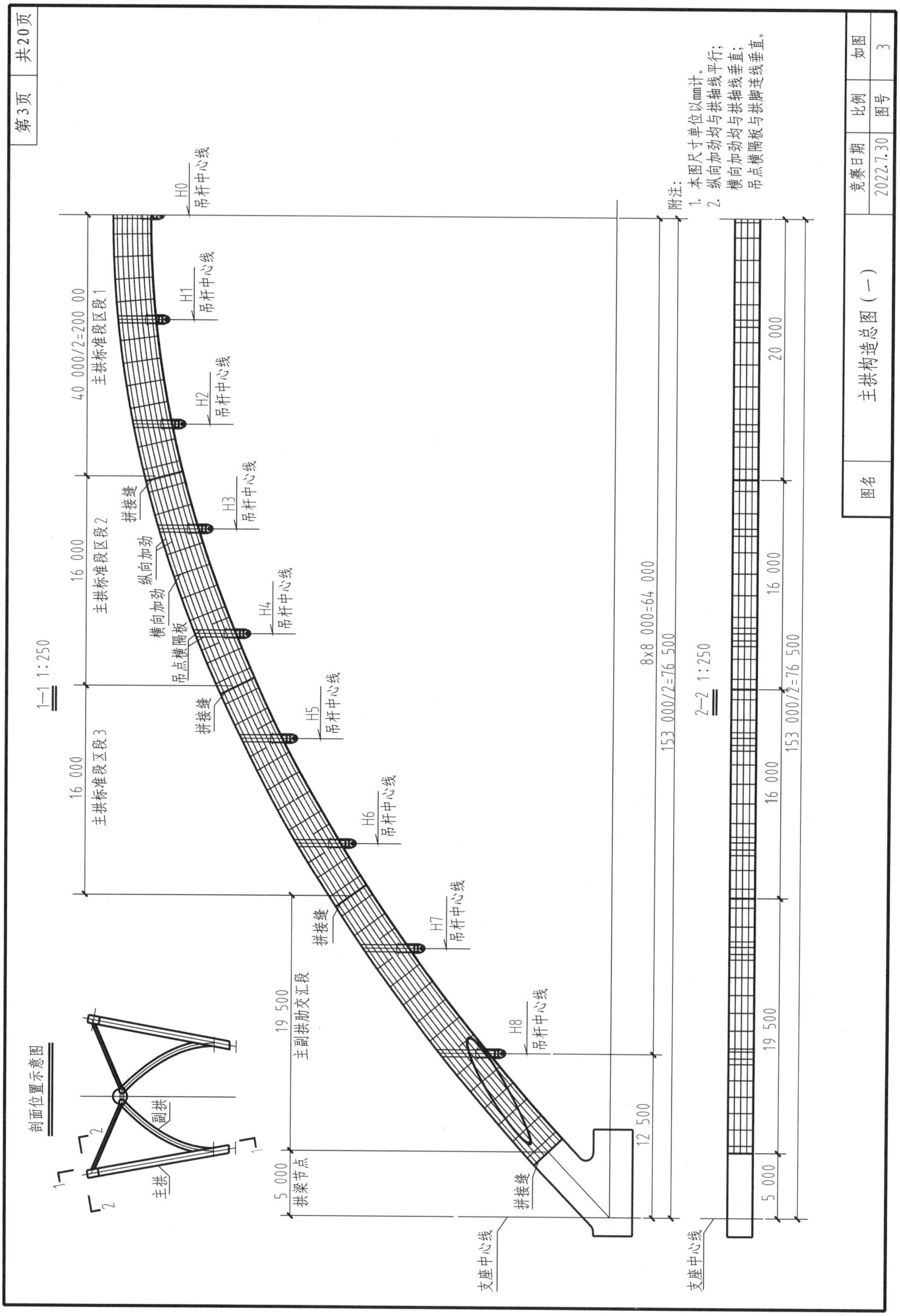
第3页
共20页
1—1 1:250
40 000/2=200 00
主拱标准段区段1
16 000
主拱标准段区段2
16 000
主拱标准段区段3
19 500
主副拱肋交汇段
5 000
拱梁节点
12 500
8x8 000=64 000
153 000/2=76 500
H0 吊杆中心线
H1 吊杆中心线
H2 吊杆中心线
H3 吊杆中心线
H4 吊杆中心线
H5 吊杆中心线
H6 吊杆中心线
H7 吊杆中心线
H8 吊杆中心线
拼接缝
纵向加劲
横向加劲
吊点横隔板
支座中心线
剖面位置示意图
副拱
主拱
2—2 1:250
20 000
16 000
16 000
19 500
5 000
153 000/2=76 500
支座中心线
附注：
1. 本图尺寸单位以mm计。
2. 纵向加劲均与拱轴线平行；横向加劲均与拱轴线垂直；吊点横隔板与拱脚连线垂直。
图名
主拱构造总图（一）
竞赛日期
2022.7.30
比例
如图
图号
3

主拱标准段 标准断面 1:40

（适用于主拱区段1、区段2、区段3）

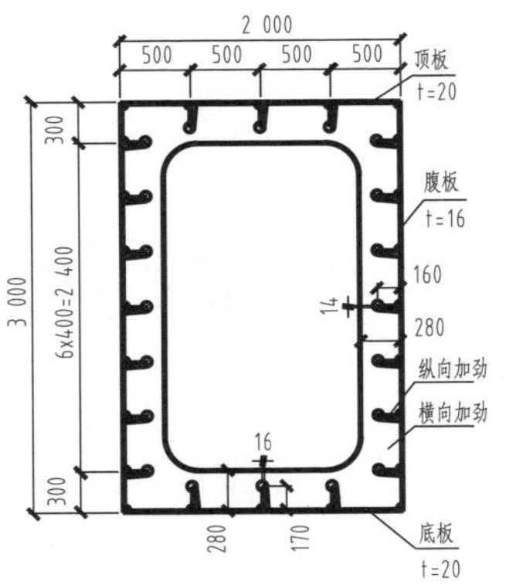

主副拱肋交汇段 主拱标准断面 1:40

（适用于主副拱肋交汇段）

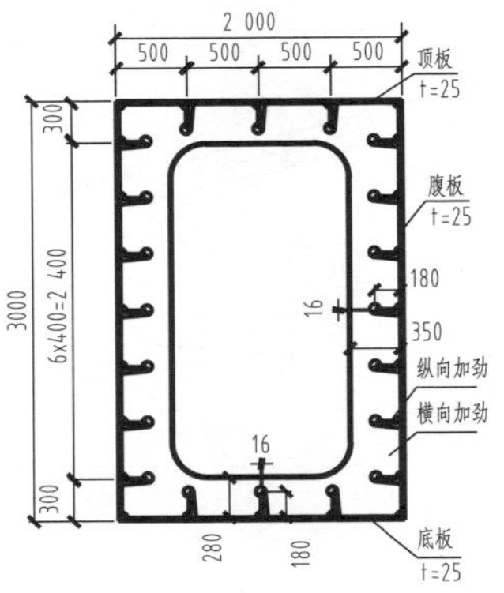

主拱吊点横隔板处断面 1:40

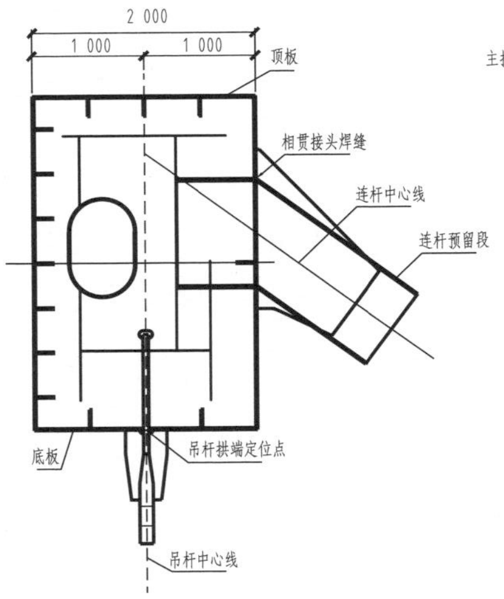

吊杆横桥向偏角示意图

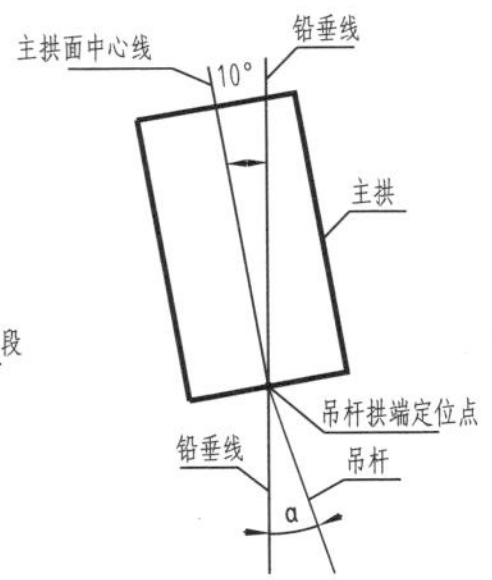

吊杆角度参数表

吊杆编号	α/度
H0	10.1 033
H1	10.1 037
H2	10.1 041
H3	10.1 047
H4	10.1 058
H5	10.1 076
H6	10.1 107
H7	10.1 168
H8	10.1 342

主拱拼接缝连接大样

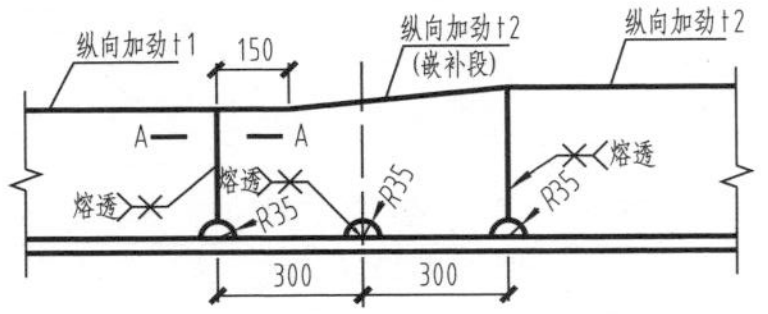

A—A

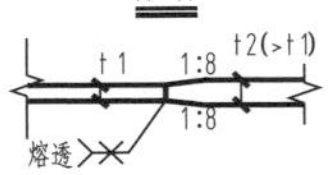

连杆预留段钢管与主拱腹板相贯接头焊缝示意图

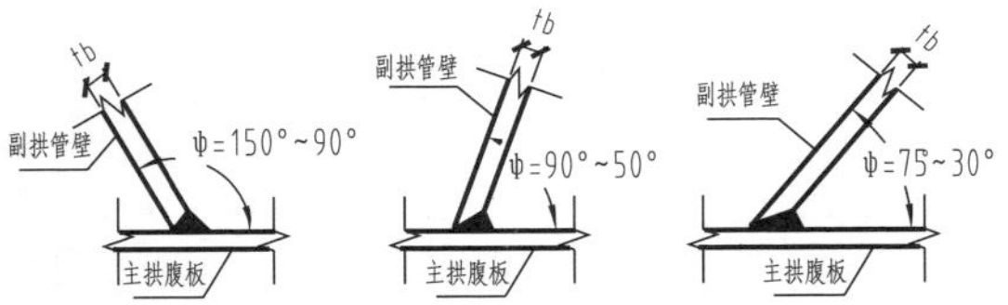

附注：
本图尺寸单位以mm计。

说明：
1. ψ为焊缝局部两面夹角，相贯接头各处构造细节随着ψ变化，不同构造细节的焊缝之间应匀顺过渡。
2. 相贯接头焊缝要求为全熔透焊缝，焊缝构造细节具体参数参照《建筑钢结构焊接技术规程》（JGJ 81）

图名	主拱构造总图（二）	竞赛日期	比例	如图
		2022.7.30	图号	4

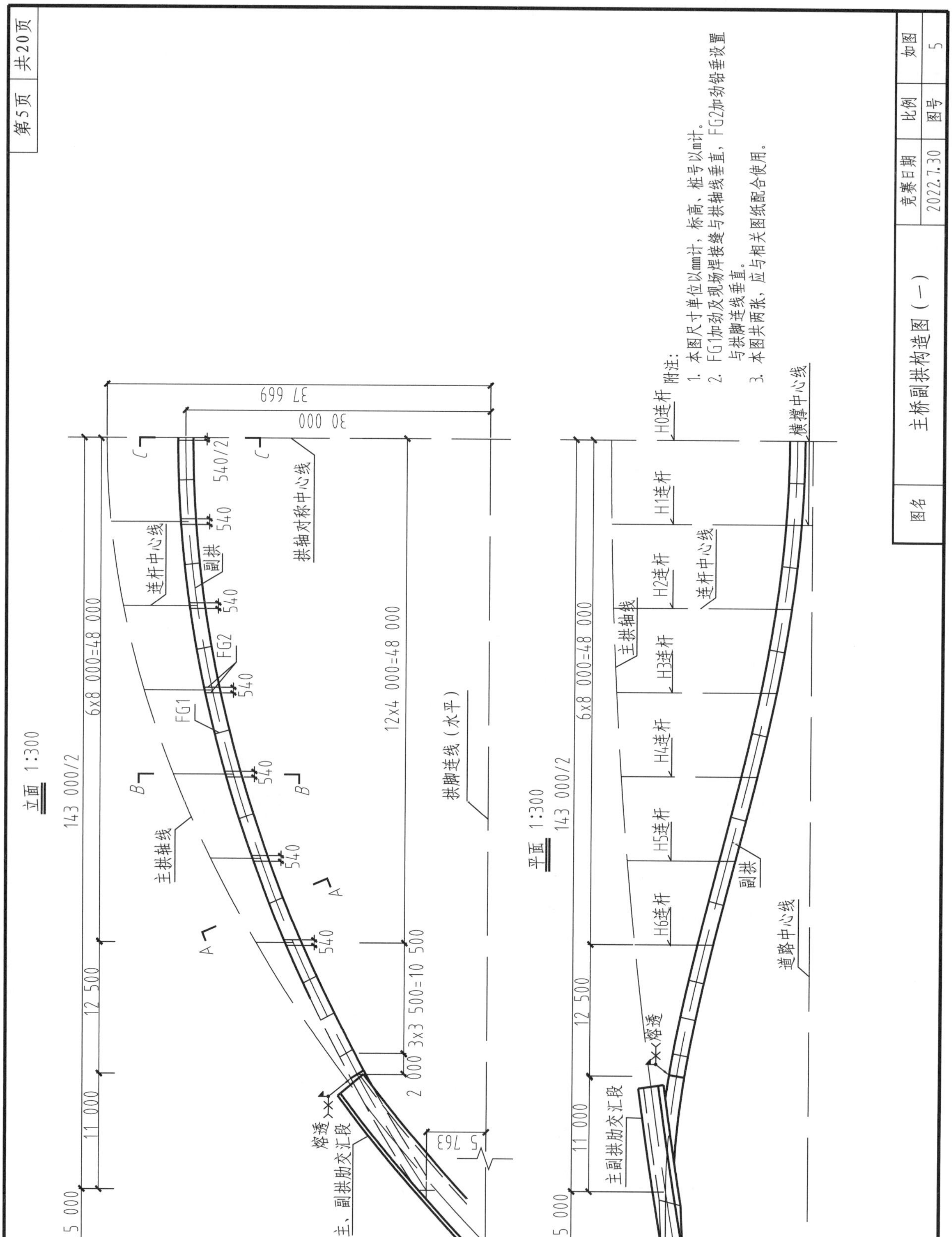
第5页
共20页
立面 1:300
37 669
30 000
540/2
540
C
B
A
拱轴对称中心线
连杆中心线
副拱
FG2
FG1
主拱轴线
拱脚连线（水平）
12x4 000=48 000
6x8 000=48 000
143 000/2
12 500
11 000
5 000
3x3 500=10 500
2 000
5 763
熔透
主、副拱肋交汇段
支座中心线
平面 1:300
H0连杆
H1连杆
H2连杆
H3连杆
H4连杆
H5连杆
H6连杆
连杆中心线
主拱轴线
横撑中心线
副拱
道路中心线
主副拱肋交汇段
840
12 922
CL
附注：
1. 本图尺寸单位以mm计，标高、桩号以m计。
2. FG1加劲及现场焊接缝与拱轴线垂直，FG2加劲铅垂设置与拱脚连线垂直。
3. 本图共两张，应与相关图纸配合使用。
图名
主桥副拱构造图（一）
竞赛日期
2022.7.30
比例
如图
图号
5

第6页 共20页

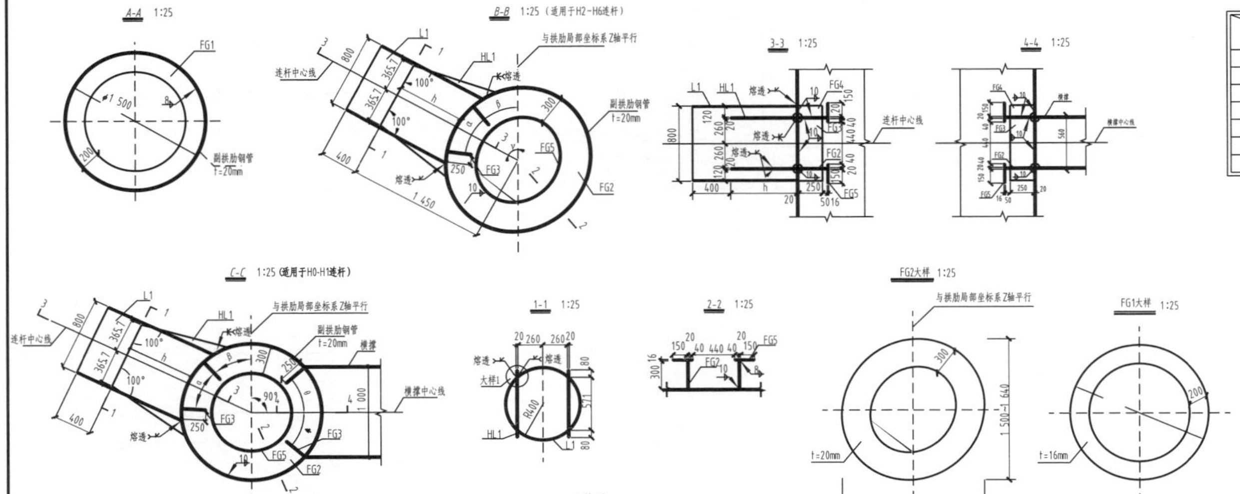

参数表

对应连杆＼参数	α /度	β /度	γ /度	θ /度	φ /度	h /mm
HG0	43.843	42.695	64.616	40.793	40.793	700
HG1	43.785	42.510	64.431	40.517	40.792	700
HG2	43.641	41.943	63.862	-	-	699
HG3	43.478	40.954	62.860	-	-	698
HG4	43.349	39.469	61.339	-	-	698
HG5	43.277	37.239	58.968	-	-	700
HG6	43.144	33.956	55.370	-	-	699

副拱肋材料数量表（单个副拱肋）

编号	名称	规格/mm	数量	单件重/kg	总重/kg	备注
1	副拱肋钢管		1	94 612.8	94 612.8	重量按实际形状计
2	FG1	见大样	18	99.5	1 791.0	
3	FG2	见大样	26	平均178.2	4 633.2	
4	FG3	□250x20x520	32	20.4	652.8	
3	FG4	□120x20x250	52	4.7	244.4	
4	FG5	□210x16x2 850（平均）	26	平均75.2	1 955.2	
5	HL1	□893x20x1 045（平均）	26	平均146.5	3 809.0	
6	L1	800x16x1 200（平均）	13	平均371.2	4 825.6	
合计	Q345qD钢材：112.53t。					

附注：
1. 本图尺寸单位以mm计。
2. 本图未示过焊孔半径均为35mm。
3. 本图共两张，应与相关图纸配合使用。

图名	主桥副拱构造图（二）	竞赛日期	比例	如图
		2022.7.30	图号	6

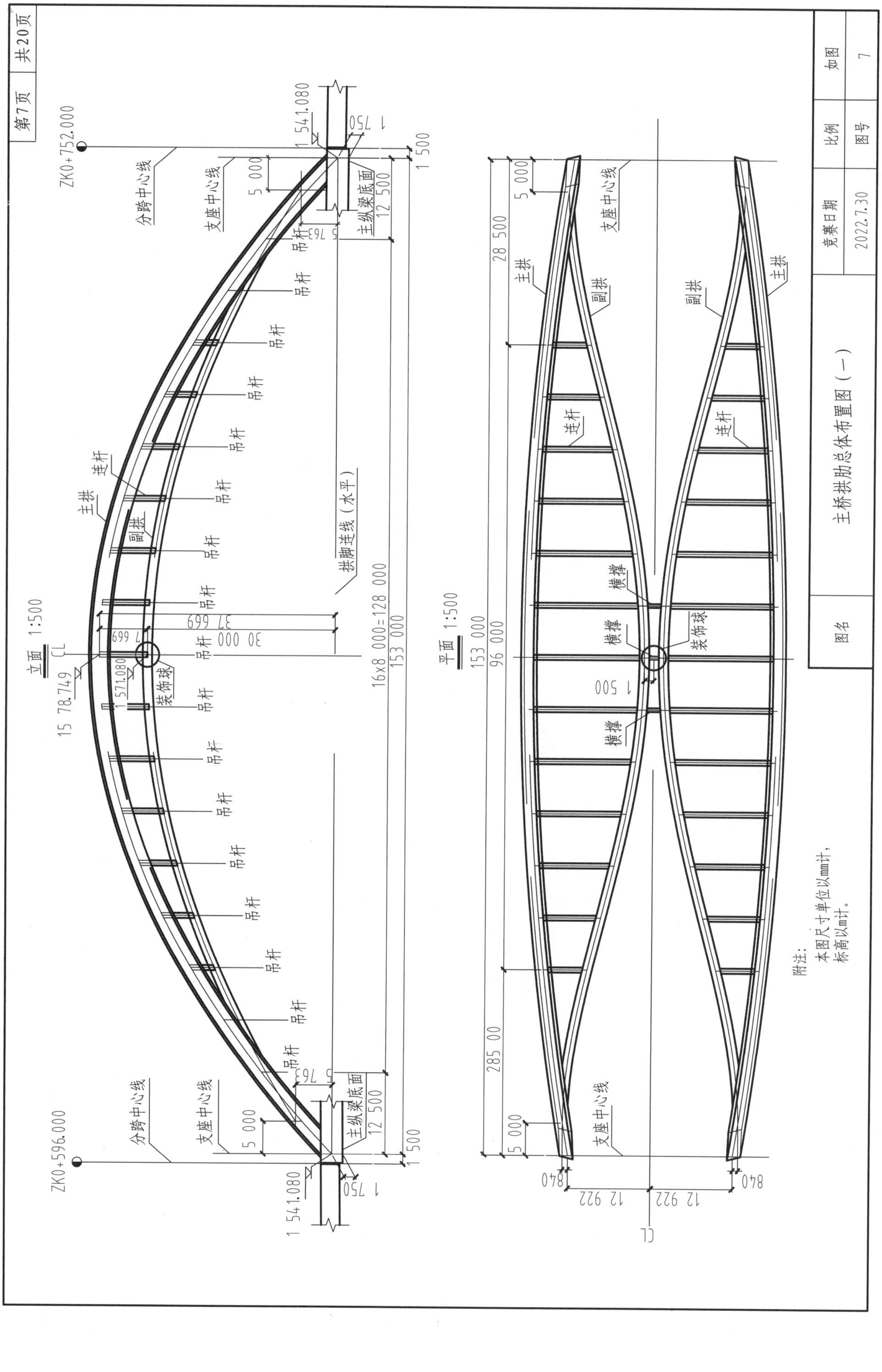
第7页
共20页
主桥拱肋总体布置图（一）
图名
竞赛日期
2022.7.30
比例
如图
图号
7
立面 1:500
平面 1:500
主拱
副拱
连杆
吊杆
横撑
装饰球
分跨中心线
支座中心线
主纵梁底面
拱脚连线（水平）
ZK0+752.000
ZK0+596.000
16x8 000=128 000
153 000
96 000
附注：
本图尺寸单位以mm计，
标高以m计。

跨中横断面 1:300

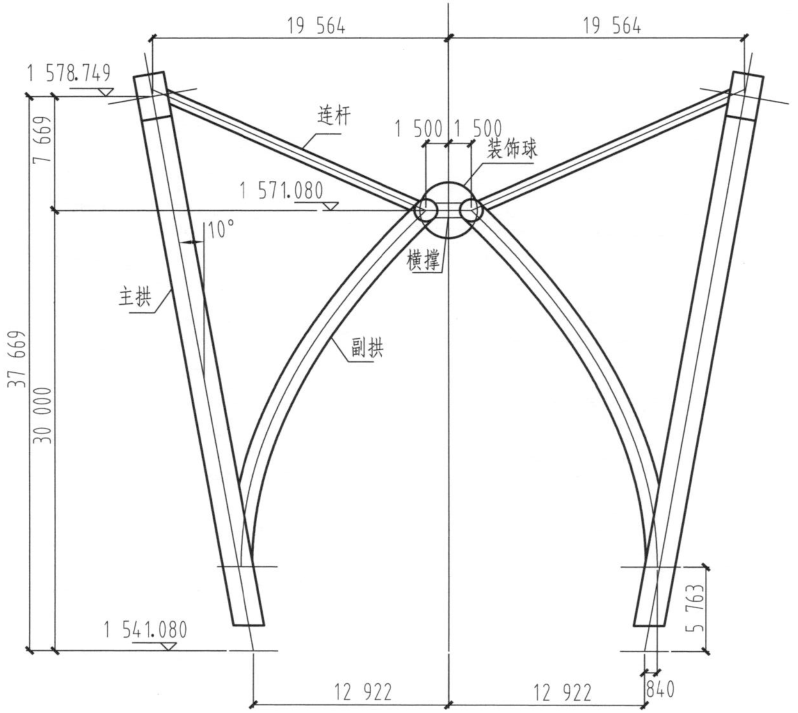

主桥拱肋局部坐标系定义

立面 1:600

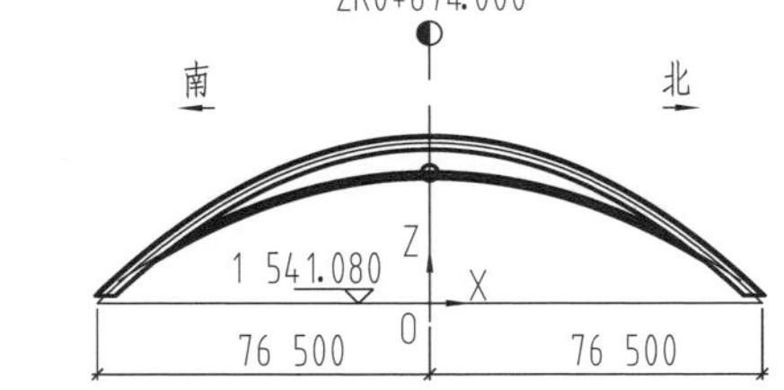

跨中横断面 1:600

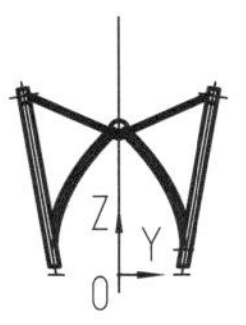

平面 1:300

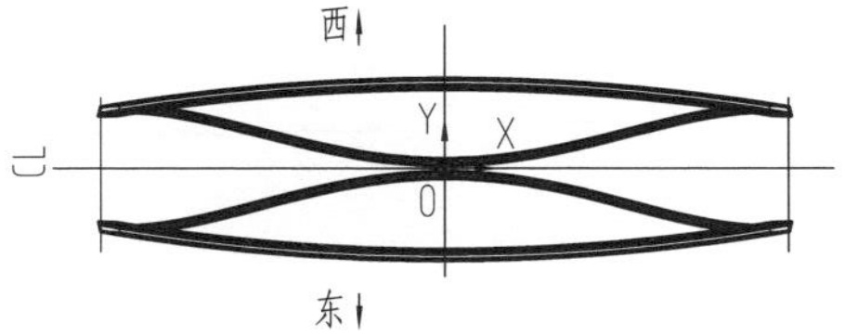

附注:

1. 本图尺寸单位以mm计，标高、桩号以m计。
2. 立面图中，吊杆及连杆与拱脚连线垂直。
3. 在主桥拱肋局部坐标系中，主拱轴线方程为：（以m为单位）
   XOZ面内：Z= -0.00643665262X+37.6689
   XOY面内：Y=0.00113494812X-19.5641
4. 在主桥拱肋局部坐标系中，副拱轴线方程为：（以m为单位）
   XOZ面内：Z= -0.00474094582X+30.000
   YOZ面内：Y=0.0208739012Z -0.24059676Z -13.06860840
5. 上述主拱、副拱轴线方程表示的是东侧拱肋，西侧拱肋与之对称。

图名	主桥拱肋总体布置图（二）	竞赛日期	比 例	如 图
		2022.7.30	图 号	8

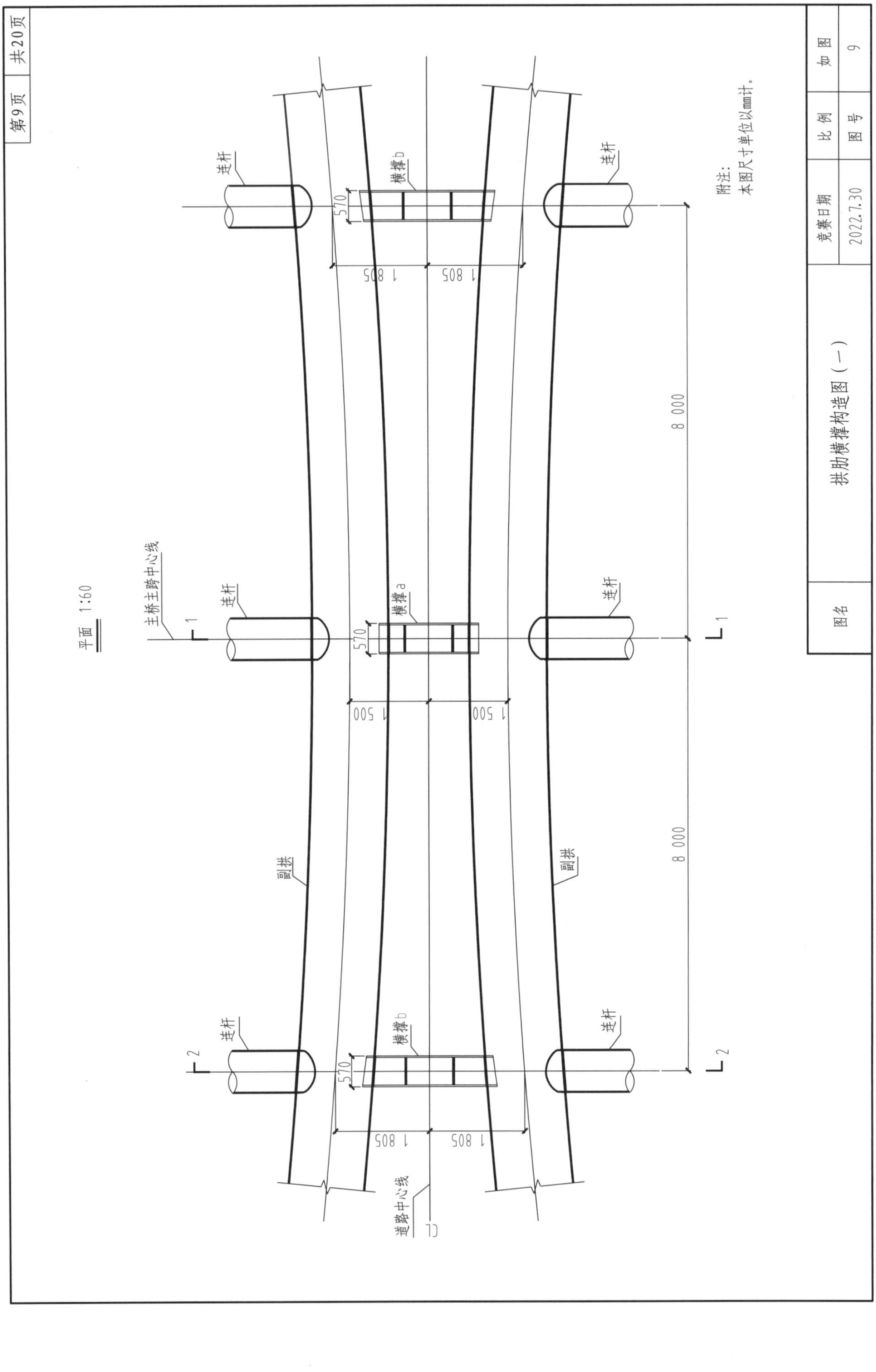
第9页
共20页
平面 1:60
主桥主跨中心线
连杆
横撑a
横撑b
副拱
570
1 805
1 500
8 000
1
2
道路中心线
CL
附注：
本图尺寸单位以mm计。
竞赛日期
2022.7.30
比例
如图
图号
9
图名
拱肋横撑构造图（一）

1-1 1:30

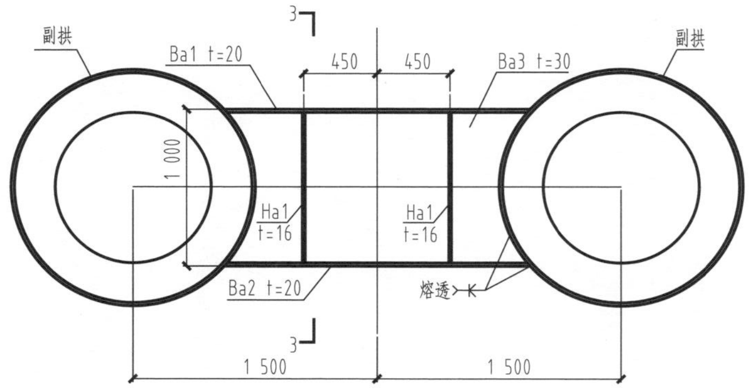

3-3

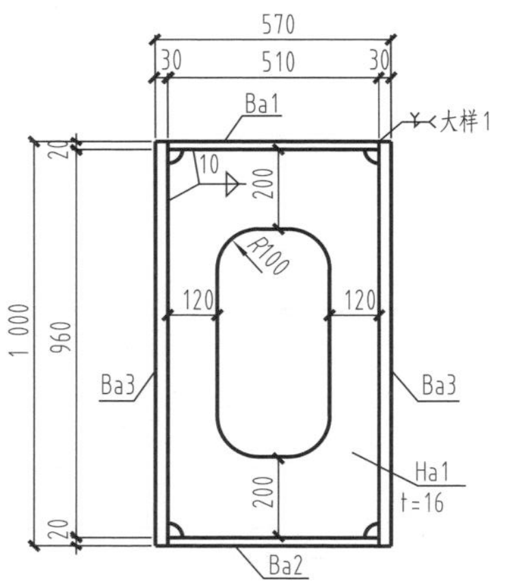

4-4

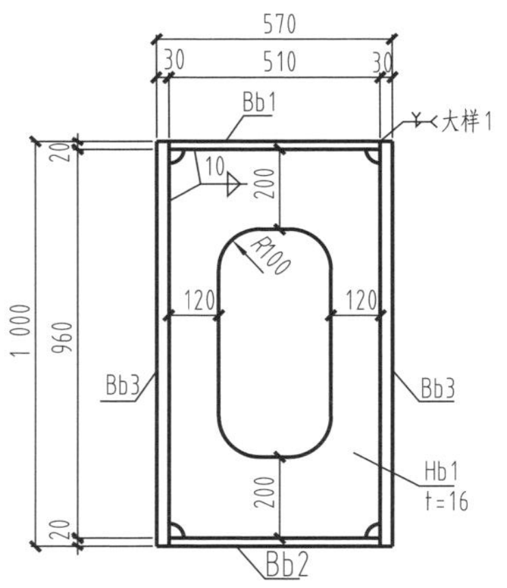

2-2 1:30

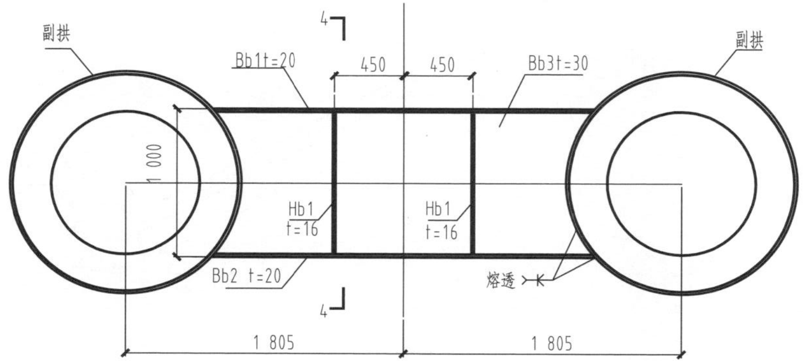

材料数量表 （全桥）

编号	名称	规格/mm	材料	数量	单件重/kg	总重/kg	备注
Ba1	顶板	□510x20x1 884	Q345qD	1	151	151	
Ba2	底板	□510x20x1 882		1	151	151	
Ba3	腹板	□1 000x30x1 884		2	444	887	
Ha1	横隔板	□510x16x960		2	61	123	
Bb1	顶板	□510x20x2 565		2	205	411	
Bb2	底板	□510x20x2 498		2	200	400	
Bb3	腹板	□1 000x30x2 565		4	604	2 416	
Hb1	横隔板	□510x16x960		4	61	246	

附注：
1. 本图尺寸单位以mm计。
2. 施工单位对横撑板件应进行空间放样，确保横撑板件与副拱吻合。
3. 焊缝大样图中所标坡口焊缝尺寸为坡口焊缝有效厚度，坡口深度和角度由施工单位结合焊接工艺评定确定。

图名	拱肋横撑构造图（二）	竞赛日期	比 例	如 图
		2022.7.30	图 号	10

第11页 共20页

连杆构造总图

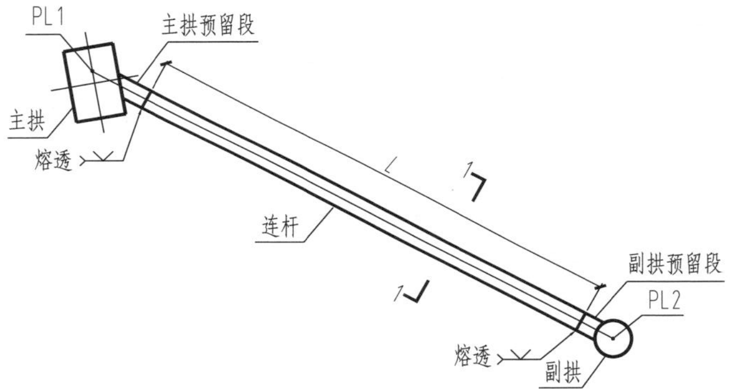

1-1 1:200

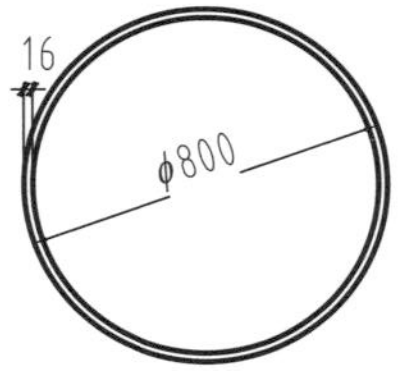

连杆参数表

连杆位置（对应的吊杆编号）	PL1坐标/m			PL2坐标/m			L/m
	X	Y	Z	X	Y	Z	
H0	0.000	19.738	38.654	0.000	1.500	30.000	15.626
H1	-8.000	19.665	38.242	-8.000	1.805	29.697	15.233
H2	-16.000	19.447	37.006	-16.000	2.697	28.786	14.078
H3	-24.000	19.084	34.946	-24.000	4.107	27.269	12.222
H4	-32.000	18.576	32.063	-32.000	5.920	25.145	9.772
H5	-40.000	17.930	28.404	-40.000	7.974	22.414	6.895
H6	-48.000	17.149	23.971	-48.000	10.062	19.077	3.763

说明：
1. 本表中的坐标为各点在拱肋局部坐标系内的坐标，拱肋局部坐标系的定义见拱肋总体布置图。
2. 本表仅列出东侧连杆参数，西侧连杆与东侧连杆关于道路中心线对称。

材料数量表（全桥）

连杆位置（对应的吊杆编号）	规格/mm	材料	数量	单件重/kg	总重/kg
H0	ϕ800/16，长15 626	Q345qD	2	4 834	9 668
H1	ϕ800/16，长15 233		4	4 712	18 850
H2	ϕ800/16，长14 078		4	4 355	17 420
H3	ϕ800/16，长12 222		4	3 781	15 124
H4	ϕ800/16，长9 772		4	3 023	12 092
H5	ϕ800/16，长6 895		4	2 133	8 532
H6	ϕ800/16，长3 763		4	1 164	4 656
合计：Q345qD钢材86 342 kg					

附注：
本图尺寸单位以mm计。

图名	拱肋连杆构造图	竞赛日期	比例	如图
		2022.7.30	图号	11

第12页 共20页

平面

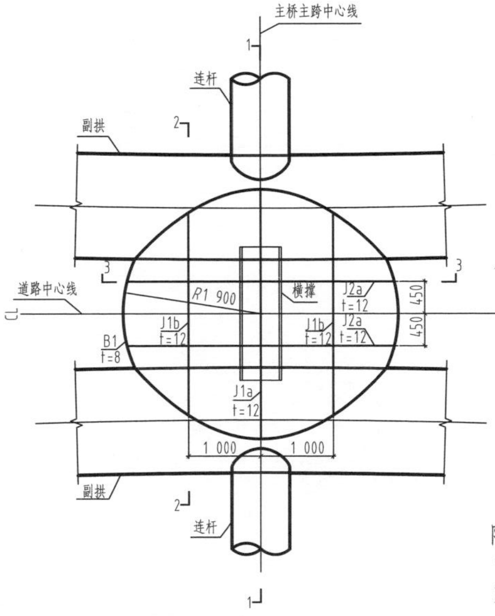

1-1

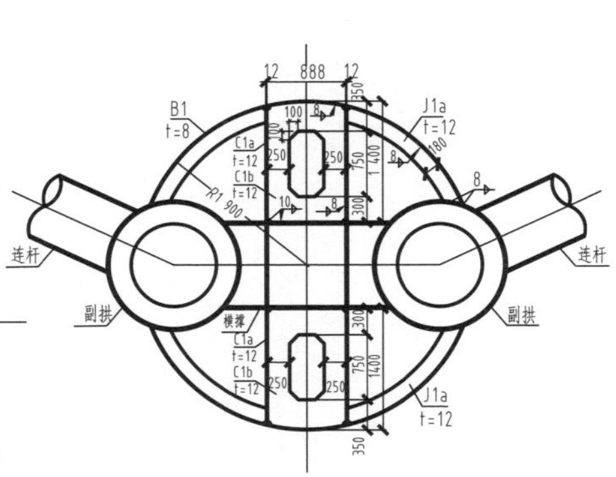

2-2

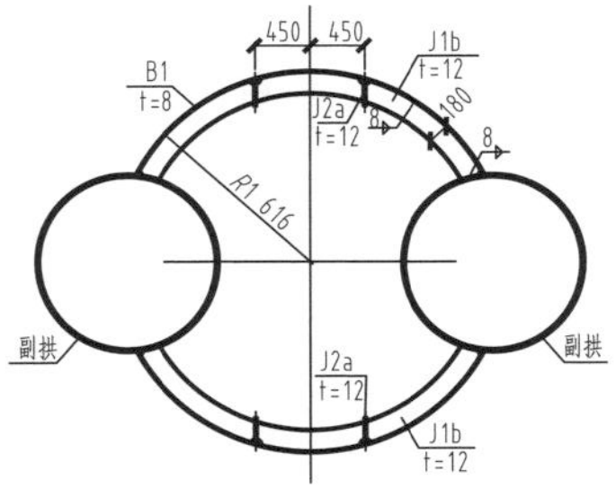

3-3

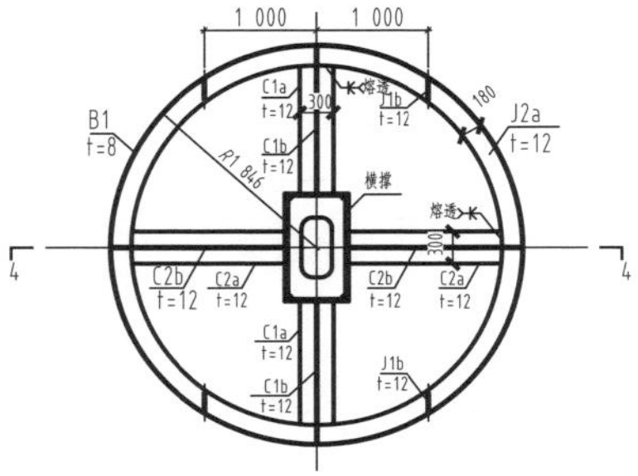

4-4

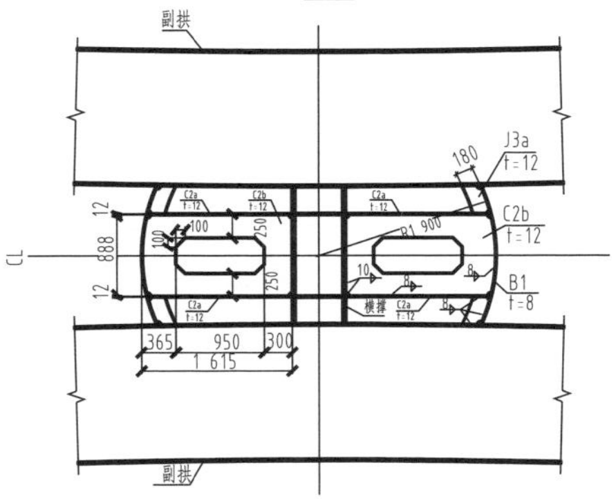

附注：
1. 本图尺寸单位以mm计。
2. 施工单位对球壳应进行空间放样，确保球壳与副拱吻合。

材料数量表(全桥)

编号	名称	规格/mm	材料	数量	单件重/kg	总重/kg	备注
B1	球壳	□8，半径1900	Q345qD	1	2 849	2 849	长度为弧长
J1a	环形加劲	□180x12，总长7 156		1	121	121	长度为弧长
J1b	环形加劲	□180x12，总长7 000		2	119	237	长度为弧长
J2a	环形加劲	□180x12，总长11 548		2	196	392	长度为弧长
J3a	环形加劲	□180x12，总长1 312		2	22	22	
C1a	支撑	□300x12，总长1 158		4	33	131	
C1b	支撑	□888x12，总长1 392		2	116	233	
C2a	支撑	□300x12，总长1 373		4	39	155	
C2b	支撑	□888x12，总长1 607		2	134	269	
合计：Q345qD钢材4409kg							

15届道桥5
拱肋横撑

图名	拱肋装饰球构造图	竞赛日期	比例	如图
		2022.7.30	图号	12

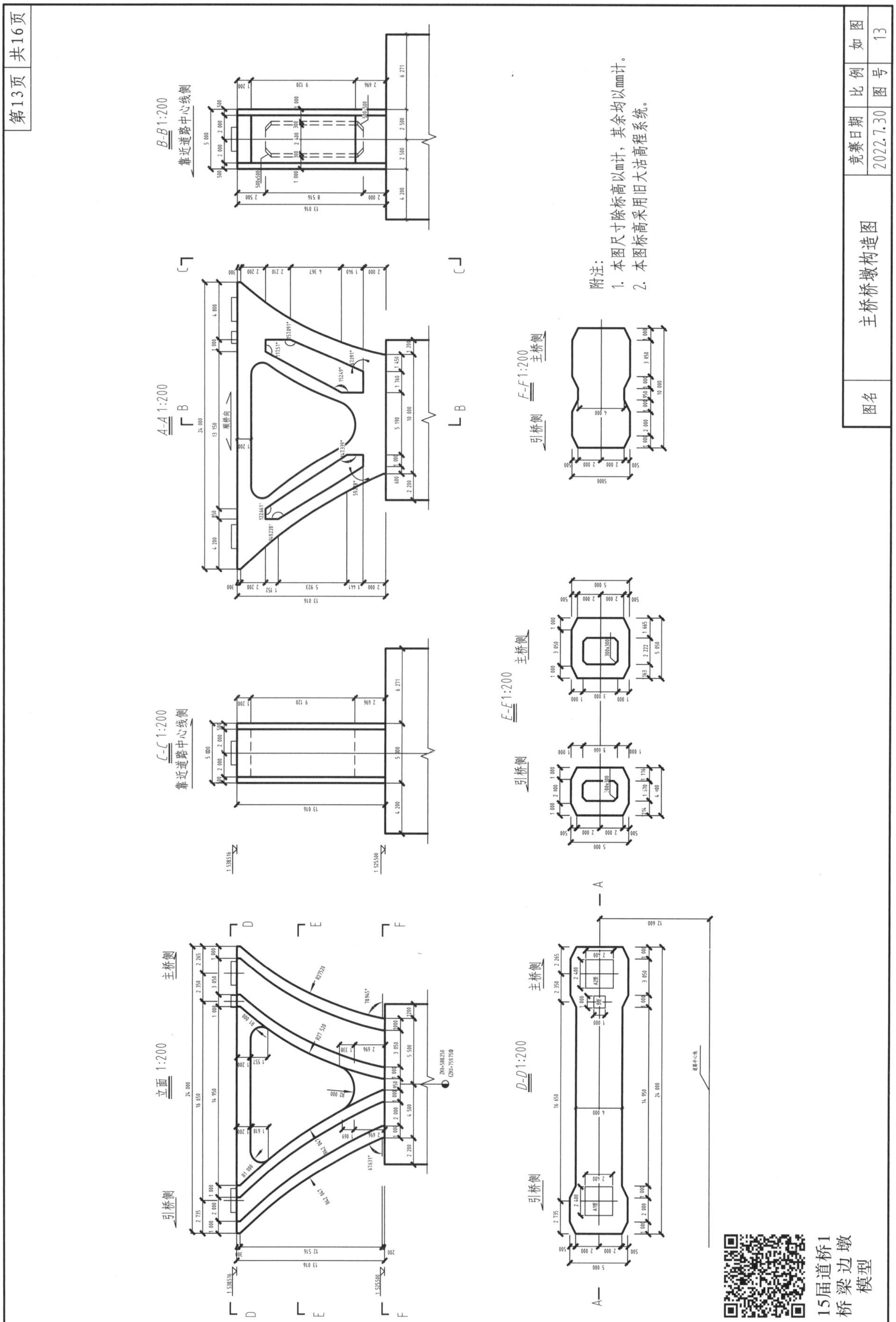
第13页 共16页
B-B 1:200
靠近道路中心线侧
A-A 1:200
C-C 1:200
靠近道路中心线侧
立面 1:200
引桥侧
主桥侧
D-D 1:200
E-E 1:200
F-F 1:200
附注：
1. 本图尺寸除标高以m计，其余均以mm计。
2. 本图标高采用旧大沽高程系统。
图名
主桥桥墩构造图
竞赛日期
2022.7.30
比例
如图
图号
13
15届道桥1
桥梁边墩
模型

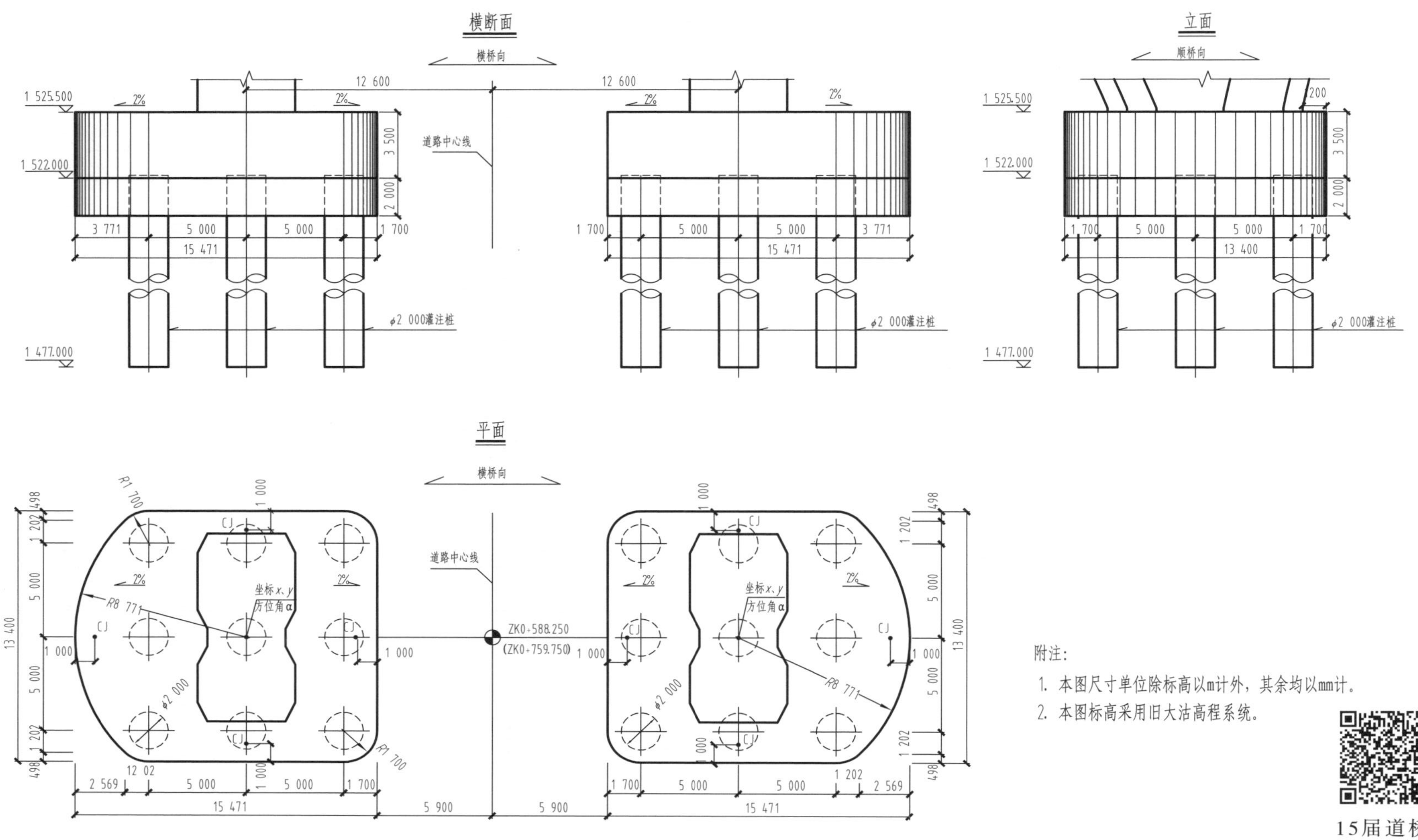

附注：

1. 本图尺寸单位除标高以m计外，其余均以mm计。
2. 本图标高采用旧大沽高程系统。

15届道桥2
桥梁主桥墩

图名	主桥桥墩基础构造图	竞赛日期	比 例	如 图
		2022.7.30	图 号	14

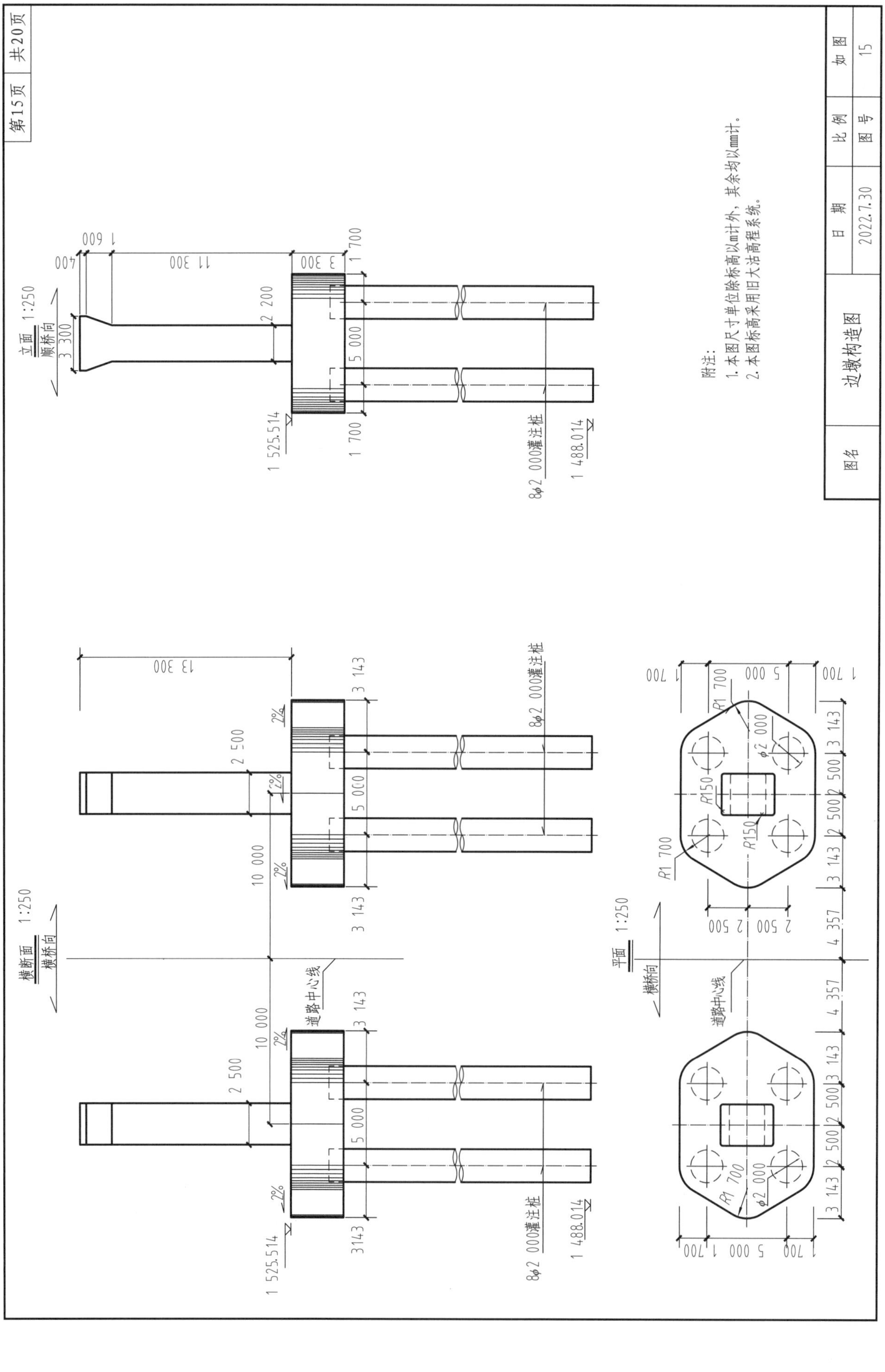
第15页
共20页
立面 1:250
顺桥向
横断面 1:250
横桥向
平面 1:250
横桥向
道路中心线
8φ2 000灌注桩
1 525.514
1 488.014
附注：
1.本图尺寸单位除标高以m计外，其余均以mm计。
2.本图标高采用旧大沽高程系统。
图名
边墩构造图
日期
2022.7.30
比例
如图
图号
15

第16页 共20页

吊杆立面布置图

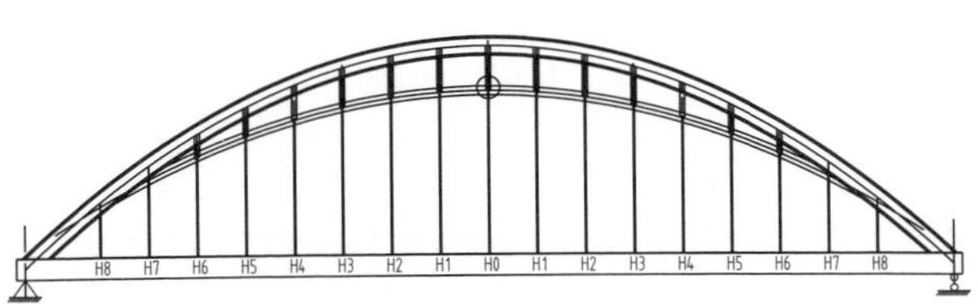

吊杆参数表

吊杆编号	吊杆规格	锚具规格	拱上吊耳中心点坐标/m			梁上锚固点坐标/m			L/m	成桥索力/kN	下料长度/m
			X	Y	Z	X	Y	Z			
H0	PES(C)7-109	PESM7-109	0.000	-19.175	35.472	0.000	-12.973	0.664	35.356		35.290
H1	PES(C)7-109	PESM7-109	±8.000	-19.095	35.017	±8.000	-12.973	0.661	34.897		34.834
H2	PES(C)7-109	PESM7-109	±16.000	-18.867	33.723	±16.000	-12.973	0.649	33.595		33.533
H3	PES(C)7-109	PESM7-109	±24.000	-18.490	31.589	±24.000	-12.973	0.629	31.447		31.390
H4	PES(C)7-109	PESM7-109	±32.000	-17.966	28.617	±32.000	-12.973	0.601	28.457		28.405
H5	PES(C)7-109	PESM7-109	±40.000	-17.295	24.808	±40.000	-12.973	0.565	24.625		24.580
H6	PES(C)7-109	PESM7-109	±48.000	-16.476	20.164	±48.000	-12.973	0.521	19.953		19.916
H7	PES(C)7-109	PESM7-109	±56.000	-15.510	14.687	±56.000	-12.973	0.469	14.442		14.418
H8	PES(C)7-109	PESM7-109	±64.000	-14.397	8.377	±64.000	-12.973	0.409	8.094		8.078

全桥吊杆材料数量表

名称	规格	单位	数量
拉索	PES(C)7-109	根	34
拉索钢丝束	ϕ7	kg	30 326.41
张拉端锚具	PESM7-109	套	34
固定端锚具(叉耳及销轴)	PESM7-109	套	34
外包不锈钢板	0.5 mm厚亚光不锈钢板	kg	122

主桥断面

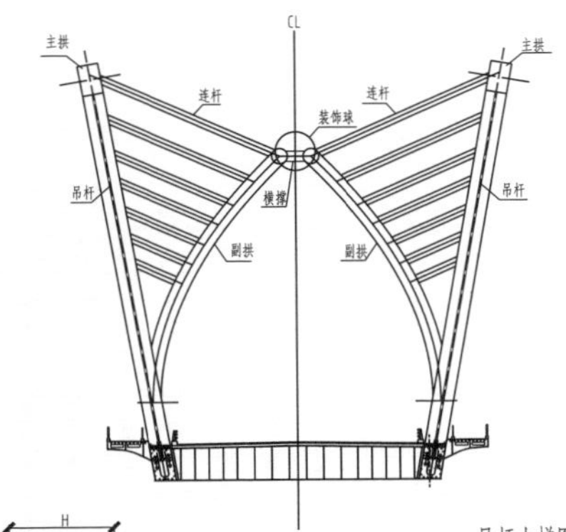

吊杆断面示意图

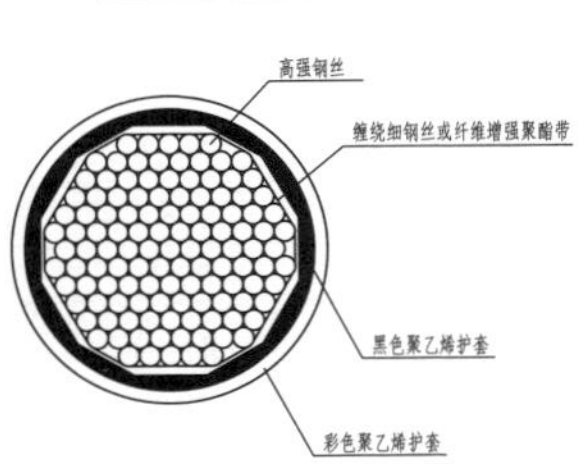

梁端锚头防水罩及减震圈安装图 1:10

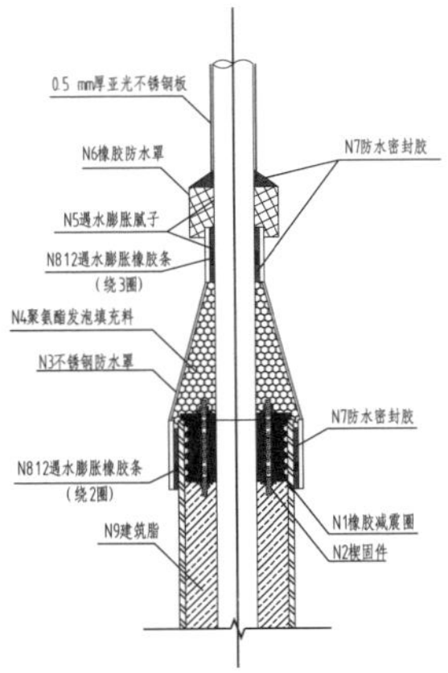

吊杆大样图

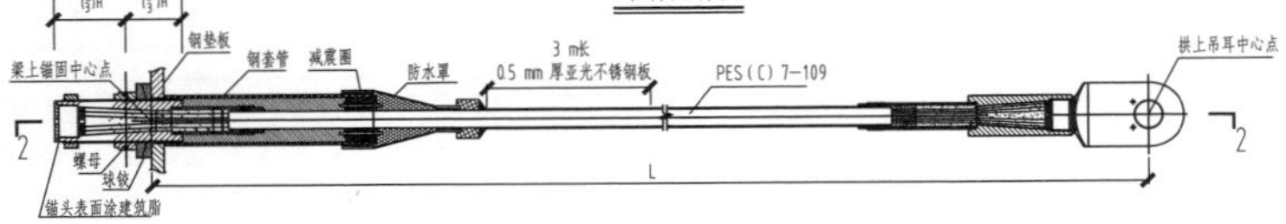

2—2

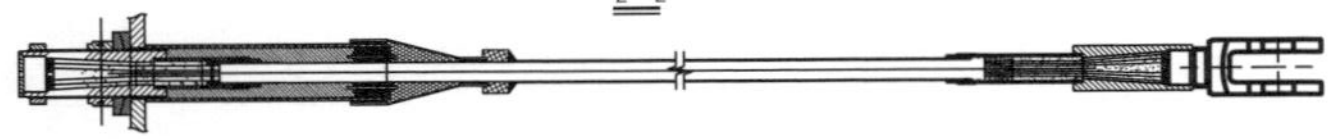

附注:

1. 本图坐标系统为主桥拱肋局部坐标系。
2. 本图参数表仅列出西侧吊杆参数，东侧吊杆与西侧对称。
3. 吊杆成桥索力及下料长度请施工监控单位复核，并与设计单位确认。
4. 吊杆采用热挤聚乙烯高强钢丝拉索，型号为PES(C)7-109，抗拉强度1 670 MPa。钢丝索的聚乙烯防护套外面包裹一层0.5mm厚亚光不锈钢板。
5. 梁上张拉端采用带球铰的冷铸锚，拱上固定端采用销铰式锚固。销铰式锚固构造图由吊杆厂家提供并需设计认可。

图名	主桥吊杆布置图	竞赛日期	比例	如图
		2022.7.30	图号	16

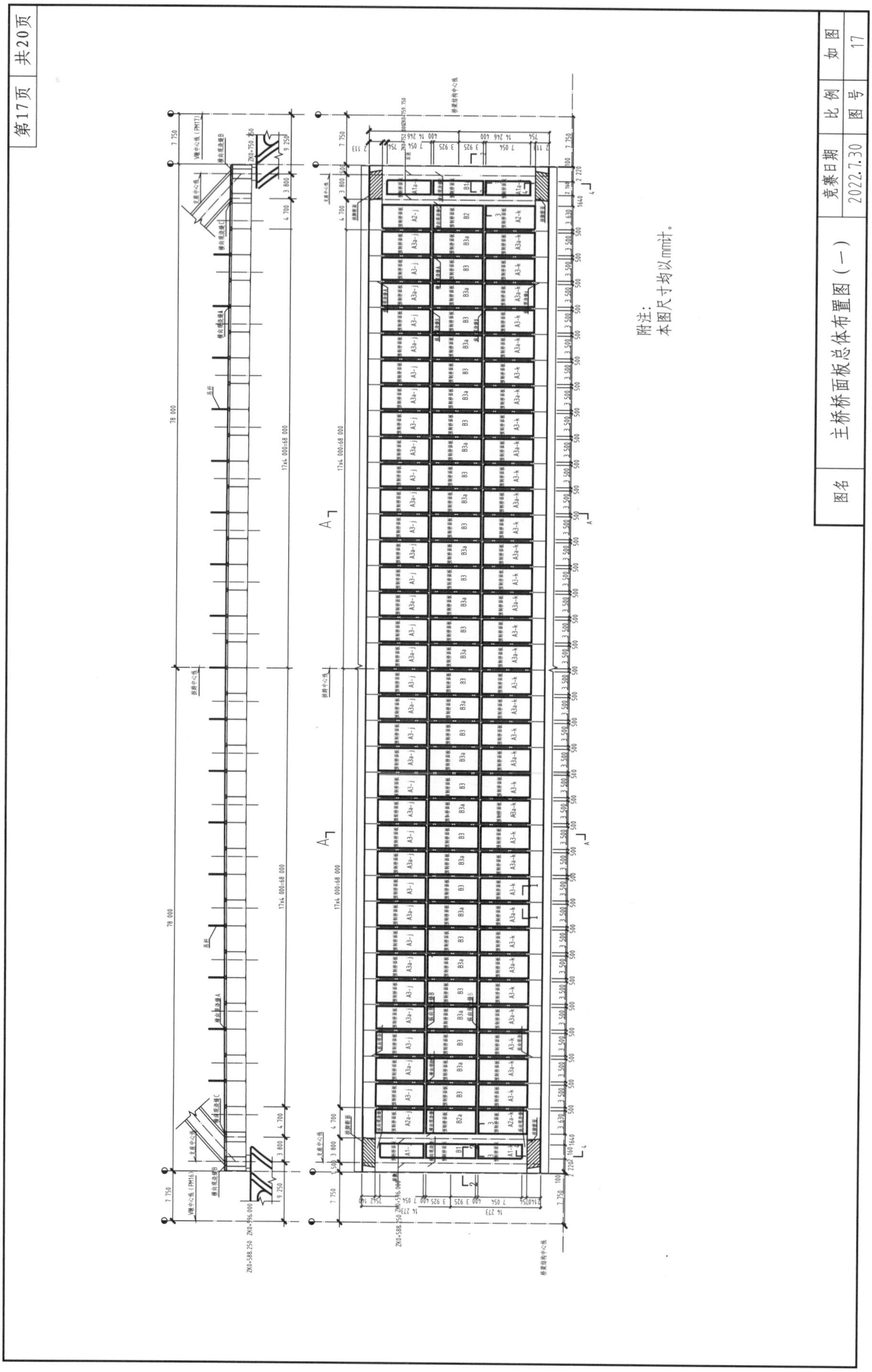
第17页
共20页
附注：
本图尺寸均以mm计。
图名
主桥桥面板总体布置图（一）
比例
如图
竞赛日期
2022.7.30
图号
17

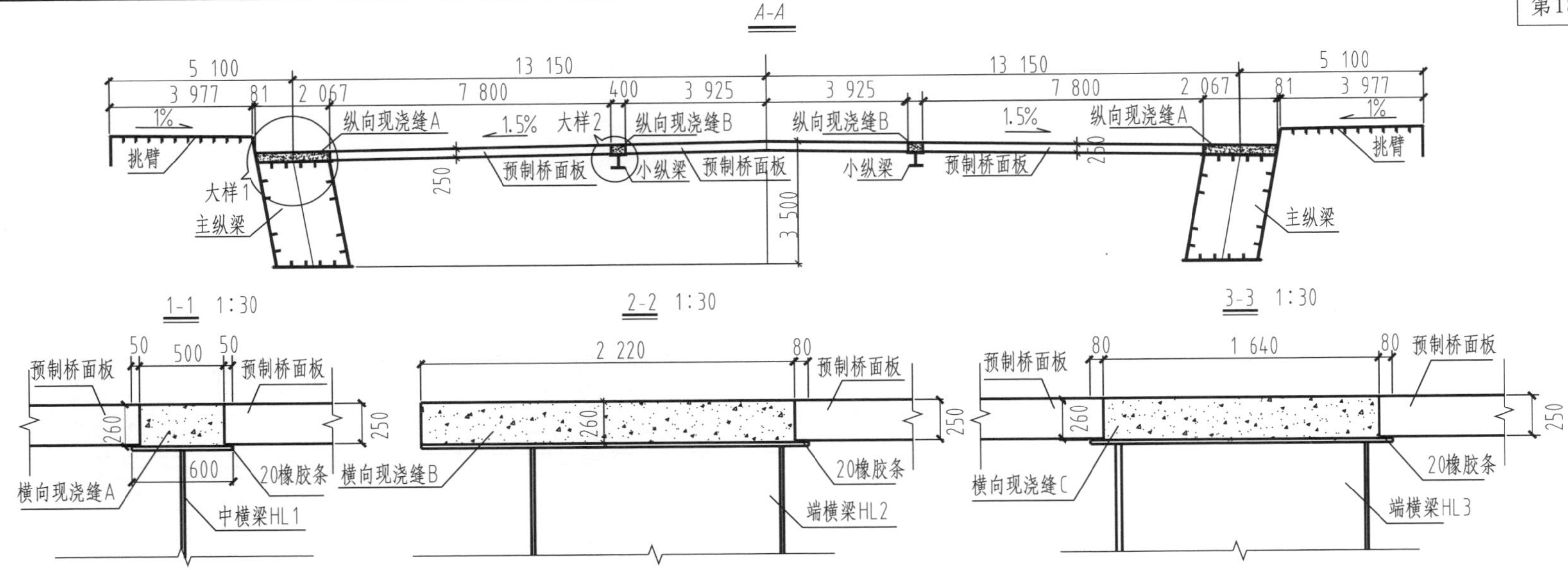

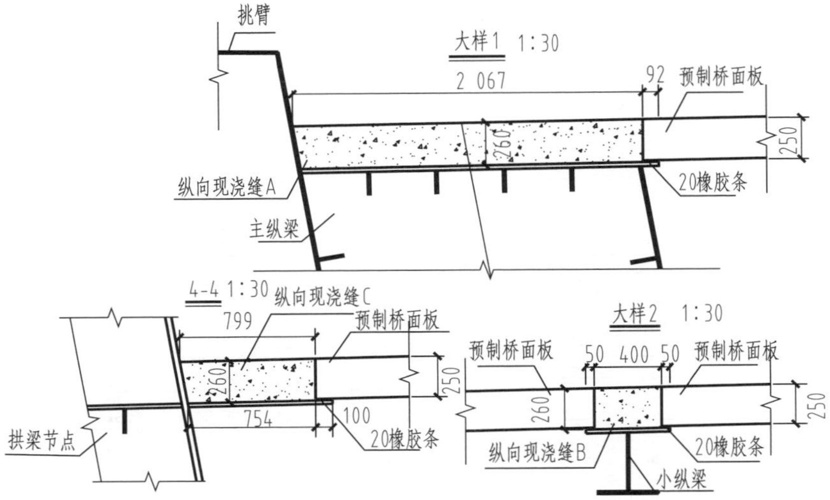

桥面板类型划分汇总表

预制板类型		预制板几何尺寸/mm		预制板编号/数量				分板原则
		纵桥向	横桥向	纵筋布置方式1		纵筋布置方式2		
				方向1	方向2	方向1	方向2	
边板	A1	2160	7054	A1-j/1	A1-k/1	A1a-j/1	A1a-k/1	1. 边、中板的差别（A与B） 2. 几何尺寸的差别 3. 钢筋布置方式的差别（相邻纵、横向钢筋错开布置） 4. 边板方向的差别（-j与-k）
	A2	3630	7800	A2-j/1	A2-k/1	A2a-j/1	A2a-k/1	
	A3	3500	7800	A3-j/17	A3-k/17	A3a-j/17	A3a-k/17	
中板	B1	2160	7850	B1/1		B1a/1		
	B2	3630	7850	B2/1		B2a/1		
	B3	3500	7850	B3/17		B3a/17		

附注：

1. 本图尺寸均以mm计。
2. 预制板及现浇缝混凝土标号：C50。
3. 预制板规格中各字母含义：
   A表示边板，B表示中板。

图名	主桥桥面板总体布置图（二）	竞赛日期	比例	如图
		2022.7.30	图号	18

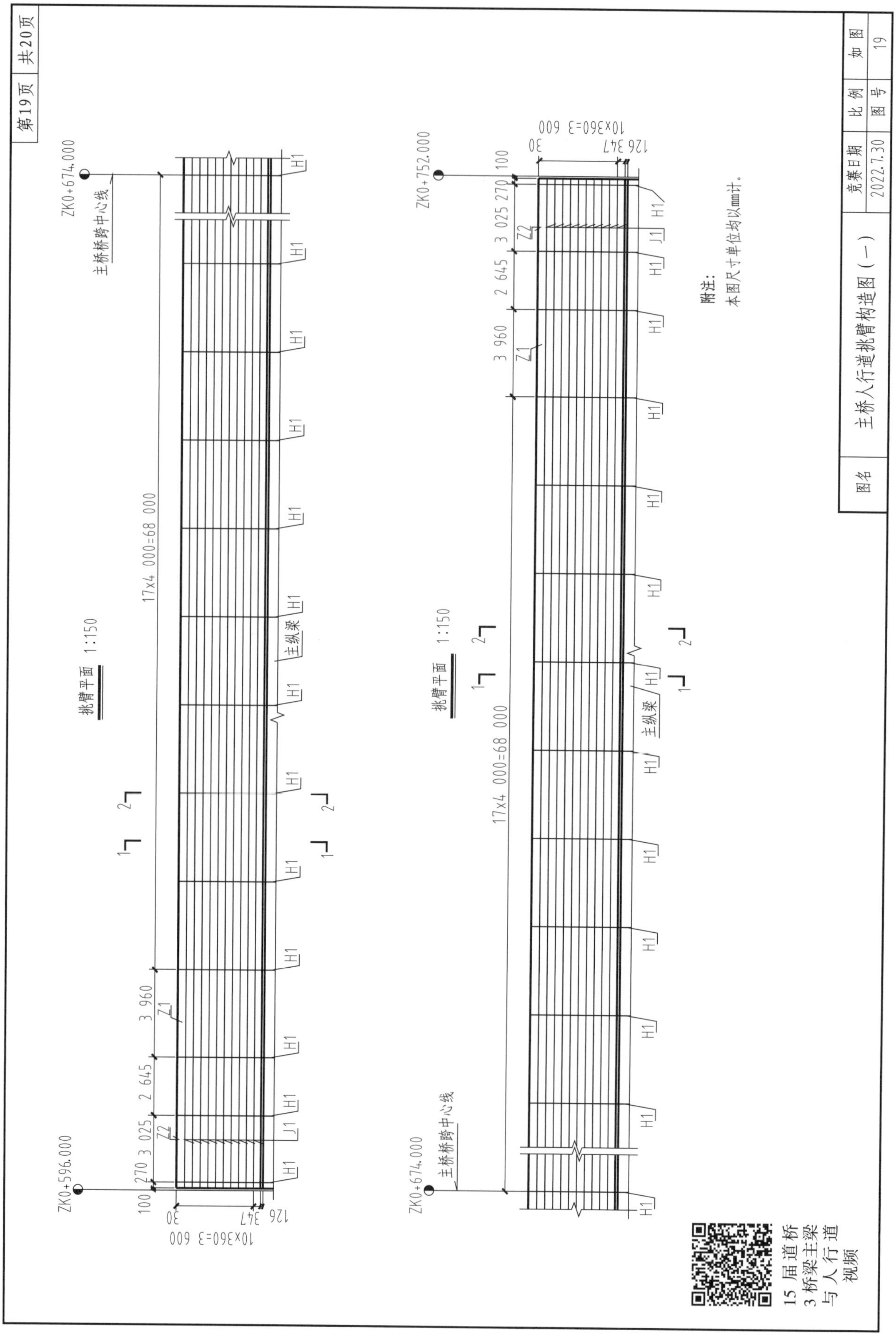
第19页
共20页
挑臂平面 1:150
主桥桥跨中心线
ZK0+674.000
ZK0+596.000
ZK0+752.000
17x4 000=68 000
10x360=3 600
3 960
2 645
3 025
270
100
30
126
347
H1
J1
Z1
Z2
主纵梁
附注：
本图尺寸单位均以mm计。
图名
主桥人行道挑臂构造图（一）
竞赛日期
2022.7.30
比例
如图
图号
19
15届道桥
3桥梁主梁
与人行道
视频

1-1 1:30

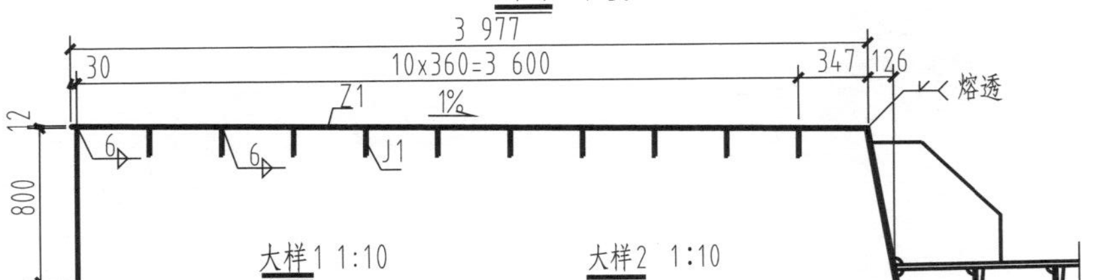

大样1 1:10

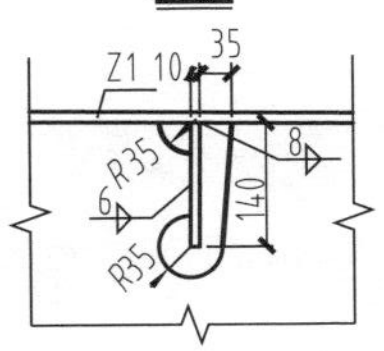

大样2 1:10

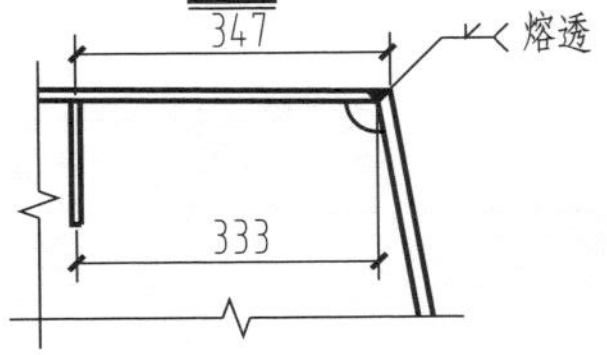

2-2 1:30

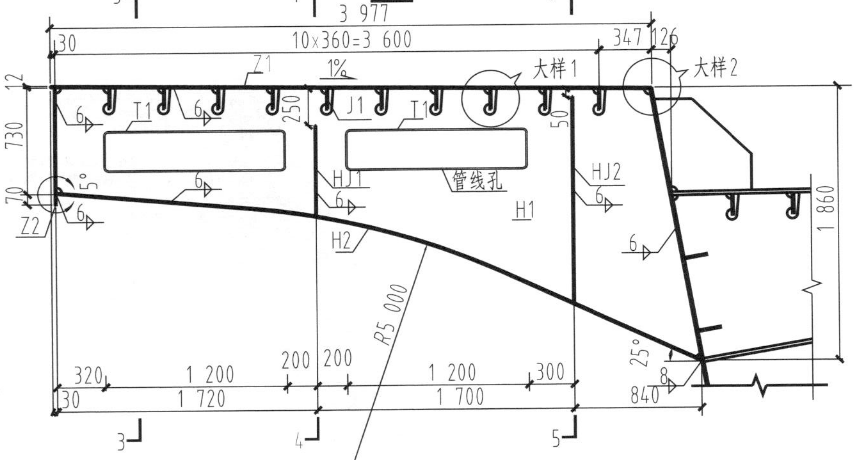

5-5 1:10

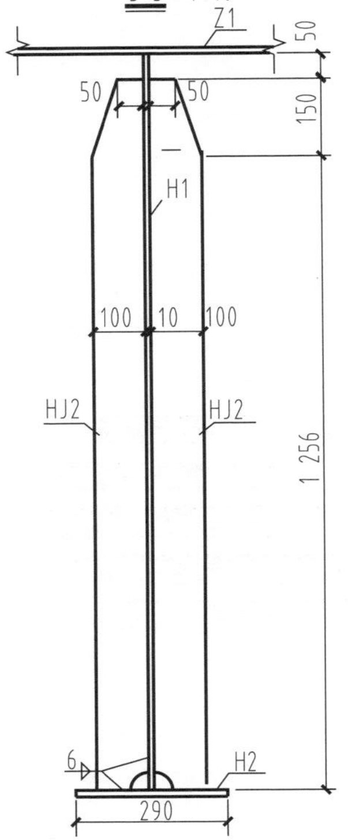

3-3 1:10

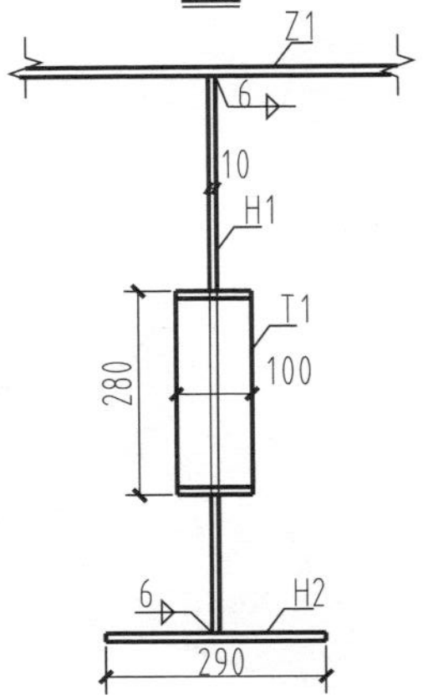

4-4 1:10

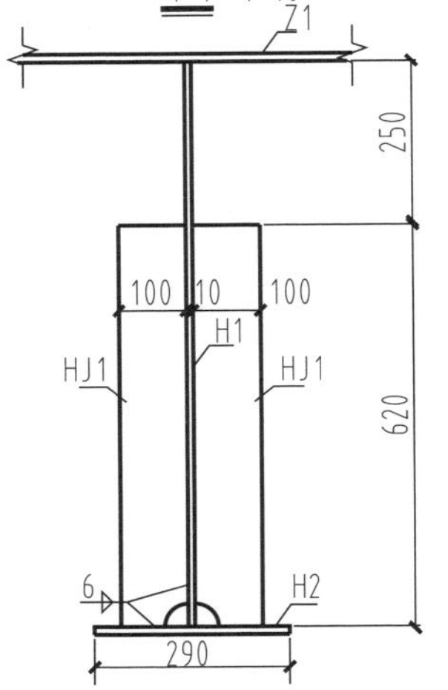

材料数量表(全桥)

编号	名称	规格/mm	数量	材料	单件重/kg	重量/kg
Z1	人行道板	3 963x12x155 802	2	Q345qD	58 163.2	116 326.3
Z2	人行道挡板	800x8x155 802	2	Q345qD	7 827.5	15 655.0
H1	人行道挑臂腹板	1 880x10x4 254	82	Q345qD	339.6	27 845.5
H2	人行道挑臂底板	290x12x4 463	82	Q345qD	121.9	9 997.5
J1	人行道板纵向加劲	140x10x155 802	20	Q345qD	1 712.3	34 245.3
HJ1	人行道挑臂腹板加劲	100x10x621	164	Q345qD	4.9	799.5
HJ2	人行道挑臂腹板加劲	100x10x1 408	164	Q345qD	11.1	1 812.7
T1	管线孔加劲	100x10x2 908	164	Q345qD	22.8	3 743.8
合计						210 425.5

附注:

1. 本图尺寸单位均以mm计。
2. 本图未示过焊孔半径均为R=35mm。
3. 本图与“主桥桥面系总体布置图”“主桥主纵梁构造图”配合使用。
4. 本图尺寸标注：纵肋、腹板加劲、人行道挡板、挑臂腹板为中心线。
5. 本图共2张，应配合使用。

图名	主桥人行道挑臂构造图（二）	竞赛日期	比例	如图
		2022.7.30	图号	20

第15届“高教杯”全国大学生先进成图技术与产品信息建模创新大赛 道桥类计算机三维建模试题答案

1　主梁及人行道

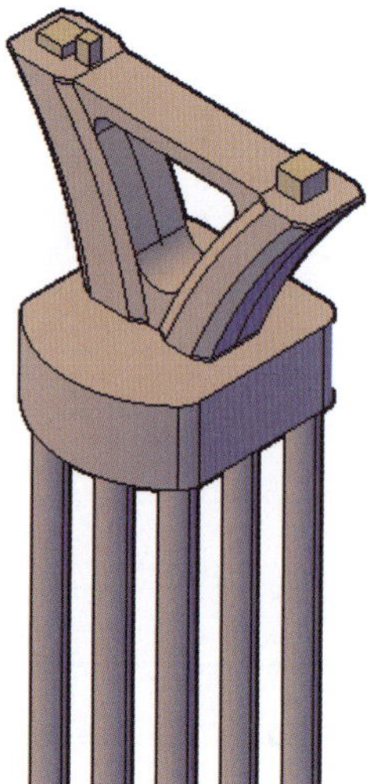

2　主墩

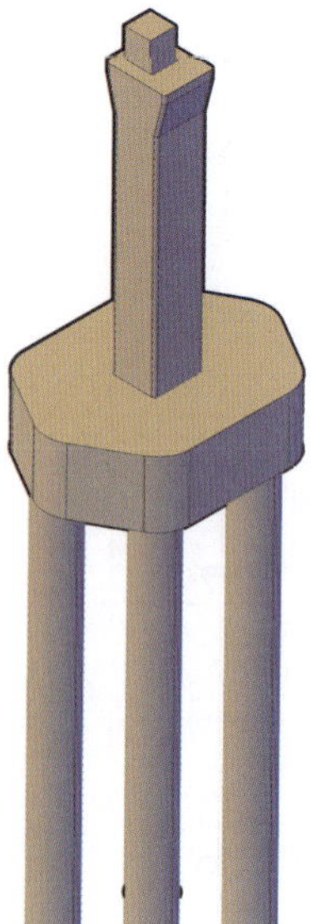

3　边墩

15届道桥4
桥梁主副
拱模型

15 届道桥 6
全桥模型

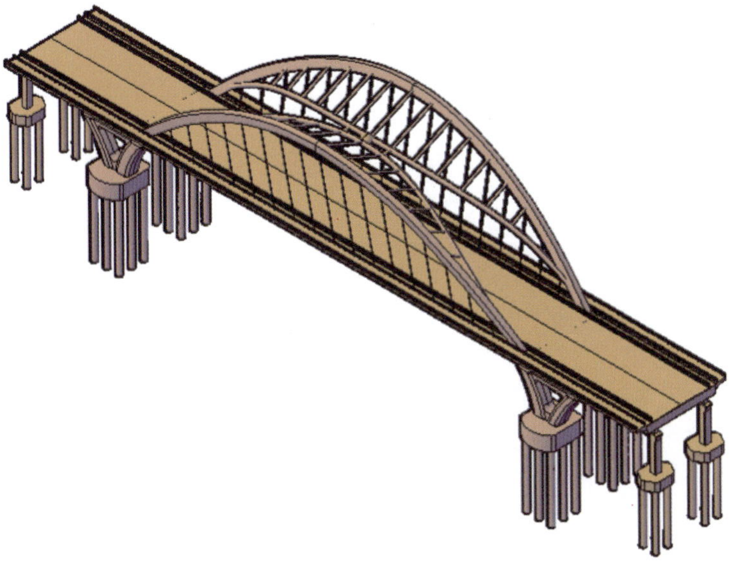

4 主桥

5 效果图一最终

15 届道桥 7
全桥渲染